离散数学与结构

邓小铁　王　畅　著

图书在版编目 (CIP) 数据

离散数学与结构 / 邓小铁, 王畅著. -- 北京: 北京大学出版社, 2024. 8. -- ISBN 978-7-301-35289-2

Ⅰ. O158

中国国家版本馆 CIP 数据核字第 202406XE58 号

书　　名：离散数学与结构
LISAN SHUXUE YU JIEGOU

著作责任者：邓小铁　王　畅　著

责 任 编 辑：王　华

标 准 书 号：ISBN 978-7-301-35289-2

出 版 发 行：北京大学出版社

地　　址：北京市海淀区成府路 205 号　100871

网　　址：http://www.pup.cn　新浪微博：@北京大学出版社

电 子 邮 箱：zpup@pup.cn

电　　话：邮购部 010-62752015　发行部 010-62750672
编辑部 010-62745933

印　刷　者：北京圣夫亚美印刷有限公司

经　销　者：新华书店

787 毫米×1092 毫米　16开　22.75 印张　552 千字

2024 年 9 月第 1 版　2024 年 9 月第 1 次印刷

定　　价：68.00 元

前言

缘起

离散数学与结构是计算机科学的基础之一，它在计算机科学的各个领域有着广泛的应用；特别地，它是今后许多大学专业课程，例如计算理论、数据结构、算法设计与分析、程序设计语言、编译原理等的先行课程。换句话说，只有一部分计算机科学家主要研究离散结构本身，大多数计算机科学领域的研究人员要求具备处理离散数学概念的能力和技巧。

作者于 2017 年秋季为北京大学第一期图灵班“离散数学与结构”课程备课时，John Hopcroft 教授建议参照国外现代教学理念在一个学期内将“离散数学与结构”课程的基本内容完成。与此同时，北京大学信息科学技术学院教学副院长李文新教授也提出，不能降低北京大学“离散数学与结构”课程的深度。这给课程同时提出了广度和深度的要求，从而给课程的进度安排、同学们的学习都带来了挑战。

面对这些挑战，我们在课程中设计了一个“专家学生”的部分。学生参与课程的辅助教学，在一定意义上是北京大学的传统，我们将这一思路扩展成学习的一个环节，并给予了该课程 10% 的成绩，激励同学普遍参与。

专家学生的第一个工作就是主讲习题课。每位同学负责的习题课的具体话题不直接指定，而由同学们自愿报名决定，由他们选择最适合自己或是最感兴趣的题目。专家学生在消化课件及各种资料后，根据自己的心得总结成讲义，提供给同学们复习和扩展阅读。这些讲义深受同学们欢迎。专家学生还要负责给出一部分新的习题，它们应当具有一定的原创性，而且难度适中。这样我们能够不断更新习题集，供下一届同学使用。在期末考试最后的反馈环节中，大家提出了各种批评和鼓励，其中最为集中的鼓励便是“专家学生”环节。

在几个学期中，专家学生完成的讲义和习题由助教们收集汇总，改编成一份较为完整的辅助学习资料。本书就是根据图灵班自 2017 年至今开设“离散数学与结构”课程的经验，在先前编写的讲义、材料的基础上进行整理、改写和扩充得到的。

致谢

在课程的教学中我们曾经使用过 John Hopcroft 教授建议的 Rafael Pass 和 Wei-Lung Dustin Tseng 编写的 *A Course in Discrete Structures*[①] 以及李文新教授推荐的北京大学三位老师耿素云、

① Rafael Pass， Wei-Lung Dustin Tseng. A Course in Discrete Structures [EB/ OL]. 2011[2011-08-23]. https://www.cs.cornell.edu/~rafael/discmath.pdf.

屈婉玲和王捍贫撰写的《离散数学教程》[1]。这两本教材为讲义的编写提供了许多灵感。感谢北京大学信息科学技术学院和前沿计算研究中心的老师们在教学工作中的支持；John Hopcroft 教授、李文新教授、蒋婷婷教授的许多建议对我们教学工作的顺利开展给予了很大的帮助。

我们还要感谢本课程最初的助教潘成、王冬鸽和毕泉智同学。他们整理的本课程最初两年的教学资料对本书的撰写起到了奠基的作用。历年来的其他助教也对本书的内容有诸多贡献，在此列出，一并致谢（排名不分先后）：

▷ **2017 年** 王冬鸽、潘成、毕泉智；

▷ **2018 年** 王冬鸽、陈思禹、李佳蔚、马义平、吴怡凡；

▷ **2019 年** 陈昱蓉、魏智德、詹冠其、史梦芝；

▷ **2020 年** 陈昱蓉、陈炤桦、许晟伟、胡欣妍、王畅、岳鹏云、李舒辰；

▷ **2021 年** 陈炤桦、王畅、李柄辉、唐静吾；

▷ **2022 年** 陈炤桦、李翰禹、唐静吾、李柄辉、王颖、潘宇琦。

除此之外，我们要特别感谢的是孔雨晴老师，是她鼓励我们将“离散数学与结构”课程的教学资料整理成书稿。本书能够最终成稿还离不开吴双老师的行政协助以及李哲同学对文字和排版的意见。最后，非常感谢北京大学 2017—2021 级图灵班的全体同学，他们阅读了本书各版本的草稿，对书稿提出了宝贵的意见和建议。

限于作者的知识水平，书中恐有不妥之处，恳请读者不吝批评和指正。

邓小铁　王畅

2022 年 4 月于燕园

[1] 屈婉玲，耿素云，王捍贫. 离散数学教程 [M]. 北京：北京大学出版社，2002.

内容简介

本书是为大学计算机科学相关专业二年级本科生撰写的教材，因此我们假定读者已经具有了数学分析和高等代数的基础；它可以直接按顺序作为一学期（48~64 学时）离散数学课程教师的讲稿，另外也可以作为相关研究生和科研人员的参考书。

离散数学课程的定位是广度和深度兼顾，我们希望这门课程能为学生今后的科研和工作提供一个广泛、丰富的工具箱，同时也能为学生挖掘出一个自己特别感兴趣和擅长的方向，既方便他们快速想到需要的数学方法，同时也有所专精。因此，我们在正文中选择了最有代表性和实用性的内容，在精简的基础上争取显示出相关领域的特点和它们新近在计算机科学中的前沿应用，努力使用简单、轻松的语言进行叙述。内容分为五个部分，即公理集合论、数理逻辑初步、数论与代数、计数与概率、图论初步。具体概览如下：

▷ **公理集合论**　本部分以罗素悖论为引，介绍公理集合论的基础架构，由此重新导出集合的运算、关系、映射等熟知的内容。我们还强调了集合论对“无穷”这一概念的认识和刻画，这是之后自然数、序数和基数部分的叙述线索。基数部分的证明技巧也比较重要。

▷ **数理逻辑初步**　首先对读者在中学时期就已经熟悉的命题逻辑进行复习，引入范式等今后常用的概念。然后比较快地进入形式系统的研究，我们选用了一个不太常见但更容易论证的 Frege 公理体系。语法和语义之间的区别和联系是这些内容的主线。最后我们对一阶逻辑作了简短的介绍。

▷ **数论与代数**　数论的知识作为代数的例子在本部分作为先声，它在密码学的应用也在此有了非正式的简介。然后引入群、环、域的概念和性质，其中比较重要的有 Lagrange 定理、同构定理、（正规）子群和理想、有限域等。

▷ **计数与概率**　这部分的内容相对比较琐碎。计数部分着重谈及最典型的计数方法，包括基本计数模型、组合恒等式和容斥原理等。同时在后续章节补充了生成函数和 Pólya 方法。在 Pólya 方法中还囊括了一些和置换群有关的性质。如果已经学过概率统计课程，概率部分的基础知识介绍就可以略过。不过之后的概率方法是本书内容的一个特色之一，我们比较全面地介绍了使用概率方法进行证明的技巧，并解释了它和随机算法的联系。

▷ **图论初步**　我们以比较短的篇幅快速罗列了图论中的基础概念。然后介绍了几个图论中的重要定理，例如树的基本性质、判定 Euler 和 Hamilton 图的定理、连通度的 Whitney 定理等。匹配理论是图论部分的高潮，本书的证明采用了代数的方法，即用线性规划的统一框架快速给出全部结果的论证，另外介绍了稳定匹配这个趣题。最后我们谈及了平面图判定的 Kuratowski 定理和图的染色的基本算法。

附录中还简要概述了渐近分析的基础知识。

图 1 示出了各章节之间的依赖关系，读者可依据依赖关系选择一部分进行阅读。其中实线连接的是应当具备的前置章节，虚线表示并非必需但对理解有帮助的前置章节，带有 * 号的章节表示可以跳过或者不看证明。

除了比较短的章节之外，每章大体可以使用一周 3~4 学时的时间完成教学。章节以阅读提示起手。所有的定理都尽量提供较短的证明，证明之前一般先叙述主要思想，证明的结尾用 □ 标记。如果因比较难而省略证明，则会指明可以找到详细证明的参考材料。教材中对于一些比较关键或者抽象的内容附有例、例题和注，其中例的结尾用 ◇ 标记，注的结尾用 ♤ 标记。在每一节的末尾，我们给出一定数量的习题。习题中有一些是对教材中没有仔细论述的内容的扩展；有一些是介绍过的性质的简单应用；还有一些是基于论文中的研究结果设计，这些习题中附有引文供参照。章末提供了关于本章内容的进一步注解，主要是讲述历史背景，介绍一些可以深入阅读的材料，补充未能论述的内容。最后，还对所有教材中引述的结果列明参考文献。

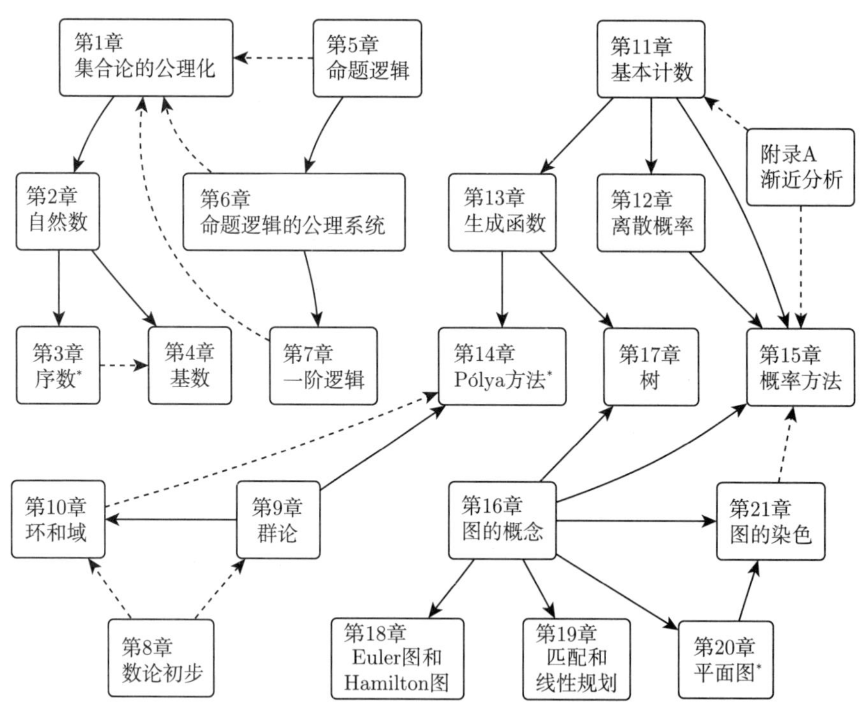

图 1 各章节之间的依赖关系

教材中有许多术语来源于外文，除了人名以外的词汇尽量选用通译，而人名则使用拉丁字母的转写。书中的数学符号在正文中基本上均给出了定义，同时也可以参照符号索引查阅。书末还给出了中英文术语对照表。

目录

第一部分　公理集合论

第二部分　数理逻辑初步

第三部分　数论与代数

第四部分 计数与概率

第五部分 图论初步

第一部分

公理集合论

1 集合论的公理化

阅读提示

本章的主要目的是加固和严格化集合论的基础. 其中即将讲到的集合的各种运算操作、等价关系、映射等概念的定义都是读者已经熟悉的, 因此全部的重点是理解集合论公理化的动机, 并理解各个公理的意义和使用方法. 这些重点和难点集中在 §1.1 节和 §1.3 节的后半部分中. 初学者可以将这一章的内容同数学分析的前置内容——实数的严格定义相类比, 即重新推导那些为我们惯用的性质和操作, 所以开始阅读本章时稍感困难和不习惯是正常的. 如果读者对严格性和形式化有追根溯源的好奇心, 也可以将集合论部分的内容和后面逻辑部分的内容参照阅读, 不必拘泥于章节顺序.

集合论是由 Cantor 在十九世纪下半叶创立的学科. 从那时开始, 集合论的理论就被广泛地应用到数学的各个分支中. 它深刻地改变了数学的面貌, 以至于今天集合论几乎成了数学的根本基础.

不过, 在集合论的新生时期, Cantor 是使用直觉来看待集合的. 他说: "一个**集合**是指我们直觉中或理智中确定的, 互不相同的对象汇集而成的整体, 这些对象称为该集合的**元素**." 现在, 我们把这种用直觉 "定义" 得到的集合论称为**朴素集合论** [1], 这也是我们在中学所学到的集合论之样貌.

这种朴素的理解是有益的, 比如它明确地说出了集合的元素是确定的, 其中的元素是没有重复的; 而且这种朴素的方式不妨碍 Cantor 建立广泛而深刻的理论. 但是, 一些理论的基础问题, 特别是集合的定义问题的模糊, 使得集合论本身存在逻辑上的漏洞. 比如说, 人们发现了形形色色的集合论悖论, 朴素集合论对这些问题不能作出令人满意的回答.

我们讨论一个经典的集合论悖论, 它被称为**罗素悖论**. 考虑这样一个集合: $X = \{S : S \notin S\}$. 问题是: $X \in X$ 还是 $X \notin X$ 呢? 如果 $X \in X$, 根据 X 的定义, X 不满足 X 成员所需要的性质, 故 $X \notin X$; 如果 $X \notin X$, X 的定义又反过来告诉我们 X 满足其成员的性质, 于是 $X \in X$. 这样一来, 我们得到

$$X \in X \iff X \notin X. \tag{1.0.1}$$

这是一个矛盾!

集合论的发展表明, 必须对集合的构造方法加以限制, 才能使得它成为可靠的数学基础; 随意地定义和操作集合, 将会导致矛盾. 罗素悖论中构造 "集合" 的方法, 不应该为我们所容许. 因

此，我们需要明确知道哪些构造方法是规范的，并把那些最基本的构造方法总结为公理. 除了公理之外，我们最初不承认其他任何命题的正确性，而是完全在公理的基础上进行论证，建立严格的集合论系统（**公理集合论**），并由此构造出全部的数学. 这样的思想称为**公理化方法**，可以追溯到古希腊的 Euclid 和他的《几何原本》.

我们在离散数学课程中谈及公理集合论，不仅是为了理解数学论证的严格基础，也是为了了解计算理论的发源. 公理集合论的研究大大推动了早期计算理论的发展，von Neumann、Turing、Gödel 等人的研究部分源于集合论；而集合论中的不少论证思想至今仍有使用.

在具体谈及公理集合论之前，我们还要确定如何表述这些公理. 严格地说，由于随意使用自然语言也会导致矛盾（例如："这句话是假话"），所以下面要探讨的集合论必须是符号化的，它建构在**一阶逻辑**和二元谓词 $\in, =$ 之上（有关逻辑和一阶逻辑的正式介绍可参照第 5 章等章节，以下只是作一个足够集合论部分使用的介绍）.

首先，我们不定义集合的概念. 在论证中则用字母 $a, b, c, \ldots ; A, B, C, \ldots$ 等来表示集合. 而且，我们不区分集合和元素，而把它们都抽象地视为集合. 也就是说，提到的对象是集合，而其中的元素也可以被视为集合，比如集合 $\{a\}$ 的"元素"a 也是一个集合. 当提到"集族"等词汇时，一般只是为了强调直观上的层次. 符号 $\in$ 用来连结两个集合，例如 $a \in A$，但它的具体语义也不定义，同集合一样将由公理刻画，尽管所刻画的直观含义仍然是"属于". 我们把 $a \in A$ 形象地读作"a 属于 A". 对于等号 $=$，我们将直接将其性质作为自明的事实使用，特别是：如果 $X = Y$，则它们在任何逻辑表达式中出现时均可相互替换.

以上符号可使我们写出诸如 $a = b, a \in b$ 之类的语句. 这些语句用一阶逻辑的连接词和量词组合就成为我们要使用的符号语言. 具体地说，我们要求集合论中涉及的逻辑表达式具有形式化的简单结构. 这样做的目的是规避自然语言中的一些自指（self-reference）问题（例子还是前面提到的"这句话是假话"）.

1.0.1 定义 设 a, b 是代表集合的字母，规定 $a \in b, a = b$ 都是**合式公式**，而且

(i) 如果 ϕ, ψ 是合式公式，那么规定 $(\phi \vee \psi), (\phi \wedge \psi), (\phi \implies \psi), (\phi \iff \psi), (\neg\phi), (\neg\psi)$ 都是合式公式；

(ii) 如果 $\phi(x)$ 是关于变元 x 的合式公式，那么规定 $\forall x(\phi(x)), \exists x(\phi(x))$ 都是合式公式；

(iii) 其他逻辑表达式都不是合式公式.

在集合论中，写出定义 $S \stackrel{\text{def}}{=} \{x \in T : C(x)\}$ 时使用的 $C(x)$ 必须是合式公式，而且 $C(x)$ 表达式中不得含有 $\forall x, \exists x, S$（以避免自指）. 这样的表达式 $C(x)$ 称为**集合论条件**.

最后，本部分中的逻辑符号均使用自然、符合直觉的语义. 对于命题 ϕ, ψ，我们以 $\phi \wedge \psi$ 表示"ϕ 而且 ψ"，以 $\phi \vee \psi$ 表示"ϕ 或者 ψ". 命题间的蕴涵关系以 $\implies$ 表达，$\phi \iff \psi$ 则表示 ϕ 等价于 ψ. 我们以 $\forall \cdots$ 表达量词"对所有……"，以 $\exists \cdots$ 表达"存在……". 我们还将继续用 $Y \subseteq X$ 这个记号来表示逻辑表达式 $\forall z(z \in Y \implies z \in X)$，并读作"$Y$ 是 X 的子集"；用 $Y \notin X$ 来记 $\neg Y \in X$；等等.

1.1 Zermelo–Fraenkel 集合论

我们接下来要介绍的公理集合论体系，是 Zermelo 于 1908 年建立的 [2]，后来在 1921 年前后，由 Fraenkel 等人补充、完善，因而称为 **Zermelo–Fraenkel 集合论**.

表 1.1 中了列出整个公理体系中的公理,以下我们会逐条介绍它们的意义和应用. 在具体叙述这些公理的时候,会先用自然语言表述一次,然后列出相应的形式化表达,请读者注意学习后者的表达方式.

表 1.1 ZFC 公理体系

序号	公理名称	课文中叙述	意义概述
1	外延公理	1.1.1公理	规定了集合相等和 ∈ 的含义
2	分离公理	1.1.2公理	限制了集合论条件的使用
3	配对公理	1.1.6公理	据此定义无序对和有序对的概念
4	并集公理	1.1.7公理	规定了并集运算
5	幂集公理	1.2.3公理	规定了幂集运算
6	正则公理	1.3.9公理	不存在以自身为元素的集合/简化关于序数的论证
7	替换公理	1.3.11公理	构造大序数
8	无穷公理	2.1.3公理	构造自然数/可数无穷
9	选择公理	1.3.7公理	较复杂, 请阅读课文

注:公理 1~6 和 8 组成的公理体系由 Zermelo 提出,称为 Z;7 由 Fraenkel 后来补充,它们合起来称为 ZF 公理体系;最后添加选择公理 9 得到 ZFC 公理体系

ZF 集合论的第一条公理间接地规定了集合的意义.

1.1.1 公理 (外延公理) 两个集合相等,如果它们的所有元素都相同:

$$\forall X \forall Y (\forall x (x \in X \iff x \in Y) \implies X = Y).$$

根据前面指明的相等的性质,任何相等的集合在逻辑表达式中都可以相互替换,所以上面公理叙述中的"如果"可以改为"当且仅当". 而且,根据 ⊆ 的定义,证明两个集合相等仍然可等价地转化为证明二者相互包含.

外延公理的本质是通过指明 ∈ 的含义来表达本章开头 Cantor 的话的意思:集合里有一些元素,这些元素从属集合的性质用 ∈ 表达,集合完全被其中的元素决定. 所以,外延公理保证了通过之后其他公理产生的各种新集合的唯一性.

罗素悖论提示我们,不是所有的集合论条件都可以用来随意地定义集合. 因此,我们稍稍减弱要求,限制集合论条件的应用范围. 以下第二条公理就是允许我们从已有的集合中通过集合论条件得到新的更小的集合. 它也可以用来排除罗素悖论中的问题.

1.1.2 公理 (分离公理模式) 对每个**集合论条件** $\phi(x)$,可以通过该表达式选择给定集合中的元素,分离出一个新的集合:

$$\forall Y \exists X \forall x (x \in X \iff (x \in Y \wedge \phi(x))).$$

根据 ⊆ 的定义,我们知道这时可以记 $X \subseteq Y$,所得的集合就称为**子集**.

1.1.3 注 因为分离公理必须要对所有合法的 $\phi(x)$ 成立,实际上是无穷多个公理,所以加"模式"二字.

♤

简单地说,分离公理要求运用集合论条件构造新集合时,必须先找一个已有的集合作为包容

集. 由于罗素悖论中所叙述的集合并不是基于某个已经证明了定义的集合的子集产生,所以它的操作是没有意义的. 当然,这里对罗素悖论的解决方案是"避开",也就是说不再认为其规定的集合是理所当然地存在的(从逻辑的角度说,此时还不排除使用之后谈到的公理重新导出之的可能;但事实上这不可能,参看习题 1.3.8). 我们还可以用分离公理和罗素悖论的思想导出下面的命题:

1.1.4 定理 不存在包括一切集合的集合("万有集").

证明 若存在,根据分离公理,罗素悖论规定的集合就成为确实存在的集合,这样就立刻导出式(1.0.1),矛盾. □

据此,也可以这样指出罗素悖论的问题:随意地操作范围过大的集合. 实际上,公理集合论就特别小心地避开这一问题,通过慢慢扩大集合,建立集合的层次结构. 在更高阶的集合论中,所有集合的全体可以构成**类**.

现在我们知道了从已有的集合中分离新集合的方法,但我们仍然无法确定是否真的存在一个集合,否则失去了起点的讨论是漫无边际、没有意义的. 我们先利用分离公理和今后要提到的无穷(2.1.3)公理导出一个特别的集合的存在性.

1.1.5 引理 存在一个集合,它不包含任何元素:

$$\exists X(\forall x(x \notin X)).$$

证明 设 ω 是无穷公理保证存在的归纳集(无穷集),我们取集合 $\{x \in \omega : \neg x = x\}$,则它不包含任何元素,从而空集存在. □

根据外延公理,空集存在且唯一,记为 $\varnothing$.

这就好像盘古开天地,有了一个集合并规定了 $\in$ 的操作方式后,我们需要考虑通过已有的集合产生新的集合. 除了分离公理提供的抽取子集的办法外,下面是一个扩大集合的公理,它把已有集合放在一起.

1.1.6 公理 (配对公理) 对任意的集合 X, Y,存在一个集合,使得其中的元素恰包含 X, Y:

$$\forall X \forall Y \exists Z \forall u(u \in Z \iff (u = X \vee u = Y)).$$

我们把配对公理中规定的新集合 Z 记为 $\{X, Y\}$. 借助配对公理可制造许多新集合. 例如,$\{a, a\} \overset{\text{def}}{=} \{a\}, \varnothing, \{\varnothing\}, \{\varnothing, \{\varnothing\}\}$ 都是集合.

配对公理的操作有点像把两个元素取并,但是每运用一次配对公理,都会在符号的层次上多产生一层大括号. 我们现在引入"去掉大括号"的公理,即承诺取并操作:

1.1.7 公理 (并集公理) 对任何集合(为了直观,可以想象为集合的集合,即集族)I,都存在一个集合 A,使得 A 中的元素恰为 I 中一切集合的一切元素:

$$\forall I \exists A \forall x(x \in A \iff \exists i \in I(x \in i)).$$

记上述公理中的 $A = \bigcup I$. 注意这里的并集和我们以前熟悉的还是略有差别,因为此处我们先要把待取并的集合放在一起构成一个集合,然后对后者作并集操作. 图 1.1 形象地表示了 $\bigcup I$ 的效果：图中的圆圈可以视为集合的花括号，虚线表示 I 中的元素（集合），对于一个集合（族）取并，相当于将其中的内层大括号去掉（此直观理解取自 [3]）.

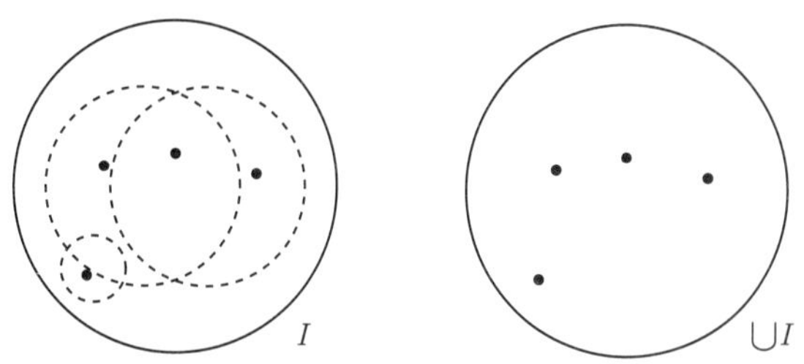

图 1.1　对于一个集合（族）取并，相当于将其中的内层大括号去掉

至此，我们就得到了一大批可供操作的集合.

1.1.8 例　(i) $\bigcup\varnothing=\varnothing, \bigcup\{\varnothing,\{\varnothing\}\}=\{\varnothing\}$.

(ii) 如果 $X\in M$，那么一定有 $X\subseteq\bigcup M$.

(iii) 结合配对公理，我们定义更加熟悉的二元运算 $A\cup B\overset{\text{def}}{=}\bigcup\{A,B\}$. 容易验证二元运算 $\cup$ 的基本性质，如交换律、结合律等.

(iv) 序列

$$N_1=\varnothing, N_2=\{\varnothing\}, N_3=\{\varnothing,\{\varnothing\}\}, N_4=\{\varnothing,\{\varnothing\},\{\varnothing,\{\varnothing\}\}\}\ldots N_i=N_{i-1}\cup\{N_{i-1}\}$$

中前任意有限多个元素都是集合.（这其实是之后要定义的自然数的雏形.）　$\diamond$

1.1.9 例题　设 A,B 是集合，证明：$\bigcup(A\cup B)=\left(\bigcup A\right)\cup\left(\bigcup B\right)$.

证明　我们用 $\bigcup,\cup$ 的定义形式化地验证如下：

$$\begin{aligned}
x\in\left(\bigcup A\right)\cup\left(\bigcup B\right) &\iff x\in\bigcup A\vee x\in\bigcup B\\
&\iff (\exists M(M\in A\wedge x\in M))\vee(\exists M(M\in B\wedge x\in M))\\
&\iff \exists M[(M\in A\vee M\in B)\wedge x\in M] \iff \exists M(M\in A\cup B\wedge x\in M)\\
&\iff x\in\bigcup(A\cup B).
\end{aligned}$$

$\square$

回忆开头提到的原则，我们要完全在公理的基础上进行推证. 因此，为了恢复我们对集合的基本操作的合法性，需要进一步证明那些集合的运算都是合法的. 但是不是像并集一样，对于每个运算我们都要引入新的公理呢？答案是否定的，上面几个简单的公理已经足够证明集合的交、补、差、对称差所得到的对象都是集合.

因为分离公理允许了更小的集合，所以可以直接定义交集而不必诉诸公理.

1.1.10 命题　设 I 是一个非空集族，则 $X=\{x:\forall i(i\in I\implies x\in i)\}$ 是一个集合. 称 X 为 I 中集合的**交**，记为 $\bigcap I$.

证明　因为 $I\neq\varnothing$，所以可取 $i_0\in I$，则 $X=\{x\in i_0:\forall i(i\in I\implies x\in i)\}$，故由分离公理得 X 良定义.

$\square$

和并集一样，可进一步定义二元运算 $A \cap B = \bigcap\{A, B\}$.

利用交运算，我们引入一种特殊的并集：

1.1.11 定义　设 A, B 是集合，称并集 $A \cup B$ 是**不交并**，如果 $A \cap B = \varnothing$，记作 $A \sqcup B$.

1.1.12 注　如若上下文中未强调 $A \cap B = \varnothing$，则 $A \sqcup B$ 的含义为 $A \times \{0\} \cup B \times \{1\}$，表示明确地认为 A, B 中元素互异.（笛卡儿积 $\times$ 的严格定义在下一节.）♤

用分离公理亦可同理导出差集和补集运算，读者可以仿照前面的方法自己证明.

1.1.13 命题　设 A, B 是集合，则 $X = \{x \in A : x \notin B\}$ 是一个集合. 称 X 为 A, B 的**差**，记为 $A - B$ 或者 $A \setminus B$. 对于给定的全集 U，定义 A 的**补集** A^c 为 $U \setminus A$.

最后还要指出一个相对不常见的集合运算，它对应于逻辑中的异或.

1.1.14 命题　设 A, B 是集合，则 $X = (A \setminus B) \cup (B \setminus A) = (A \cup B) \setminus (A \cap B)$ 是一个集合. 称 X 为 A, B 的**对称差**，记为 $A \triangle B$（视所讨论语境不同，有时也更形象地记为 $\oplus$）. 其 Venn 图如图 1.2 所示.

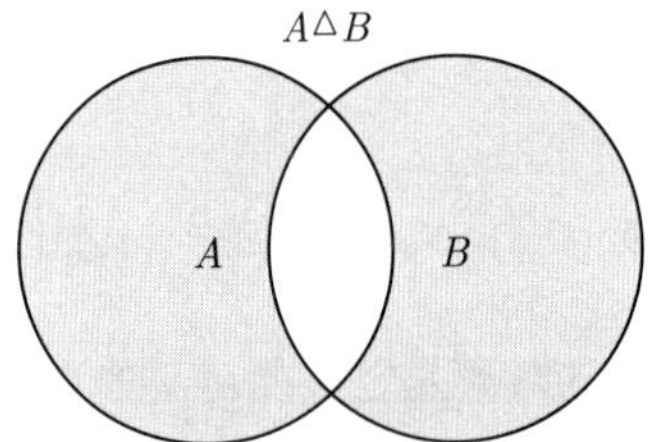

图 1.2　对称差操作的 Venn 图

现在，朴素集合论中部分常用的集合操作都已经得到了承诺（或者公理，或者定理）. 朴素集合论中导出的运算性质，例如 de Morgan 律和分配律，在公理集合论中也可以完全一样地证明. 我们以例题的方式呈现和复习：

1.1.15 例题　设 S 为非空集合，A 为集合. 假设 A 的全体子集构成一个集合 B[①]. 令

$$T_1 = \{Y \in B : \text{对某个 } X \in S \text{ 有 } Y = A \cap X\},$$
$$T_2 = \{Y \in B : \text{对某个 } X \in S \text{ 有 } Y = A \setminus X\}.$$

证明：

(1)（分配律）$A \cap \bigcup S = \bigcup T_1$；

(2)（de Morgan 律）$A \setminus \bigcup S = \bigcap T_2$ 和 $A \setminus \bigcap S = \bigcup T_2$.

证明　(1) $x \in A \cap \bigcup S$ 当且仅当 $x \in A$ 而且存在 $X \in S$ 满足 $x \in X$，这等价于存在 $X \in S$ 使得 $x \in X \cap A$，也等价于 $x \in \bigcup T_1$.

① 这实际上是下一节要用公理承认存在性的幂集，不过我们这里使用它仅仅是为了定义 T_1, T_2：因为应用分离公理时，需要给出一个包容集.

(2) 证明如下：

$$
\begin{aligned}
x \in A \setminus \bigcup S &\iff (x \in A) \wedge \left(\neg \left(x \in \bigcup S\right)\right) \iff (x \in A) \wedge (\neg(\exists X \in S(x \in X))) \\
&\iff (x \in A) \wedge (\forall X \in S(x \notin X)) \iff \forall X \in S(x \in A \wedge x \notin X) \\
&\iff \forall X \in S(x \in A \setminus X) \iff x \in \bigcap (A \setminus X) \\
&\iff x \in \bigcap T_2,
\end{aligned}
$$

以及完全对偶

$$
\begin{aligned}
x \in A \setminus \bigcap S &\iff (x \in A) \wedge \left(\neg \left(x \in \bigcap S\right)\right) \iff (x \in A) \wedge (\neg(\forall X \in S(x \in X))) \\
&\iff (x \in A) \wedge (\exists X \in S(x \notin X)) \iff \exists X \in S(x \in A \wedge x \notin X) \\
&\iff \exists X \in S(x \in A \setminus X) \iff x \in \bigcup (A \setminus X) \\
&\iff x \in \bigcup T_2.
\end{aligned}
$$

□

1.1.16 例题 证明：集合 $A = B$ 当且仅当存在集合 C，$A \cap C = B \cap C \wedge A \cup C = B \cup C$.

证明 必要性显然. 考虑充分性：为了利用 C，我们必须对 A, B 作出合适的分解. 首先

$$A = (A \cap C) \cup (A \cap C^c).$$

因而我们只需要证明 $A \cap C^c = B \cap C^c$. 为此，利用 $A \cup C = B \cup C$. 注意到

$$A \cup C = (A \cap C^c) \sqcup C,$$

故我们也有 $A \cap C^c = B \cap C^c$. 这就完成了证明. □

习题 1.1

1. 假设把 ZF 集合论中的配对公理和并集公理分别弱化为下面的形式，其他公理均不变：
(a) 对任何集合 A, B 都存在一个集合 C，使得 $A \in C$ 而且 $B \in C$.
(b) 对任何集合 S 都存在一个集合 U，使得 $X \in A, A \in S$ 能推出 $X \in U$.
这样得到公理体系 ZF′. 证明：ZF 和 ZF′ 等价.

2. 证明：集合的"全局补"不存在，即对任意的集合 A，"补集"$A^c \overset{\text{def}}{=} \{x : x \notin A\}$ 都不可能是一个集合.

3. 设 A, B, C 都是集合，证明：存在一个集合 P，使得 $x \in P$ 当且仅当 $x = A$ 或者 $x = B$ 或者 $x = C$. 推广结论到四个集合的情形.

4. 化简下列表达式：

(1) $\varnothing \cap \{\varnothing\}$;

(2) $\{\varnothing, \{\varnothing\}\} \setminus \varnothing$;

(3) $\{\varnothing, \{\varnothing\}\} \setminus \{\varnothing\}$;

(4) $\{\varnothing, \{\varnothing\}\} \setminus \{\{\varnothing\}\}$.

5. 设 A, B, C 为集合,证明:

(1) $A \cap B = A \setminus (A \setminus B)$;

(2) $A \setminus (B \setminus C) = (A \setminus B) \cup (A \cap C)$.

6. 设 A, B, E, F 为集合,证明:

(1) 若 $A \cup B = E \cup F$,且 $A \cap F = B \cap E = \varnothing$,则 $A = E, B = F$;

(2) 若 $A \cup B = E \cup F$,则 $(A \cap E) \cup (A \cap F) = A$.

7. 下述关于集合的等式是否正确? 证明或者举出反例.

(1) $(\bigcap A) \cap (\bigcap B) = \bigcap (A \cap B)$.

(2) $(A \cup B \cup C) \setminus (A \cap B \cap C) = (A \triangle B) \cup (B \triangle C)$.

1.2 关系

在日常生活中或是数学中,我们常常遇到关系这个概念. 例如父子关系、同学关系、等于关系、小于关系、函数关系等,它们有着不同的性质. 在计算机科学中,用关系来给数据库建模就得到著名的关系型数据库(Codd, 1981 年图灵奖). 利用集合论,我们可以抽象地给出关系的定义并研究它们.

朴素地说,集合 A 和 B 的元素之间的关系可以视为笛卡儿积 $A \times B$ 的一个子集,若一个有序对 (a, b) 在该子集中,则表示 a 和 b 具有某关系. 我们首先利用前面介绍的公理集合论体系来定义有序对和笛卡儿积的概念.

回忆配对公理的叙述,它导出了一个**无序对**,因为 $\{a, b\} = \{b, a\}$. 要区别顺序,则可以通过一些小技巧来完成. 我们采用如下标准的方法:

1.2.1 定义 (Kuratowski) 设 x, y 为集合,称 $\{\{x\}, \{x, y\}\}$ 为**有序对**,简记为 (x, y).

利用外延公理,我们可以证明这样定义出的有序对确实将第一坐标 x 和第二坐标 y 区分开来了.

1.2.2 命题 有序对 $(x, y) = (z, w)$ 当且仅当 $x = z$ 而且 $y = w$.

证明 充分性显然. 下证必要性. 设 $\{\{x\}, \{x, y\}\} = \{\{z\}, \{z, w\}\}$,则

(i) $\{x\} = \{z\}$ 且 $\{x, y\} = \{z, w\}$. 于是 $x = z$,而且

  (a) $x = z, y = w$,命题成立. 或者

  (b) $x = w, y = z$,则 $x = z = w = y$,命题也成立.

(ii) 或者 $\{x\} = \{z, w\}, \{z\} = \{x, y\}$,于是 $x = z = w, z = x = y$,命题成立.

总之,$(x, y) = (z, w) \iff x = z \wedge y = w$. □

不过,现在还不知道两个集合中的元素各取一个得到的有序对的全体(即笛卡儿积)是否构成了一个集合. 为了使笛卡儿积所代表的集合存在,需要使集合的"大小"成乘法级别的增长. 我们可以引入以下公理[①]:

---

① 笛卡儿积存在性可以用后续提到的替换公理(1.3.11 公理)导出,但使用幂集公理可使其定义显著地简单. 同时,对于幂集的定义来说,幂集公理是不可或缺的.

1.2.3 公理 (幂集公理) 对任何集合 X,存在其一切子集组成的集合:

$$\forall X \exists Y \forall Z (Z \subseteq X \iff Z \in Y).$$

集合 Y 称为 X 的**幂集**,记为 $\mathscr{P}(X)$.

因为和集合中元素“个数”的关系,X 的幂集也可以记成 2^X.

接下来,我们用幂集公理导出笛卡儿积的存在性,然后用笛卡儿积定义(二元)关系的概念.

1.2.4 命题 设 X, Y 是集合,则 $T = \{(x, y) : x \in X, y \in Y\}$ 是一个集合. 称 T 为 X, Y 的**笛卡儿积**,记为 $X \times Y$.

证明 因为 $\{x\}, \{x, y\}$ 都是 $A \cup B$ 的子集,所以 $\{x\}, \{x, y\} \in \mathscr{P}(A \cup B)$,这样一来 $(x, y) = \{\{x\}, \{x, y\}\}$ 就是 $\mathscr{P}(A \cup B)$ 的子集. 于是 $\{(x, y) : x \in A, y \in B\} \subseteq \mathscr{P}(\mathscr{P}(A \cup B))$,这就是分离公理所需要的包容集. □

1.2.5 定义 恰以有序对构成的集合称为**关系**. $R \subseteq X \times Y$ 称为集合 X, Y 之间的一个关系;$(x, y) \in R$ 可以简记为 xRy. 特别地,$R \subseteq X \times X$ 称为集合 X 上的一个关系.

为了讨论一些比较有意义的关系,我们先定义几个有关关系的性质的词汇.

1.2.6 定义 设 R 是集合 X 上的一个关系. 我们称 R 满足

- ▷ **自反性** 如果对每个 $x \in X$ 都有 xRx;
- ▷ **对称性** 如果对每个 $x, y \in X$,xRy, yRx 同时成立或者不成立;
- ▷ **反对称性** 如果对每个 $x, y \in X$,xRy, yRx 同时成立表明 $x = y$;
- ▷ **传递性** 如果对每个 $x, y, z \in X$,xRy, yRz 能推出 xRz.

比如说,一般而言同学关系具有对称性和传递性,而父子关系则没有自反性、对称性或是传递性;等于关系是自反、对称且传递的,而小于关系则只有传递性.

在关系中,我们特别关心的一类是**等价关系**.

1.2.7 定义 所谓等价关系,就是说一个集合上满足自反性、对称性和传递性的关系.

等价关系经常记为 $\sim$. 在 $\sim$ 下,与 x 等价的一切元素的集合写作 $[x]$,称为**等价类**,x 称为这个等价类的一个**代表元**.

1.2.8 例 在 $\mathbb{R}$ 上定义 $x \sim y \iff x - y \in \mathbb{Z}$,易验证这是一个等价关系. $x \in \mathbb{R}$ 所在的等价类是 $[x] = \{x + n : n \in \mathbb{Z}\}$. 可以选择 x 的小数部分作为等价类的代表元. 每一个等价类的元素都是那些小数部分相同的实数. ◇

为什么要定义等价关系? 下面的定理指出,定义了等价关系,就自然诱导了集合 X 上元素的分类.

1.2.9 定理 设 $\sim$ 是 X 上的等价关系,则所有等价类 $M = \{[x] : x \in X\}$ 构成 X 的一个**划分**,即

(i) $\bigcup M = X$,而且

(ii) 对每组不同的 $A, B \in M$,二者不交:$A \cap B = \varnothing$.

证明 依据自反性,对任意 $x \in X$ 都有 $x \in [x] \in M$,从而 $x \in \bigcup M$,于是 $X \subseteq \bigcup M$. 另一方面显见 $\bigcup M \subseteq X$. 所以 $\bigcup M = X$.

设 $x \in [a] \cap [b]$,则 $x \sim a, x \sim b$,由传递性 $a \sim b$. 现在,对任意的 $a' \in [a]$,都有 $a' \sim a \sim b$,所以 $[a] \subseteq [b]$,同理 $[b] \subseteq [a]$,推得 $[a] = [b]$. 故 $[a] \neq [b]$ 表明 $[a] \cap [b] = \varnothing$. □

这样一来,集合上的等价关系抽离了集合中某些我们不关心的性质,一个复杂集合的结构就被等价关系近似为一些等价类组成的集合的结构. 这时就只需要关注那些等价类(或者说等价类的代表元)整体的性质,处理起来可能就比较方便. 由此引出:

1.2.10 定义 设 $\sim$ 是 X 上的等价关系,称等价类的集合 $\{[x] : x \in X\}$ 为 X 关于等价关系 $\sim$ 的**商集**,记为 $X/\sim$.

1.2.11 例 $\mathbb{R}$ 上的等价关系 $x \sim y \iff x - y \in \mathbb{Z}$ 的商集记为 $\mathbb{R}/\mathbb{Z}$,根据前面的讨论知道它和 $[0, 1)$ 之间存在一一对应. ◇

习题 1.2

1. 是否存在以一切偶集(形如 $\{A, B\}$)为元素构成的集合? 证明你的论断.

2. 证明:对任何集合 X,幂集 $\mathscr{P}(X)$ 都不可能和 X 相等.

3. 计算 $\bigcup \mathscr{P}(\mathscr{P}(\varnothing))$ 和 $\bigcap \mathscr{P}(\mathscr{P}(\mathscr{P}(\varnothing)))$.

4. 假设我们采用如下对有序对的定义:

$$(a, b) \overset{\text{def}}{=} \{\{a, \varnothing\}, \{b, \{\varnothing\}\}\}.$$

(1) 证明:在这种定义下 $(a, b) = (c, d)$ 当且仅当 $a = c$ 而且 $b = d$.

(2) 将这种有序对定义推广到三元组 (a, b, c),然后证明判定两个三元组相等的充要条件.

5. 设 X 是集合,是否有 $X \times (X \times X) = (X \times X) \times X$? 证明或者举出反例.

6. 设 R 是一个关系,定义它的定义域 $\operatorname{dom} R$ 和值域 $\operatorname{ran} R$ 为

$$\operatorname{dom} R \overset{\text{def}}{=} \{x : \exists y, (x, y) \in R\},$$
$$\operatorname{ran} R \overset{\text{def}}{=} \{y : \exists x, (x, y) \in R\}.$$

证明:$\operatorname{dom} R, \operatorname{ran} R$ 都是集合.

7. 判断下列关系是否具有自反性、对称性或传递性:

(1) 集合 $\{a, b, c\}$ 上的关系 $\{(a, b), (b, a), (a, a)\}$;

(2) 设 A 是给定的集合 X 的非空子集的集合,其上的关系 $uRv \iff u \cap v \neq \varnothing$;

(3) $\mathbb{R}$ 上的关系 $aRb \iff |a - b| \leqslant 2$.

8. 找出平面上所有线段(含退化线段,即一个点)构成的集合上的等价关系,使得相应商集是平面向量.

9. 在集合 $\mathbb{Z} \times (\mathbb{Z} \setminus \{0\})$① 上定义关系

$$(a, b) \sim (c, d) \iff ad = bc.$$

① 我们还没有给出公理集合论中自然数和整数的严格定义,这里我们采用已有的朴素理解.

(1) 证明:$\sim$ 是一个等价关系.

(2) 求等价类 $[(0,1)]$ 和 $[(2,4)]$. 描述商集 $\mathbb{Z}\times(\mathbb{Z}\setminus\{0\})/\sim$ 的结构.

1.3 映射

映射或函数是我们熟悉的概念. 清代数学家李善兰说:“凡此变数中含彼变数者,则此为彼之函数.”可见,映射中最关键的组成部分就是对应规则. 利用关系的概念,我们可以很好地给出对应规则的意思,同时也自然地定义定义域、陪域和值域.

1.3.1 定义 所谓**映射**,就是集合 X,Y 之间的一个单值的关系 R,它满足对给定的 $x\in X$,都恰有一个 $y\in Y$ 满足 xRy. 这时 X 称为**定义域**,Y 称为**陪域**;称 y 为 f 在 x 处的**值**,记为 $y=f(x)$ 或 $x\mapsto y$.

映射有时候也写为 $f: X\longrightarrow Y$ 或者 $(f_x)_{x\in X}$.

从 X 到 Y 的映射的全体记为 Y^X,我们注意到它是 $\mathscr{P}(X\times Y)$ 的子集,所以它是一个良定义的集合. 我们可以看出 Y^X 这种记法和 $X\longrightarrow Y$ 的映射“个数”的计数有关.

1.3.2 例 设 $\sim$ 是集合 X 上的一个等价关系,则

$$\begin{aligned}\varphi: X&\longrightarrow X/\sim\\ x&\mapsto [x]\end{aligned}$$

是映射,称为 $\sim$ 诱导的**自然映射**. ◇

对给定的映射 $f: X\longrightarrow Y$ 和集合 $B\subseteq X, C\subseteq Y$, B 的**像**记为 $f(B)\overset{\text{def}}{=}\{y\in Y: \exists x\in B, f(x)=y\}$. 特别地,$f(X)$ 称为**值域**,可记为 $\operatorname{im} f$. C 的**原像**记为 $f^{-1}(C)\overset{\text{def}}{=}\{x\in X: f(x)\in C\}$. 特别地,当 C 为单点集 $\{y\}$ 时,原像也可以写为 $f^{-1}(y)$,但这时原像仍然是一个集合.

如果只考虑 f 在 B 上的情形,即将 f 的定义域缩小,得到的新映射称为 f 在 B 上的**限制**,记为 $f|_B$. 如果将 f 的定义域扩大到 $X'\supset X$,得映射 $g: X'\longrightarrow Y$,但是仍然有 $g|_X=f$,就把 g 称作 f 的**延拓**.

下面是一个有趣的结论,它展现了结合函数的像和集合运算的一些操作方法,同时也包含了我们将要讲到的序数的影子. 其结论之后还会用到.

1.3.3 例题 (Knaster–Tarski,[4-5]) 设集合 X 非空, 映射 $f: \mathscr{P}(X)\longrightarrow\mathscr{P}(X)$ 满足对于任意的 $A\subseteq B\subseteq X$ 都有 $f(A)\subseteq f(B)$. 证明:存在 $T\subseteq X$ 是 f 的不动点,即 $f(T)=T$.

证明 这问题的做法类似于介值定理,因为显然有 $\varnothing\subseteq f(\varnothing)$ 和 $X\supseteq f(X)$,我们想要的就是一个中间集合. 类似介值定理的证法,我们取“上确界”

$$T=\bigcup\{A: A\text{ 满足 }A\subseteq f(A)\},$$

那么我们有

$$T\subseteq\bigcup\{f(A): A\text{ 满足 }A\subseteq f(A)\}\subseteq f\left(\bigcup\{A: A\text{ 满足 }A\subseteq f(A)\}\right)=f(T).$$

式中第一个包含关系由 T 的定义直接导出. 第二个包含关系论证如下:任给满足 $A \subseteq f(A)$ 的集合 A,则 $A \subseteq \bigcup\{A : A \text{ 满足 } A \subseteq f(A)\}$,两边作用 f 得到 $f(A) \subseteq f\left(\bigcup\{A : A \text{ 满足 } A \subseteq f(A)\}\right)$,最后由 A 的任意性即得断言.

上式两边再作用一次 f 得到 $f(T) \subseteq f(f(T))$. 这表明集合 $f(T)$ 也是满足条件的一个 A,从而 $f(T) \subseteq T$,结合 $T \subseteq f(T)$ 得 T 是 f 的不动点. □

我们最后来讨论映射的一些简单性质.

1.3.4 定义 设映射 $f: X \longrightarrow Y$,称它是

▷ **单射** 如果对每个 $x_1, x_2 \in X$,$f(x_1) = f(x_2)$ 表明 $x_1 = x_2$;

▷ **满射** 如果 $\operatorname{im} f = Y$;

▷ **双射** 如果 f 既单又满.

1.3.5 例 设 $f: X \longrightarrow Y$ 是单射,$A \subseteq X$,则 $f|_A: A \longrightarrow f(A)$ 是双射. ◇

1.3.6 引理 设 $A \neq \varnothing$,则存在单射 $f: A \longrightarrow B$ 当且仅当存在满射 $g: B \longrightarrow A$.

证明 必要性. 因为 f 是单射,所以 $f|_A: A \longrightarrow f(A)$ 是双射,这样一来 $f(A)$ 中元素的原像已经充满了 A,对于剩下 $B \setminus f(A)$ 中的元素,将它们固定地映射到某个 $a_0 \in A$ 就可以了. 也就是说,构造如下:

$$g(y) = \begin{cases} x & (\text{存在某个 } x \text{ 使得 } y = f(x)), \\ a_0 & (\text{否则}). \end{cases}$$

充分性. 对于每个 $x \in A$,因为 g 为满射,所以 $B_x = g^{-1}(x)$ 都不是空集,而且对不同的 x_1, x_2 有 B_{x_1}, B_{x_2} 不交(不然的话 g 就不是单值的了). 我们从 B_x 中任意选择一个 y 作为 x 的像即可(如图 1.3 所示).

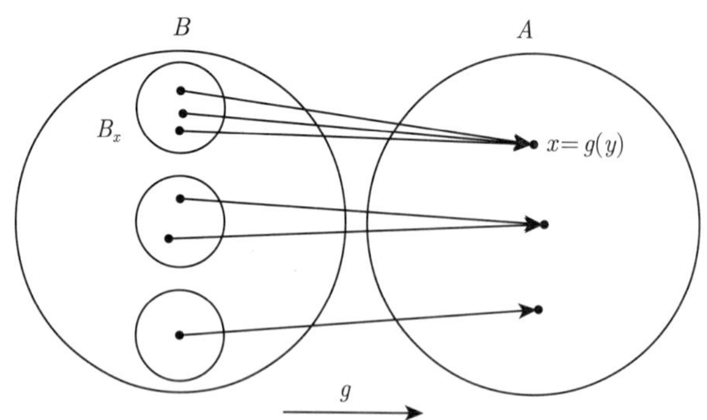

图 1.3 从 B_x 中任意选择一个 y 作为 x 的像来构造单射

也就是说,构造如下:

$$f(x) = y \quad (\text{对每个 } x, \text{任取 } y \in g^{-1}(x)).$$

□

仔细考察上面证明的充分性部分,它有一些微妙之处. 在对每个 x 任取 y 的过程中,我们可能要同时完成在无穷多个无穷集合中任取元素的操作(A 可能为无穷集,每个 B_x 也可能是无穷

集合). 集合论的研究表明,这种一般的"任取"操作不是显然可行的,它需要如下选择公理作为支撑:

1.3.7 公理 (选择公理) 对于所有的不包含空集的集族,均存在一个选择函数,它从每个集合中选择一个元素:

$$\forall X\left(\varnothing \notin X \implies \exists f: X \longrightarrow \bigcup X, \forall A \in X(f(A) \in A)\right).$$

这样一来,在上面的证明中,我们必须指出,根据选择公理,存在一个选择函数 choice : $A \longrightarrow B$ 使得对每个 $x \in A$, $\text{choice}(x) \in B_x$,得到要求的单射. 但是,在必要性的证明中,只需要选择一个 $a_0 \in A$,故不需要用到选择公理.

你可能会想,选择公理太明显了,当然要承认它. 令人意想不到的是,这是一个富有争议的话题. 尽管听上去它非常自然(有谁能阻止你做这样随意的选择呢?),但它可以用来证明许多难以构造的、虚无缥缈的事物的存在性. 我们之后会学到一个例子(良序定理, 3.1.16 定理). 又如,著名的**分球怪论**指出,如果承认选择公理,那么可以证明三维欧氏空间中存在有限多个互不相交的子集,它们的并集是一个单位球,但只把每个子集进行一些旋转和平移,就可以重新把它们拼成两个单位球! 这些例子都非常不符合常识.

然而,大部分数学家倾向于承认选择公理. 一方面,选择公理有大量用处,证明线性空间一定有一组基需要用到选择公理,环中极大理想的一般存在性也要用到选择公理,等等. 另一方面,一些反直觉的结论其实并非不可接受. 我们并没有理由随意地将那些有限情形下的,或者符合几何直观的常识推广到复杂的情形中去.

在继续叙述之前,我们还需要对选择公理作点补充讨论,以澄清一些可能的误解. 首先,选择公理所允许的是同时进行"无穷多项"同时的操作,而不是做单个操作(对比前面的必要性和充分性). 下面的例子[6]从直观的角度讨论了何时需要用到选择公理.

1.3.8 例 假定你面前有一些盒子.

(i) 若只有一个盒子,里面有无穷无尽"数不清"的沙子,那么从中拿出一粒沙子不需要选择公理.

(ii) 若有"数不清"个数的盒子,里面各放有一双鞋子,那么从每个盒子中拿出左脚穿的鞋子不需要选择公理.

(iii) 若有"数不清"个数的盒子,里面各有无穷无尽"数不清"的沙子,那么从每个盒子中拿出一粒沙子需要选择公理. 若每个盒子里的沙子数有限,此时仍需要选择公理.

本例说明,不是任何挑选元素的问题都需要选择公理. 特别地,如果指明如何挑选的选择函数可以构造性地写出,或者待选择的集族中只有有限个集合,那么这是不需要选择公理的(可以用归纳法直接证明). ◇

作为本节的结束,我们给出 ZF 公理体系中最后 3 条中的 2 条. 正文中我们至多只使用它们的推论,而不深入讨论引入它们的理由.

1.3.9 公理 (正则公理) 对于每个非空的集合 X,都存在一个 $y \in X$ 使得 $y \cap X = \varnothing$:

$$\forall X(X \neq \varnothing \implies \exists y \in X, y \cap X = \varnothing).$$

正则公理很少用到,大多数我们想要证明的结论都不需要用到它[7],但用正则公理则可以走捷径. 下述推论是一个例子（参看习题 2.2.5）.

1.3.10 推论 不存在以自身为元素之一的集合.

证明 若 $X \in X$，配对公理允许了 $X \in \{X\}$，从而 $X \in X \cap \{X\}$. 我们考虑集合 $\{X\}$ 满足正则公理所说的性质，其中应当有一个元素和 $\{X\}$ 不交，但这与 $X \in X \cap \{X\}$ 矛盾. □

1.3.11 公理 (替换公理模式) 对每个合式公式 $\phi(x, y, p)$ 和集合 X，如果对每个 $x \in X$ 都存在唯一 y 满足 ϕ，那么这些 y 构成集合：

$$\forall x \forall y \forall z(\phi(x, y, p) \land \phi(x, z, p) \implies y = z) \\ \implies \forall X \exists Y \forall y(y \in Y \iff (\exists x \in X)\phi(x, y, p)).$$

注意替换公理模式其实是说对于（满足一定条件的）映射 f，像 $f(X)$ 是一个集合. 但这里的映射和我们刚刚定义的映射是有区别的，因为它没有事先指明陪域，而是说根据 $\phi(x, y, p)$ 总是能得到合法的像 $f(X)$.

替换公理模式是相当强的一个公理，设立它之后，若干之前提到的 ZF 公理体系中的公理就变得可证了（回顾正文第 10 页脚注 ①）.

习题 1.3

1. 设映射 $f: X \longrightarrow Y$，集合 $A, C \subseteq X, B, D \subseteq Y$，判断以下命题的真假并说明理由：

(1) $f^{-1}(Y \setminus B) = f^{-1}(Y) \setminus f^{-1}(B)$；

(2) $f(X \setminus A) = f(X) \setminus f(A)$；

(3) $f^{-1}(B \cap D) = f^{-1}(B) \cap f^{-1}(D)$；

(4) $f(A \cap C) = f(A) \cap f(C)$.

2. 证明：如果 $X^Y = Y^X$，则一定有 $X = Y$.

3. 对集合 X, Y 之间的关系 R 和集合 Y, Z 之间的关系 S，定义 R, S 的**复合** $S \circ R$ 为

$$\{(x, z) \in X \times Z : \exists y, xRy \land ySz\}.$$

(1) 证明：若 $f: X \longrightarrow Y, g: Y \longrightarrow Z$ 是映射，则关系的复合 $g \circ f$ 也是映射，称为映射 g, f 的**复合映射**.

(2) 称集合 S 上的映射 $I_S(x) = x$ 为**恒等映射**. 设 $f: X \longrightarrow Y, g: Y \longrightarrow X$.

- 若 $g \circ f = I_X$，就称 g 是 f 的**左逆**.
- 若 $f \circ g = I_Y$，就称 g 是 f 的**右逆**.
- 如果 g 同时为 f 的左逆和右逆，就称它是 f 的**逆**.

证明以下命题：

a) f 有左逆当且仅当 f 是单的；

b) f 有右逆当且仅当 f 是满的；

c) f 有逆当且仅当 f 是双射；

d) 若 f 有逆，则 f 的逆唯一，记为 f^{-1}；

e) 若 f 有逆，则 $(f^{-1})^{-1} = f$.

4. 设映射 $f: A \longrightarrow A$,且存在正整数 n 使得 $f^n = I_A$,证明:f 是双射.

5. (典范分解) 设 $f: X \longrightarrow Y$ 为映射,证明:存在单射 g 和满射 h,使得 $f = g \circ h$.

6. (推广的笛卡儿积) 给定集合 I 和定义在 I 上的映射 X,若 $\operatorname{im} X \subseteq$ 集合 M,就说这个函数 X 是 M 上的一个**族**,而 I 称为**指标集**,$i \in I$ 为**指标**,$X(i)$ 为这个族的**项**.

(1) 据此,如何定义朴素的记号 $\bigcup_{i\in I} X_i$ 和 $\bigcap_{i\in I} X_i$?(注意这里的集合 I 可能是比自然数集大得多的集合)

(2) 已知自然数集 $\mathbb{N}$ 存在. 考虑用朴素方式列出的自然数序列 $\{a_i\}_{i=0}^{\infty}$. 用本题的定义应如何表达该序列?

(3) 对族 X,称映射的集合

$$\{x : \forall i \in I(x(i) \in X(i))\}$$

是它们的**笛卡儿积**.

a) 证明笛卡儿积是一个集合.

b) 证明:如果 $X(i)$ 都非空,则它们的笛卡儿积非空等价于选择公理.

7. 用 ZF 公理体系中剩下的公理导出配对公理,于是配对公理实际上可以成为一个定理.

8. 证明:在 Z 或者 ZF 公理体系下,罗素悖论不可能成立.

9. 证明:不存在集合 A, B, C, D,使得 $A \in B, B \in C, C \in D, D \in A$.

注解

现代集合论的发展顺序实际上是和本部分的叙述顺序相反的:Cantor 等数学家首先初步发展了有关自然数、序数和基数的理论,后来出现的悖论才导致朴素集合论到公理集合论的转化. Zermelo 最初是为了给出良序定理(3.1.16 定理)的证明引入的 Z 公理体系 [2],而 Skolem 和 Franekel 的补充主要是用一阶语言严格叙述了分离公理以及添加了替换公理. 在之后的序数章节中有时候会需要用到替换公理,但在本课程中我们不会过分强调它. 正则公理是 von Neumann 引入的 [8].

选择公理是一个非常有意思的话题,相信读者在之前的数学分析课程已经有所耳闻了. 关于承认和不承认选择公理会导致的后果,[9] 这本小册子深入给出了很多容易理解而且引人入胜的例子. 不过,Gödel 和 Cohen 先后分别证明了选择公理在 ZF 公理体系下的相容性(承认正确性则无矛盾)和独立性(ZF 公理体系下不可证).

本章我们简单解说了 ZFC 公理体系各个公理的用途,而 [3] 中还有更多详细和形象的叙述,可供进一步理解. 而 [10] 中则有更加精练的总结.

我们对关系和映射的讨论比较简略,有不少问题都留了习题,主要是因为这些性质均已经为读者所熟悉,而且都比较简单. 如果需要复习的话可以参考任何一本标准的教材. Knaster–Tarski 定理的一般叙述是基于格论的 [5],课文中给出的是 Knaster 最初发现的简单版本. 利用映射定义广义的笛卡儿积是非常重要的思想,相关的习题 1.3.6 取自 [3].

参考文献

[1] SCHILPP P A. The Philosophy of Bertrand Russell[J]. Mind, 1947, 56(224).

[2] ZERMELO E. Untersuchungen über die Grundlagen der Mengenlehre. I[J]. Mathematische Annalen, 1908, 65(2): 261-281.

[3] 董延闿. 基础集合论 [M]. 北京: 北京师范大学出版社, 1988.

[4] KNASTER B, TARSKI A. Un théorème sur les fonctions d'ensembles[J]. Ann. Soc. Polon. Math., 1928, 6: 133-134.

[5] TARSKI A. A lattice-theoretical fixpoint theorem and its applications[J]. Pacific Journal of Mathematics, 1955, 5(2): 285-309.

[6] RUSSELL B, SLATER J G. Introduction to Mathematical Philosophy[M]. Milton Park, Oxfordshire: Routledge, 1993.

[7] KUNEN K. Set Theory: An Introduction to Independence Proofs[M]. Amsterdam: Elsevier, 2014.

[8] NEUMANN J V. Eine Axiomatisierung der Mengenlehre[J]. 1925.

[9] HERRLICH H. Axiom of Choice[M]. Berlin: Springer, 2006.

[10] JECH T. Set Theory[M]. Berlin: Springer Berlin Heidelberg, 2013.

2 自然数

阅读提示

本章承接前文的公理化方法构造出自然数，若将本章内容接到数学分析之前，则常见数系的构造就完整了．我们采用的方法是利用 ZF 集合论来定义 0 和后继（“向前数”）操作，然后导出 Peano 公理和数学归纳法，这也是最符合人类认知规律的自然数定义方式 [1]（但不是唯一可能的方式）．除了后继的概念之外，另外一个重点则是对于无穷集的认识．什么是无穷集？确切定义并不容易，但是使用“向前数”的直觉就可以表达出来．对于无穷集合的构造和研究，是现代集合论中极为重要的一隅．如果读者掌握了前一章的公理化方法的思想，那么本章的内容应当相对容易，不过自然数许多性质（如大小关系、运算性质）的证明十分繁琐，我们仅仅作简短介绍．

早在几千年前，人们就已经在使用自然数了．在生活中，我们用自然数进行计数和排序，同时使用它们形象的运算性质．但直到公理化方法的思想被数学界广泛接受之前，人们都还没有考虑过这些事情的形式化定义．

1889 年，意大利数学家 Peano 第一个把自然数集作为不定义的概念，设立了五条公理来刻画它，可以用这些公理来证明自然数的各种性质．这是自然数公理化的首次成功尝试．1921 年，von Neumann 在集合论的基础上定义了自然数 [2]，这一定义可以导出 Peano 的公理．这就是本章要介绍的内容．

2.1 无穷公理

公理集合论把一切（在其考虑范围内）的事物都视为集合，因此，自然数亦应当是集合．

如何严格构造自然数？所谓 0，就是“空无所有”，可以考虑用 $\varnothing$ 代表 0，而 1 就是“单”，2 就是“偶”（配对公理又称偶集公理）……正如我们在 1.1.8 例中看到的，我们可以尝试如下定义：

$$0=\varnothing, 1=\{\varnothing\}, 2=\{\varnothing,\{\varnothing\}\}=\{0,1\}, 3=\{\varnothing,\{\varnothing\},\{\varnothing,\{\varnothing\}\}\}=\{0,1,2\}, \ldots \tag{2.1.1}$$

直觉上，我们总是让已知的所有数字构成的集合作为“下一个数”的定义，而且“下一个数”所代表的集合中的元素“个数”恰好就是那个数字．这就是 von Neumann 的自然数构造方法．

更具体地说，每次都把 n 定义为 $(n-1)\cup\{n-1\}$，如此不断地“数”下去，看来就能得到我们要的自然数集了（注意，1.3.10 推论保证 $(n-1)\cup\{n-1\}$ 是不同于 $n-1$ 的集合）. 其实并不尽然. 我们确实定义了 0,1,2,3，而且任给一个数字，我们都能写出其定义. 但是，我们需要的一般定义应该形如："一个集合 n 称为自然数，如果……"正如那些质疑 Cantor 的数学家所问，我们无法在省略号中写完所有的自然数，当然也数不尽所有的自然数，因而用列举的方法确定自然数集是永远不可能的. 我们需要用明确的数学语言定义这个集合，而不是说"如此不断数下去"这种含糊的话.

为了通过元素满足的条件"一下子"给出自然数集的定义，我们需要刻画式 (2.1.1) 所描述的集合的性质，即"下一个数"总是存在.

2.1.1 定义 若集合 A 满足

(i) $0=\varnothing\in A$,

(ii) 若 $n\in A$，则 $n^+\overset{\text{def}}{=}n\cup\{n\}\in A$,

就称它是**归纳集**. n^+ 称为集合 n 的**后继**.

容易发现，$0=\varnothing$ 不是任何集合的后继.

在后继的定义中，我们可以看出 $n\in n^+$ 和 $n\subseteq n^+$ 同时成立. 在过去的经验里，我们一般把 $\in$ 和 $\subseteq$ 看成集合"分层"的一种依据，$A\in B$ 给人 A,B 层次不同的印象，而 $A\subseteq B$ 则反之. 现在这种经验被打破了，是需要大家逐渐习惯的. 我们以下面的例题以熟悉之.

2.1.2 例题 设 X 是归纳集，证明：$Y=\{x\in X: x\subseteq X\}$ 是归纳集.

证明 首先 X 是归纳集导出 $\varnothing\in X$，而空集的定义表明 $\varnothing\subseteq X$，所以 $\varnothing\in Y$.

设 $y\in Y$，我们有 $y\in X$ 和 $y\subseteq X$. 这导出 $y\cup\{y\}$ 是 X 的子集. 又因为 X 为归纳集，所以 $y\cup\{y\}\in X$. 从而 $y\cup\{y\}\in Y$，即 Y 是归纳集. □

所以，1 是 0 的后继，2 是 1 的后继，以此类推. 我们要设立公理以承认，不仅"以此类推"的过程可以无休止地进行下去，最终确实有一个合法的集合满足这样的性质.

2.1.3 公理 (无穷公理) 存在一个归纳集：

$$\exists x[(\varnothing\in x)\wedge\forall y\in x(y\cup\{y\}\in x)].$$

无穷公理是一个跨越性的公理，它实质上承认了无穷集的存在. 从数学史的角度说，在这之前的无穷都不是"实无穷". 数学分析中的 $\lim_{n\to\infty}\dfrac{1}{n}=0$ 是一个"潜在"的无穷过程，因为它只是断言对于充分大的 n，$\dfrac{1}{n}$ 都能充分接近于 0，但 $\dfrac{1}{n}$ 恒不是 0. 而承认无穷公理，则是断言存在一个"实在"的无穷. 这是 Cantor 的创见. 与之相对，我们之后还要用自然数来明确定义什么是有限集（有穷集）.

归纳集的存在性使得我们对自然数集的构造彻底合法化，不过在进一步推进之前还需要做一些清洁工作：若只按归纳集的定义，可在集合中添加 $\{1\}$，则 $\{1\}\cup\{\{1\}\}$ 等集合也将进入我们的视野，这可以视为自然数出现了分支. 因此我们规定自然数集时要去掉这些分支.

在我们面前有许多可能的方案，例如规定自然数集是所有归纳集的交集. 但是我们不能直接这样定义，因为这就需要所有归纳集构成一个集合——这集合太大了，可能做不到！其实，使用一个简单的技巧就能避开这些问题，而利用一些后续的简单论证就能恢复前述直觉.

2.1.4 定理 设 X 是无穷公理确保的归纳集,则集合 $\omega = \bigcap\{Y : Y \subseteq X, Y \text{ 为归纳集}\}$ 良定义且唯一. 这个集合称为**自然数集**[①],其中的元素称为**自然数**.

证明 首先,待取交的集合 $\{Y : Y \subseteq X, Y \text{ 为归纳集}\} \subseteq \mathscr{P}(X)$,由幂集公理和分离公理得到良定义. X 本身是归纳集说明此集合非空,所以取交是允许的操作.

另外, 假设存在两个归纳集 X_1, X_2, 二者分别导出集合 ω_1, ω_2. 注意到按定义 $X_1 \cap X_2$ 仍为归纳集, 而且同时为 X_1, X_2 的子集, 所以 $\bigcap\{Y : Y \subseteq X_1, Y \text{ 为归纳集}\} = \bigcap\{Y : Y \subseteq X_2, Y \text{ 为归纳集}\} = \bigcap\{Y : Y \subseteq X_1 \cap X_2, Y \text{ 为归纳集}\}$,由外延公理知道 $\omega_1 = \omega_2$,即上述定义确定的集合 ω 是唯一的. □

本质地讲,我们实际上规定了自然数是那些恰属于每个归纳集的集合,这个条件明确地给出了自然数集的定义,它间接地实现了式 (2.1.1) 的直观.

习题 2.1

1. 按 von Neumann 自然数的定义计算:

(1) $\bigcup\bigcup 8$;

(2) $\bigcup\bigcap\{7, 8\}$.

一般地,对于自然数 n,如何计算 $\bigcup n$ 和 $\bigcap n$?

2. 设 X 是归纳集,证明:$Y = \{x \in X : x = \varnothing \vee \exists y \in X(x = y \cup \{y\})\}$ 是归纳集.

3. 对于自然数 x,证明:不存在集合 z,使得 $x \subsetneq z \subsetneq x^+$.

4. 假设我们直接规定自然数集 $\omega \stackrel{\text{def}}{=} \{n : n \text{ 属于每个归纳集}\}$,这是不是一个良定义? 说明理由. 如果是的话,它和课文的定义是否等价?

2.2 Peano 公理

我们可以用公理集合论的自然数定义来导出著名的 Peano 公理,由此它就变成了定理. 作为准备,我们先罗列并证明一些自然数集的性质,这些性质完全是我们熟悉的,只不过被严格化了.

2.2.1 引理 ω 是归纳集.

证明 设 X 是 2.1.4 定理中表述的包容 ω 的归纳集. 由于对任意的归纳集 $A \in \mathscr{P}(X)$ 都要求 $0 \in A$,所以 $0 \in \omega$. 另一方面,设 $n \in \omega$,则 n 在每个归纳集 $A \in \mathscr{P}(X)$ 中,于是 n^+ 也在这些集合中,故 $n^+ \in \omega$. 所以 ω 是归纳集. □

此引理和自然数(集)的定义表明,自然数集作为归纳集具有"最小性",也就是说:

2.2.2 推论 (归纳原理) 设集合 $A \subseteq \omega$ 满足 $0 \in A$,且对任何 $n \in \omega$,若 $n \in A$,就有 $n^+ \in A$,那么 $A = \omega$.

证明 设 X 是 2.1.4 定理中表述的包容 ω 的归纳集,则 $A \subseteq \omega, \omega \subseteq X$. 根据条件知 A 为归纳集,因此根据 $A \subseteq X$ 和 ω 的定义得 $\omega \subseteq A$. 所以 $A = \omega$. □

① 自然数集也可以用熟悉的 $\mathbb{N}$ 来表示. 我们使用 ω 这个符号,主要是强调它具有后面将定义的序结构,以及和序数的关系.

归纳原理是**数学归纳法**的基础，它是我们证明有关自然数的性质的基本工具. 例如:

2.2.3 引理 对于任意一个自然数 n，要么 $n = 0$，要么存在 $m \in \omega$ 使得 $m^+ = n$.

证明 用归纳法. 作集合 $A = \{0\} \cup \{n \in \omega : \exists m, m^+ = n\}$. 显然 $0 \in A$. 假设非零元素 $n \in A$，考虑 n^+. 取 $m = n$，则 $m^+ = n^+$，这表明 $n^+ \in A$. 由归纳原理知 $A = \omega$. □

这就是说，除了 0 之外的每个自然数都有一个前驱.

观察我们在式 (2.1.1) 中的描写，对两个自然数 a, b 有 $a \in b$ 蕴涵 $a \subseteq b$. 做过 2.1.2 例题后，这一现象对我们来说应该没有那么不愉快了. 这一性质对我们之后引入序数等概念是有益的，现在抽离之.

2.2.4 定义 若集合 A 满足 $a \in A$ 蕴涵 $a \subseteq A$，就称 A 是**传递集**.

用“传递”二字称呼这种性质，是因为它等价于 $a' \in a, a \in A$ 合起来能推出 $a' \in A$，也就是 A 对 $\in$ 关系有传递性. 事实上，设定义中条件成立，那么 $a \in A$ 表明 $a \subseteq A$，于是 $a' \in a$ 便导出 $a' \in A$. 若 $a' \in a, a \in A$ 合起来能推出 $a' \in A$，则 $a \in A$ 蕴涵 a 中元素皆在 A 中，即是 $a \subseteq A$.

2.2.5 引理 每个自然数都是传递集.

证明 用归纳法. 因为 $\varnothing$ 没有元素，所以其自动成为传递集. 设 n 是传递集，即 $m \in n$ 蕴涵 $m \subseteq n$，考虑证明 n^+ 是传递集. 设 $m \in n^+ = n \cup \{n\}$. 若 $m \in n$，则由归纳假设 $m \subseteq n \subseteq n \cup \{n\}$；若 $m = n$，自然有 $m \subseteq n \cup \{n\}$. 总之，$m \subseteq n^+$，所以自然数都是传递集. □

这时 Peano 公理就可以被导出了，它是对前面叙述的自然数的性质的一个总结.

2.2.6 定理 (Peano 公理) 自然数集 ω 和 0 满足如下条件:

(i) 0 是自然数;

(ii) 每个自然数都有唯一后继;

(iii) 0 不是任何自然数的后继;

(iv) 不同自然数有不同后继;

(v) ω 满足归纳原理.

证明 第一条和第二条的存在性由定义和 ω 是归纳集导出；第二条的唯一性是外延公理；第三条已经在叙述过程中由空集的定义导出；第五条就是归纳原理.

下面证明第四条. 只需要证明 $n \neq m$ 蕴涵 $n^+ \neq m^+$. 若不然，设 $n \neq m$ 但 $n^+ = m^+$，则由 $n \cup \{n\} = m \cup \{m\}$ 就得到 $m \in n \cup \{n\}, n \in m \cup \{m\}$. 因为 $m \neq n$，所以 $m \in n, n \in m$. 由自然数是传递集知，$m \in m$，这正是正则公理所不允许的. □

2.2.7 注 2.2.3 引理和性质 (iv) 合起来，说明每个非零自然数的前继存在且唯一. ♤

习题 2.2

1. 设 A 是由传递集构成的集合，证明：$\bigcup A, \bigcap A$ 都是传递集.

2. 证明：集合 T 是传递的，当且仅当 $\bigcup T \subseteq T$，亦当且仅当 $T \subseteq \mathscr{P}(T)$.

3. 是否每个归纳集都是传递集？证明你的论断.

4. 设 X 是归纳集，证明：

(1) $Y = \{x \in X : x$ 是传递集$\}$ 是归纳集；

(2) $Y = \{x \in X : x$ 是传递集而且 $x \notin x\}$ 是归纳集.

5. 在 Peano 公理第四条的证明的最后一句话中使用了正则公理，实际上不必. 请用归纳法证明：对任何自然数 n 都有 $n \notin n$（当然不能使用正则公理，且至多只能使用 2.2.5 引理及之前的结果）.

6. 对于自然数 m, n，证明：$m \in n$ 当且仅当 $m \subsetneq n$.

7. 设 $A \subseteq \omega$ 满足 $A = \bigcup A$，证明：$A = \varnothing$ 或者 $A = \omega$.

8. 用数学归纳法证明：$n^{++} = n$ 对于任意自然数 n 都不成立.

2.3 自然数的性质

建立了 Peano 公理对自然数的描述后，我们要考虑的事是进一步定义自然数的序. 序关系应该是具有传递性的，由前面的叙述我们知自然数在 $\in$ 下都是传递集，式 (2.1.1) 也是如此，所以用属于 $\in$ 来定义序关系比较妥当.

2.3.1 定义 对自然数 n, m，称 $n < m$，如果 $n \in m$. 再定义 $m > n \iff n < m$，$n \leqslant m \iff n < m \vee n = m$，以及 $n \geqslant m \iff n > m \vee n = m$.

2.3.2 注 根据自然数的定义以及这样的序关系，我们可以形象地看出自然数都是比它小的一切自然数组成的集合. ♤

这样的序关系应该满足大家熟知的一些自然数的性质，除了由传递集性质保证的传递性之外，还有任何两个自然数都可以比大小（**三歧性**）. 下面证明三歧性，首先用到如下引理：

2.3.3 引理 设 m, n 是自然数，则 $n \in m$ 蕴涵 $n^+ \in m^+$.

证明 任给 n，我们证明 $A_n = \{m \in \omega : n \in m \implies n^+ \in m^+\} = \omega$. 对 m 用归纳法. 因为 $n \in 0$ 恒假，故 $0 \in A_n$. 设对于 m 有 $n \in m$ 蕴涵 $n^+ \in m^+$，考虑 $n \in m \cup \{m\}$. 若 $n \in m$，由归纳假设有 $n^+ \in m^+$，故 $n^+ \in m^+ \subseteq m^{++}$；若 $n = m$，则 $n^+ = m^+ \in m^{++}$. 总之，$n^+ \in m^{++}$. 由归纳原理 $A_n = \omega$，再由 n 的任意性知命题成立. □

2.3.4 定理 (三歧性) 设 m, n 是自然数，则 $n \in m, m = n, m \in n$ 有且仅有一个成立.

证明 易见只要有两个性质成立，则由传递性必然导出 $n \in n \vee m \in m$，这和正则公理或是习题 2.2.5 的结果矛盾. 下证至少有一个性质成立.

先考虑 $m = 0$，令 $A_0 = \{n \in \omega : 0 \in n \vee n = 0\}$. 还是用归纳法去证 $A_0 = \omega$. 显然 $0 \in A_0$. 设元素 $n \in A_0$，由于 $0 \in 0^+$ 成立，故 $0^+ \in A_0$，归纳法只需再考虑 $n \neq 0$. 由归纳假设 $0 \in n$. 考虑 n^+，因为 $n \in n^+$，故由传递性得 $0 \in n^+$. 所以 $A_0 = \omega$.

再考虑一般情况. 任给 n，作 $A_n = \{m \in \omega : n \in m \vee n = m \vee m \in n\}$. $0 \in A_n$ 是由上一段话证明的. 现在设 $m \in A_n$，考虑 $m^+ = m \cup \{m\}$. 已经知道 $m = n \vee m \in n \vee n \in m$. 若 $m = n$，则 $n \in n^+ = m^+$；若 $n \in m$，则 $n \in m \cup \{m\} = m^+$；若 $m \in n$，由前面的 2.3.3 引理，$m^+ \in n^+ = n \cup \{n\}$，

此时要么 $m^+ \in n$,要么 $m^+ = n$. 总之,$n \in m^+, n = m^+, m^+ \in n$ 总有一个成立. 故 $A_n = \omega$,再由 n 的任意性知命题成立. □

三歧性还可引出对自然数离散性质的刻画,下面命题是常用的.

2.3.5 引理 设 m, n 是自然数,若 $n < m$,则 $n^+ \leqslant m$.

证明 由自然数的三歧性,只需要证明 $n^+ > m$ 不可能. 假若如此,则 $m \in n \cup \{n\}$,所以 $m \in n$ 或者 $m = n$,由三歧性,这恰好是 $n \geqslant m$,确实不可能. □

进一步,由我们的自然数构造还可以定义自然数的四则运算,以及这些运算的性质,详见 [3] 或者本节习题. 从数学分析课程中我们知道,在自然数基础上还可以构造 $\mathbb{Z}, \mathbb{Q}, \mathbb{R}, \mathbb{C}$ 等数系. 以后将假设这些集合和它们的性质都是已知的.

习题 2.3

1. Zermelo 对自然数的定义如下:

$$0 = \varnothing, 1 = \{\varnothing\}, 2 = \{\{\varnothing\}\} = \{1\}, 3 = \{\{\{\varnothing\}\}\} = \{2\}, \ldots$$

这种定义是可行的,但它有什么不自然之处?

2. 证明:自然数都是比它小的一切自然数组成的集合,也就是对于自然数 n,总是有 $n = \{m \in \omega : m < n\}$.

3. 假设非空集合 $A \subseteq \omega$ 有上界,即存在 $n \in \omega$ 使得每个 $m \in A$ 都有 $m \leqslant n$,证明:A 有最大元,即某个 $m' \in A$ 有形同 n 的性质.

4. (自然数的加法) 设 m, n 是自然数,我们递归地[①]定义加法

$$0 + m = m; \quad n^+ + m = (n + m)^+.$$

(1) 证明:对于每个自然数 $n, n + 0 = n$.

(2) 证明:对于每个自然数 $m, n, n + m^+ = (n + m)^+$.

(3) 证明自然数加法的交换律 $m + n = n + m$ 和结合律 $(a + b) + c = a + (b + c)$.

5. 设 m, n 为自然数且 $m \leqslant n$,根据自然数加法的定义,证明:存在唯一的自然数 p 使得 $m + p = n$.

6. 模仿自然数加法的递归定义,给出自然数的乘法和幂的定义(不必证明常见运算律,但你也可以试一试).

7. 设 $P(n)$ 是关于自然数的一个性质,$k \in \omega$. 再设

(i) $P(0)$ 成立;

(ii) 对每个 $n < k$, $P(n)$ 成立可推出 $P(n^+)$ 成立.

(1) 证明:对每个 $n \leqslant k$ 都有 $P(n)$ 成立.

(2) 把上述条件改成:$P(k)$ 成立而且对每个 $n \geqslant k$, $P(n)$ 成立可推出 $P(n^+)$ 成立. 证明:对每个 $n \geqslant k$ 都有 $P(n)$ 成立.

---

① 和一开始对自然数的定义一样,虽然这看上去对每个自然数的加法都做了处理,但定义的展开可能需要写无穷多步,所以递归定义的合法性实际上是需要证明的. 但我们略去这个证明. 参看本章末尾有关递归定理的注解.

8. (有限选择) 设 n 是非零自然数, $X_1, \ldots, X_n$ 都是非空的集合, 证明: 存在一个选择函数 $f: \{X_1, \ldots, X_n\} \longrightarrow \bigcup\{X_1, \ldots, X_n\}$, 使得对每个 $X_i \in \{X_1, \ldots, X_n\}$, $f(X_i) \in X_i$. 证明时不能应用选择公理.

注解

十九世纪 Kronecker 对自然数有过如下论断: "God made the integers, all else is the work of man. "在他看来, 自然数是无需定义的. 不过粗略地说, 那时的一部分数学家的工作就是为自然数的存在提供逻辑基础. 像课文中这样用集合论的方法定义自然数的思想始于 Frege 和 Russell, 他们曾将自然数 n 定义为和某个集合存在一一对应的全部集合的全体.

Peano 公理的方法是由三位数学家 Peirce、Dedekind 和 Peano 逐步发展的. 这套方法虽然能用 ZFC 公理体系推出, 但也其自身有更深层次的意义. 更抽象地说, 零、集合 ω 和后继函数 $f: \omega \longrightarrow \omega \setminus \{0\}$ 构成了所谓的 Peano 算术系统. Dedekind 曾经证明 [4] 一个有趣的事实: 所有这样的 Peano 算术系统都是同构的. 有关 Peano 算术系统的最有名的结果可能是 Gödel 的两个不完全性定理, 它们大体是说蕴涵 Peano 公理的逻辑系统中存在不能被证明的命题; 而且在该系统中证明其自身无矛盾也是不可能的. 关于此较好的参考可能是 [5].

我们略去了关于自然数的一个"显然"但重要的性质——递归定理的讨论 (参看第 24 页脚注 ①). 它的叙述为: 设 X 是非空集合, $x \in X$, f 是 $X \longrightarrow X$ 的映射. 则存在唯一的一个映射 $u: \omega \longrightarrow X$, 使得

$$u(0) = x; \quad u(n^+) = f(u(n)).$$

这一定理使得递归定义合法化. 例如考虑数列 $a_n = f(a_{n-1}), a_0 = C$, 如果没有该定理, 就像自然数定义一样, 我们是不能对整个无穷序列给出良定义的. 它的证明可以参看 [6].

对于自然数的四则运算我们并没有费太多笔墨, 主要原因是它论证起来比较繁琐, 需要连篇累牍地使用数学归纳法. 当然这并不意味着它不重要, 对严格性要求高的读者可顺着正文最后的叙述继续阅读.

参考文献

[1] CHEUNG P, RUBENSON M, BARNER D. To infinity and beyond: Children generalize the successor function to all possible numbers years after learning to count[J]. Cognitive Psychology, 2017, 92: 22-36.

[2] VON NEUMANN J. Zur Einführung der transfiniten Zahlen[J]. Acta Litterarum ac Scientiarum Regiae Universitatis Hungaricae Francisco-Josephinae, sectio scientiarum mathematicarum, 1923, 1: 199-208.

[3] TAO T. Analysis I[M]. 3rd ed. Singapore: Springer-Verlag, 2016.

[4] DEDEKIND R. Was sind und was sollen die Zahlen?[G]//Was sind und was sollen die Zahlen?. Stetigkeit und Irrationale Zahlen. Berlin: Springer, 1965: 1-47.

[5] HAMILTON A G. Logic for Mathematicians[M]. Cambridge: Cambridge University Press, 1988.

[6] 董延闿. 基础集合论 [M]. 北京: 北京师范大学出版社, 1988.

3 序数*

阅读提示

通过“向前数”(后继),第一个无穷集——自然数集得到了构造. 事实证明,自然数这种前后相接的序关系具有优美的性质,在此基础上可以推广自然数的概念来构造更大的无穷集(序数),而且可以利用这些推广来完成一个奇妙的任务:为所有的集合按其结构进行分类. 由于这些更大的集合相对远离我们的直观,因此初学时可能会感到有些抽象. 学习本章的诀窍是回归直观,谨记和自然数类比以理解序数. 如果不关心序数,则本章只需要读到 3.1.7 定义,知道序关系的几个常见概念即可.

形象地说,自然数在生活中起着两方面的作用. 其一是排序,比如第一名、第二名;其二是计数,比如三个苹果、四个橘子. 注意到,自然数 n 恰有 n 个元素,其中的元素还可根据自然数的序关系排成一列. 由此可见,自然数作为一种特殊的集合,刻画了有限集的顺序结构和数量结构,这种刻画是通过一一对应来完成的(如图 3.1 所示).

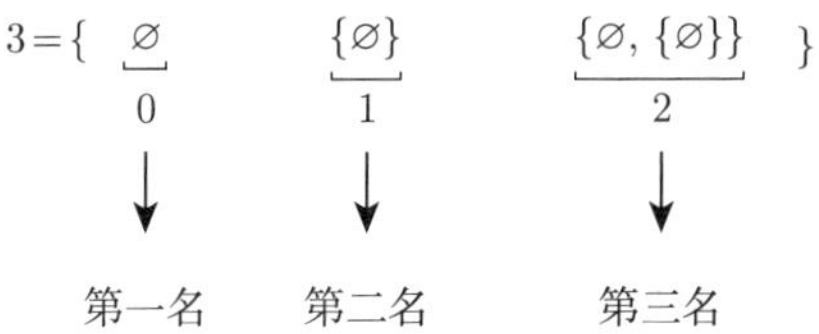

图 3.1 自然数以一一对应来排序和计数

不过,对于更大的集合,自然数便无能为力了. 本章以及下一章是自然数的推广,使得新概念继续具有代表更大的集合中包含的顺序和数量这两个性质.

从表面上看,数量结构比序结构要简单,但从技术上说,从序结构入手更容易.

3.1 偏序集和良序集

序,也就是“比大小”,是人们最初从自然数中发现的结构. 经过上一章的讨论,我们已经有了自然数上的一个序关系,此外还特别注意到自然数序结构的一个特质:

3.1.1 定理 (良序原理) 自然数集的任何一个非空子集都有最小数,即它不大于任何一个该子集中的自然数.

证明 任取非空集合 $S \subseteq \omega$. 设 $A_S = \{n \in \omega : 若 n \in S \subseteq \omega, 则 S 中有最小元\}$,用归纳法去证 $A_S = \omega$.

事实上,若 $0 \in S$,则 0 就是所说的最小元素,故 $0 \in A_S$. 假设 $n \in A_S$,即如果 S 包含 n,则其有最小元素. 设 $n^+ \in S$ 并作 $\overline{S} = S \cup \{n\}$,于是 $\overline{S}$ 有最小元素 m. 若 $m \in S$,则它就是 S 的最小元素. 否则,必有 $m = n$,于是对每个 $a \in S$ 都有 $n < a$,进一步由 2.3.5 引理,$n^+ \leqslant a$,这时 n^+ 成为 S 最小元素. 总之 $n^+ \in A_S$,所以 $A_S = \omega$,再由 S 的任意性知命题成立. □

自然数的良序原理使得**第二数学归纳法**成立.

3.1.2 定理 (第二数学归纳法) 设 $P(n)$ 是关于自然数的一个性质. 如果命题"若 $P(x)$ 对所有 $x < n$ 都真,则 $P(n)$ 真"成立,且 $P(0)$ 成立,则 $P(n)$ 对一切自然数都成立.

证明 反证. 设 $S = \{n \in \omega : \neg P(n)\}$ 非空,则由良序原理,可以设 $\min S = n_0$. 由 $P(0)$ 成立知 $n_0 \neq 0$,于是对所有的 $x < n_0$,$P(x)$ 成立,根据条件说明 $P(n_0)$ 真,矛盾. □

良序性质是自然数所特有的,它是把类似自然数的概念推广到更广泛的集合上去的钥匙. 在抽象良序之前,首先要把序关系推广,说明什么是一般的序.

3.1.3 定义 设 R 是集合 X 上的一个关系,若它满足自反性、反对称性和传递性,就称它是一个**偏序**,记为 $\leqslant$. 集合 X 和这个序结构合称**偏序集**,记为 $(X, \leqslant)$. 此外,若 $x \leqslant y \wedge x \neq y$,就写 $x < y$.

在偏序集中,有一些元素 x, y 可能是不可比的(不存在关系). 而如果所有的元素都可比,即 $\forall x \forall y (x \leqslant y \vee y \leq x)$,就称 $(X, \leq)$ 是一个**全序集**,偏序 $\leq$ 成为**全序**. 偏序集的全序子集叫作**链**,而元素两两不可比的子集叫作**反链**.

3.1.4 例 设 S 是有限集合,在幂集 $\mathscr{P}(S)$ 上定义**包容序** $S \leq T \iff S \subseteq T$,则 $(\mathscr{P}(S), \subseteq)$ 是一个偏序集. S 中所有元素个数相同的子集组成一个反链. ◇

有序关系后,还需要推广"最小数"的概念,就是定义上界、下界、最大、最小等词汇.

3.1.5 定义 设 $(X, \leq)$ 为偏序集,$a, b \in X$. 称 a 是 $A \subseteq X$ 的**下界**,若对任意的 $a' \in A$,都有 $a \leq a'$. 若下界 $a \in A$,就称它是 A 的**最小元**. 称 $a \in A$ 是 A 的**极小元**,如果没有元素 $b \in A$ 满足 $b < a$. 同理可定义**上界**、**最大元**和**极大元**的概念.

3.1.6 例 设 $S = \{1, 2, 3\}$,在 $X = \mathscr{P}(S)$ 上的包容序中,$\varnothing$ 和 S 分别是 X 的最小元和最大元,该偏序集中除了 $S, \varnothing$ 没有极大元或极小元.

如果去掉 $S, \varnothing$,则 $\{1, 2\}, \{1, 3\}, \{2, 3\}$ 都是整个集合的极大元,$\{1\}, \{2\}, \{3\}$ 都是其极小元,但此时便没有最大元或最小元. ◇

从上例中可以总结出,偏序集中如果有最大元或最小元,则它们必定唯一(这是反对称性的推论). 极大元和极小元不一定唯一,但是如果有最大(小)元,它也就成为唯一的极大(小)元.

3.1.7 定义 集合 X 上的一个序称为**良序**,若其任意一个非空子集都有最小元素.

考察良序集中任意一个二元子集的最小元,知良序必然是全序.

一个集合是否是良序集与上面的具体顺序密切相关. 负整数集 $\mathbb{Z}_{<0}$ 按整数的自然序不是良序集,但是如果将它倒过来排序,则就成为良序集. 又如,$\mathbb{Q}$ 按有理数的自然序不是良序集,但之后能知道存在 $\omega \longrightarrow \mathbb{Q}$ 的双射,如果按 ω 的顺序给 $\mathbb{Q}$ 相应排序,则 $\mathbb{Q}$ 也成为良序集.

因为良序原理成立,所以一般的良序集中有第二数学归纳法,后者于良序集中的推广是由 Cantor 首先提出的,被称为**超限归纳法**. 由于该归纳法中需要用到比某个元素小的一切元素,所以在谈及超限归纳法之前自然引出如下概念:

3.1.8 定义 设 $(X, \leq)$ 是全序集并设 $a \in X$,我们把 $s_a = \{x \in X : x < a\}$ 称为 a 在 X 中的**前段**.

从定义看出,前段参数 a 是 s_a 的一个上界,而且 $a \notin s_a$. 另外,我们希望一般的良序集像自然数一样可以根据其中蕴含的顺序关系来比较大小. 一个很自然的想法是,良序集是全序集,而且总有一个最小的元素,所以前段的概念还将允许我们可以比较它们的“长度”(3.1.15 定理).

3.1.9 定理 (超限归纳) 对良序集 W, $P(w)$ 是关于其中元素的一个陈述, 以 $P(s_a)$ 指 $\forall x \in s_a(P(x))$. 若对每个 $a \in W$, $P(s_a)$ 成立可推出 $P(a)$ 成立,则 $P(w)$ 对一切 $w \in W$ 都为真.

证明 模仿第二数学归纳法的论证即可. □

3.1.10 注 在超限归纳法中不需要基础情形,即其蕴涵了命题对最小元成立. 事实上,将上面的条件形式化为逻辑表示为 $(\forall y(y < x_0 \implies P(y))) \implies P(x_0)$,当 x_0 为良序集最小元时,$y < x_0$ 恒假,因此 $(\forall y(y < x_0 \implies P(y)))$ 为真,于是题设条件自动要求 $P(x_0)$ 成立. ♤

3.1.11 例 虽然良序集是自然数的推广,而且有第二数学归纳法,但良序集中不再有(第一)数学归纳法. 例如,集合

$$A = \left\{1 - \frac{1}{n+1} : n \in \omega\right\} \cup \{1\}$$

在 $\mathbb{Q}$ 的一般序下是良序集. $A' = A \setminus \{1\}$ 满足归纳性质: $0 \in A'$ 且 $1 - \frac{1}{n+1}$ 后面紧接着 $1 - \frac{1}{n+2} \in A'$,但是它不等于 A. ◇

在 3.1.11 例中我们可以看出,A',ω 都为良序集,而且 A' 和 ω 可以产生一一对应,对应过程中序关系得到保持,说明它们的序结构实质一样. 这种用映射来对应元素的方法就是比较序结构的大小关系的手段.

3.1.12 定义 设 X, Y 是序集,称序集 X, Y **(序)同构**,如果存在双射 $f : X \longrightarrow Y$,且对任意的 $a, b \in X$, $a \leq_X b \iff f(a) \leq_Y f(b)$. 而 f 称为相应的同构映射.

3.1.13 例 继续以

$$A = \left\{1 - \frac{1}{n+1} : n \in \omega\right\} \cup \{1\}$$

和 $A' = A \setminus \{1\}$ 为例. 取 $f(n) = 1 - \frac{1}{n+1}$,得序集 A' 和 ω 同构. 但是 A 与 ω 不同构,这是因为 A 中有最大元 1,但 ω 中没有最大元. ◇

以下例题刻画了良序集中保序同构的一个重要性质:保序同构不能后退. 同时它也是一个超限归纳法使用的例子.

3.1.14 例题 设 $(X, \leq)$ 是一个良序集，且 $f : X \longrightarrow Y$ 是从 X 到其一个子集 Y 的保序同构. 证明：对任何 $x \in X$ 都有 $x \leq f(x)$.

证明 用超限归纳法. 对于 $a \in X$，假设对一切 $x < a$ 都已经有 $x \leq f(x)$，只需再证 $a \leq f(a)$. 如若不然，则 $f(a) < a$，由归纳假设 $f(a) \leq f(f(a))$. 另一方面，根据定义 f 是单调映射. 因为 X 是全序的，我们可指出 f 是严格单调的，否则 $a < b$ 而 $f(a) = f(b)$，这与其为双射矛盾. 所以 $f(f(a)) < f(a)$. 这与 X 是全序矛盾. □

完成了以上准备工作后，就可以叙述良序集之间的结构关系了. 我们不加证明地给出如下定理：

3.1.15 定理 对于任意良序集 X, Y，下列三种情况恰有一个成立：

(i) X, Y 同构；

(ii) X 同构于某个 Y 的前段；

(iii) Y 同构于某个 X 的前段.

上述定理在某一种意义上说明，良序集之间都可以比大小，情况 (i)、(ii)、(iii) 可以分别对应于 $X = Y, X < Y, X > Y$.

进一步，设想任何一个集合都可以被良序化，那么可以据此对集合进行排序和分类；参照自然数中后继的直觉，还可以构筑更大的集合. 这就是我们在本章开头期待的推广的概念的功能.

事实上，Zermelo 利用选择公理证明了良序定理（注意和良序原理相区别）.

3.1.16 定理 (良序定理) 对任何一个集合 X，都存在一个序 $\leq$，使得 $(X, \leq)$ 为良序集.

对于比较简单的集合，构造良序并不困难. 但在 ZFC 公理体系下明确构造出 $\mathbb{R}$ 上的良序已被证明是不太可能的（尽管它存在）[1].

习题 3.1

1. (二重归纳) 设 $P(x, y)$ 是关于自然数的一个性质. 再设命题"若 $P(k, \ell)$ 对所有 $k < m$ 以及所有的 $k = m$ 和 $\ell < n$ 都真，则 $P(m, n)$ 真"成立. 证明：$P(x, y)$ 对一切自然数 x, y 都成立.

2. 设 R 是集合 X 上自反且传递的关系.

(1) 规定 X 上的关系 S 为：$xSy \iff xRy \wedge yRx$，证明：S 是等价关系.

(2) 在商集 X/S 上定义关系 $\overline{R}$ 为：$[x]_S \overline{R} [y]_S \iff xRy$，证明：$\overline{R}$ 是偏序关系.

3. 设四元偏序集 $(\{a, b, c, d\}, \leq)$ 中有 2 个极小元和 1 个最大元. 试求（保序同构意义下）这样集合的个数.

4. 给定集合 X，设其上的全体偏序构成集合 Q，并规定 Q 上有包容序 $\subseteq$.

(1) 对于 $X = \{a, b\}$，求出 $(Q, \subseteq)$ 的极大元.

(2) 证明：T 是 Q 的极大元，当且仅当 T 是 X 上的全序.

5. 设 A 为偏序集，C 为其中反链集合的全体. 在 C 上定义关系 R：$XRY \iff \forall x \in X(\exists y \in Y(x \leq y))$，证明：$R$ 为偏序关系.

6. 证明以下两个命题：

(1) 一个全序集合是良序的当且仅当其中不存在无穷递降序列 $r_1 > r_2 > r_3 > \cdots > r_n > \cdots$;

(2) 对于全序集 $(A, \leq)$,其上的偏序 $\leq$ 自然诱导了 A 上的另一个偏序关系,即 $(A, \geqslant)$,那么 $(A, \leq)$ 和 $(A, \geqslant)$ 都是良序当且仅当 A 是有限集[①].

7. 本题研究序集之间的保序同构的(不)唯一性.

(1) 证明:若两个良序集是同构的,则同构映射是唯一的.

(2) 设在 $\mathbb{Z}$ 上使用自然的顺序,证明:它到自身的保序同构是不唯一的,并求出这些同构映射的全体.

8. 设 W 是一个具有如下性质的全序集:对任何满足条件

$$\forall a \in W(s_a \subseteq A \implies a \in A)$$

的 $A \subseteq W$ 都有 $A = W$. 证明:W 是良序集.

9. 设 A 是良序集,定义

$$\varphi = \{(B, b) : B \text{ 是 } A \text{ 的非空子集且 } b \text{ 是其最小元}\}.$$

(1) 证明:φ 是一个集合而且是一个映射.

(2) 利用 φ 从良序定理推出选择公理.

3.2 序数的定义

良序定理和 3.1.15 定理说明,可以通过序结构的不同,对良序集(乃至一般的集合)分类并排序. 现在要考虑为每一个等价类的找合适的代表元,这就是序数.

对于有限集合,我们可以随意给上面的元素排一个全序,然后用一个自然数与其对应(序同构). 但是正如本章开头所述,自然数和 ω 还不够用,比如 3.1.13 例中的 A 就无法与 ω 对应,如果像自然数一样添加一个后继 $\omega^+ \overset{\text{def}}{=} \omega \cup \{\omega\}$,并规定 $A \ni 1 \mapsto \omega$,这样就得到 A 和 ω^+ 同构. 所以,序数的定义应该要延拓自然数,而且性质大概和自然数一样.

在自然数中,序用 $\in$ 表达;我们还要继续用这个定义方法. 确切地说,$a < b \iff a \in b$,以及 $a \leq b \iff (a \in b \vee a = b)$,下面所提到的"以 $\in$ 定义的序"都是指这样的偏序. 鉴于此,在序数的论证中我们会混用 $<$ 和 $\in$.

3.2.1 定义 设集合 α 在以 $\in$ 定义的序下是良序集,且它是传递集,则称 α 是一个**序数**.

序数确实是自然数的推广:根据定义和第 2 章的论证,自然数和自然数集 $0, 1, \ldots, \omega$ 都是序数. 我们一般用希腊字母 α, β, γ 等表示序数.

下面的两个性质非常好用,第一个可以认为是序数的等价定义,第二个可以让我们很方便地在序数中转换 $\subseteq$ 和 $\in$ 两种关系.

3.2.2 引理 (序数的前段定义) 设集合 α 在以 $\in$ 定义的序下是良序集,那么 α 是序数当且仅当任给 $x \in \alpha$,都有前段 $s_x = x$.

证明 充分性. 任取 $x \in \alpha$,依条件我们有 $x = s_x = \{y \in \alpha : y \in x\} \subseteq \alpha$,所以 α 为传递集,从而是序数.

① 我们还没有给出有限集的严格定义,这里可以采用已有的朴素理解.

必要性. 任取 $x \in \alpha$, 由传递性, 对每个 $y \in x$ 都有 $y \in \alpha$, 即 $y \in s_x$, 由 y 的任意性得到 $x \subseteq s_x$. 又注意到 $s_x = \{y \in \alpha : y \in x\} \subseteq x$,所以 $x = s_x$. □

3.2.3 引理 设 α, β 是不同的序数,则 $\alpha \in \beta$ 当且仅当 $\alpha \subseteq \beta$.

证明 必要性是定义. 充分性,设 $\alpha \subseteq \beta$. 因为 $\alpha \neq \beta$,故 $\beta \backslash \alpha$ 是 β 之非空子集,设其最小元素为 γ.

一方面,$\gamma \subseteq \alpha$. 如若不然,可取 $\delta \in \gamma \setminus \alpha$,这样 $\delta \in \gamma \in \beta$,由序数 β 的传递性知 $\delta \in \beta$,而 $\delta < \gamma$,于是我们找到了一个 $\beta \setminus \alpha$ 中更小的元素,这与 γ 的选取矛盾. 另一方面,任取 $\delta \in \alpha$,则必有 $\delta \in \gamma$. 否则,因为 γ, δ 都是良序集 β 中的元素,故要么 $\gamma \in \delta$,要么 $\gamma = \delta$. 这两种可能分别导出 $\gamma \in \delta \in \alpha$ 和 $\gamma = \delta \in \alpha$,利用序数 α 的传递性,两种情况都导出 $\gamma \in \alpha$,这与 $\gamma \in \beta \setminus \alpha$ 矛盾,因此 $\alpha \subseteq \gamma$. 综上,$\gamma = \alpha$.

因为 $\gamma \in \beta$,所以我们有 $\alpha = \gamma \in \beta$. □

以上两个性质我们会反复使用. 现在先回归本节开头的主题. 用序数作为同构的良序集的代表元,其良定义性来源于下述定理.

3.2.4 定理 设 α, β 是两个序数,若 α, β 同构,则 $\alpha = \beta$.

证明 设 $f : \alpha \longrightarrow \beta$ 是相应的保序同构,用超限归纳法:任给 $x \in \alpha$,假设对每个 $a \in s_x$ 都有 $f(a) = a$,证明此时 $f(x) = x$.

若 $y \in f(x)$,则保序同构 f 保证了 $f^{-1}(y) \in x$. 由 α 是序数和 3.2.2 引理得到 $f^{-1}(y) \in x = s_x$. 对前段中的元素 $f^{-1}(y)$ 用归纳假设得 $y = f(f^{-1}(y)) = f^{-1}(y) \in x$,于是 $y \in x$,这导出 $f(x) \subseteq x$.

若 $y \in x = s_x$, 则保序同构 f 保证了 $f(y) \in f(x)$, 对前段中的元素 y 用归纳假设得 $y = f(y) \in f(x)$,于是 $y \in x$,这导出 $x \subseteq f(x)$.

总之 $x = f(x)$,根据超限归纳原理,对每个 $x \in \alpha$ 都有 $f(x) = x$,命题成立. □

而用序数作为同构的良序集的代表元,其完备性来源于下述定理.

3.2.5 定理 (计数定理) 对任何良序集,总存在一个序数与其同构.

以上计数定理的证明需要用到下文论述的序数的性质铺垫,以及替换公理模式(1.3.11 公理),因为这种证明方法超出了本课程的范围,我们略去之.

总结起来,序数确实是我们要找的一类标准的良序集. 我们把和良序集 W 同构的唯一序数记为 Ord W.

习题 3.2

1. 设 α, β 是序数且 α 同构于 β 的某个真子集,证明:$\alpha \in \beta$.

2. 设 α 是序数,证明:$\alpha \notin \alpha$. 不能用正则公理.

3. 设 A, B 都是良序集,$A \subseteq B$,判断以下命题的正确性,并说明理由:

(1) Ord $A \in$ Ord B 或者 Ord $A =$ Ord B;

(2) 如果 $A \neq B$,则 Ord $A \in$ Ord B.

4. 设集合 $A = \{2, 4, 6, \dots\}$,求出 Ord A.

5. 设 α 是序数,证明:α 是自然数当且仅当其每个非空子集都有最大元.

3.3 序数的简单性质

在本章中,我们整个推理过程都是模仿自然数进行的. 序数作为自然数的推广,应该具有和自然数类似的性质,特别是 $\in$ 定义下的良序关系. 下面各命题和自然数几乎平行,请对比(回顾 §2.3 节中自然数的那些性质).

自然数是通过取后继的方式来定义的,序数也具有这样的归纳性质. 通过这种归纳方式可以构造比 ω 更大的序数.

3.3.1 命题 0 是序数;若在 $\alpha^+ \overset{\text{def}}{=} \alpha \cup \{\alpha\}$ 中保留用 $\in$ 定义的序,则 α^+ 是序数(称为序数 α 的**后继**).

证明 显然 $0 = \varnothing$ 是传递的良序集. 对序数 α,若 $a \in \alpha$,则由于 α 是序数,根据序数的前段定义得到 $s_a = a$. 再由 α^+ 的构造方法知道 $s_\alpha = \alpha$. 另外,$\in$ 延拓到 α^+ 上仍然是良序(分子集是否包含 α 简单讨论即可),故由序数的前段定义判定 α^+ 确实是序数. □

每个自然数都以 0 为最小元,且其中的元素都是自然数,序数也是这样.

3.3.2 引理 设 α 是序数,则 α 中元素都是序数. 特别地,0 属于任何非零序数.

证明 后一句话是显然的. 设 $x \in \alpha$,不妨设 $x \neq 0$ 而且其中有元素 $z \in y \in x$(不存在这样的 z 和/或 y 的情形是平凡的). 根据传递性 $y \in \alpha$,进一步 $z \in \alpha$. 于是 x, y, z 都是 α 的元素. 由于 $\in$ 是 α 中元素的一个序,具有传递性,从而 $z \in y \in x$ 推得 $z \in x$,即 x 是传递集.

我们还要证明,α 上用 $\in$ 定义的序限制在 x 上也是良序. 事实上,依照传递性,x 是 α 的子集,良序集的子集当然良序. 综上所述,x 是序数. □

自然数的三歧性也自然地推广到序数之上.

3.3.3 引理 设 α, β 是序数,则 $\alpha = \beta, \alpha \in \beta, \beta \in \alpha$ 有且仅有一个成立.

证明 根据 3.1.15 定理,只有三种情况.

(i) 若 α, β 同构,由 3.2.4 定理知 $\alpha = \beta$.

(ii) 若 α 同构于某个 β 的前段 s_t,因为 β 是序数,α 也就同构于 t. 又因为序数的元素都是序数,所以 t 是序数,于是 $\alpha = t \subsetneq \beta$,进一步根据 3.2.3 引理得到 $\alpha \in \beta$.

(iii) 若 β 同构于某个 α 的前段,则同上可证. □

3.3.4 推论 若序数 $\alpha < \beta$,则 $\alpha^+ \leq \beta$,说明 α, α^+ 之间不再有新的序数.

到目前为止,我们还没有明确定义过序数**之间**的序关系. 但以上讨论已经使这样的关系呼之欲出了. 一方面,利用 $\in$ 定义的序关系有三歧性,性质良好;另一方面,序数 α 是良序集,本来有一个**内部**的序关系 $\in_\alpha$——然而,其中的元素都是序数. 所以,我们可以把序数内部的关系自然地**延拓**到序数之间:$\alpha < \beta \iff \alpha \in \beta$. 下面,我们将 2.3.2 注中的自然数性质搬到序数中来:序数是由所有小于(用 $\in$ 定义)它的序数组成的集合. 这样序数内部的相对顺序就真的统一到序数的绝对顺序 $\in$ 中了. 这也是 von Neumann 研究序数时给出的最初定义 [2].

这一结论的直观如下:在序数的等价定义中,我们要求它的元素 a 都满足 $s_a = a$,而上面证明了序数内的元素都是序数. 这差不多就是说序数 α 都满足 $s_\alpha = \alpha$. 具体地说,对于单个序数 α,

记其**绝对前段**为

$$s(\alpha) \stackrel{\text{def}}{=} \{\beta : \beta \text{ 是序数}, \beta < \alpha\}.$$

式中 $<$ 是序数之间的绝对顺序，由 $\in$ 来定义. 这样，$s(\alpha)$ 就是 α 的子集，故绝对前段是一个良定义的集合. 根据定义和前面的讨论，$\beta < \alpha \iff \beta \in \alpha \iff \beta \in \alpha \wedge \beta$ 是序数 $\iff \beta \in s(\alpha)$，于是我们有:

3.3.5 推论 设 α 为序数，则 $\alpha = s(\alpha)$，即任一序数都等于它的绝对前段，如图 3.2 所示.

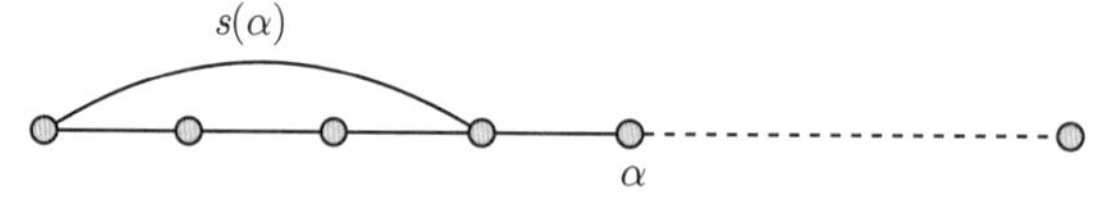

图 3.2 任一序数都等于它的绝对前段

而且，正如自然数的良序原理一样，序数的集合（在 $\in$ 定义的序下）也是良序集.

3.3.6 引理 以序数组成的集合是（在 $\in$ 定义的序下）良序的.

证明 设 A 是某由序数组成的集合 E 的一个子集，任取 $\alpha \in A$，如果 α 是最小元，则命题已经成立. 否则，存在 $A \ni \beta < \alpha$，即 $\beta \in \alpha$，这说明 $\beta \in A \cap \alpha$，换言之 $A \cap \alpha \neq \varnothing$. 因为 α 是良序的，所以 $A \cap \alpha$ 中存在最小元 γ. 断言这就是 A 的最小元. 若不然，假设某个 $\gamma' \in A$ 满足 $\gamma' \in \gamma$，因为 $\gamma \in \alpha$ 而后者是序数，故 $\gamma' \in \alpha$，这和 $\gamma = \min A \cap \alpha$ 矛盾. □

虽然序数具有一些类似自然数的性质，但仍有一些性质是其不满足的. 例如，不存在序数 α，使得 $\alpha^+ = \omega$；而每个自然数都有唯一前驱. 我们把（除了 0 之外）没有前驱的序数称为**极限序数**.

3.3.7 命题 ω 是最小的极限序数.

证明 先证 ω 是极限序数. 假设存在某个序数 α 使得 $\alpha \cup \{\alpha\} = \omega$，则 $\alpha \in \omega$，所以 α 是自然数，根据 Peano 性质，$\alpha^+ = \omega$ 也是自然数. 从而 $\omega \in \omega$，矛盾.

如果有更小的极限序数，则它和 ω 的某个前段同构. 不妨设该极限序数是 ω 的子集，则它是自然数，但自然数都有前驱，矛盾. 所以 ω 是最小的极限序数. □

习题 3.3

1. 设 α, β 是序数，证明以下关系：

(1) 若 $\alpha^+ = \beta^+$，则 $\alpha = \beta$；

(2) 若 $\alpha < \beta$，则 $\alpha^+ < \beta^+$.

2. 设 α 是序数，证明：$\alpha = 0$ 或者 α 是极限序数，当且仅当 $\bigcup \alpha = \alpha$.

3. 设 α, β 是序数，$\beta < \alpha$，证明：$\beta \leq \bigcup \alpha$.

4. 设 X 是序数组成的非空集合，证明：$\bigcap X$ 是序数，而且还是 X 的最小元.

5. 设 α 是序数，证明：$\alpha \cup \{\alpha\} = \inf\{\beta : \beta > \alpha\}$，这里 inf 表示下确界（集合下界中最大的）.

6. (Burali-Forti 悖论 [3]) 证明:对于序数构成的集合 X,$\bigcup X$ 是其上确界(X 上界中最小的),记为 $\sup X$. 由此进一步导出,对于任何序数的集合 X,存在序数 $\alpha \notin X$. 这表明所有的序数放在一起不可能构成一个集合(其全体是一个类,一般记为 **On**).

7. 设 X 是序数组成的非空集合,且它没有最大元,证明:$\sup X$ 是一个极限序数.(这是除了取后继之外的另外一种构造更大序数的方法.)

8. 关于序数的超限归纳法:设 $P(\alpha)$ 是关于序数的一条性质,如果对于任何序数 α,$\forall\beta \in \alpha(P(\beta))$ 能推出 $P(\alpha)$,证明:$P(\alpha)$ 对一切序数 α 都成立.

9. 设 α,β 都是序数,我们规定加法 $\alpha+\beta$ 是集合 $\alpha \sqcup \beta$ 及这样的序关系所对应的唯一序数:α,β 中内部元素的关系保留,对于任意的 $a \in \alpha, b \in \beta$,有 $a < b$.

(1) 请问序数加法是否有交换律? 说明理由.

(2) 直观地描述序数 $(\omega+1)+\omega$.

注解

偏序集的概念有着远超本章内容的意义. Hasse 图和 Dilworth 定理是两个有关偏序集的组合性质的内容,参看本书 §19.3 节的后半部分. 另外格论、布尔代数也是和序关系有关,且有计算机科学中的应用的分支,对于这些内容可以阅读 [4](有趣的是,偏序集的英文简写 poset 首次出现于此书中).

需要注意的是,在 Peano 公理下,自然数的良序原理和(第一)数学归纳法并非等价 [5].

序数的概念是由 Cantor 在研究 Fourier 级数的时候引入的 [6]. 他当时需要对一个集合 S 反复地做取极限点的操作,得到序列 $S_1, S_2, \ldots$ 并定义 $S_\omega = \bigcap_{i=1}^{\infty} S_i$. 为了继续对集合取极限点,必然要扩展 ω,这就自然引入序数 $\omega+1, \omega+2, \ldots$,然后 Cantor 再定义 $S_{\omega+\omega} = S_{\omega+1} \cap S_{\omega+2} \cap \cdots$,等等——取后继和取极限是序数构造的两个基本操作. 正如我们在课文中看到,这些不甚严格的思想可以由 von Neumann 的精巧定义 [2] 描写. 这样一来,我们可以利用序数构造非常庞大,以至于人们都无法很好地理解的集合. 这就是所谓"超限"(transcendental)一词的含义.

序数的前段定义(3.2.2 定义)是由 [7] 采用的. 3.1.15 定理和计数定理的证明亦可参考之. 讨论序数的运算超出了本课程的范围,习题 3.3.9 给出了一个非正式的印象,更严格的讨论请参考 [8].

今天我们看到的 Burali-Forti 悖论是 Russell 在《数学原理》中给出的,从某种意义上说它仍然是罗素悖论的一个变种. Burali-Forti 当初的论文证明的一个结论和 Cantor 的另一个结论产生矛盾,这致使 Russell 将其总结为悖论.

参考文献

[1] FEFERMAN S. Some applications of the notions of forcing and generic sets[J]. Fundamenta mathematicae, 1964, 56: 325-345.

[2] VON NEUMANN J. Zur Einführung der transfiniten Zahlen[J]. Acta Litterarum ac Scientiarum Regiae Universitatis Hungaricae Francisco-Josephinae, sectio scientiarum mathematicarum, 1923, 1: 199-208.

[3] BURALI-FORTI C. Una questione sui numeri transfiniti[J]. Rendiconti del Circolo Matematico di Palermo (1884-1940), 1897, 11(1): 154-164.

[4] BIRKHOFF G. Lattice Theory: vol. 25[M]. Providence, Rhode Island: American Mathematical Society, 1940.

[5] ÖHMAN L D. Are Induction and Well-Ordering Equivalent?[J]. The Mathematical Intelligencer, 2019, 41(3): 33-40.

[6] CANTOR G. Über die Ausdehnung eines Satzes aus der Theorie der trigonometrischen Reihen[J]. Mathematische Annalen, 1872, 5(1): 123-132.

[7] 董延闿. 基础集合论 [M]. 北京: 北京师范大学出版社, 1988.

[8] JECH T. Set Theory[M]. Berlin: Springer Berlin Heidelberg, 2013.

4 基数

阅读提示

实际上我们早就接触到了基数的概念. 如果在数学分析中没有了解过可数、不可数集合等概念的话,读者至少也在前一章知道了用映射比较两个集合的结构的方法,只不过基数忽略了其中可能存在的序关系,而着眼于数量关系. 这种映射的思想在理解无穷集的性质上有着根本的重要性——所谓基数,就是用映射来比较集合之间数量关系时选择的等价类代表元. 本章的重点主要是比较数量关系的技巧(§4.1 和 §4.3 节),而基数的定义以及 $\aleph$ 数(§4.2 节)在本课程中没有特别重要. 如果读者在前面跳过了序数的概念和性质,则在阅读本章时只需要将用到序数的证明都略过.

基数就是刻画集合数量结构的标准. Cantor 最初的朴素集合论中就已经引入了基数概念,他最先考虑的是集合 $\{1,2,3\}$ 和 $\{2,3,4\}$. 它们并非相同,但有相同的基数/元素个数. 骤眼看来,这是显而易见的,但究竟何谓两个集合有相同数目的元素?特别是要弄清楚在无穷集下这一问题的答案. 我们其实在上一章研究序结构的时候就已经见过了 Cantor 的解决方案,这就是一一对应,即把两个集合的元素一对一地排起来.

4.1 对等和受制

首先,类似给序结构分类的思想,我们也用映射给数量关系建立等价类.

4.1.1 定义 设有集合 A, B, 若存在一个一一映射 $f: A \longrightarrow B$, 则称集合 A, B **对等**(或者**等势**),记为 $A \sim B$. 如果 f 只是单射,就称 A **受制**于 B,记为 $A \preccurlyeq B$. 另外定义 $A \prec B \iff A \preccurlyeq B \wedge A \nsim B$.

根据 1.3.6 引理,$A \preccurlyeq B$ 也等价于存在 $B \longrightarrow A$ 的满射. 可以看出,对等关系也是集合之间的等价关系.

对等关系的引入,使得有限集和无限集能得到明确的定义.

4.1.2 定义 能够和某个自然数建立对等关系的集合称为**有限集**,否则称为**无限集**(或无穷集).

有关有限集的以下性质很符合直觉,证明的方法是用归纳法. 为了保证严格性,又不影响大家接下来探索无穷集的兴致,我们列出而不写证明(留作习题). 我们还将直接承认有限集元素个数的常见性质,例如若 A 有 n 个元素,则 $\mathscr{P}(A)$ 有 2^n 个元素,等等.

4.1.3 定理 设 A 是有限集:

(i) 存在一个唯一的自然数与 A 对等;

(ii) 有限集的任何子集都是有限集;

(iii) 有限个有限集的交、并和笛卡儿积都是有限集;

(iv) 有限集不能与其一个真子集对等.

无限集的严格研究是现代集合论发展的最初动机之一. 下面我们考虑一个有关无限集的形象例子.

4.1.4 例 (Hilbert 旅馆问题) 假设有一个房间无穷多的旅馆,房间标为 $1, 2, \dots$, 且所有的房间均已客满,现在有无穷多个新旅客 $r_1, r_2, \dots$ 要来住宿,是否可以安排?

答案是肯定的,如图 4.1 所示,我们将住在 n 号房间的旅客重新安排到 $2n$ 号,此时 $1, 3, 5, \dots$ 号就可安排新旅客了.

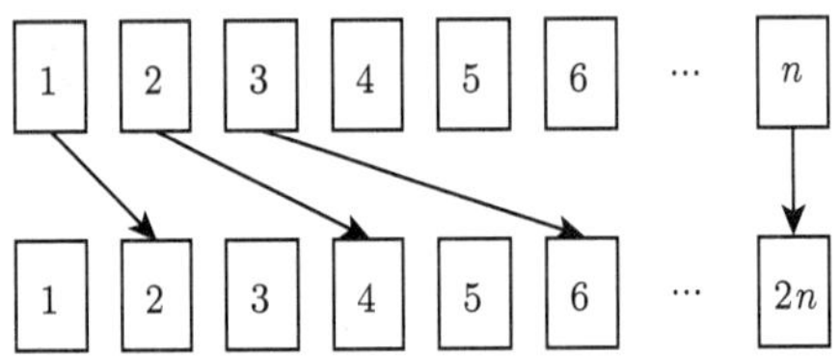

图 4.1 将住在 n 号房间的旅客重新安排到 $2n$ 号房后,又得到无穷多个空房间

上述例子就是说,自然数集和自然数中的偶数集是对等的. 实际上它暗含了无穷集性质的一个重要刻画:

4.1.5 引理 集合 A 为无穷集当且仅当 A 与其某个真子集对等.

证明 充分性就是 4.1.3 定理的 (iv).

必要性. 若 A 是无限集,断言其中必然存在一个和自然数集对等的子集,然后在这部分中用前例的映射(挖掉“偶数”,实际上只挖掉一个数即可),其余部分用恒等映射就证完了. 直观上,我们可以每次从集合中拿一个元素,然后去掉它,不断做下去,就得到一个和 ω 对等的子集 $B = \{a_0, a_1, \dots\}$. 当然,我们要说清楚“不断做下去”是什么意思!

显然 A 非空,所以可以取 $a_0 \in A$,我们定义映射 $f: \mathbb{N} \longrightarrow A$ 如下:它在 0 上取 $f(0) = a_0$. 然后,由于 $A \setminus \{f(0)\}$ 非空(否则 A 与一个自然数对等,是有限的),可取 $f(1) = a_1 \in A \setminus \{f(0)\}$,以此类推,我们有:

$$
\begin{aligned}
&f(0) = a_0, \\
&f(i) = \text{集合 } A \setminus f(\{0, \dots, i-1\}) \text{ 中任意一个元素} \quad (i > 0).
\end{aligned}
$$

由于明确定义这个映射需要在无穷多个集合上任取元素,因此“以此类推”的过程要用到选择公理.

得到这样的单射 f 后,利用前述思想,作映射 g:

$$g(x)=\begin{cases}a_{i+1} & (x=a_i\in f(\mathbb{N})),\\ x & (\text{否则}).\end{cases}$$

容易验证 g 是 $A\longrightarrow A\setminus\{a_0\}$ 的双射. □

4.1.6 推论 设 B 是自然数集的无穷子集,则 $B\sim\mathbb{N}$. 形象地说,$\mathbb{N}$ 是最小的无穷集合.

证明 类似上面的证明过程,我们可以证明存在单射 $f:\mathbb{N}\longrightarrow B$. 不过,对于这种特殊情况,我们构造的函数略有不同

$$\begin{aligned}&f(0)=a_0,\\&f(i)=\text{集合 }(B\setminus f(\{0,\dots,i-1\}))\text{ 中的最小元素}\quad(i>0).\end{aligned}$$

此时 f 的良定义性就不需要用选择公理证明了,因为选择函数是明确的. 下面利用这个构造证明 f 还是双射.

任给 $b\in B$. 首先由 f 的单性知道 $f(\mathbb{N})$ 是 $\mathbb{N}$ 的无穷子集, 所以一定存在 $n\in\mathbb{N}$, 使得 $f(n)>b$. 再令 m 是满足 $f(m)\geqslant b$ 的自然数中最小的, 那么对一切 $i<m$ 都有 $f(i)<b$, 即 $b\notin f(\{0,1,\dots,m-1\})$,换言之 $b\in B\setminus f(\{0,1,\dots,m-1\})$. 这样,由 f 的定义第二条知 $f(m)\leq b$, 从而 $f(m)=b$. 因此 f 是满射,根据构造它也是双射. □

下面进一步讨论一些证明集合对等的技巧.

4.1.7 例题 证明:$\mathbb{Z}_{>0}\sim\mathbb{Z}_{>0}\times\mathbb{Z}_{>0}$.

证明 如图 4.2 所示,我们用形如图中的方法把 $(a,b)\in\mathbb{Z}_{>0}\times\mathbb{Z}_{>0}$ 排成一列:先按 $a+b$ 排序,再按 a 排序.

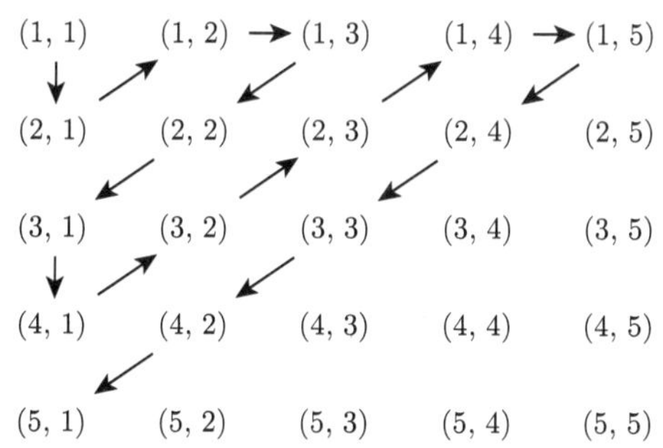

图 4.2 用“蛇形游走”的方法证明 $\mathbb{Z}_{>0}\sim\mathbb{Z}_{>0}\times\mathbb{Z}_{>0}$

这样, 我们按照排列的先后顺序把 $\mathbb{Z}_{>0}$ 和这些元素一一对应起来, 就自然地得到一个从 $\mathbb{Z}_{>0}\times\mathbb{Z}_{>0}$ 到 $\mathbb{Z}_{>0}$ 的保序同构(请读者尝试用表达式明确写出来). 于是两个集合当然对等. □

4.1.8 例题 证明:$\mathbb{R}\sim(0,1)$.

证明 注意到 $\operatorname{im}\tan x=\mathbb{R}$,而且它在 $\left(-\frac{\pi}{2},\frac{\pi}{2}\right)$ 上是严格单调的,换言之 arctan 函数可将 $\mathbb{R}$ 一一地映回到 $\left(-\frac{\pi}{2},\frac{\pi}{2}\right)$. 故我们只需要在该基础上添一个伸缩,作映射 $f(x)=\dfrac{\arctan x}{\pi}+\dfrac{1}{2}$,容易验

证这是一个双射，所以 $\mathbb{R} \sim (0,1)$. 可以看到这个映射还是一个保序同构. □

接下来我们问是否可以构造 $\mathbb{R}$ 和 $[0,1]$ 之间的双射. 由于 $[0,1]$ 是紧集而 $\mathbb{R}$ 不是紧的，所以无法诉诸连续映射. 尽管如此，稍加变通就可以作出答案.

4.1.9 例　我们证明 $\mathbb{R} \sim [0,1]$，则只需证明 $(0,1) \sim [0,1]$. 鉴于 $(0,1)$ 是 $[0,1]$ 的真子集，只需添加两个点，所以利用 Hilbert 旅馆的方法，我们作

$$f(x) = \begin{cases} 0 & \left(x = \dfrac{1}{2}\right), \\ \dfrac{1}{n-2} & \left(x = \dfrac{1}{n}, n \geqslant 3\right), \\ x & (\text{其他情况}), \end{cases}$$

就得到了想要的双射. ◇

从上例等例子中我们能看出，对于某些集合，若一定要构造其间的双射，手续可能会略显麻烦. 可以证明，有一些集合虽然对等，但其间的双射甚至是不可构造的 [1]. 幸运的是，我们有如下定理，以绕过直接构造双射这种困难.

4.1.10 定理 (Schröder–Bernstein)　若集合 X 与集合 Y 的一个子集对等，且集合 Y 与集合 X 的一个子集对等，则 $X \sim Y$.

证明　条件就是说存在单射 $f: X \longrightarrow Y, g: Y \longrightarrow X$，我们设法将二者拼凑为一个双射. 证明思想如图 4.3 所示：给定 $A \subseteq X$，我们先注意到 f 为 $A \longrightarrow f(A)$ 的双射，而 g^{-1} 为 $g(Y \setminus f(A)) \longrightarrow Y \setminus f(A)$ 的双射.

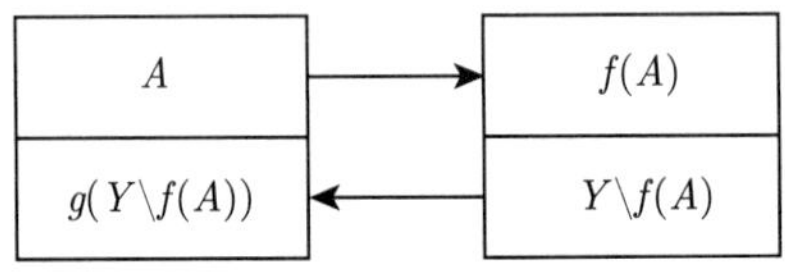

图 4.3　Schröder–Bernstein 定理证明中双射的"构造"

若能找到合适的 A，使得 A 和 $g(Y \setminus f(A))$ 刚好划分了 X，则 f, g^{-1} 合起来即为所求.

考虑 $F(A) = X \setminus g(Y \setminus f(A))$，我们断言它为单调映射，符合 1.3.3 例题的条件——实际上，设 $A \subseteq B \subseteq X$，则 $f(A) \subseteq f(B)$，这推出 $Y \setminus f(B) \subseteq Y \setminus f(A) \subseteq Y$. 所以，$g(Y \setminus f(B)) \subseteq g(Y \setminus f(A)) \subseteq g(Y) \subseteq X$，故而 $X \setminus g(Y \setminus f(A)) \subseteq X \setminus g(Y \setminus f(B))$，即是 $F(A)$ 成立保序性.

于是，根据 1.3.3 例题的结论，存在 $A^* \subseteq X$ 使得 $F(A^*) = A^*$. 于是我们令

$$h(x) = \begin{cases} f(x) & \text{若 } x \in A^*, \\ g^{-1}(x) & \text{若 } x \in g(Y \setminus f(A^*)), \end{cases}$$

就得到了想要的映射. 验证它是双射是简单的：因为 f 是单射，所以它是 $A^* \longrightarrow f(A^*)$ 的双射；同理 g 是 $Y \setminus f(A^*) \longrightarrow g(Y \setminus f(A^*)) = X \setminus A^*$ 的双射，二者合起来就表明 h 是 $X \longrightarrow Y$ 的双射. □

关于本定理的应用,需要到处理连续基数时才能比较明显地看见它的威力.

习题 4.1

1. 验证有关对等的以下性质:

(1) 若 A, C 对等, B, D 对等,则 $A \times B, C \times D$ 对等;

(2) 若 A, C 对等, B, D 对等,且 A, B 不交, C, D 不交,则 $A \cup B, C \cup D$ 对等;

(3) 若 A, B 对等,则 $\mathscr{P}(A), \mathscr{P}(B)$ 对等;

(4) 若 A, B 对等,则对任何的集合 C, A^C, B^C 和 C^A, C^B 分别对等.

2. 设 A, B 对等且 A 中至少有两个元素,证明: A, B 之间的双射不唯一.

3. 设 $A_1 \subseteq A, B_1 \subseteq B$,且 $A_1 \sim B_1, A \sim B$,试问是否有 $A \setminus A_1 \sim B \setminus B_1$?

4. 证明 4.1.3 定理.

5. 称一个集合是 **Dedekind-无穷**的,如果它和其一真子集对等. 证明:

(1) 每个和 $\mathbb{N}$ 对等的集合都是 Dedekind-无穷的.

(2) 集合是 Dedekind-无穷的当且仅当它包含一个可数无穷子集.

(3) 假设选择公理成立,则 Dedekind-无穷集等价于无穷集.

6. 设 A 为集合,任取 $\varnothing \neq X \subseteq \mathscr{P}(A)$ 并规定 X 上有包容序. 证明: A 是有限集当且仅当任意的 $(X, \subseteq)$ 都有极大元.

7. 对以下指定的几个实数区间,给出 A, B 之间的双射:

(1) $A = [0, 1), B = (0, 1]$;

(2) $A = (0, 1], B = (0, 1)$;

(3) $A = [0, 1], B = (0, 1]$.

8. 请构造双射 $f: (0, 1) \longrightarrow \mathbb{R}_{>0}$ 和 $g: (0, 1) \longrightarrow \mathbb{R}$,使得 f, g 分别把有理数映射为有理数,把无理数映射为无理数.

9. 下面各步勾勒出了 Schröder–Bernstein 定理的一个证明 [2]:

(1) 不妨设 $A \cap B = \varnothing$.

(2) 两个集合之间,存在用 f, g 的映射关系表示的箭头,这些箭头首尾相接形成序列,每个元素都处于一个箭头序列上. 非正式地说,例如对 $a \in A$,可能存在序列

$$\cdots \longrightarrow f^{-1}g^{-1}(a) \longrightarrow g^{-1}(a) \longrightarrow a \longrightarrow f(a) \longrightarrow gf(a) \longrightarrow \cdots$$

每个元素 $x \in A \cup B$ 属于且仅属于一个序列,从而这些序列构成 $A \cup B$ 的划分.

(3) 上述划分可以导出 A, B 之间的双射.

根据提示写出完整证明. 这是一个构造性的证明吗? 如果是,说明理由;如果不是,考虑是否能写出一个构造性的证明.

4.2 基数的定义和性质

基数可以从序数出发进行定义. 我们已经对集合的序结构有了一个初步的认识. 例如 $\mathbb{N}$ 对应于序数 ω, $\mathbb{N} \times \mathbb{N}$ 对应于序数 $\omega \times \omega$(用字典序)等. 不过,这些集合其实都“一样大”,因为从数

量上讲，它们之间的元素存在一一对应. 因此，作为数量结构的标尺，序数太密了. 在序数中挑选比较合适的作为代表元，这就得到了基数.

引入基数的正式定义之前，我们还要做对等关系的最后一个预备. 这就是 Cantor 定理，其证明的思想是对角线法.

4.2.1 定理 (Cantor) 若 $A \neq \varnothing$，则 A 不可能和 $\mathscr{P}(A)$ 对等.

证明 设 f 为一个 $A \longrightarrow \mathscr{P}(A)$ 的映射，考虑 $E = \{x \in A : x \notin f(x)\} \in \mathscr{P}(A)$. 那么一定有 $E \notin \operatorname{im} f$. 事实上，若 $f(y) = E$，则根据 E 的定义，$y \in E$ 导出 $y \notin f(y)$，即 $y \notin E$，反之亦然. 于是 $y \in E \iff y \notin E$，矛盾. 所以 f 一定不是满射，自然也不可能是双射. □

本节开头所说的合适的代表元，就是在对等的序数中，找（序数排序下）最小的.（选择这个略显曲折的方法是因为我们无法把对等的序数的全体作为一个等价类之代表元，因为它们的全体实际上不构成集合，参看习题 3.3.6.）

4.2.2 定义 称一个序数 κ 为**基数**，若序数 α 和 κ 对等能推出 $\kappa \leq \alpha$.

我们一般用希腊字母 κ, λ, μ 等表示基数.

例如，因为比自然数集小的序数只有自然数，而自然数都是有限集，所以任何自然数都不与自然数集 ω 对等，这表明自然数集是基数. 类似可知每个自然数也都是基数；特别地，有限集的基数就是自然数.

和序数类似（3.2.4 定理、3.2.5 定理），我们要证明基数作为代表元时，每个集合都恰好对应一个基数以反映其数量结构.

4.2.3 定理 给定一个集合 A，存在唯一一个基数和其对等.

证明 我们只要选择和 A 对等的序数中最小的那个，想要作 $S = \{\beta : \beta \text{ 是序数}, \beta \sim A\}$ 并取结果为 $\min S$. 但是要先证明 S 是一个集合.

考虑 $\mathscr{P}(A)$，则根据计数定理，存在一个序数 $\pi \sim \mathscr{P}(A)$. 我们去证明 $S \subseteq \pi$，即选择 π 是一个合适的包容集. 事实上，任取序数 $\beta \sim A$，假设 $\beta \notin \pi$，由三歧性得 $\pi \leq \beta$. 因为二者都是序数，所以由传递性 $\pi \subseteq \beta$，从而 $\pi \sim \mathscr{P}(A) \preccurlyeq \beta \sim A$，这与 Cantor 定理矛盾. 故 $\beta \in \pi$，进一步 $S \subseteq \pi$. 由分离公理知 S 是一个集合.

因为以序数构成的集合都是良序的，所以 S 良序. 今取 $\kappa = \min S$，按定义 κ 是基数. 唯一性显然（S 唯一确定，且其最小元必唯一）. □

我们把和集合 A 对应的唯一的基数记为 $\operatorname{card} A$. 现在逐步导出几个比较常用的结论，方便使用；导出这些结论后，基数的论证主要都是直接构建映射. 下面四个推论由前述定理都是容易证明的.

4.2.4 推论 (i) 设 κ 是基数，则 $\operatorname{card} \kappa = \kappa$. 进一步，如果基数 $\kappa \sim \lambda$，则 $\kappa = \operatorname{card} \lambda = \lambda$.

(ii) 设 κ, λ 是基数，则 $\kappa \prec \lambda \iff \kappa < \lambda$（$<$ 在序数意义下）.

(iii) 设 A, B 是集合，则 $\operatorname{card} A = \operatorname{card} B \iff A \sim B$.

(iv) 设 A, B 是集合，则 $\operatorname{card} A < \operatorname{card} B \iff A \prec B$ 且 $\operatorname{card} A \leq \operatorname{card} B \iff A \preccurlyeq B$.

证明 对于 (i), 由于基数 κ 和自己对等, 故由唯一性 $\operatorname{card}\kappa = \kappa$, 同理当 $\kappa \sim \lambda$ 时 $\kappa = \operatorname{card}\lambda$, 而 λ 是基数, 所以也有 $\operatorname{card}\lambda = \lambda$.

(ii) 根据定义, $\kappa \prec \lambda$ 当且仅当存在 $\kappa \longrightarrow \lambda$ 的单射且 κ 不等势于 λ. 因为 κ, λ 都是序数, 三歧性指出这一情况也就等价于 $\kappa \in \lambda$.

(iii) 由 (i) 导出: 由定义和对等是等价关系知道 $\operatorname{card} A = \operatorname{card} B$ 蕴涵 $A \sim B$; 而如果 $A \sim B$, 则 $\operatorname{card} A \sim \operatorname{card} B$, 由 (i) 得 $\operatorname{card} A = \operatorname{card} B$.

对于 (iv), 我们只证前半句话, 后半句话的证明是类似的. 根据对等的定义 $A \prec B \iff \operatorname{card} A \prec \operatorname{card} B$, 而由 (ii), $\operatorname{card} A \prec \operatorname{card} B \iff \operatorname{card} A < \operatorname{card} B$. □

从 Cantor 定理的证明中看出, 不存在最大基数. 我们把逐渐增大的无穷基数称为 $\aleph$ 数 ($\aleph$ 是 Cantor 首先使用的记号, 它是希伯来语的第一个字母, 音为"aleph (阿列夫)"), 依次标记为 $\aleph_0, \aleph_1, \aleph_2, \ldots, \aleph_\omega, \ldots$. (想一想, 怎么构造 $\aleph_1$, 怎么构造 $\aleph_\omega$)

习题 4.2

1. 用 4.2.4 推论导出 Schröder–Bernstein 定理. (尽管这样可以轻而易举地证明, 但我们知道该定理的证明无须选择公理, 后者则是推论所依赖的.)

2. 设 $A \subseteq B$, 且 $\operatorname{card} A = \operatorname{card} A \cup C$, 证明: $\operatorname{card} B = \operatorname{card} B \cup C$.

3. 证明: 对任何由基数组成的集合 A, 都存在一个基数 κ, 使得它为 A 上确界. 进一步导出所有基数放在一起不构成集合.

4. (基数的运算) 设 A, B 是集合, 定义其关联的基数之运算为:

▷ **加法** $\operatorname{card} A + \operatorname{card} B \overset{\text{def}}{=} \operatorname{card} A \sqcup B$ (参看 1.1.12 注);

▷ **乘法** $\operatorname{card} A \times \operatorname{card} B \overset{\text{def}}{=} \operatorname{card} A \times B$;

▷ **幂** $\operatorname{card} A^{\operatorname{card} B} \overset{\text{def}}{=} \operatorname{card} A^B$.

设 κ, λ, μ 为基数, 证明:

(1) $\kappa + \lambda = \lambda + \kappa$; $(\kappa + \lambda) + \mu = \kappa + (\lambda + \mu)$.

(2) $\kappa \times \lambda = \lambda \times \kappa$; $(\kappa \times \lambda) \times \mu = \kappa \times (\lambda \times \mu)$; $\kappa \times (\lambda + \mu) = \kappa \times \lambda + \kappa \times \mu$.

(3) $\kappa^\mu \times \kappa^\lambda = \kappa^{\lambda+\mu}$; $(\kappa \times \lambda)^\mu = \kappa^\mu \times \lambda^\mu$; $(\kappa^\lambda)^\mu = \kappa^{\lambda \times \mu}$.

5. 设 A, B, C 均为无穷集合, 比较下述三个集合的基数大小:

(i) $X = A \longrightarrow (B \longrightarrow C)$;

(ii) $Y = A \times B \longrightarrow C$;

(iii) $Z = (A \longrightarrow B) \longrightarrow C$.

4.3 可数集和不可数集

现在来看两个特别重要的基数.

其一是**可数基数**. 顾名思义, 具有可数基数的集合中的元素可以像自然数一样一个一个点数.

4.3.1 定义 若某集合和自然数存在一一对应,就称它**可数**. 如果集合有限或者可数,就称它**至多可数**(不造成混淆的情况下亦可直接称可数);否则就称它**不可数**. 可数集合的基数是 $\aleph_0$,称为**可数基数**.

4.3.2 注 4.1.6 推论说明可数基数是最小的无穷基数. ♤

4.3.3 例 若 A, B 都是可数集,根据 4.1.7 例题,$A \times B \sim \mathbb{N}\times\mathbb{N} \sim \mathbb{N}$,也是可数集. 由此导出有理数 $\mathbb{Q}$ 是可数的:若把 $\mathbb{Q}$ 中元素看成整数的有序对,则 $\mathbb{Q} \preccurlyeq \mathbb{Z}\times\mathbb{Z} \sim \mathbb{N}\times\mathbb{N} \sim \mathbb{N}$;另一方面恒等映射是 $\mathbb{N} \longrightarrow \mathbb{Q}$ 的单射,由 Schröder–Bernstein 定理得 $\mathbb{Q} \sim \mathbb{N}$. ◇

以下定理扩展了上例,它指出了许多常见的集合都是可数的.

4.3.4 定理 设 $A_1, A_2, \ldots$ 是可数个至多可数的集合,则

(i) $\bigcup_{i=1}^{\infty} A_i$ 是至多可数的;

(ii) 对于每个有限的 n,$\prod_{i=1}^{n} A_i$ 是至多可数的.

证明 我们承接 4.1.7 例题的排序方法. 对于 (i),无妨设 $A_1 = \{a_{11}, a_{12}, \ldots\}, A_2 = \{a_{21}, a_{22}, \ldots\}$(注意这里用到了选择公理,因为对每个 A_i 来说排序方法 $a_{i1}, a_{i2}, \ldots$ 可能有无穷多种,而我们需要选择其中之一),我们将 $\bigcup_{i=1}^{\infty} A_i$ 中的元素排成一列 $a_{11}, a_{21}, a_{12}, a_{31}, a_{22}, a_{13}, \ldots$,即是说 a_{11} 排第一位,而当 $i+j>2$ 时,a_{ij} 排在第

$$j + \sum_{k=1}^{i+j-2} k$$

位. 对于 (ii),它则是 $\mathbb{N}\times\mathbb{N} \sim \mathbb{N}$ 结合归纳法得到的直接推论. □

4.3.5 例题 设 $E \subseteq \mathbb{R}^2$ 中的点两两之间的欧氏距离均为有理数,证明:E 至多可数.

证明 目标是将这些点同有理数作某种意义上的对应. 不妨设 E 为无穷集,任取两点 A, B,那么 E 中剩下点和 A, B 的距离都必须是有理数,所以

$$E \subseteq \{A, B\} \cup \bigcup_{r_1, r_2 \in \mathbb{Q}} S(A, r_1) \cap S(B, r_2).$$

式中 $S(O, r)$ 表示圆心为 O,半径为 r 的圆. 式右侧的分解中,可数并运算的每一项都只有有限多个点(至多 2 个). 所以 E 是可数集. □

其二是**连续基数**,它是 $(0,1)$ 对应的基数,$(0,1)$ 也称为**连续统**. 已经知道 $\mathbb{R} \sim (0,1) \sim [0,1]$(4.1.9 例),所以只需要研究 $[0,1]$. 下面的定理由 Cantor 最初发现.

4.3.6 定理 $[0,1]$ 不是可数的.

证明 证明思想就是著名的 **Cantor 对角线法**. 若不然,我们把这些数按十进制小数序列排起来,得到

$$0.\boldsymbol{a}_{11}a_{12}a_{13}a_{14}\cdots,$$
$$0.a_{21}\boldsymbol{a}_{22}a_{23}a_{24}\cdots,$$

$$0.a_{31}a_{32}\boldsymbol{a}_{33}a_{34}\cdots,$$

现在取 $x = 0.b_0b_1b_2\cdots$ 使得 $b_i = \begin{cases} 2 & (a_{ii} = 1) \\ 1 & (\text{否则}) \end{cases}$,则 x 有唯一的小数表示(因为其中没有重复 9 的无限循环节),且小数点后第 i 位和第 i 个列出的数不同,这说明它未被写出,矛盾. □

4.3.7 定义 若集合和 $(0,1)$ 存在一一对应,就称它的基数是**连续基数**,记为 $\mathfrak{c}$.

处理连续基数比处理可数基数麻烦一些,一个常见的技术就是离散化并借助 Schröder–Bernstein 定理.

4.3.8 例题 证明:$\operatorname{card}\mathscr{P}(\mathbb{N}) = \mathfrak{c}$.

证明 $\mathbb{R}$ 是连续的对象,而 $\mathscr{P}(\mathbb{N})$ 是离散的对象,不易直接建立联系. 考虑 $f(x) = \{r \in \mathbb{Q} : r \leq x\}$,易见这是 $\mathbb{R} \longrightarrow \mathscr{P}(\mathbb{Q})$ 的单射. 实际上,根据实数的 Dedekind 分割定义,对于每个 $A \in \operatorname{im} f$,取 $f^{-1}(A) = \sup A$ 即可,故 $\mathbb{R}$ 和 $\mathscr{P}(\mathbb{Q}) \sim \mathscr{P}(\mathbb{N})$ 之间存在单射. 另一方面,首先用 $f_s : \mathbb{N} \longrightarrow \{0,1\}$ 表示 $s \in \mathscr{P}(\mathbb{N})$,即是 $f_s(n) = \mathbf{1}_{n\in s}$,再展开三进制小数 $\sum_i \dfrac{f_s(i)}{3^i}$,将集合映射为实数,这也是单射(但若用二进制,则单射就不显然了). 所以 $\mathscr{P}(\mathbb{N}) \sim \mathbb{R}$. □

4.3.9 注 最好不使用 $\aleph_1$ 这个记号表示 $\mathbb{R}$ 的基数,否则算承认**连续统假设**. 所谓连续统假设考虑的是 $\aleph_0, \aleph_1, \mathfrak{c} = \operatorname{card}\mathscr{P}(\mathbb{N})$ 之间的关系. $\aleph_1$ 是最小的不可数基数,由前面的讨论我们知道 $\mathfrak{c} \geqslant \aleph_1$. 问题在于,等号是否成立? 等号成立蕴涵 $\aleph_0, \mathfrak{c}$ 之间不存在其他基数. 这一问题的研究大大推动了集合论的发展——后来,Gödel 和 Cohen 先后分别证明了连续统假设在 ZFC 公理体系下的相容性(承认正确性则无矛盾)和独立性(ZFC 下不可证). 我们一般不假设连续统假设成立. ♤

4.3.10 例题 证明:$E = \left\{\{x_i\}_{i=1}^{\infty} : x_i \in \mathbb{R}\right\}$ 的基数为 $\mathfrak{c}$.

证明 我们应用前一例题的结论,存在实数和 $\mathscr{P}(\mathbb{N})$ 的一一对应,将 E 中序列转换为自然数子集的序列,并利用同样的示性函数 $f_s : \mathbb{N} \longrightarrow \{0,1\}$ 表示 $s \in \mathscr{P}(\mathbb{N})$,则

$$E \sim \left\{\{f_i\}_{i=1}^{\infty} \mid f_i : \mathbb{N} \longrightarrow \{0,1\}\right\}.$$

考虑序列 $\{f_i\}_{i=1}^{\infty}$,确定整个序列只需要确定第 m 个映射在自然数 n 上的像,即

$$\left\{\{f_i\}_{i=1}^{\infty} \mid f_i : \mathbb{N} \longrightarrow \{0,1\}\right\} \sim \{g(m,n) : \mathbb{N}\times\mathbb{N} \longrightarrow \{0,1\}\}. \tag{4.3.1}$$

注意到 $\{g(m,n) : \mathbb{N}\times\mathbb{N} \longrightarrow \{0,1\}\} \sim \mathscr{P}(\mathbb{N}\times\mathbb{N}) \sim \mathscr{P}(\mathbb{N}) \sim \mathbb{R}$,即知命题成立. □

4.3.11 注 式 (4.3.1) 所使用的技巧称为 “uncurrying”,由逻辑学家 Frege 引入,是使用特别广泛的一个技术. Currying 意谓把多参数函数转换为单参数函数的序列 [3],函数式编程语言常用 currying 的操作. ♤

习题 4.3

1. 设 A 为可数集,其上有一个等价关系 $\sim$,证明:商集至多可数.

2. 对于可数集,证明:

(1) 其全部有限子集构成的集合可数;

(2) 以其中元素构成的全体有限序列可数.

3. 假设 E 为 $\mathbb{R}$ 中一些两两不相交的开区间构成的集合,证明:E 可数.

4. 设无穷集 $E \subseteq (0,1)$,且任取 E 中不同的实数构成的正项级数总收敛,证明:E 可数.

5. 证明下面两个集合都是不可数的:

(1) $S = \big\{\{0,1\}^{\omega}$: 串中没有连续的两个 $0\big\}$,这里 $\{0,1\}^{\omega}$ 指 0、1 构成的无穷长字符串;

(2) $T = \big\{\{a_n\}_{n=1}^{\infty}$ 是正整数序列 : $a_{n+1} \geqslant 2^{a_n}\big\}$.

6. 我们把是整系数多项式根的复数称为代数数,否则称为超越数. 计算全体超越数构成的集合的基数.

7. 用 $\{a_n\}_{n=0}^{\infty}$ 表示自然数构成的无穷序列.

(1) 求出这些序列的全体构成的集合的基数.

(2) 称 $\{a_n\}_{n=0}^{\infty}$ "几乎为常数"的,如果存在某个 $n_0 \in \mathbb{N}$ 和常数 C 使得对每个 $n \geqslant n_0$ 都有 $a_n = C$. 求出"几乎为常数"的序列的全体构成的集合的基数.

(3) 称 $\{a_n\}_{n=0}^{\infty}$ "几乎周期"的,如果存在某个 $n_0, p \in \mathbb{N}$ 和常数 C 使得对每个 $n \geqslant n_0$ 都有 $a_{n+p} = a_n$. 求出"几乎周期"的序列的全体构成的集合的基数.

8. 设 $E \subseteq \mathbb{R}^2$ 为可数集,证明:存在两个不相交的集合 A, B 使得 $E = A \cup B$,且任意一条平行于 x 轴的直线交 A 至多有有限个点,任意一条平行于 y 轴的直线交 B 也至多只有有限个点.

9. 设集合 A, B 的基数均为 $\mathfrak{c}$.

(1) 证明:$A \cup B$ 的基数为 $\mathfrak{c}$.

(2) 证明:$A \times B$ 的基数为 $\mathfrak{c}$,由此导出 $\mathbb{R}^n$ 和 $\mathbb{R}$ 对等.

10. 证明:若 $\bigcup_{i=1}^{\infty} A_i$ 和 $\mathbb{R}$ 对等,则存在一个 A_n 与 $\mathbb{R}$ 对等. 提示 不妨设 $\bigcup_{i=1}^{\infty} A_i$ 为全体实数序列构成的集合,然后应用类似对角线法的论证.

11. 设 $S = \mathscr{P}(\mathbb{N})$. 在 S 上定义关系 $A \sim B \iff A \triangle B$ 是有限集.

(1) 证明:$\sim$ 是一个等价关系.

(2) 给定集合 $A \in \mathscr{P}(\mathbb{N})$,求 $\operatorname{card}[A]$;再求 $\operatorname{card}\mathscr{P}(\mathbb{N})/\sim$.

注解

无穷始终是让人们感到困惑的数学(或哲学)概念,也是现代集合论发源的一个重大动力. 早在 Galileo 的时代,像课文中所述那样用一一对应的方法研究集合的思想就为人所知了——Galileo 以此论证了自然数不比平方数多[4]. 这是一个奇怪的结论,但总之这体现了无穷集合的某种不直观性. 这样类型的结论总结在 Hilbert 旅馆问题中,它是由 Hilbert 在 1924 年的一次题为"Über das Unendliche(关于无穷)"的讲座上提到的. 与之相关的对无穷集的刻画称为 Dedekind 无穷(1888 年提出,参看习题 4.1.5),可以看出它是不依赖于自然数的定义的. 然而,如果没有选择公理,在 ZF 公理体系下,Dedekind 无穷并不等价于无穷,也就是说 4.1.5 定理的必要性的证明不能避开选择公理[5].

Schröder–Bernstein 定理有时候会被加冠 Cantor 的名字,因为它由 Cantor 在 1887 年首先提出,但未给予证明. 证明方法有很多,Dedekind 在同年给出了依赖于选择公理的证明,而 1897 年 Schröder 和 Bernstein

分别独立发现了不用选择公理的证明方法. 课文中的证明由 Banach 给出 [6],还有一个特别形象的 König 证明,参看习题 4.1.9.

课文中给出的基于序数的基数定义也属于 von Neumann.

实数的不可数性质是 Cantor 在集合论中的最重大发现之一. Cantor 起初对 4.3.6 定理的证明使用了区间套的方法,而简洁的对角线法则是他在 1897 年提出的. 他用这些方法证明了超越数的存在性（参看习题 4.3.6）. 同样的论证方法可以用来断言不可计算的问题（无法用算法解决的问题）的存在性. 粗略地说,我们为程序字符串的幂集中的每个元素制造一个问题:编写程序判断某个字符串是否属于这个子集. 于是相同的程序无法解决不同的问题,由 Cantor 定理知问题的数目远远多于程序的数目. 对角线方法在二十世纪初至中叶的可计算性理论发展中大放异彩.

各节中证明集合对等、集合可数、集合不可数的技巧是很有助益的,习题中已经包括了不少,读者如果关心更多这样的问题则可以参看任何一本实变函数的教材,如 [6].

基数的运算要比序数的运算要形象很多,不过习题 4.2.4 中仅包含了非常容易证明的算律. 另外的非常重要的运算性质是幂等律:设 κ 是无穷基数,则 $\kappa \times \kappa = \kappa$（证明可以参考 `https://ncatlab.org/nlab/show/cardinal+arithmetic#properties`）. 这可以立刻导出基数运算的吸收性质:设 a 是无穷基数,b 是基数.

(i) 对 $1 \le b \le a, a + b = a$.

(ii) 对 $1 \le b \le a, a \times b = a$.

(iii) 对 $2 \le b \le a, b^a = 2^a$.

这样一来,像 4.3.10 例题这样的问题利用基数运算可较快解决:$\mathfrak{c}^{\aleph_0} = (2^{\aleph_0})^{\aleph_0} = 2^{\aleph_0 \times \aleph_0} = 2^{\aleph_0} = \mathfrak{c}$.

参考文献

[1] Aws. Is there a constructive proof of Cantor – Bernstein – Schroeder theorem?[EB/OL]. 2013[2013-03-03]. https://mathoverflow.net/q/123485.

[2] KÖNIG J. Sur la théorie des ensembles[J]. Comptes Rendus Hebdomadaires des Séances de l'Académie des Sciences, 1906, 143: 110-112.

[3] CURRY H B, FEYS R, CRAIG W, et al. Combinatory Logic: vol. 1[M]. Amster dam: North-Holland Amsterdam, 1958.

[4] GALILEI G. Dialogues Concerning Two New Sciences[M]. Mineola, New York: Dover, 1914.

[5] HERRLICH H. Axiom of Choice[M]. Berlin: Springer, 2006.

[6] 周民强. 实变函数论（第三版）[M]. 北京: 北京大学出版社, 2016.

第二部分

数理逻辑初步

5 命题逻辑

阅读提示

本章是命题逻辑的基础知识，其中不涉及形式的推理和演算，因此其中大多数内容读者应该在中学已经学过了. 不过需要注意的是应当审慎对待中学所形成的直觉，因为本章的重点有二，其一是建立形式语言的概念，其二是初步区分语法和语义两个概念，因此抛开熟知的符号的含义来体会形式语言的构建可能是有益的（主要是语法部分，语义部分则比较简易）. 语义、语法的联系和区别是理解数理逻辑的思想方法的重点和难点，初学时可能会感到有些迷惑，读者可以多和自然语言或者程序设计作类比.

逻辑是英文 logic 的音译，源于希腊语“逻各斯”（λóγος），意思是思维、理性，可以指推理和证明的思想过程.

推理和证明是数学的思维的重要基础. 逻辑学家 Frege 曾说：“数学的本质就在于，一切能证明的都要证明.”数学证明的一个特点就是精确，然而在前面几章中我们可以看到，自然语言的表述带有歧义性等问题，不适合描述数学中精确的推理和证明过程，因此我们要将证明和计算的过程形式化. 也就是说，我们希望用一套形式语言、公理和转换规则来描述推理和演绎的过程，这样的事物称为**形式逻辑**.

形式逻辑在十九世纪末至二十世纪初得到了空前的发展，通过研究形式逻辑，人们不仅对数学的基础有了比较清楚的认识，还推动了计算机时代的到来，例如 Church 利用 λ-演算将证明理论变成了算法问题等等. 当代计算机科学中的数理逻辑的应用主要包括数字逻辑电路设计、编程语言、数据库理论、专家系统、软件正确性的形式化验证等等. 现在它也越来越多地对人工智能的发展产生影响.

建立形式逻辑系统的过程一般包含三个部分：

(i) 确定语言中命题的生成方式（§5.1 节）；

(ii) 给出逻辑推理时命题的转换规则（§6.1 节）；

(iii) 对形式逻辑作出语义解释（§5.2 节）.

在上面各部分中存在**语法**和**语义**的分野，二者是数理逻辑的两个基本要素. 其中，(i)(ii) 属于形式系统的语法的范畴（证明论），(iii) 则属于语义的范畴（模型论）. 语法是指确定了形式系统中语句的构造、生成和转换方法的规则，它和语句序列的实际含义无关；而语义则反过来关心形式系统中语句的意义和真伪. 语法实现逻辑推演和认知过程的一致性和机械性，而语义刻画逻辑思维对世间事物的真伪认知. 用读者熟知的编写过程的程序来类比，语法正确就是指程序可被计算机理解并且正确执行，而语义正确则是指对任何输入，程序执行后的输出是问题的正确答案.

虽然语法和语义二者关系形式系统的两个不同方面，但在逻辑中这两个部分是相互关联的. 因为在我们的理想中，形式系统应该满足：

- ◇（“语法 $\Longrightarrow$ 语义”，一致性）每个转换规则（推演规则）从真前提出发必须得出真结论，而且凡是通过正确语法导出的公式都是真的；（类比：程序正确执行 $\Longrightarrow$ 程序结果正确）
- ◇（“语义 $\Longrightarrow$ 语法”，完备性）每一个有效论证能够用逻辑推演系统形式地得出.（类比：程序结果正确 $\Longrightarrow$ 程序正确执行）

下面两章的目的，就是在命题逻辑中，通过前述三个部分来恰当地实现一致性和完备性的要求.

5.1 命题形式

考察一下推理和证明的过程，这些过程中，我们会罗列一些具有真假意义的判断性或陈述性的语句，并使用“如果……那么……”“而且”“或者……或者……”“当且仅当”之类的语言把这些语句连接在一起. 这些具体的语句被称为**命题**，而后面那些连接的词句是**连接词**.

根据其中是否存在连接词，是否可以被细分成更小的单元，命题分为**原子命题**（简单命题）和**复合命题**. 原子命题是命题逻辑中的最基本组成元素. 自然语言中，一般使用简单句表述的命题就是简单命题，而需要用复合句，例如用“或者”“而且”等连接词连缀简单句而成的命题是复合命题.

在数理逻辑中，我们只研究抽象的命题. 就像用字母代替具体的数一样，为了形式地研究命题逻辑，我们先要选定一个符号的集合，用这些集合中的字母来书写那些最小的、不可分解的原子命题. 这里，我们规定用 $p_1, p_2, \ldots$ 表示之. 然后，这些原子命题可以由下面五种**连接词**连接得到新的复合命题：

$$\neg, \quad \wedge, \quad \vee, \quad \rightarrow, \quad \leftrightarrow .$$

这五种连接词的读法如表 5.1 所示.

表 5.1 五种逻辑连接词

命题的连接	中文
$\neg p_1$	p_1 的否定/非 p_1
$p_1 \wedge p_2$	p_1, p_2 的合取/p_1 且 p_2
$p_1 \vee p_2$	p_1, p_2 的析取/p_1 或 p_2
$p_1 \rightarrow p_2$	p_1 导出 p_2/p_1 蕴涵 p_2
$p_1 \leftrightarrow p_2$	p_1 当且仅当 p_2/p_1 等价于 p_2

上述字母的全体和连接词，以及括号、逗号等辅助标记组成了我们的**符号表**. 以下规定如何用连接词得到更加复杂的命题，这样规定好的合法的公式的全体就组成了**形式语言**.

5.1.1 定义 **命题形式**是指含有有限个符号表中符号的表达式，由以下规则递归地定义：

(i) 对任意 i，p_i 是命题形式，命题常元 T、F 也是命题形式；

(ii) 如果 ϕ, ψ 是命题形式，则 $(\neg\phi), (\phi \wedge \psi), (\phi \vee \psi), (\phi \to \psi), (\phi \leftrightarrow \psi)$ 都是命题形式；

(iii) 满足上述 (i)、(ii) 两条规则的最小字符串集合恰为命题形式的集合.

例如，$((p_1 \wedge p_2) \to (\neg(p_2 \vee p_3)))$ 是命题形式，而 $p_1 \vee \wedge p_2, p_1 \neg \wedge p_2$ 等都不是命题形式.

注意，括号在递归定义中是为了保证运算顺序正确而必须加入. 实际写的时候，我们可以按照连接词的优先级来省略括号. 规定上面介绍的连接词的优先级规按以下排列下降：$\neg, \wedge, \vee, \to, \leftrightarrow$. 例如 $p_1 \vee p_2 \wedge p_3 \to p_4 \leftrightarrow p_5 \to p_6 \to p_7$ 的实际形式是 $((p_1 \vee (p_2 \wedge p_3)) \to p_4) \leftrightarrow (p_5 \to (p_6 \to p_7))$. 另外，在本书中，我们规定 $\to$ 是右结合的，但一般都加括号以避免理解歧义.

5.1.1 定义有一个特点就是递归（归纳）定义. 根据该定义可以导出如下归纳原理（也称为结构归纳法），它是证明有关命题形式的性质的有用工具.

5.1.2 定理 设 P 是一个陈述，如果：

(i) 对任何 i, $P(p_i)$ 成立，而且 $P(T), P(F)$ 成立；

(ii) 对任何连接词 $\Box$ 和命题形式 ϕ, ψ, $P(\phi), P(\psi)$ 成立可推出 $P(\phi \Box \psi)$ 成立.

则对一切命题形式，陈述 P 都成立.

证明 根据条件，集合 $A = \{\phi \text{ 是命题形式} : P(\phi)\}$ 满足了 5.1.1 定义中的要求 (i) 和 (ii)，又因为命题形式的集合满足 5.1.1 定义中的 (iii)，即最小性，所以它必然包含于 A，故 P 对一切命题形式都成立. □

这一归纳原理使用时有多种等价的版本，例如我们也可以直接对命题形式中出现的连接词个数作数学归纳法，等等.

习题 5.1

1. 判断下列语句是否为命题.

(1) 北京大学是世界一流大学.

(2) 这句话是错的.

(3) 燕园的秋天美不美？

(4) $a^2 > 1$ 的充分必要条件是 $a > 1$.

2. 用符号和连接词形式化下面的命题.

(1) 北京大学规定：除非学生修够学分，否则学生不能毕业. 所以，学生修够了学分就能毕业.

(2) 某老师训斥学生：没有差生能够考上一流大学，而能考上一流大学的都不是差生，所以，考不上一流大学的都是差生.

(3) 教育部下发通知，自 2018 年起，体育特长生的高考加分被废止. 李雷是体育特长生且 2018 年参加高考，那么李雷不会享受高考加分.

3. 以下每个命题形式中都有部分括号可以省略，请尽可能多地省略其中的括号.

(1) $((\neg(\neg(\neg(p_2 \vee p_3)))) \leftrightarrow (p_2 \leftrightarrow p_3))$.

(2) $(\neg((\neg(\neg(p_2 \vee p_3))) \leftrightarrow (p_2 \leftrightarrow p_3)))$.

(3) $((((p_1 \to p_2) \to (p_3 \to p_4)) \wedge (\neg p_1)) \vee p_3)$.

4. 确定以下三者是否为命题形式. 若是命题形式，将所有省略的括号重新加上；若不是命题形式，请根据 5.1.1 定义证明它不是命题形式.

(1) $p_1 \leftrightarrow (\neg p_1 \vee p_2) \to (p_1 \wedge (p_2 \vee p_3)))$.

(2) $\neg p_1 \vee p_2 \vee p_3 \wedge p_4 \leftrightarrow p_1 \wedge \neg p_1$.

(3) $((p_1 \to p_2 \wedge (p_3 \vee p_4) \wedge (p_1 \vee p_4))$.

5. (波兰表达式, [1]) 我们可以修改命题形式的写法,使得计算机更容易扫描和阅读它们. 规定:如果 ϕ, ψ 是命题形式, 则 $\neg\phi, \wedge\phi\psi, \vee\phi\psi, \to \phi\psi, \leftrightarrow \phi\psi$ 都是命题形式. 例如, 这时 $((\neg p_1) \wedge (p_2 \to (\neg p_3)))$ 可写成 $\wedge\neg p_1 \to p_2\neg p_3$.

(1) 将 $((p_3 \to (\neg p_1)) \vee p_2)$ 和 $(p_3 \vee ((p_2 \wedge (\neg p_4)) \to p_3))$ 写成波兰表达式的形式.

(2) 若将波兰表达式中的符号看成字符串,除 $\neg$ 外的每个连接词赋值为 $+1$ ($\neg$ 赋值为 0),原子命题赋值为 -1. 证明:一个字符串是合法的波兰表达式,当且仅当其所有符号的值之和为 -1,且每个真前缀的符号值之和非负.

5.2 语义分析

如果抛开我们所学过的全部数学,那么前面符号表中的各种符号以及各种命题形式都是没有含义的. 详细地说,现在我们只知道形如 $p_1 \wedge p_2, \neg p_1$ 之类的命题是合法的,是符合语法的,但是 $p_1 \wedge p_2$ 到底是什么意思,或者说定义它代表 p_1 而且 p_2,只有 p_1, p_2 都真的时候才是真命题等问题都不属于语法,它们都在语义的范畴中.

现在我们来考虑语义问题. 我们把命题的真假意义称为**真值**. 惯用的真值是二值的,只有真 (T,或记为 $\top$) 和假 (F,或记为 $\bot$) 两种可能. 给定命题形式 $\phi = \phi(p_1, \ldots, p_n)$,我们给每个原子 $p_1, \ldots, p_n$ 都赋予 T 或者 F,这一工作称为**解释**或者**真值指派**,记为 I. 根据直觉,每个命题形式的解释都应该对应于一个真值 $\phi(I)$. 如果某个解释 I 使得 $\phi(I)$ 为真,就说 I 是 ϕ 的**模型**.

把解释和相应的真值用表格的形式表达,就得到**真值表**. 下面规定了一般情况下五种连接词的真值表

p_1	p_2	$p_1 \wedge p_2$	$p_1 \vee p_2$	$p_1 \to p_2$	$p_1 \leftrightarrow p_2$	$\neg p_1$
T	T	T	T	T	T	F
T	F	F	T	F	F	F
F	T	F	T	T	F	T
F	F	F	F	T	T	T

以上真值表是符合直觉的. 例如,$p_1 \wedge p_2$ 为真当且仅当 p_1, p_2 都为真. 但 $\to$ (蕴涵) 的语义需要解释一下. 蕴涵 $p_1 \to p_2$ 中,p_1 称为**前件**,p_2 称为**后件**. 一个略反直觉的定义是假命题蕴涵任何命题,其实这不难理解,因为既然前件不成立,因此后件是否成立便不重要. 例如,考虑命题"如果实数 x 满足 $x^2 < 0$,那么月亮是由奶酪做成的",因为任何实数的平方都是非负的,所以即便该命题为真,它也无法对月亮的成分作出任何有效的断言.

现在,根据以上规定的连接词的语义和命题形式的递归定义,我们知道每一个公式的指派都已经对应于一个真值,这样的映射叫作**真值函数**. 可以看出,真值函数和真值表之间具有一一对应关系.

5.2.1 例 命题形式 $((p_1 \to p_2) \wedge p_1) \to p_2$ 的真值表如表 5.2 所示.

表 5.2 命题形式 $((p_1 \to p_2) \wedge p_1) \to p_2$ 的真值表

$((p_1$	$\to$	$p_2)$	$\wedge$	$p_1)$	$\to$	p_2
T	T	T	T	T	$\underline{\text{T}}$	T
T	F	F	F	T	$\underline{\text{T}}$	F
F	T	T	F	F	$\underline{\text{T}}$	T
F	T	F	F	F	$\underline{\text{T}}$	F

该形式的真值函数是一个二元函数. 这里我们采用了一种简写法,子表达式的真值写在相应连接词的下面,最终的真值用下画线标出.

容易看出,含有 n 个命题原子的形式的真值表有 2^n 行. ◇

考虑著名的三段论:如果所有人都是必死的,并且所有哲学家都是人,那么所有哲学家都是必死的. 这种论证写成命题形式就是 $((p_1 \to p_2) \wedge p_1) \to p_2$. 如何检验其有效性? 前例表明无论 p_1, p_2 的指派如何,这个命题形式恒真. 像这样无论如何指派(解释)都为真的命题形式称为**重言式**(或永真式). 反之,如果一个命题形式无论如何指派,其恒假,那它就是**矛盾式**. 非矛盾式的任何公式都称为**可满足**的.

5.2.2 定义 设 ϕ, ψ 是命题形式,若 $\phi \leftrightarrow \psi$ 是重言式,就称 ϕ 和 ψ **语义等价(值)**.

可以看出,两个公式语义等价,就是指二者的真值表相同. 语义等价是等价关系,特别地,它有传递性.

下面用重言式的语言导出几个常识性的推理方法,证明都是比较简单的.

5.2.3 引理 设 ϕ, ψ 都是命题形式,且 $\phi, \phi \to \psi$ 都是重言式,则 ψ 也是重言式.

证明 如若 ψ 有一组解释使其为假,因 ϕ 永真,故此时 $\phi \to \psi$ 假,矛盾. □

5.2.4 定理 (代入规则) (i) 设 ϕ 是包含原子 $p_1, \ldots, p_n$ 的重言式. $\phi_1, \ldots, \phi_n$ 是任意命题形式,那么用它们分别**替换** $p_1, \ldots, p_n$ 得到的命题形式也是重言式.

(ii) 设 ϕ_1 是包含形式 ϕ 的命题形式,ψ_1 是用 ψ 替代 ϕ_1 中的 ϕ 一次或多次得到的命题形式,若 ϕ, ψ 语义等价,则 ϕ_1, ψ_1 语义等价.

证明 (i) 相当于任给 $p_1, \ldots, p_n$ 的指派,因 ϕ 永真,故所得命题形式也是重言式. 对 (ii),因为 ϕ, ψ 等值,所以 $\phi_1 \leftrightarrow \psi_1$ 的值总是 T,即语义等价. □

5.2.5 定理 (de Morgan 律) 设命题形式 ϕ 只包括连接词 $\neg, \wedge, \vee$. 形式 ϕ^* 由如下方法得到:互换 ϕ 中所有 $\wedge$ 和 $\vee$,并把每个原子替换为其否定. 则 ϕ^* 和 $\neg\phi$ 语义等价.

证明 我们使用结构归纳法. 首先,单个原子构成的命题形式显然满足上面所说. 而一个复杂命题形式必须满足 $\neg\psi, \psi \wedge \chi, \psi \vee \chi$ 之一. 现在假设命题对 ψ, χ 都成立,我们以 $\psi \wedge \chi$ 为例继续验证.

根据归纳假设,$\neg\psi \leftrightarrow \psi^*$ 和 $\neg\chi \leftrightarrow \chi^*$ 都是重言式. 又,容易算出 $(\neg p_1 \vee \neg p_2) \leftrightarrow \neg(p_1 \wedge p_2)$ 是重言式,故由代入规则知 $\neg\psi \vee \neg\chi$ 和 $\neg(\psi \wedge \chi)$ 等价,进一步 $\psi^* \vee \chi^*$ 和 $\neg(\psi \wedge \chi)$ 等价,而这就是 ϕ^* 和 $\neg\phi$ 等价. □

利用这一命题,以及代入规则得到熟知的:

5.2.6 推论 设 $\phi_1,\ldots,\phi_n$ 是任给的命题形式,则以下两对命题形式语义等价:

(i) $\bigvee_{i=1}^{n}\neg\phi_i, \neg\bigwedge_{i=1}^{n}\phi_i$;

(ii) $\bigwedge_{i=1}^{n}\neg\phi_i, \neg\bigvee_{i=1}^{n}\phi_i$.

已经看到,给定一个命题形式,可以构造它的真值表. 我们接下来说明,给出一个真值表,也能构造相应的标准的命题形式,其基本思想就是翻译真值表.

引入几个术语. 设 $p_1,\ldots,p_n$ 为原子命题,则把 $p_i, \neg p_i$ 都称为**文字**. 文字的合取称为**基本合取式**,其析取称为**基本析取式**,二者统称**子句**.

5.2.7 定理 任意给定一个 n 元真值函数 $f(p_1,\ldots,p_n)$,都能构造一个只以 $\neg,\wedge,\vee$ 为连接词的命题形式 $\phi=\phi(p_1,\ldots,p_n)$,使得其真值函数恰为 f.

证明 如果 f 的值恒为 F,那么可以构造矛盾式 $(\neg p_1\wedge p_1)\wedge p_2\wedge\cdots\wedge p_n$.

不然,对于每个使得 f 为 T 的指派,我们构造基本合取式如下:

(i) 若 p_i 指派为 T,则合取式中放入文字 p_i;

(ii) 否则,合取式中放入文字 $\neg p_i$.

如此构造的基本合取式只有相对该指派才为 T,否则为 F,所以这些合取式的析取的真值函数就是 f. □

这样,根据语义等价的定义,任何一个非矛盾式的命题形式都可以写成

$$\bigvee_{i=1}^{m}\left(\bigwedge_{j=1}^{n}p_{ij}\right)$$

的形式,其中 p_{ij} 是文字. 此时的形式称为**析取范式**(<u>D</u>isjunctive <u>N</u>ormal <u>F</u>orm). 进一步把 $\neg\phi$ 写成析取范式并用 de Morgan 律,则任何非重言式 ϕ 也可写成

$$\bigwedge_{i=1}^{m}\left(\bigvee_{j=1}^{n}p_{ij}\right)$$

的形式. 这称为**合取范式**(<u>C</u>onjunctive <u>N</u>ormal <u>F</u>orm).

5.2.8 例 求 $(\neg p_1\vee p_2)\to p_3$ 对应的两个范式,首先画出真值表(如表 5.3 所示).

对于析取范式,按照定理证明中的操作方法,需要关注取真的指派,而对于合取范式需要关注取假的指派(且文字的选择和析取范式相反). 不难给出两个范式为

$$\begin{aligned}\text{DNF}&=(p_1\wedge p_2\wedge p_3)\vee(p_1\wedge(\neg p_2)\wedge p_3)\vee(p_1\wedge(\neg p_2)\wedge(\neg p_3))\\&\quad\vee((\neg p_1)\wedge p_2\wedge p_3)\vee((\neg p_1)\wedge(\neg p_2)\wedge p_3),\\\text{CNF}&=(((\neg p_1)\vee(\neg p_2)\vee p_3)\wedge(p_1\vee(\neg p_2)\vee p_3)\wedge(p_1\vee p_2\vee p_3)).\end{aligned}$$
◇

表 5.3 $(\neg p_1 \vee p_2) \to p_3$ **的真值表**

p_1	p_2	p_3	$(\neg p_1 \vee p_2) \to p_3$
T	T	T	T
T	T	F	F
T	F	T	T
T	F	F	T
F	T	T	T
F	T	F	F
F	F	T	T
F	F	F	F

在讨论范式的过程中,实际上我们证明了只需要连接词 $\{\neg, \wedge, \vee\}$ 就可以表达全部的真值函数(逻辑表达式),这种集合的性质总结为

5.2.9 定义　连接词的完备集是指这样一个集合 S,任意真值函数都能用只含 S 中的连接词的命题形式来表达.

5.2.10 引理　$\{\neg, \wedge\}, \{\neg, \vee\}, \{\neg, \to\}$ 都是连接词的完备集.

证明　因为 $\{\neg, \wedge, \vee\}$ 是完备的,又由代入规则和 de Morgan 律知 $p_1 \vee p_2$ 和 $\neg(\neg p_1 \wedge \neg p_2)$ 等价,所以 $\{\neg, \wedge\}$ 完备. 同理可知 $\{\neg, \vee\}$ 亦然.

观察到 $\neg p_1 \vee p_2$ 和 $p_1 \to p_2$ 语义等价,故 $\neg p_1 \to p_2$ 同 $p_1 \vee p_2$ 等价,于是 $\{\neg, \to\}$ 也是连接词的完备集. □

有两种新的连接符,它们可以单独成为完备的连接词集,即**与非** $p_1 \mid p_2 \overset{\text{def}}{=} \neg(p_1 \wedge p_2)$ 和**或非** $p_1 \downarrow p_2 \overset{\text{def}}{=} \neg(p_1 \vee p_2)$.

5.2.11 引理　$\{\mid\}, \{\downarrow\}$ 都是连接词的完备集.

证明　只需证明 $\{\neg, \vee\}$ 的表达式可以用 $\mid$ 等价写出,$\{\neg, \wedge\}$ 的表达式可以用 $\downarrow$ 等价写出. 实际上:

(i) $\neg p_1$ 和 $\neg(p_1 \vee p_1)$, $\neg(p_1 \wedge p_1)$ 等价,所以 $\neg p_1$ 可用 $p_1 \downarrow p_1$ 和 $p_1 \mid p_1$ 表出;

(ii) $p_1 \wedge p_2$ 和 $\neg(\neg p_1 \vee \neg p_2)$ 等价,所以 $p_1 \wedge p_2$ 可用 $(p_1 \downarrow p_1) \downarrow (p_2 \downarrow p_2)$ 表出;

(iii) $p_1 \vee p_2$ 和 $\neg(\neg p_1 \wedge \neg p_2)$ 等价,所以 $p_1 \vee p_2$ 可用 $(p_1 \mid p_1) \mid (p_2 \mid p_2)$ 表出. □

因为硬件上制造与非门和或非门相对容易,门延迟比较低,且二者在逻辑上是完备的,所以在底层的电路设计中理论上可以只用这两个门. 命题逻辑正是数字逻辑设计(集成电路)的基础之一.

习题 5.2

1. 写出 $(\neg p_1 \wedge p_2) \to ((p_3 \vee \neg p_1) \leftrightarrow (\neg p_2 \vee p_3))$ 的真值表.

2. 已知 $\neg(p_1 * p_1)$ 与 $((p_1 * p_2) * p_2) \leftrightarrow p_1 \wedge p_2$ 都是重言式,求 $*$ 的真值表.

3. 证明以下两对公式都是语义等价的.

(1) $(((\neg p_1)\wedge(\neg p_2))\rightarrow(\neg p_3))$ 和 $(p_3\rightarrow(p_2\vee p_1))$.

(2) $(((\neg p_1)\vee p_2)\rightarrow p_3)$ 和 $((p_1\wedge(\neg p_2))\vee p_3)$.

4. 判定一个命题形式是否是可满足的是一个著名的 NP-完全问题 [2].

(1) 证明:公式 ϕ 是可满足的当且仅当 $\neg\phi$ 不是重言式.

(2) 判断下列两个公式是否为可满足的:

a) $(p_1\vee p_2)\wedge(\neg p_1\vee p_2\vee p_3)\wedge(\neg p_1\vee\neg p_2\vee\neg p_3)$;

b) $((p_1\rightarrow p_2)\vee p_3)\leftrightarrow(\neg p_2\wedge(p_1\vee p_3))$.

5. 设 $\alpha_1,\alpha_2,\ldots,\alpha_n;\beta_1,\beta_2,\ldots,\beta_n;\gamma$ 均为命题形式,且 $\alpha_1,\alpha_2,\ldots,\alpha_n$ 均在 γ 中出现,将 γ 中所有 α_i 替换成 β_i 得到形式 δ. 若 γ 为重言式,则 δ 是否为重言式? 如果 α_i 为两两不同的原子命题呢? 请证明或给出反例.

6. 是否存在二元逻辑运算 $\simeq$ 使得 $((p_1\simeq p_2)\rightarrow(p_2\simeq p_1))\leftrightarrow(\neg p_1\simeq p_2)$ 为矛盾式? 如果存在,请给出 $\simeq$ 的真值表并验证. 如果不存在,请给出证明.

7. 给出和下列两个命题形式语义等价的合取范式和析取范式.

(1) $(p_1\wedge p_2\wedge p_3)\vee((\neg p_1)\wedge(\neg p_2)\wedge p_3)$.

(2) $(((p_1\rightarrow p_2)\rightarrow p_3)\leftrightarrow p_4)$.

8. (消解) 设 ψ 是一个合取范式,p_1 为原子命题. 再设 p_1 出现在 ψ 的某个子句 χ_1 中而且 $\neg p_1$ 出现在 ψ 的某个子句 χ_2 中. 现在把 $p_1,\neg p_1$ 分别从 χ_1,χ_2 中去掉,并把两个子句中剩下的全部文字用析取连接成一个新子句,称为 ψ 关于 p_1 的消解. 例如,

$$(p_1\vee\neg p_3\vee\neg p_2)\wedge(\neg p_1\vee p_4\vee\neg p_2)\wedge(p_3\vee p_4\vee p_1)$$

关于 p_1 的消解是 $(p_3\vee p_4\vee\neg p_2)$ 或者 $(\neg p_3\vee p_4\vee\neg p_2)$. 把关于所有原子命题的所有消解用合取的方式全部添加到原范式中,所得的公式称为 ψ 的消解 $\mathrm{Res}\,\psi$.

(1) 分别给出下面范式的消解:

a) $(p_1\vee p_2\vee p_3)\wedge(p_1\vee\neg p_2\vee p_3)$;

b) $(p_1\vee p_3)\wedge(\neg p_1\vee p_2)\wedge(p_1\vee\neg p_3)\wedge(\neg p_1\vee\neg p_2)$.

(2) 证明:$\psi\rightarrow\mathrm{Res}\,\psi$ 是重言式.

(3) 证明:若 ψ 是不可满足的,则存在一个原子命题 p_1,使得 $\mathrm{Res}\,\psi$ 中包含 p_1 和 $\neg p_1$ 的合取.

9. 规定运算异或 $p_1\oplus p_2$ 只有 p_1,p_2 中恰有一个为真时才为真,其余均为假. 分别使用与非和或非运算符构造和 $p_1\oplus p_2$ 语义等价的命题形式.

10. 证明以下三个集合都不是连接词的完备集:

(1) $\{\wedge,\vee\}$;

(2) $\{\neg,\leftrightarrow\}$;

(3) $\{\leftrightarrow,\rightarrow,\vee,\wedge\}$.

11. 设 $*$ 是一个二元逻辑运算符,而且 $\{*\}$ 是连接词的完备集,证明:$*$ 只能是与非或者或非.

5.3 真值推导

再次回到经典三段论的推理,它可以写成下面这样的命题形式:

$$\phi\rightarrow\psi,\phi;\quad \therefore\psi.$$

这是一种有效的推理形式. 本节我们从语义(真值)的角度规定怎样的推理和证明是有效的.

5.3.1 定义 **推理形式**是命题形式的一个有限序列:

$$\phi_1, \ldots, \phi_n; \quad \therefore \phi.$$

其中最后一个命题形式 ϕ 称为**结论**,其他皆为**前提**.

如果存在一组解释使得前提全为真,但是结论为假,则这个推理是**无效**的,否则是**有效**的. 换言之,一个推理形式有效,当且仅当每一个满足 $\phi_1, \ldots, \phi_n$ 的解释 I 都使得 $\phi(I)$ 为真. 此时记为:

$$\phi_1, \ldots, \phi_n \vDash \phi,$$

读作"$\phi_1, \ldots, \phi_n$ **语义蕴涵** ϕ". 若令 $\Gamma = \{\phi_1, \ldots, \phi_n\}$,则上式也可记为 $\Gamma \vDash \phi$.

下面的判定定理给出了一个推理形式是有效的等价条件.

5.3.2 定理 (语义演绎定理) 语义蕴涵关系 $\phi_1, \ldots, \phi_n \vDash \phi$ 成立当且仅当:(i)

$$\phi_1 \to (\phi_2 \to (\cdots \to (\phi_n \to \phi) \cdots))$$

是重言式,亦当且仅当:(ii)

$$\neg\phi_1 \vee \neg\phi_2 \vee \cdots \vee \neg\phi_n \vee \phi$$

是重言式.

证明 设 Γ 为有限命题形式集,我们只需证明 $\Gamma \cup \{\psi\} \vDash \phi$ 当且仅当 $\Gamma \vDash \psi \to \phi$,然后由归纳法即知 (i) 成立.

必要性. 设 $\Gamma \cup \{\psi\} \vDash \phi$ 以及解释 I 使得 Γ 中公式全为真. 若此时 ψ 指派为假,则 $\psi \to \phi$ 为真; 若此时 ψ 指派为真, 则由 $\Gamma \cup \{\psi\} \vDash \phi$ 知此时 ϕ 为真, 因此 $\psi \to \phi$ 也为真. 充分性. 设 $\Gamma \vDash \psi \to \phi$ 以及解释 I 使得 Γ 中公式和 ψ 全为真. 则 $\psi \to \phi$ 为真, 这导出 ϕ 为真, 说明 $\Gamma \cup \{\psi\} \vDash \phi$.

对于 (ii),只需验证两个公式是语义等价的即可. 对连接词的数目作归纳法. 用列出真值表的方法知道 $\neg\phi_n \vee \phi$ 和 $\phi_n \to \phi$ 语义等价. 现在假设 $\phi_2 \to (\cdots \to (\phi_n \to \phi) \cdots)$ 和 $\neg\phi_2 \vee \cdots \vee \neg\phi_n \vee \phi$ 语义等价,那么由代入规则

$$\begin{aligned}\neg\phi_1 \vee \neg\phi_2 \vee \cdots \vee \neg\phi_n \vee \phi &= \neg\phi_1 \vee (\neg\phi_2 \vee \cdots \vee \neg\phi_n \vee \phi) \\ &\overset{\text{归纳假设}}{=\!=} \neg\phi_1 \vee (\phi_2 \to (\cdots \to (\phi_n \to \phi) \cdots)) \\ &\overset{\text{代入规则}}{=\!=} \phi_1 \to (\phi_2 \to (\cdots \to (\phi_n \to \phi) \cdots)).\end{aligned}$$

因此命题成立. □

5.3.3 例 (i) 决定推理形式

$$\neg p_1 \vee p_2, p_1 \to (p_3 \wedge p_4), p_4 \to p_2; \quad \therefore p_2 \vee p_3$$

是否有效.

假设它无效,那么构造反例需要 p_2, p_3 都指派为假,由第一个条件为真得 p_1 为假,由第三个条件为真得 p_4 也为假,验证此时 $p_1 \to (p_3 \wedge p_4)$ 是真的,所以该推理形式无效.

(ii) 决定推理形式

$$p_1 \to (p_2 \wedge p_3), p_2; \quad \therefore p_1 \to p_3$$

是否有效.

假设它无效,那么构造反例需要 p_2 为真,根据第一个条件为真知道需要 p_1, p_3 同时为真或者 p_1 为假,但这样结论恒真. 这说明不存在使得前提真,结论假的指派,推理形式有效. ◇

习题 5.3

1. 把习题 5.1.2 中的推理形式化,然后判断它们是否为正确的推导.

2. 证明:语义蕴涵关系 $\phi_1, \ldots, \phi_n \vDash \phi$ 成立当且仅当 $(\phi_1 \wedge \cdots \wedge \phi_n) \to \phi$ 是重言式.

3. 设 | 表示与非,证明:$p_1, (p_1 \mid (p_2 \mid p_3)) \vDash p_3$.

4. (Craig 补间定理(命题逻辑版本), [3]) (1) 设 ϕ, ψ 是命题形式且 ϕ 语义蕴涵 ψ. 再设 ϕ, ψ 中都出现了原子命题 $p_1, \ldots, p_n$,证明:存在一个命题形式 $\chi = \chi(p_1, \ldots, p_n)$,使得 $\phi \vDash \chi$ 以及 $\chi \vDash \psi$.

(2) 对于 $\phi = (p_2 \to p_1) \wedge (p_1 \to p_4), \psi = (p_2 \wedge p_3) \wedge (p_4 \wedge p_3)$,找出满足上面要求的 χ.

注解

尽管逻辑是数千年前的希腊哲学家就开始探讨的话题,但现代的符号逻辑的奠基人是 Leibniz. 形式逻辑的研究起源于 Boole 和 Frege,前者知名于布尔代数,而后者则知名于一阶逻辑的发展.

本章的内容大体上是读者在中学时期就已经熟悉的,而且我们并未着重强调经典逻辑及其推演规则,因此比较轻松,唯有 ⊨ 这样的符号可能是读者未曾见过的. 有关经典逻辑的内容可参看 [4]. 我们所采用的叙述思路则取自于教材 [5].

参考文献

[1] ŁUKASIEWICZ J. Aristotle's syllogistic from the standpoint of modern formal logic[J]. 1951.

[2] COOK S A. The complexity of theorem-proving procedures[C]//Proceedings of the third annual ACM symposium on Theory of computing. 1971: 151-158.

[3] LYNDON R C. An interpolation theorem in the predicate calculus.[J]. Pacific Journal of Mathematics, 1959, 9(1): 129-142.

[4] 陈波. 逻辑学十五讲 [M]. 北京: 北京大学出版社, 2008.

[5] HAMILTON A G. Logic for Mathematicians[M]. Cambridge: Cambridge University Press, 1988.

6 命题逻辑的公理系统

> **阅读提示**
>
> 本章以一个具体的形式系统为例展开,讲述在形式系统中进行推理和证明的方法,以及研究形式系统的一组理想性质:一致性和完备性,或者说语法和语义的同构性. 在给形式系统中的推导举例时,我们会给出一些比较"繁琐"的例子. 这些例子的证明写起来都比较冗长,即便是熟练掌握者也不一定很快想到,而后面给出的元定理可以大大节约时间,因此读者做习题时选择几个例子自己推导一下即可,不必拘泥. 除了上手形式系统中的推理过程之外,还需要特别注意一致性和完备性的含义和证明过程,这对语义和语法的区别和联系的理解是很有帮助的.

在上一章,我们抽象出了命题公式和推理形式,而且给出了一个符合直觉的有效论证的语义上的定义. 但是还是有一些实际问题没有对应的抽象. 比如,在公理集合论的论证中,我们只承认了一系列公理,然后基于它们作出了一系列的推导. 这个过程中,我们 (i) 原则上不关心公理是不是对的;(ii) 不允许引入其他任何(即便是正确的)命题. (i)、(ii) 原则下的推导和证明无法用之前的语义规则来定义有效性. 为了精确地描述这种"机械的"推导,不妨先暂时扔掉语义的概念,只关心形式上的推理,引入形式系统和语法证明的概念.

6.1 形式系统和语法证明

形式系统的功能是把逻辑蕴涵关系加以形式化. 它是一些符号和推理规则. 这些符号相当于自然语言中的字母或字符,可以构成句子或命题. 我们在形式化逻辑中称命题形式为(合式)公式,以示差别. 推理规则指明了如何从一个句子转换到另一个句子. 而公理是特殊的句子,作为推理的起点.

在形式系统中,符号的一切行为和性质完全由给定的规则集确定(语法决定),而不依赖于符号特定的意义和具体的性质(语义无关). 以下我们给出严格定义:

6.1.1 定义 一个形式系统 I 由下列四个集合组成:

(i) 非空集合 Σ,称为**符号表**;

(ii) Σ 中字符构成的串的集合 E,其中元素称为**合式公式**(well-formed formula, wff);

(iii) E 的子集 A,称为**公理**;

(iv) E 上一些代数运算（指公式到公式的映射）的集合 R，称为**推理规则**.

如果读者还记得上一章的定义的话，(i)、(ii) 合起来其实就概括了之前提到的**形式语言**. 形式系统就是在此基础上加入公理和证明，以下我们关注推理和证明的过程.

6.1.2 定义 设 I 是一个形式系统，其中的一个**证明**是指有限公式序列 $\phi_1, \ldots, \phi_n$，满足对于每一个 $1 \le i \le n$, ϕ_i 或者是 I 的公理，或者存在 $\phi_{j_1}, \ldots, \phi_{j_k}$ $(j_1, \ldots, j_k < i)$ 和某个推理规则 $f \in R$ 使得 $f(\phi_{j_1}, \ldots, \phi_{j_k}) = \phi_i$. 这时 ϕ_n 称为 I 的一个**定理**.

显然，一个证明序列中的每一个公式都是定理，而且公理本身自然成为定理.

6.1.3 定义 设 Γ 是 I 中的一些公式组成的集合（元素可以是或不是定理）. 一个从 $\boldsymbol{\Gamma}$ **的演绎**是指有限公式序列 $\phi_1, \ldots, \phi_n$，满足对于每一个 $1 \le i \le n$, ϕ_i 或者是 I 的公理，或者是 Γ 中公式，或者存在 $\phi_{j_1}, \ldots, \phi_{j_k}$ $(j_1, \ldots, j_k < i)$ 和某个推理规则 $f \in R$ 使得 $f(\phi_{j_1}, \ldots, \phi_{j_k}) = \phi_i$.

可以看出，所谓从 Γ 开始的演绎，是暂时把 Γ 中公式当成公理而得出的一个证明. 定义中 ϕ_n 称为从 $\boldsymbol{\Gamma}$ **可以演绎的**，或者说 $\boldsymbol{\Gamma}$ **产生** ϕ_n，记为 $\Gamma \vdash_I \phi_n$.

因为证明就是从 $\varnothing$ 开始演绎，所以 ϕ 是 I 中定理可写成 $\varnothing \vdash_I \phi$ 或更简单的 $\vdash_I \phi$.

由于上面的语法证明可以看成一个模式匹配的过程，所以形式系统特别适合用来进行定理的自动生成和推理过程的自动化研究.

随着其中包含的符号、公理和推理规则的不同，存在着各种各样的形式系统，我们在这里列举两个常见的系统，在下一节则仔细讨论另一个例子.

Łukasiewicz 命题演算系统 L 符号表是一个可数无穷的集合，包括 $\neg, \to, (,)$ 和 $p_1, p_2, p_3, \ldots$. 其次，合式公式集归纳定义，

(i) 对每个正整数 i, p_i 是合式公式；

(ii) 如果 ϕ, ψ 是合式公式，则 $(\neg\phi)$ 和 $(\phi \to \psi)$ 是合式公式；

(iii) 满足上述 (i)、(ii) 两条规则的最小字符串集合恰为合式公式的集合.

L 中有无穷多条公理，可以总结为三个**公理模式**. 对于任何合式公式 ϕ, ψ, χ，以下都是公理：

▷ L1 $(\phi \to (\psi \to \phi))$.

▷ L2 $((\phi \to (\psi \to \chi)) \to ((\phi \to \psi) \to (\phi \to \chi)))$.

▷ L3 $((\neg\phi \to \neg\psi) \to (\psi \to \phi))$.

L 中唯一的推理规则称为**肯定前件**，拉丁文为 Modus Ponens，记为 MP：

$$\frac{\phi \quad (\phi \to \psi)}{\psi} \tag{6.1.1}$$

也就是说 ϕ 和 $(\phi \to \psi)$ 合起来可以转换为（推出）ψ.

自然推演系统 N 该系统由 Gentzen 和 Jadkowski 提出，它的符号表和合式公式和我们在 §5.1 节定义的命题形式的一样，但就像最“自然”的逻辑推演一样，它没有任何公理. 所有的推导通过十条推理规则完成（这里略去）.

习题 6.1

1. $\vdash, \models$ 两个符号在直观上都有“推导”的含义，简要说明它们的不同之处.

2. 验证推理规则 MP 在语义上是有效的推导.

6.2 Frege 公理体系

本节讨论一个具体的形式系统，即 **Frege 公理体系**. Frege 公理体系其实是指一大类形式系统，它是指由一组有限多个公理模式和推理规则导出的具有一致性和完备性的命题演算系统 [1]. 以下系统 $\mathscr{F}$ 是其中的一个例子.

公理体系 $\mathscr{F}$ 的符号表是一个可数无穷的集合，包括 $\neg, \to, \vee, \wedge, (,)$ 和 $p_1, p_2, p_3, \ldots$. 其次，合式公式集归纳定义为

(i) 对每个正整数 i, p_i 是合式公式；

(ii) 如果 ϕ, ψ 是合式公式，则 $(\neg\phi), (\phi \wedge \psi), (\phi \vee \psi), (\phi \to \psi)$ 都是合式公式；

(iii) 满足上述 (i)、(ii) 两条规则的最小字符串集合恰为合式公式的集合.

$\mathscr{F}$ 中有无穷多条公理，可以总结为十个**公理模式**. 对于任何公式 ϕ, ψ, χ，以下都是公理：

▷ F1 $\phi \to (\psi \to \phi)$.

▷ F2 $(\phi \to \psi) \to ((\phi \to (\psi \to \chi)) \to (\phi \to \chi))$.

▷ F3 $\phi \to (\phi \vee \psi)$.

▷ F4 $\psi \to (\phi \vee \psi)$.

▷ F5 $(\phi \to \chi) \to ((\psi \to \chi) \to ((\phi \vee \psi) \to \chi))$.

▷ F6 $(\phi \to \psi) \to ((\phi \to \neg\psi) \to \neg\phi)$.

▷ F7 $\neg\neg\phi \to \phi$.

▷ F8 $(\phi \wedge \psi) \to \phi$.

▷ F9 $(\phi \wedge \psi) \to \psi$.

▷ F10 $\phi \to (\psi \to (\phi \wedge \psi))$.

$\mathscr{F}$ 中的唯一推理规则为 MP（式 (6.1.1)）.

6.2.1 注 我们反复强调，现在的符号表都没有实际语义，只是一些机械的形式，一切性质都必须从 $\mathscr{F}$ 的定义中导出. 因而每一个符号都有相应的公理和/或推理规则来说明其作用并明确它和其他符号的关系.

虽然如此，这里选取的符号是符合直觉的. 如果你一定要把这些公式视为具有语义的公式，那么可以验证它们是重言式，并且推理规则不过是三段论. 公理是不能缺少的，但是其选择并非唯一. 这里公理和符号的选择到研究 $\mathscr{F}$ 的语义时会更加清楚. ♤

下面来看一个在 $\mathscr{F}$ 中进行语法证明的例子.

6.2.2 例题 对于任何 $\mathscr{F}$ 中的公式 ϕ，证明：$\vdash_{\mathscr{F}} (\phi \to \phi)$.

证明 形式证明可以逐行写，每行的右边给出推理依据. 就目前而言，选择合适的形式代入公理以展开推导需要一些观察和尝试. 证明如下，在下面的证明中我们用下方的括号示出了公理中所代入的合式公式（熟悉后可以省去）：

1.	$(\phi \to (\underbrace{\phi \to \phi}_{\psi=(\phi\to\phi)})) \to ((\phi \to ((\underbrace{\phi \to \phi}_{\psi=(\phi\to\phi)}) \to \underbrace{\phi}_{\chi=\phi})) \to (\phi \to \underbrace{\phi}_{\chi=\phi}))$	F2
2.	$\phi \to (\underbrace{\phi}_{\psi=\phi} \to \phi)$	F1
3.	$(\phi \to ((\phi \to \phi) \to \phi)) \to (\phi \to \phi)$	1、2、MP
4.	$\phi \to ((\phi \to \phi) \to \phi)$	F1
5.	$\phi \to \phi$	3、4、MP

证明中应该在公理中代入什么,常常是倒推获知的. □

从一般的语义的角度看,上述命题等值为 $\neg\phi \vee \phi$,所以直观上相当于说 $\mathscr{F}$ 接纳了排中律.

从上面问题的求解可以发现,即便是非常简单的定理,其证明也颇费笔墨. 只从公理出发进行定理证明的工作可能是非常冗长而麻烦的. 类比标准的数学证明程序,我们应该引入一些已知的结论来简化证明,比如使用已经证明的定理,或者对于系统 $\mathscr{F}$ 陈述一些性质——这样的性质称为**元定理**.

下面我们要证明 $\mathscr{F}$ 的很重要的简化形式证明的元定理,称为**演绎定理**. 它将演绎和证明联系在一起.

6.2.3 定理 设 Γ 是 $\mathscr{F}$ 中公式集,ϕ,ψ 是 $\mathscr{F}$ 中公式,那么 $\Gamma \cup \{\phi\} \vdash_{\mathscr{F}} \psi$ 当且仅当 $\Gamma \vdash_{\mathscr{F}} (\phi \to \psi)$.

粗略地讲,演绎定理表明在 $\mathscr{F}$ 中,元符号 $\vdash$ 和符号 $\to$ 有一定的相似性. 这样一来,形式证明中形如 $\phi \to \psi$ 这样的问题可以转化为假设 ϕ 成立,证明 ψ. 这非常符合一般数学证明的直观.

证明 必要性. 我们对从 $\Gamma \cup \{\phi\}$ 到 ψ 的演绎序列中公式的数目 n 做数学归纳法. 如果这个序列只有一个公式,那它当然就是 ψ. 于是只有下面两种情况:

(a) 若 $\psi \in \Gamma$ 或者是公理,则

1.	ψ	
2.	$\psi \to (\phi \to \psi)$	F1
3.	$\phi \to \psi$	1、2、MP

表明 $\Gamma \vdash_{\mathscr{F}} (\phi \to \psi)$.

(b) 若 $\psi = \phi$,则由 6.2.2 例题得到结论.

假设对任何公式数小于 n 的从 $\Gamma \cup \{\phi\}$ 到公式 χ 的推导,必要性都成立. 考虑 n 步形式证明. 对于 ψ 是 Γ 中公式、公理或者 ϕ 的情况,证法同上 (a)、(b). 否则,ψ 必然由前面两个形如 $\chi,(\chi \to \psi)$ 的公式和 MP 得到. 根据归纳假设我们有 $\Gamma \vdash_{\mathscr{F}} (\phi \to \chi)$ 和 $\Gamma \vdash_{\mathscr{F}} (\phi \to (\chi \to \psi))$.

据此构造 Γ 到 $\phi \to \psi$ 的演绎如下:

	…	…	
	…	…	} $(\phi \to \chi)$ 的证明
1.	$\phi \to \chi$	…	
	…	…	
	…	…	} $(\phi \to (\chi \to \psi))$ 的证明

2. $\phi \to (\chi \to \psi)$ …
3. $(\phi \to \chi) \to ((\phi \to (\chi \to \psi)) \to (\phi \to \psi))$ F2
4. $(\phi \to (\chi \to \psi)) \to (\phi \to \psi)$ 1、3、MP
5. $\phi \to \psi$ 2、4、MP

所以必要性成立.

充分性证明是平凡的：

… …

… … $\Big\}$ $(\phi \to \psi)$ 的证明

1. $\phi \to \psi$ …
2. ϕ ϕ 在 $\Gamma \cup \{\phi\}$ 中
3. ψ 1、2、MP

故定理证毕. □

注意,对于其他的形式系统,演绎定理可能成立也可能不成立.

有了演绎定理之后形式证明会轻松很多. 以下将证明一系列 $\mathscr{F}$ 中的简单但重要的定理,它们将辅助我们在下一节对 $\mathscr{F}$ 作更多的论证. 作为练习,读者也可以尝试自己证明这些性质.

6.2.4 定理 对于任何 $\mathscr{F}$ 中的公式 ϕ, ψ,我们有:

(i) $\phi \to \psi \vdash_{\mathscr{F}} \neg\psi \to \neg\phi$;

(ii) $\phi, \neg\phi \vdash_{\mathscr{F}} \psi$;

(iii) $\neg\phi \vdash_{\mathscr{F}} \phi \to \psi$ 和 $\psi \vdash_{\mathscr{F}} \phi \to \psi$;

(iv) $\phi, \neg\psi \vdash_{\mathscr{F}} \neg(\phi \to \psi)$;

(v) $\phi, \psi \vdash_{\mathscr{F}} \phi \wedge \psi$;

(vi) $\neg\phi \vdash_{\mathscr{F}} \neg(\phi \wedge \psi)$ 和 $\neg\psi \vdash_{\mathscr{F}} \neg(\phi \wedge \psi)$;

(vii) $\phi \vdash_{\mathscr{F}} \phi \vee \psi$ 和 $\psi \vdash_{\mathscr{F}} \phi \vee \psi$;

(viii) $\neg\phi, \neg\psi \vdash_{\mathscr{F}} \neg(\phi \vee \psi)$.

证明 (i) 由演绎定理,只需证 $\neg\psi, \phi \to \psi \vdash_{\mathscr{F}} \neg\phi$. 事实上,我们有

1. $\neg\psi$ 演绎假定
2. $\phi \to \psi$ 演绎假定
3. $\neg\psi \to (\phi \to \neg\psi)$ F1
4. $(\phi \to \psi) \to ((\phi \to \neg\psi) \to \neg\phi)$ F6
5. $\phi \to \neg\psi$ 1、3、MP
6. $(\phi \to \neg\psi) \to \neg\phi$ 2、4、MP
7. $\neg\phi$ 5、6、MP

即得到 (i). (i) 可以形象地称为逆否命题,该性质非常有用.

对于 (ii),首先由 F1 得 $\phi \to (\neg\psi \to \phi)$,结合演绎定理我们有 $\phi \vdash_{\mathscr{F}} \neg\psi \to \phi$. 由 (i) 和演绎定

理得 $\phi \vdash_{\mathscr{F}} \neg\phi \to \neg\neg\psi$,再次用演绎定理得 $\phi, \neg\phi \vdash_{\mathscr{F}} \neg\neg\psi$. 最后由公理 F7 和 MP 得到结论.

由 (ii) 和演绎定理立刻导出 (iii) 的前半部分, 而 (iii) 的后半部分则由公理 F1 和演绎定理得到.

对于 (iv),根据演绎定理只需要证 $\phi \vdash_{\mathscr{F}} \neg\psi \to \neg(\phi \to \psi)$. 论证如下:

1.	$((\phi \to \psi) \to \psi) \to (\neg\psi \to \neg(\phi \to \psi))$	(i)
2.	$\phi \to ((\phi \to \psi) \to \psi)$	MP、演绎定理
3.	ϕ	演绎假定
4.	$(\phi \to \psi) \to \psi$	2、3、MP
5.	$\neg\psi \to \neg(\phi \to \psi)$	1、4、MP

(v) 和 (vii) 分别是公理 F10 和公理 F3、F4 的直接推论. 对于 (vi), 由演绎定理只需证明 $\neg\phi \to \neg(\phi \wedge \psi)$,接着证明如下:

1.	$(\phi \wedge \psi) \to \phi$	F8
2.	$((\phi \wedge \psi) \to \phi) \to (\neg\phi \to \neg(\phi \wedge \psi))$	(i)
3.	$\neg\phi \to \neg(\phi \wedge \psi)$	1、2、MP

同理可证 (vi) 的后半部分.

最后证明 (viii),先注意由演绎定理只需证明 $\neg\phi \vdash_{\mathscr{F}} \neg\psi \to \neg(\phi \vee \psi)$,然后

1.	$\neg\phi$	演绎假定
2.	$\neg\phi \to (\phi \to \psi)$	(iii)
3.	$\psi \to \psi$	6.2.2 例题
4.	$(\phi \to \psi) \to ((\psi \to \psi) \to ((\phi \vee \psi) \to \psi))$	F5
5.	$\phi \to \psi$	1、2、MP
6.	$(\psi \to \psi) \to ((\phi \vee \psi) \to \psi)$	4、5、MP
7.	$(\phi \vee \psi) \to \psi$	3、6、MP

这就得到 (viii). □

6.2.5 推论 设 Γ 是 $\mathscr{F}$ 中的公式集,如果 $\Gamma \cup \{\phi\} \vdash_{\mathscr{F}} \psi$ 而且 $\Gamma \cup \{\neg\phi\} \vdash_{\mathscr{F}} \psi$,那么 $\Gamma \vdash_{\mathscr{F}} \psi$.

证明 我们直接给予形式证明:

1.	Γ	演绎假定
2.	$\phi \to \psi$	1、条件、MP
3.	$\neg\phi \to \psi$	1、条件、MP
4.	$(\phi \to \psi) \to (\neg\psi \to \neg\phi)$	前述定理的 (i)
5.	$(\neg\phi \to \psi) \to (\neg\psi \to \neg\neg\phi)$	前述定理的 (i)
6.	$\neg\psi \to \neg\phi$	2、4、MP
7.	$\neg\psi \to \neg\neg\phi$	3、5、MP

8.	$(\neg\psi \to \neg\phi) \to ((\neg\psi \to \neg\neg\phi) \to \neg\neg\psi)$	F6
9.	$(\neg\psi \to \neg\neg\phi) \to \neg\neg\psi$	6、8、MP
10.	$\neg\neg\psi$	7、9、MP
11.	$\neg\neg\psi \to \psi$	F7
12.	ψ	10、11、MP

根据演绎定理,这就证明了 $\Gamma \vdash_{\mathscr{F}} \psi$. □

习题 6.2

1. 设 ϕ, ψ, χ 为 $\mathscr{F}$ 中的合式公式,证明:$\vdash_{\mathscr{F}} (\phi \to \psi) \to ((\psi \to \chi) \to (\phi \to \chi))$.

2. 设 ϕ 为 $\mathscr{F}$ 中的合式公式,证明:$\vdash_{\mathscr{F}} \neg\neg\phi \to \phi$.

3. 设 L 是课文中提到的 Łukasiewicz 形式系统. 对于任何 L 中的公式 ϕ, ψ,证明以下结论(不得使用演绎定理):

(1) $\vdash_L \phi \to \phi$;

(2) $\vdash_L \neg\psi \to (\psi \to \phi)$.

4. 设 L 是课文中提到的 Łukasiewicz 形式系统. 再设 ϕ, ψ, χ 是 L 中公式,证明:若 $\vdash_L \phi \to \psi$ 且 $\vdash_L \psi \to \chi$,那么一定有 $\vdash_L \phi \to \chi$.

5. 设 L 是课文中提到的 Łukasiewicz 形式系统,叙述并证明 L 的演绎定理.

6. 设 L 是课文中提到的 Łukasiewicz 形式系统. 对任何 L 中的公式 ϕ, ψ, χ,证明以下结论(可以使用演绎定理):

(1) $\vdash_L \neg\neg\phi \to ((\phi \to \psi) \to \neg\neg\psi)$;

(2) $\vdash_L (\phi \to \psi) \to ((\phi \to \neg\psi) \to (\phi \to \chi))$;

(3) $\vdash_L (\phi \to \psi) \to ((\neg\phi \to \psi) \to \psi)$;

(4) $\vdash_L (\neg\phi \to \phi) \to \phi$.

7. 考虑以连接词 $\{\to, \neg\}$,以下五条公理和推理规则 MP 组成的形式系统 $\mathscr{H}$:

$$\phi \to (\psi \to \phi). \tag{6.2.1a}$$

$$(\phi \to \psi) \to (\phi \to (\psi \to \chi)) \to (\phi \to \chi). \tag{6.2.1b}$$

$$(\phi \to \psi) \to (\phi \to \neg\psi) \to \neg\phi. \tag{6.2.1c}$$

$$\neg\neg\phi \to \phi. \tag{6.2.1d}$$

$$\phi \to \neg\neg\phi. \tag{6.2.1e}$$

形式证明以下结论(若要使用演绎定理,请先证明):

(1) $(\phi \to ((\psi \to \phi) \to \psi)) \to \phi \to \psi$;

(2) $(\phi \to \psi) \to (\neg\phi \to \psi) \to \psi$;

(3) $(\phi \to \psi) \to (\chi \to \omega) \to (\neg\phi \to \chi) \to (\neg\psi \to \omega)$;

(4) $\phi \to \psi \to \neg(\phi \to \neg\psi)$.

6.3 一致性与完备性

在 $\mathscr{F}$ 中给一个公式并证明它是定理并不是一个很有意义的练习. 一方面,这有时候很难知道怎么着手,写起来可能很长,而有了若干结论,特别是演绎定理之后它们又完全成为机械的工作;另一方面,如果真的把这些公式解释为命题形式,那它们在自然的语义下简直就是显然的直觉. 但是成为直觉是好事,因为我们希望形式系统能够反映自然的命题演算.

为了实现这个希望,我们先把真值指派(解释)的概念搬过来.

6.3.1 定义 回忆 E 为形式系统 I 的公式集. 称映射 v: $E \longrightarrow \{\mathrm{T},\mathrm{F}\}$ 为 I 的一个**赋值**,如果它对于任意的 $\phi,\psi \in E$

(i) $v(\phi) \neq v(\neg\phi)$;

(ii) $v(\phi \vee \psi) = \mathrm{F}$ 当且仅当 $v(\phi) = \mathrm{F}$ 而且 $v(\psi) = \mathrm{F}$;

(iii) $v(\phi \wedge \psi) = \mathrm{T}$ 当且仅当 $v(\phi) = \mathrm{T}$ 而且 $v(\psi) = \mathrm{T}$;

(iv) $v(\phi \to \psi) = \mathrm{F}$ 当且仅当 $v(\phi) = \mathrm{T}$ 和 $v(\psi) = \mathrm{F}$.

这一定义蕴涵了真值指派,因为给每一个符号 $p_1, p_2, \ldots$ 进行指派,然后按照连接词的一般语义进行赋值,则自然就产生一个合法的赋值.

$\mathscr{F}$ 中的**重言式**则是指对每个赋值 v 都有 $v(\phi) = \mathrm{T}$ 的公式 ϕ,记为 $\vDash_{\mathscr{F}} \phi$. 另外我们也把语义蕴涵的概念搬过来:设 Γ 是 $\mathscr{F}$ 中的合式公式集,我们记 $\Gamma \vDash \phi$,如果每个使得 Γ 中公式全为 T 的赋值 v 一定使 $v(\phi) = \mathrm{T}$.

于是我们要回答以下两个问题:

▷ **一致性** $\mathscr{F}$ 中的定理都是重言式吗?

▷ **完备性** 每一个属于重言式的 $\mathscr{F}$ 中公式都能从公理推导得到吗?

这两个问题也是我们在前一章开头所说到的语义和语法的相互关联问题. 现在我们就来证明,在 $\mathscr{F}$ 中,这两个问题都能得到肯定的回答. 因此 $\mathscr{F}$ 是一个理想的形式系统.

在进入一致性和完备性的证明之前,我们再次解说一下语法和语义的区别和联系.

在前两节中,$\mathscr{F}$ 这个形式系统的定义(符号、合式公式、公理、推理规则)是语法定义,在其上进行形式证明也是语法层面上的,是研究哪些公式 ϕ 满足 $\vdash_{\mathscr{F}} \phi$. 而给 $\mathscr{F}$ 中公式赋值,讨论 $\mathscr{F}$ 的完备性和一致性,则是语义层面上的,是研究哪些公式 ϕ 满足 $\vDash_{\mathscr{F}} \phi$.

$\mathscr{F}$ 如果是一致的,写成符号意思就是 $\vdash_{\mathscr{F}} \phi \implies \vDash_{\mathscr{F}} \phi$;如果它是完备的,则就是 $\vDash_{\mathscr{F}} \phi \implies \vdash_{\mathscr{F}} \phi$. 因此接下来要证明的两个定理将语法和语义联系在一起,或者说语法和语义具有同构关系.

6.3.2 定理 $\mathscr{F}$ 是一致的:$\vdash_{\mathscr{F}} \phi \implies \vDash_{\mathscr{F}} \phi$.

证明 设 ϕ 是 $\mathscr{F}$ 中的一个定理,对其从公理出发的推导序列的公式个数 n 作归纳.

当 ϕ 的推导只有一步时,ϕ 必是公理. 设公理 ϕ 中出现的公式 $\psi,\chi,\ldots$,那么给 $\psi,\chi,\ldots$ 任意赋值,构造 ϕ 的真值表就可以说明 ϕ 都是重言式. 具体验证 $\mathscr{F}$ 的公理是重言式的工作留给读者进行.

假设推导步数少于 n 的定理 χ 都是重言式,考虑推导序列为 $n > 1$ 步的公式 ϕ. 不妨设 ϕ 不是公理,则它由推导序列之前的两个形如 $\psi, (\psi \to \phi)$ 的公式和 MP 得到. 由归纳假设知这两个公式都是重言式,因而根据 5.2.3 引理得到 ϕ 也是重言式. □

6.3.3 定理 (完备性定理 1) $\mathscr{F}$ 是(关于证明)完备的:$\vDash_{\mathscr{F}} \phi \Longrightarrow \vdash_{\mathscr{F}} \phi$.

在证明完备性定理之前,我们需要以下引理:

6.3.4 引理 设 $\phi = \phi(p_1, \dots, p_n)$ 为 $\mathscr{F}$ 中公式, $p_1, \dots, p_n$ 为符号表中的命题变元. 任给 $\psi_1, \dots, \psi_n$ 满足:对每个 $1 \le i \le n, \psi_i \in \{p_i, \neg p_i\}$. 那么

$$\psi_1, \dots, \psi_n \vdash_{\mathscr{F}} \phi \quad 和 \quad \psi_1, \dots, \psi_n \vdash_{\mathscr{F}} \neg\phi$$

至少有一个成立.

证明 我们对形成合式公式 ϕ 所使用的连接词的个数作数学归纳. 为了归纳的便利, 我们把命题加强为: 设 v 是使得 $\psi_1, \dots, \psi_n$ 均为真的赋值, 若此时 $v(\phi) = \mathrm{T}$, 则 $\psi_1, \dots, \psi_n \vdash_{\mathscr{F}} \phi$, 否则 $\psi_1, \dots, \psi_n \vdash_{\mathscr{F}} \neg\phi$.

首先, 若 ϕ 为单个变元形成的公式 p_i, 那么命题已经成立, 因为 $\psi_i \in \{p_i, \neg p_i\}$. 而一个复杂的合式公式必形如 $\neg\phi_1, \phi_1 \wedge \phi_2, \phi_1 \vee \phi_2, \phi_1 \to \phi_2$ 之一. 以下对归纳作分类讨论.

- ▷ $\phi = \phi_1 \vee \phi_2$ 若 $v(\phi) = v(\phi_1 \vee \phi_2) = \mathrm{T}$, 那么 $v(\phi_1) = \mathrm{T}$ 或者 $v(\phi_2) = \mathrm{T}$. 不妨设 $v(\phi_1) = \mathrm{T}$, 由归纳假设 $\psi_1 \dots, \psi_n \vdash_{\mathscr{F}} \phi_1$. 结合 6.2.4 定理的 (vii) 便知 $\psi_1 \dots, \psi_n \vdash_{\mathscr{F}} \phi$. 若 $v(\phi) = v(\phi_1 \vee \phi_2) = \mathrm{F}$, 则 $v(\phi_1) = v(\phi_2) = \mathrm{F}$, 由归纳假设 $\psi_1 \dots, \psi_n \vdash_{\mathscr{F}} \neg\phi_1, \psi_1 \dots, \psi_n \vdash_{\mathscr{F}} \neg\phi_2$, 此时结合 6.2.4 定理的 (viii) 即得 $\psi_1, \dots, \psi_n \vdash_{\mathscr{F}} \phi$.
- ▷ $\phi = \phi_1 \wedge \phi_2$ 若 $v(\phi) = v(\phi_1 \wedge \phi_2) = \mathrm{T}$, 那么 $v(\phi_1) = v(\phi_2) = \mathrm{T}$, 由归纳假设 $\psi_1 \dots, \psi_n \vdash_{\mathscr{F}} \phi_1, \psi_1 \dots, \psi_n \vdash_{\mathscr{F}} \phi_2$, 此时由 6.2.4 定理的 (v) 得到 $\psi_1, \dots, \psi_n \vdash_{\mathscr{F}} \phi$. 若 $v(\phi) = v(\phi_1 \wedge \phi_2) = \mathrm{F}$, 那么 $v(\phi_1) = \mathrm{F}$ 或者 $v(\phi_2) = \mathrm{F}$. 不妨设 $v(\phi_1) = \mathrm{F}$, 由归纳假设 $\psi_1 \dots, \psi_n \vdash_{\mathscr{F}} \neg\phi_1$. 由 6.2.4 定理的 (vi) 得到结论.
- ▷ $\phi = \phi_1 \to \phi_2$ 若 $v(\phi) = v(\phi_1 \to \phi_2) = \mathrm{T}$, 则有两种情况:
  - ▷ $v(\phi_1) = \mathrm{F}$ 此时由归纳假设 $\psi_1 \dots, \psi_n \vdash_{\mathscr{F}} \neg\phi_1$, 故由 6.2.4 定理的 (iii) 的前半句得 $\psi_1 \dots, \psi_n \vdash_{\mathscr{F}} \phi$;
  - ▷ $v(\phi_1) = v(\phi_2) = \mathrm{T}$ 此时由归纳假设 $\psi_1 \dots, \psi_n \vdash_{\mathscr{F}} \phi_2$, 故由 6.2.4 定理的 (iii) 的后半句得 $\psi_1 \dots, \psi_n \vdash_{\mathscr{F}} \phi$.

  若 $v(\phi) = v(\phi_1 \to \phi_2) = \mathrm{F}$, 则 $v(\phi_1) = \mathrm{T}, v(\phi_2) = \mathrm{F}$, 由归纳假设 $\psi_1 \dots, \psi_n \vdash_{\mathscr{F}} \phi_1, \psi_1 \dots, \psi_n \vdash_{\mathscr{F}} \neg\phi_2$, 再由 6.2.4 定理的 (iv) 得 $\psi_1 \dots, \psi_n \vdash_{\mathscr{F}} \neg\phi$.
- ▷ $\phi = \neg\phi_1$ 若 $v(\neg\phi_1) = \mathrm{F}$, 则归纳假设表明 $\psi_1 \dots, \psi_n \vdash_{\mathscr{F}} \phi_1$, 立刻导出 $\psi_1 \dots, \psi_n \vdash_{\mathscr{F}} \phi_1$. 对于 $v(\neg\phi_1) = \mathrm{T}$ 的情形则完全同理.

综合上述讨论, 我们证明了本引理. □

证明 (完备性定理 1) 设 $\phi = \phi(p_1, \dots, p_n)$ 是重言式, 任给 $\psi_1, \dots, \psi_n$ 满足: 对每个 $1 \le i \le n$, $\psi_i \in \{p_i, \neg p_i\}$. 我们下面用归纳法证明, 对于每个 $0 \le k \le n$,

$$\psi_1, \dots, \psi_k \vdash_{\mathscr{F}} \phi.$$

当 $k = n$ 时, 鉴于 ϕ 是重言式, 所以由上面的引理即得到命题成立. 归纳步: 由归纳假设我们有 $\psi_1, \dots, \psi_k, p_{k+1} \vdash_{\mathscr{F}} \phi$ 以及 $\psi_1, \dots, \psi_k, \neg p_{k+1} \vdash_{\mathscr{F}} \phi$, 而由 6.2.5 推论便导出 $\psi_1, \dots, \psi_k \vdash_{\mathscr{F}} \phi$, 完成了归纳. 命题在 $k = 0$ 时的情形说明 $\vdash_{\mathscr{F}} \phi$, 完备性定理证毕. □

6.3.5 推论 (完备性定理 2) $\mathscr{F}$ 是(关于演绎)完备的:设 Γ 是 $\mathscr{F}$ 中合式公式集,则 $\Gamma \vDash_{\mathscr{F}} \phi \implies \Gamma \vdash_{\mathscr{F}} \phi$.

证明 如果 Γ 是有限集,那么由 $\Gamma \vDash_{\mathscr{F}} \phi$ 的定义并有限次地使用演绎定理便得到本推论. Γ 是无限集的情形需要用到**紧致性定理**:若 $\Gamma \vDash_{\mathscr{F}} \phi$,那么存在一个有限子集 $\Gamma_0 \vDash_{\mathscr{F}} \phi$,由此划归到有限集的情形.

命题逻辑中的紧致性定理是拓扑学中 Tychonoff 定理的推论,限于课程范围,我们不介绍紧致性定理的证明. □

根据 $\mathscr{F}$ 的一致性定理和完备性定理,我们可以导出其具有的一个优良性质:

6.3.6 推论 (可判定性定理) 存在一种算法能够判定 $\mathscr{F}$ 中的每个公式是否为定理.(这种性质被称为**可判定性**.)

证明 根据一致性定理和完备性定理,对于 $\mathscr{F}$ 中的公式 ϕ,我们只需要将其看成命题形式并构造其真值表. 如果它是重言式,则必为定理,否则不是定理. □

尽管命题逻辑是可判定的,但是判定其中公式是否可满足则是计算机科学中的难解问题之一.

习题 6.3

1. 记 $\mathscr{A}$ 为如下逻辑系统:符号表为 $\Sigma = \{(,), \neg, \to, \varphi, \psi, \chi, \dots\}$,所有的合式公式均采用符合直觉的递归定义,公理模式为:

$$\varphi \to (\psi \to \varphi). \tag{6.3.1a}$$

$$(\varphi \to (\psi \to \chi)) \to ((\varphi \to \psi) \to (\varphi \to \chi)). \tag{6.3.1b}$$

$$(\varphi \to (\psi \to \chi)) \to (\psi \to (\varphi \to \chi)). \tag{6.3.1c}$$

$$(\varphi \to \psi) \to (\neg\psi \to \neg\varphi). \tag{6.3.1d}$$

$$\varphi \to \neg\neg\varphi. \tag{6.3.1e}$$

$$\neg\neg\varphi \to \varphi. \tag{6.3.1f}$$

推理规则:$\varphi, \varphi \to \psi \vdash_{\mathscr{A}} \psi$.

(1) 证明:$\varphi \to \psi, \psi \to \chi \vdash_{\mathscr{A}} \varphi \to \chi$.

(2) 已知 $\mathscr{A}$ 在一般理解的逻辑语义下是一致且完备的. 证明:$\vdash_{\mathscr{A}} (\varphi \to \psi) \to ((\varphi \to \neg\psi) \to \neg\varphi)$.

2. 假设对于 $\mathscr{F}$,已经知道完备性定理(6.3.5 推论)成立,由此证明紧致性定理.

3. (GEB, [2]) 考虑 pq 形式系统. 该系统只有三个不同的符号 $\Sigma = \{p, q, \text{-}\}$. 公理模式规定为:只要 x 仅由一串短杠组成,那么 $x\text{-}qxp\text{-}$ 就是一条公理. 推理规则规定为:若 x, y, z 均仅由一串短杠组成,且 $xqypz$ 是一条定理,那么 $x\text{-}qypz\text{-}$ 就是一条定理.

(1) 给出三个 pq 形式系统中的公理.

(2) 证明:$\vdash_{pq}$ -----q--p---,并设计一个算法判定一个给定的合式公式是否为定理.

(3) 根据前面的启发,我们发现 pq 系统的推理很像加法,例如 (2) 中可以视为 $5 = 2 + 3$. 若以此作为 pq 系统的语义解释,它是否有一致性和完备性? 证明你的结论.

4. (GEB, [2]) 定义 G-形式系统. G-形式系统的符号表为 $\Sigma = \{(, \wedge, \vee, \rightarrow,), \varphi_n : n \in \mathbb{N}\}$, 所有的合式公式都规定为下面的形式:

$$\big((\varphi_{i_1} \wedge \varphi_{i_2} \wedge \cdots \wedge \varphi_{i_m}) \vee (\varphi_{j_1} \wedge \varphi_{j_2} \wedge \cdots \wedge \varphi_{j_n})\big) \rightarrow (\varphi_{k_1} \wedge \varphi_{k_2} \wedge \cdots \wedge \varphi_{k_\ell}), \quad m, n, \ell \in \mathbb{Z}_{>0}.$$

两个公理模式为: 对于一切 $m \in \mathbb{Z}_{>0}$,

$$\text{G1}: \big((\varphi_{i_1} \wedge \varphi_{i_2} \wedge \cdots \wedge \varphi_{i_m}) \vee \varphi_j\big) \rightarrow (\varphi_{k_1} \wedge \varphi_{k_2} \wedge \cdots \wedge \varphi_{k_m}), \tag{6.3.2a}$$

$$\text{G2}: \big(\varphi_i \vee (\varphi_{j_1} \wedge \varphi_{j_2} \wedge \cdots \wedge \varphi_{j_m})\big) \rightarrow (\varphi_{k_1} \wedge \varphi_{k_2} \wedge \cdots \wedge \varphi_{k_m}). \tag{6.3.2b}$$

两类语法推理规则为: 对于一切 $m, n \in \mathbb{Z}_{>0}$,

$$\begin{aligned}\text{T1}: &\Big\{\big((\varphi_{i_1} \wedge \varphi_{i_2} \wedge \cdots \wedge \varphi_{i_m}) \vee (\varphi_{j_1} \wedge \varphi_{j_2} \wedge \cdots \wedge \varphi_{j_n})\big) \rightarrow (\varphi_{k_1} \wedge \varphi_{k_2} \wedge \cdots \wedge \varphi_{k_m})\Big\} \\ &\vdash \Big((\varphi_{i_1} \wedge \varphi_{i_2} \wedge \cdots \wedge \varphi_{i_m} \wedge \varphi_{i_{m+1}}) \vee (\varphi_{j_1} \wedge \varphi_{j_2} \wedge \cdots \wedge \varphi_{j_n} \wedge \varphi_{j_{n+1}})\Big) \\ &\rightarrow (\varphi_{k_1} \wedge \varphi_{k_2} \wedge \cdots \wedge \varphi_{k_m} \wedge \varphi_{k_{m+1}}),\end{aligned} \tag{6.3.3a}$$

$$\begin{aligned}\text{T2}: &\Big\{\big((\varphi_{i_1} \wedge \varphi_{i_2} \wedge \cdots \wedge \varphi_{i_m}) \vee (\varphi_{j_1} \wedge \varphi_{j_2} \wedge \cdots \wedge \varphi_{j_n})\big) \rightarrow (\varphi_{k_1} \wedge \varphi_{k_2} \wedge \cdots \wedge \varphi_{k_n})\Big\} \\ &\vdash \Big((\varphi_{i_1} \wedge \varphi_{i_2} \wedge \cdots \wedge \varphi_{i_m} \wedge \varphi_{i_{m+1}}) \vee (\varphi_{j_1} \wedge \varphi_{j_2} \wedge \cdots \wedge \varphi_{j_n} \wedge \varphi_{j_{n+1}})\Big) \\ &\rightarrow (\varphi_{k_1} \wedge \varphi_{k_2} \wedge \cdots \wedge \varphi_{k_n} \wedge \varphi_{k_{n+1}}).\end{aligned} \tag{6.3.3b}$$

请给 G-形式逻辑系统找一种合理的语义, 使得在这种语义下 G-形式逻辑系统具有一致性和完备性并证明之.

5. (公理的独立性, [3]) 我们称一个形式系统 I 的公理 $\mathscr{A}$ 是独立的, 如果其他所有公理合起来无法推导出 $\mathscr{A}$. 对于 Łukasiewicz 形式系统 L 中的公理 L1, 我们采用如下方式论证其为独立的: 考虑下面的赋值表

p_1	$\neg p_2$
0	1
1	1
2	0

p_1	p_2	$p_1 \rightarrow p_2$
0	0	0
1	0	2
2	0	0
0	1	2
1	1	2
2	1	0
0	2	2
1	2	0
2	2	0

按照上表, 由合式公式的递归定义, 每个合式公式都有一个赋值. 注意到使用 L2、L3 和 MP 进行推导都保持所导出公式的赋值一定是 0, 但 L1 的赋值却可能为 1、2, 因此它不可能被其他公理导出.

仿照上述构造方法, 证明在 L 中 L2 和 L3 都是独立的公理. 进一步尝试回答: $\mathscr{F}$ 中的各公理是否是独立的? 提示 可以用计算机辅助搜索需要的赋值.

6. 本题考虑课文中提到的 Łukasiewicz 形式系统 L 的一致性和完备性.

(1) 叙述 L 的赋值和相应的重言式的概念.

(2) 证明:L 是一致的.

形式系统 I 的**扩充**是一个新形式系统,是通过修改或者扩大 I 的公理集得到的,但要求 I 中的定理仍然是新系统中的定理. 称 I 是**一致的**,如果不存在公式 ϕ,使得 $\phi, \neg\phi$ 都是 I 的定理.

(3) 证明:L 的一个扩充 L^* 是一致的,当且仅当某个公式不是它的定理;若设这个公式是 ϕ,那么在 L^* 中加入 $\neg\phi$ 作为公理得到的扩充 L^{**} 仍然是一致的.

(4) 设 L^* 是 L 的一致扩充,证明:存在 L^* 的一致扩充,使得对于每个公式 ϕ 都有 $\phi, \neg\phi$ 恰有一个是定理.(此时的系统称为 L^* 的**完备**扩充.)

(5) 证明:若 L^* 是 L 的一致扩充,则存在 L^* 的某个赋值使得其中的定理全取值 T.

(6) 根据上面的各步结论导出 L 是(关于证明)完备的,并用紧致性定理说明 L 也是关于演绎完备的.

注解

对于形式系统的研究动机可能来自 Hilbert 形式化数学的纲领. 鉴于二十世纪初所发生的所谓数学"危机",Hilbert 认为所有的数学都应该基于一个完备的、一致的、确定性的理论基础. 也就是说,用形式化的语言来描述数学并规定严格的推理规则,证明这个系统既可以导出所有数学上的真命题,还能避免所有的矛盾,而且任何命题都能用一个算法在有限时间内判定其真假. 现在我们知道,这一宏大的梦想已经被 Gödel 等人"粉碎". 不过我们已经看到,至少在命题逻辑这种表达力比较弱的系统中,这一梦想是可以实现的.

演绎定理早在 Frege 的时代就已经为人们熟知了,不过 Frege 当时给演绎定理的证明是基于一致性和完备性的. 我们在课文中看到的更加自然的归纳证明由 Herband 在他的博士论文中提出 [4].

课文中讨论的形式系统 $\mathscr{F}$ 是由逻辑学家 Kleene 给出的 [5],我们对其一致性和完备性的论证则基于 Buss 的介绍 [1]. 一般的逻辑教科书中常以 Łukasiewicz 系统为例讲述形式系统,本书中则留为习题供读者练习,这些论证的具体过程都可以参看 [6].

习题 6.3.3、6.3.4 都来自 [2],不过有趣的是它并不是逻辑书,而更像是一本科普著作. 作者侯世达借此获得了 1980 年的普利策奖.

参考文献

[1] BUSS S R. An introduction to proof theory[J]. Handbook of Proof Theory, 1998, 137: 1-78.
[2] HOFSTADTER D R. Gödel, Escher, Bach: An Eternal Golden Braid[M]. New York: Basic Books, 1999.
[3] KUNEN K. Set Theory: An Introduction to Independence Proofs[M]. Amsterdam: Elsevier, 2014.
[4] HERBRAND J. Recherches sur la théorie de la démonstration[D]. J. Dziewulski, 1930.
[5] KLEENE S C. Introduction to Metamathematics[M]. Amsterdam: North-Holland Publishing Company, 1964.
[6] HAMILTON A G. Logic for Mathematicians[M]. Cambridge: Cambridge University Press, 1988.

7 一阶逻辑

阅读提示

本章我们对一阶逻辑的形式语言的基本概念作出介绍，然后简介一阶形式系统的一些著名结论. 相比于命题逻辑部分，一阶逻辑的语法（§7.1 节）和语义（§7.2 节）都是读者相对不熟悉的，在学习时要特别注意建立直觉，它们实际上都还是比较形象的，只是严格说起来比较绕. 我们省略了对于一阶形式系统的详细介绍，在 §7.3 仅仅一笔带过，而是着重联系了集合论部分的公理系统简单介绍 Genzen 和 Gödel 的几个著名定理，这些都是数理逻辑中的经典结果，在计算机科学的发展过程中起到了推动性的作用，因此有必要了解.

在命题逻辑部分的讨论中我们为许多数学证明的过程进行了形式化. 命题逻辑具有基本的逻辑演算能力，然而命题逻辑的能力犹显不足. 让我们考虑一个很常见的论断模式：3 的平方是非负数——这是因为，所有的实数的平方都是非负数；3 是实数；因此 3 的平方是非负数. 这在直觉上是完全合理的论证，然而一旦要将其放到命题逻辑的形式语言中，它就会变成

$$p, q; \quad \therefore r,$$

这在形式上是错误的. 实际上，这种论证的有效性应该依赖于命题内部各个组成部分的关系及命题本身的形式. 它应该用类似这样的方法写：

$$\text{所有 } A \text{ 都是 } B, \quad C \text{ 是一个 } A; \quad \therefore C \text{ 是 } B.$$

这里，一个命题被分解为两个部分，一部分表示一个事物，而另一部分表示断言这个事物所具有的性质. 类比自然语言中的主谓结构，我们把前者叫作**主词**，后者叫作**谓词**. 此种表达力更强的系统称为**一阶（谓词）逻辑**. 我们在前面用 ZFC 对集合论的形式化就是基于一阶逻辑的.

7.1 谓词和量词

我们用大写字母 $A, B, \ldots$ 表示谓词，用小写字母表示主词. 那么像“哲学家是人”“实数的平方是非负数”这样的命题都可以统一写为 $A(s)$（下划线标出了主词）.

当然“所有哲学家都会死”还有一个关键的元素是“所有”一词，它可以写成：对所有 x，$(I(x) \to p(x))$，其中 $I(x)$ 表示 x 是哲学家，$p(x)$ 表示 x 会死. 短语“对于所有 x”称为**全称量词**，形式地写成 $(\forall x)$.

需要注意的是，量词的引入意味着命题逻辑中运用真值表进行推理有效性判断的方法不能得到直接的推广. 这是因为，写出 $(\forall x)(I(x) \to p(x))$ 时，我们对 x 的属性没有任何假定，而是认为 x 是所考虑范围（论域）中的一切对象. 于是无法给蕴涵表达式直接指派一个真值.

另一个量词用来表示“存在一些白色的马，它不是马”这样的命题. 短语“存在一个 x”称为**存在量词**，形式地写成 $(\exists x)$. 例子中就是 $(\exists x)(W(x) \wedge \neg H(x))$，其中 $W(x)$ 表示 x 是白马，$H(x)$ 表示 x 是马.

在以上公式中，我们可以把 x 适当地换成其他的字母而不改变原公式的意思. 凡是这种代表未确定的主体的字母，都称为**变元**. 当变元 x 在以量词 $\forall x, \exists x$ 开头的公式中被使用时，这一公式称为其**辖域**. 变元在辖域内使用时称为**约束变元**，否则为**自由变元**.

7.1.1 例 用 $I(x)$ 表示 x 是整数. 那么“对任意整数都存在比它大的整数”可以符号化为 $\forall x(I(x) \to \exists y(I(y) \wedge y > x))$. 这里 x 的辖域从全称量词之后一直到公式结束，而 y 的辖域为 $(I(y) \wedge y > x)$. ◇

为了形式地研究一阶逻辑，我们同样先要规定符号表和合式公式的含义.

7.1.2 定义 *一个**一阶语言** $\mathscr{L}$ 包含如下内容作为符号表：*

- ▷ **变元** $\{x_i : i \in I\}$；
- ▷ **个体常元** $\{a_i : i \in I\}$；
- ▷ **谓词符** $\{A_i^n : i \in I, n \in J\}$；
- ▷ **函项符** $\{f_i^n : i \in I, n \in J\}$；
- ▷ **命题逻辑的形式系统中的部分符号** $\neg, \to, (,)$；
- ▷ **量词** $\forall$.

除了变元必须为可数无穷多个之外，其余的常元、谓词符、函项符集都可以是空集.

7.1.3 例 假设我们用 a_1 表示群上的幺元，用 A_1^2 表示相等，用 f_1^1, f_1^2 分别代表求逆元和元素作乘法，那么

$$(\forall x)A_1^2(a_1, f_1^2(x, f_1^1(x)))$$

可以理解为命题“对任何群中元素 x 都有 $xx^{-1} = 1$”. ◇

从 7.1.3 例中我们可以看出一阶形式语言中各个组分的作用，详述如下.

首先，个体常元可以理解为描述特定事物的主词. 例如 $A_1^1(a_1)$ 可以理解为“苏格拉底是人”，而 $A_1^1(x)$ 无法描述这样的命题.

其次，谓词符可以理解为描述了一种关系，其中的下标是为了列举的必要，而上标则用来表示谓词的目数. 通俗地说，目数指出谓词可以作用于几个变元/常元. 例如，一目谓词 A_i^1 只能写 $A_i^1(x)$，表示 x 是某某，而 n 目谓词则可以构成 $A_i^n(x_1, \ldots, x_n)$，表示 $x_1, \ldots, x_n$ 合起来具有某个性质. 目数上标在函项符中的意思也一样.

第三，函项符类似于函数，它是一种特殊的谓词符，主要是为了书写和理解方便用的——因为谓词符表达了一个（抽象的）关系，而函数也是关系. 于是 $f_i^n(x_1, \ldots, x_n)$ 可等价视为约束

$A_j^{n+1}(x_1, \ldots, x_n, x_{n+1})$ 下的变元 x_{n+1}.

第四,在定义中我们没有明确引入 $\exists$ 作为量词. 为了方便起见,我们还可以引入一些不属于一阶语言的记号作为缩写. 现在定义 $(\exists x_i)\phi$ 的含义为 $\neg(\forall x_i)(\neg\phi)$. 读者可以思考如何引入 $\vee$ 和 $\wedge$,等等.

$\mathscr{L}$ 中的合式公式也是递归定义的.

7.1.4 定义 设 $\mathscr{L}$ 是一阶语言,$\mathscr{L}$ 中的**项**递归定义如下:

(i) 变元和个体常元是项;

(ii) 若 f_i^n 是一个函项符,$t_1, \ldots, t_n$ 是项,则 $f_i^n(t_1, \ldots, t_n)$ 是项;

(iii) 满足上述 (i)、(ii) 两条规则的最小字符串集合恰为项的集合.

项就是论证的对象. 个体常元称为**常项**,而只用常项通过上述规则得到的项叫作**闭项**.

7.1.5 定义 设 A_i^n 是 $\mathscr{L}$ 中的一个谓词符,$t_1, \ldots, t_n$ 是项,则 $A_i^n(t_1, \ldots, t_n)$ 称为**原子公式**. 而**(合式)公式**如下递归定义:

(i) 每个原子公式都是公式;

(ii) 如果 ϕ, ψ 是公式,则 $(\neg\phi)$,$(\phi \to \psi)$ 和 $(\forall x_i)\phi$ 都是公式,其中 x_i 是任意变元;

(iii) 满足上述 (i)、(ii) 两条规则的最小字符串集合恰为合式公式的集合.

(像命题逻辑中一样,我们规定量词的优先级比连接词优先级高,然后据此可以适当地省略括号.)

这里,当运用 $(\forall x_i)\phi$ 构筑公式时,我们称 ϕ 是该量词的**辖域**. 进一步,当 $(\forall x_i)\phi$ 作为公式 ψ 的子公式出现时,说该量词在 ψ 中的辖域是 ϕ.

前面提到,在公式中变元是可以进行适当的替换来更改符号的. 以下讨论哪些变元可以替换,可以替换时可以用哪些项进行替换.

哪些变元可以替换? 变元 x_i 称为**约束(出现)**的,如果它只出现在 $(\forall x_i)$ 或者其辖域中,或者不出现;否则就是**自由(出现)**的. 通俗地说,如果是自由变元,那么换成另一个自由变元也是没有区别的,所以自由意味着可以比较任意地替换. 如果是有约束的,那么换成另一个别的变元有可能会破坏这一公式的本意,所以不能随意替换.

哪些项 t 可以替换 x_i 在公式 ϕ 中的自由出现? 假如对项 t 中的每个变元 x_j,x_i 都不会自由地出现在 $(\forall x_j)$ 在 ϕ 中的每个辖域中,那么我们称项 t **可替换** ϕ 中的 x_i(或者称 t 在 ϕ 中相对 x_i 是**自由**的). 可以看出,可替换的直观就是把 ϕ 中每个自由的 x_i 都换成 t,不会引起 x_j 与在 t 中的量词交叉干扰.

上面几个概念的定义可能有点绕,为了避免混淆,我们看一个例子.

7.1.6 例 约束和自由的例子: 在公式 $(\forall x_1)(A_1^2(x_1, x_2) \to (\forall x_2)A_1^1(x_2))$ 中, x_1 的出现都是约束的(2 次), 而 x_2 有 1 次出现是自由的, 其余 2 次是约束的. $(\forall x_1)$ 的辖域是 $(A_1^2(x_1, x_2) \to (\forall x_2)A_1^1(x_2))$,而 $(\forall x_2)$ 的辖域是 $A_1^1(x_2)$.

可替换的例子:在公式 $(\forall x_1)A_1^2(x_1, x_2) \to (\forall x_3)A_2^2(x_3, x_1)$ 中,x_2 可替换 x_1(因为 x_1 唯一一次自由出现是 $A_2^2(x_3, x_1)$,它只被 x_3 的全称量词管辖). 类似地,$f_1^2(x_2, x_3)$ 可替换 x_2,但是 $f_2^2(x_1, x_4)$ 不可替换 x_2. 若进行替换 x_2/x_1,那么上述公式将变为 $(\forall x_1)A_1^2(x_1, x_2) \to (\forall x_3)A_2^2(x_3, x_2)$(注意 $(\forall x_1)A_1^2(x_1, x_2)$ 中 x_1 是约束出现,不能替换). ◇

习题 7.1

1. 用一阶语言形式化下面的推理.

(1) 没有一条狗是短腿的,并非有的猫不是短腿的,所以,有的狗是猫.

(2) 所有的可导函数都是连续的,所以,存在不可导的连续函数.

2. 判断下列符号串哪些是合式公式,并说明理由.

(1) $A_1^2(f_1^1(x_1), x_1)$.

(2) $f_1^3(x_1, x_3, x_4)$.

(3) $(A_1^1(x_2) \to A_1^3(x_3, a_1))$.

3. 判断下列公式中,x_1 的出现是约束的还是自由的,然后判断项 $f_1^2(x_1, x_3)$ 在这些公式中对 x_1 是否自由.

(1) $(\forall x_2)(A_1^2(x_1, x_2) \to A_1^2(x_2, a_1))$.

(2) $(A_1^1(x_3) \to (\neg(\forall x_1)(\forall x_2)A_1^3(x_1, x_2, a_1)))$.

4. 设 x_i 在公式 $\phi(x_i)$ 中自由出现,x_j 则不是自由出现,再设 x_j 在 $\phi(x_i)$ 中对 x_i 自由,$\phi(x_j)$ 为用 x_j 替换 x_i 全部自由出现的结果,证明:x_i 在 $\phi(x_j)$ 中对 x_j 自由.

7.2 解释、可满足性与真值

前一节规定了一阶形式语言的语法,我们现在关注其中公式的语义问题. 已经提到,把命题逻辑中的真值表搬到一阶逻辑中是没有意义的;在一阶逻辑中需要引入更进一步的**解释**的概念.

解释的形象概念我们在 7.1.3 例已经看到过,其本质意思就是赋予变元和常元具体的对象,并把谓词符和函项符具象化到这些对象之间特定的关系和函数. 这种解释叫作 Tarski 语义 [1].

7.2.1 定义 $\mathscr{L}$ 上的一个**解释** I,是指一个非空集合 D_I(**论域**),一些元素 $\{\bar{a}_1, \bar{a}_2, \dots\}$,以及一个**函项集** $\{\bar{f}_i^n : D_I^n \longrightarrow D_I \mid i, n \in \mathbb{Z}_{>0}\}$ 和**关系集** $\{\bar{A}_i^n : \bar{A}_i^n \subseteq D_I^n, i, n \in \mathbb{Z}_{>0}\}$.

以后会通过在抽象的符号上面加 \bar 来表示其对应的解释.

譬如考虑公式 $\forall x_1 A_1^2(f_1^2(x_1, f_1^1(x_1)), a_1)$,构作解释:论域是全体整数,整数 0 作为 a_1,谓词符 A_1^2 解释为关系"相等",函项符 f_1^1, f_1^2 分别解释为求相反数和整数加法. 则这个公式的意思是:对每个 $x \in D_I$,$x_i + (-x_i) = 0$,是真命题. 假如把 f_1^2 解释为整数减法,则这就是假命题.

7.2.2 注 这里可简单阐明"一阶"的含义. 一阶是指量词用于量化论域的对象. 在二阶或者更高阶的逻辑中,量词可以用来量化论域中对象的关系和集合. 例如,排中律"对于任何性质 P 和个体 x,要么 $P(x)$ 要么 $\neg P(x)$"就是二阶的($\forall P$ 量化了对象的关系);再如,像"自然数的任何非空子集必有最小元"这样的命题也不能用一阶逻辑描写,属于二阶逻辑的范畴. ♤

从例子中看出,解释不同,则命题的真假不同. 一阶语言中的重言式的定义和命题逻辑中的定义会略有不同. 以下先减弱要求,首先考虑允许变元是论域中任意对象的全体解释,使得每个这样的解释都"真"的公式直观上类似于一个对特定事物的正确论述.

7.2.3 定义 解释 I 上的一个**赋值**是指从 $\mathscr{L}$ 的项集到 D_I 的映射 v,满足:

(i) $v(a_i) = \bar{a}_i$;(给每个常元确定一个论域中的个体作为其解释)

(ii) $v(f_i^n(t_1,\ldots,t_n)) = \bar{f}_i^n(v(t_1),\ldots,v(t_n))$，这里 f_i^n 是任意的函项符，$t_1,\ldots,t_n$ 是任意的项（当然也包含变元）.（根据个体的函数关系确定所有项的赋值）

注意在上述定义中，我们实际上也要求了给每个变元确定一个论域中的个体作为其解释，因为定义的 (ii) 中要求 $v(t_i)$ 有定义，而变元当然是项. 这样一来，我们相当于给一阶语言描述的公式中的每个"基本元素"都确认了一个对象，然后由此理解公式的真伪.

7.2.4 定义 解释 I 的两个赋值 v, v' 如果对每个 $j \neq i$ 满足 $v(x_j) = v'(x_j)$，就称二者是（**除**）***i*-等值**的.

对于解释 I 和赋值 v，我们递归地定义其中合式公式的满足性如下：

(i) 称 v 满足原子公式 $A_i^n(t_1,\ldots,t_n)$，当且仅当 $\bar{A}_i^n(v(t_1),\ldots,v(t_n))$ 在 D_I 中为真（即那些对象确实具有关系 $\bar{A}_i^n$ 时，该原子公式被满足）；

(ii) 称 v 满足 $\neg\psi$，当且仅当 v 不满足 ψ；

(iii) 称 v 满足 $\psi \to \chi$，当且仅当 v 满足 $\neg\psi$ 或者满足 χ；

(iv) 称 v 满足 $(\forall x_i)\psi$，当且仅当对每一个 i-等值于 v 的 v'，都有 v' 满足 ψ.

这定义也是符合直观的，特别是第 (iv) 条，它就是说无论 v 为变元 x_i 提供了什么赋值（前面定义要求 v 必须这样做），其辖域中的公式恒真. 换言之，这一条也可以理解为对任何 $y \in D_I$，v 都满足 $\phi(y)$. 当 I, v 满足公式 ϕ 时，我们记其为 $I, v \vDash \phi$.

7.2.5 例 再次观察公式 $(\forall x_1)A_1^2(f_1^2(x_1, f_1^1(x_1)), a_1)$，设给定了上文的解释（论域是全体整数，整数 0 作为 a_1，谓词符 A_1^2 解释为关系"相等"，函项符 f_1^1, f_1^2 分别解释为求相反数和整数加法）. 则每个 I 上的赋值就是把变元映射到一个整数，即 $v(x_1)$ 是一个整数，上述公式的任意一个 1-等值的赋值都保证 $v'(x_1) + (-v'(x_1)) = 0$，所以任给的赋值 v 都能满足这个公式（接下来马上会看到这就是真值的定义）. ◇

对于赋值和可满足性，利用可替换的概念进行处理是很有帮助的，现在插入一个之后会用到的引理.

7.2.6 引理 设 x_i 在公式 $\phi(x_i)$ 中自由出现，t 是可替换 x_i 的项. 再设 v 是一个赋值，v' 是 i-等值于 v 的. 如果 $v'(x_i) = v(t)$，则 v 可满足 $\phi(t)$ 当且仅当 v' 可满足 $\phi(x_i)$.

这一引理是直观的，证明的方法也很标准（一层一层照归纳定义剥开来），但写起来比较枯燥.

证明 第一步，我们归纳证明，对任何 x_i 在其中出现的项 u，如果用 t 替换 x_i 的所有出现得到 u'，则 $v(u') = v'(u)$.

如果 u 就是 x_i，u' 就是 t，则由 v' 的定义 $v'(u) = v'(x_i) = v(t) = v(u')$. 而若 u 形如 $f_i^n(u_1,\ldots,u_n)$，并令 $u_1',\ldots,u_n'$ 用 t 替换 x_i 的所有出现的结果，则

$$v(u') = \bar{f}_i^n(v(u_1'),\ldots,v(u_n')) \xlongequal{\text{归纳假设}} \bar{f}_i^n(v'(u_1),\ldots,v'(u_n)) = v'(u).$$

第二步，归纳证明原命题 $v \vDash \phi(t) \iff v' \vDash \phi(x_i)$.

如果 $\phi(x_i)$ 形如 $A_j^n(u_1,\ldots,u_n)$，则 $v' \vDash \phi(x_i)$ 等价于 $\bar{A}_j^n(v'(u_1),\ldots,v'(u_n))$ 为真，根据第一步的结果知这等价于 $\bar{A}_j^n(v(u_1'),\ldots,v(u_n'))$（其中 $u_1',\ldots,u_n'$ 的含义同上），即 $v \vDash \phi(t)$.

如果 $\phi(x_i)$ 形如 $\neg\psi(x_i)$ 或者 $\psi(x_i) \to \chi(x_i)$，用定义容易完成此归纳步，请读者自行补充. 而如果 $\phi(x_i)$ 形如 $(\forall x_j)\psi(x_i)\ (j \neq i)$，我们以充分性为例继续证明. 反设 $v \nvDash \phi(t)$，则存在一个 j-等值于 v 的 w，使得 $w \nvDash \psi(t)$. 再设 w' 是一个 i-等值于 w 的赋值，使得 $w'(x_i) = w(t)$，则归纳假设表明 $w \nvDash \psi(t)$ 可推出 $w' \nvDash \psi(x_i)$.

注意，t 可替换 $(\forall x_j)\psi(x_i)$ 中的 x_i，故 x_j 不出现在 t 中. 从而对 $k \neq j$，$v(t)$ 仅依赖于 $v(x_k)$，换言之此时 $v(x_k) = w(x_k)$，所以 $v(t) = w(t)$. 最后，因为 w 是 j-等值于 v 的，所以 w' 是 j-等值于 v' 的. 据此知 $w' \nvDash \psi(x_i)$ 可推出 $v' \nvDash (\forall x_j)\psi(x_i) = \phi(x_i)$，矛盾. 同理可证充分性.

综上两步归纳法，明所欲证. □

如果读者理解了赋值和可满足性带来的直观，那么立刻就可以导出真值的概念.

7.2.7 定义 设 I 是 $\mathscr{L}$ 的一个解释，如果任何的 I 中赋值 v 都能满足 ϕ，就称 ϕ 在解释 I 下是**真**的，此时也称 I 是 ϕ 的**模型**，记为 $I \vDash \phi$；如果不存在可满足的赋值，则称其是**假**的.

7.2.8 命题 在给定的解释 I 中，若 $\phi, (\phi \to \psi)$ 都为真，则 ψ 也是真的.

证明 任取 I 的赋值 v，则 v 满足 $\phi \to \psi$，照定义得或者 v 满足 $\neg\phi$，或者满足 ψ. 又 v 满足 ϕ，所以不可能满足 $\neg\phi$，故 ψ 得到满足. 由 v 的任意性知 ψ 是真的. □

注意，对于给定的解释 I，可能存在一些公式既不真也不假. 比如 $A_1^1(x_1)$，论域为整数，A_1^1 表示“大于零”，那么将 x_1 赋值为正数和赋值为负数得到 $A_1^1(x_1)$ 的真假不同，因此这公式不真也不假. 但是，根据可满足性的定义，不可能有既真又假的公式. 尽管如此，对于一大类数学上有实用性的公式，非真即假是成立的. 这样的公式是指没有自由变元的公式，称为**闭公式**.

7.2.9 引理 设 I 是 $\mathscr{L}$ 的一个解释，ϕ 是公式. 若赋值 v, w 对任意的 ϕ 中自由变元 x_i 都有 $v(x_i) = w(x_i)$，那么 v 满足 ϕ 当且仅当 w 满足 ϕ.

证明 对 ϕ 中出现的连接词和量词的个数作数学归纳法.

若 ϕ 是原子公式，形如 $A_i^n(t_1, \ldots, t_n)$，则 ϕ 中只出现自由变元和常元. 根据条件，v, w 给自由变元相同赋值，根据赋值的定义知常元的赋值也相同，因而 v 满足 ϕ 当且仅当 w 满足 ϕ.

对于剩下三种递归情况，论述如下.

ϕ 形如 $\neg\psi$ 或者 $\psi \to \chi$. 这里只写前一种情况，后一种情况类似. 由归纳假设，v 不满足 ψ 当且仅当 w 不满足 ψ，由定义即 v 满足 ϕ 当且仅当 w 满足 ϕ.

ϕ 形如 $(\forall x_i)\psi$. 由对称性可只证 $I, v \vDash \phi \implies I, w \vDash \phi$. 设 w' 是任意一个 i-等值于 w 的赋值，由条件及 x_i 不自由知对每个 ϕ 中自由变元 y，$w'(y) = v(y)$. 另一方面，$I, v \vDash \phi$ 表明任意 i-等值于 v 的赋值 v' 都满足 $v' \vDash \psi$. 特别地，下面的 v' 也使 ψ 得到满足：

$$\begin{cases} v'(x_i) = w'(x_i), \\ v'(x_j) = v(x_j) \quad (j \neq i). \end{cases}$$

而且 $w'(y) = v'(y)$（y 是 ψ 中自由变元). 根据归纳假设 $v' \vDash \psi \implies w' \vDash \psi$，再由 w' 的任意性得 $w \vDash (\forall x_i)\psi = \phi$. 引理证毕. □

7.2.10 推论 设 ϕ 是 $\mathscr{L}$ 的一个闭公式，I 是任给的解释，那么 $I \vDash \phi, I \vDash \neg\phi$ 必有一个成立.

证明 设 v,w 是 I 中任意两个赋值,由于 ϕ 没有自由变元,因此引理条件自然成立. 故 v 满足 ϕ 当且仅当 w 满足 ϕ,这表明要么所有的赋值都满足 ϕ,要么都不满足. 所以 $I \vDash \phi, I \vDash \neg\phi$ 必有一个成立. □

由此立刻看出,对于闭公式和一个解释,只要检查是否存在一组赋值使其为真,就能判断其真假性. 举例来说,若将前述不真不假的公式改为 $(\forall x_1)A_1^1(x_1)$,应用递归定义,我们发现所有 1-等值的赋值不能保证 $A_1^1(x_1)$ 都成立,所以任何赋值都不能使这公式为真,于是它是假的.

下面几个命题讨论了真值和量词的关系.

7.2.11 命题 设 ϕ 是 $\mathscr{L}$ 的一个公式,I 为其一个解释. 则 $I \vDash \phi$ 当且仅当 $I \vDash (\forall x_i)\phi$,其中 x_i 是任意变元.

证明 必要性. 设 $I \vDash \phi$,则任意一个 I 的赋值都满足 ϕ. 特别地,对于取定的赋值 v,其任意一个 i-等值的赋值 v' 也是可满足的,这说明 $I, v \vDash (\forall x_i)\phi$. 依据 v 的任意性得 $I \vDash (\forall x_i)\phi$.

充分性. 设 $I \vDash (\forall x_i)\phi$,并任取 I 中赋值 v,则 v 满足 $(\forall x_i)\phi$,按照可满足性的定义任意 i-等值于 v 的赋值 v' 都满足 ϕ,特别地 v 也满足 ϕ,根据 v 的任意性得到 $I \vDash \phi$. □

7.2.12 推论 设 ϕ 是 $\mathscr{L}$ 的一个公式,I 为它的一个解释,那么 $I \vDash \phi$ 当且仅当 $I \vDash (\forall x_1)(\forall x_2)\cdots(\forall x_n)\phi$,其中 $x_1,\ldots,x_n$ 是任意变元.

如果 x_i 不是自由变元,那么 $\phi(x_i)$ 和 $(\forall x_i)\phi(x_i)$ 的解释是一样的,这种情形上面命题显然成立. 而命题指出这情形对自由变元也成立. 因为一般的数学定理都不会留有自由变元(没人会这样表述:对于任意的整数 $x, y+1=0$),所以这一结论不算太显然. 根据该命题,若 x_i 在 ϕ 中自由出现,则 $(\forall x_i)\phi(x_i)$ 就可写成 $\phi(x_i)$,即全称量词在不致混淆时可省略.

7.2.13 命题 在 $\mathscr{L}$ 的解释 I 中,某个赋值 v 满足 $(\exists x_i)\phi$,当且仅当存在某个 i-等值的 v',使得 $I, v' \vDash \phi$.

证明 设某个 v 满足 $(\exists x_i)\phi$,展开 $\exists$,即 v 满足 $\neg(\forall x_i)\phi$. 根据可满足性的定义得到等价于 v 不满足 $(\forall x_i)\neg\phi$. 再用一次定义,又等价于存在一个 i-等值于 v 的赋值 v',使得 v' 不满足 $\neg\phi$,最后用定义一次知道这当且仅当 v' 满足 ϕ. □

最后,我们变动解释 I,确定哪些公式是逻辑有效的.

7.2.14 定义 设 ϕ 是 $\mathscr{L}$ 的一个公式,如果它在任何解释下都是真的,就称它是**(逻辑)有效**的;如果都是假的,则它是**矛盾**的.

换句话说,一个公式是有效的,是指任一解释之任一赋值都满足这个公式. 为证明一个公式不是有效的,只要构造一个解释,使得某个赋值不满足这个公式.

7.2.15 例 我们证明:对任意的公式 ϕ 和 x_i,$(\forall x_i)\phi \to (\exists x_i)\phi$ 是有效的. 任取一个解释 I 和赋值 v,若 v 不满足 $(\forall x_i)\phi$,那根据可满足性的定义自然有 v 满足 $(\forall x_i)\phi \to (\exists x_i)\phi$. 否则,$v$ 满足 $(\forall x_i)\phi$,即对每个 i-等价于 v 的赋值 v',$I, v' \vDash \phi$. 由 7.2.13 命题,这就等价于 v 满足 $(\exists x_i)\phi$. 综上所述,$(\forall x_i)\phi \to (\exists x_i)\phi$ 是有效的. ◇

7.2.16 例 $(\forall x_1)(\exists x_2)A_1^2(x_1,x_2) \to (\exists x_1)(\forall x_2)A_1^2(x_1,x_2)$ 不是有效的. 取论域 $D_I = \mathbb{Z}$, $A_1^2(y,z)$ 解释为 $y < z$, 则 $(\forall x_1)(\exists x_2)A_1^2(x_1,x_2)$ 是真的, 但是 $(\exists x_1)(\forall x_2)A_1^2(x_1,x_2)$ 要求 x_1 是最小整数, 这是不可能的. ◇

回忆命题逻辑, 在其中逻辑有效的公式是重言式. 因为一阶逻辑和命题逻辑在结构上是不同的, 因此我们只能通过下面替换的方法把重言式的概念搬到一阶逻辑中.

7.2.17 定义 设 ϕ 是 $\mathscr{L}$ 中的一个公式, 称其为**重言式**, 当且仅当它是由命题逻辑的形式语言中的某个重言式通过用 $\mathscr{L}$ 中公式替代其命题符号得到的 (相同的字符用相同的公式代替).

例如, $((\forall x_1)A_1^1(x_1) \to (\forall x_1)A_1^1(x_1))$ 是重言式, 因为它是替换命题逻辑中的重言式 $p_1 \to p_1$ 得到的.

一阶逻辑中的重言式是逻辑有效的公式的特例.

7.2.18 定理 $\mathscr{L}$ 的重言式在其任何解释下都是真的.

证明 设 ϕ_0 是 L 中一个公式, $p_1,\dots,p_n$ 是其中出现的所有字符; 而 $\mathscr{L}$ 中重言式 ϕ 是用公式 $\phi_1,\dots,\phi_n$ 代替 $p_1,\dots,p_n$ 得到的.

令 I 是 $\mathscr{L}$ 的任意解释, v 是 I 的一个赋值, 考虑真值指派 v':

$$v'(p_i) = \begin{cases} \mathrm{T} & (v \text{ 满足 } \phi_i), \\ \mathrm{F} & (\text{否则}). \end{cases}$$

我们下面对 ϕ_0 中连接词和量词的个数作数学归纳法来证明, v 满足 ϕ 当且仅当 v' 使得 ϕ_0 取值为 T.

如果 ϕ_0 就是 p_i 之一, 则结论显然成立.

若 ϕ_0 形如 $\neg\psi_0$, 则 ϕ 形如 $\neg\psi$, 其中 ψ 代换了 ψ_0. 由可满足性的定义, v 满足 ϕ 等价于 v 不满足 ψ, 根据归纳假设, 这等价于 $v'(\psi_0) = \mathrm{F}$, 即 $v'(\phi_0) = \mathrm{T}$.

若 ϕ_0 形如 $\psi_0 \to \chi_0$, 则 ϕ 形如 $\psi \to \chi$, 其中 ψ, χ 分别代换了 ψ_0, χ_0. 利用定义可给出如下等价叙述链:

(1) v 满足 ϕ;

(2) v 满足 $\neg\psi$ 或者 χ;

(3) v 不满足 ψ 或者满足 χ;

(4) $v'(\psi_0) = \mathrm{F}$ 或者 $v'(\chi_0) = \mathrm{T}$;

(5) $v'(\psi_0 \to \chi_0) = \mathrm{T}$;

(6) $v'(\phi_0) = \mathrm{T}$.

综上所述, v 满足 ϕ 当且仅当 v' 使得 ϕ_0 取值为 T.

回到原定理的证明. 根据条件, ϕ_0 是重言式, 故任何 v' 都使其取 T, 依照归纳法的结果知道 v 满足 ϕ. 根据 I, v 的任意性得命题成立. □

我们总结一下有关赋值和真值的结论. 首先, 在一个特定的解释下为真, 是指变元取遍论域中全部之可能, 所得赋值均是真, 这类似于命题逻辑中给原子命题赋予真假. 不过, 自由变元的出现可能导致一个解释下, 公式不是非真即假的; 但没有自由变元则非真即假是成立的. 其次, 逻辑有效的公式则是指在所有的解释下都保证是真的,其中的一个特例是重言式,后者也可视为替换命题逻辑中重言式得到的.

习题 7.2

1. 是否存在一个合适的 $\mathscr{L}$ 的解释使得公式

$$(\forall x_1)(A_1^1(x_1) \to A_1^1(f_1^1(x_1)))$$

被解释为假? 若存在,给出这个解释;若不存在,说明理由.

2. 考虑 $\mathscr{L}$ 中个体常元符 a_1,函项符 f_1^2 和谓词符 A_2^2 构成的公式

$$(\forall x_1)(\forall x_2)(A_2^2(f_1^2(x_1, x_2), a_1) \to A_2^2(x_1, x_2)).$$

定义解释 I 为:论域为 $\mathbb{Z}$,$\bar{a}_1 = 0$,$\bar{f}_1^2(x, y)$ 为减法 $x - y$,$\bar{A}_2^2(x, y)$ 为 $x < y$. 给出该公式在本解释下的含义及其真值. 构造另一个解释 I' 使得它在 I' 中的真值与 I 中的真值相反.

3. 设 $\phi(x_i)$ 中 x_i 自由出现,且 t 可替换之,再设赋值 v 使得 $v(t) = v(x_i)$,证明:$v \vDash \phi(x_i)$ 当且仅当 $v \vDash \phi(t)$.

4. 设 $\phi(x_i)$ 中 x_i 自由出现,且 t 可替换之,再设赋值 v 和与其 i-等值的赋值 v' 使得 $v(t) = v'(x_i)$,证明:$v \vDash \phi(t)$ 可推出 $v \vDash \phi(x_i)$.

5. 给出一个逻辑有效的公式的例子,要求它不是闭公式.

6. 证明以下两个公式都是逻辑有效的.

(1) $((\exists x_1)(\forall x_2)A_1^2(x_1, x_2) \to (\forall x_2)(\exists x_1)A_1^2(x_1, x_2))$.

(2) $(\forall x_1)A_1^1(x_1) \to ((\forall x_1)A_2^1(x_1) \to (\forall x_2)A_1^1(x_2))$.

7. 证明以下两个公式都不是逻辑有效的.

(1) $(\forall x_1)(\exists x_2)A_1^2(x_1, x_2) \to (\exists x_2)(\forall x_1)A_1^2(x_1, x_2)$.

(2) $(\forall x_1)(\forall x_2)(A_1^2(x_1, x_2) \to A_1^2(x_2, x_1))$.

8. 设 t 是公式 $\phi(x_i)$ 中对 x_i 自由的项,证明:$\phi(t) \to (\exists x_i)\phi(x_i)$ 逻辑有效.

7.3 一阶形式系统简介

就像我们在第 6 章对命题逻辑所做的那样,对于一阶逻辑我们也可以建立一系列公理和推理规则(注意要引入额外的公理和规则来刻画 $\forall$ 这个量词的性质和使用方法)得到一个形式系统,利用这些公理作出了一系列的推导. 我们还可以作出合适的规定,使得这个系统中演绎定理成立,而且具有一致性和完备性. 对于这个过程的例子请读者参考 [2]. 本节我们主要探讨一些具有实际数学意义的公理系统,比如复习第 2 章提到的 Peano 公理,然后介绍数理逻辑的研究揭示的这些数学系统的性质.

考虑自然数的算术系统,这是数学论证的基础之一. 回忆第 2 章,要定义算术系统,首先要定义二元关系“等号”:

- ▷ **自反性** $x_1 = x_1$;
- ▷ **函数的代换规则** $(x = u) \to (f(t_1, \dots, x, \dots, t_n) = f(t_1, \dots, u, \dots, t_n))$;

▷ **关系的代换规则** $(x = u) \to (A_i^n(t_1, \ldots, x, \ldots, t_n) \to A_i^n(t_1, \ldots, u, \ldots, t_n))$.

然后，我们引入后继、加法、乘法函数、常元 0 和数学归纳法（归纳原理）等公理. 使用一阶逻辑的语言，Peano 公理系统 N 应当具有如下公理（回顾 2.2.6 定理、习题 2.3.4 和习题 2.3.6）：

▷ N1 $(\forall x_1)\neg(x_1^+ = 0)$;

▷ N2 $(\forall x_1)(\forall x_2)((x_1^+ = x_2^+) \to (x_1 = x_2))$;

▷ N3 $(\forall x_1)(x_1 + 0 = x_1)$;

▷ N4 $(\forall x_1)(\forall x_2)(x_1 + x_2^+ = (x_1 + x_2)^+)$;

▷ N5 $(\forall x_1)(x_1 \times 0 = 0)$;

▷ N6 $(\forall x_1)(\forall x_2)(x_1 \times x_2^+ = (x_1 \times x_2) + x_1$;

▷ N7 如果 x_1 在 $\phi(x_1)$ 中自由出现，则 $\phi(0) \to ((\forall x_1)(\phi(x_1) \to \phi(x_1')) \to (\forall x_1)\phi(x_1))$.

我们在第 2 章中是利用 ZF 公理系统的公理导出的系统 N. 实际上，我们把 ZF 系统中的集合**解释**为自然数，利用其中的公理推出了 Peano 系统中的公理. 这一情况总结为：

7.3.1 定义 如果一个解释 I 使得一阶形式系统 S 的所有公理都是真的，则称 I 是 S 的一个**模型**.

ZF 集合论是 Peano 公理系统的一个模型. 又如，欧氏平面几何是一个（不严格的）一阶形式系统，而 Descartes 的平面解析几何是这个系统的一个模型.

自然数是我们所知的数学的根本基础. 类似任何形式系统，我们要问一个非常重要的问题，一阶算术系统 N 是否具有

▷ **一致性** 是否不存在公式 ϕ 使得 ϕ 和 ϕ 都是定理?

▷ **完备性** 是否对任意公式 ϕ 都有 ϕ 或 $\neg\phi$ 是定理?

第一个问题在探讨我们研究的数学是否是有意义的，即是否真的存在真理，如果逻辑是自相矛盾的，那么所有的讨论都是无意义的. 第二个问题在探究我们研究的数学是否是可穷尽的，即是否所有的数学命题都是可以被证明或者证伪的.

对于这两个问题的回答由下面三个数理逻辑中的著名定理总结（本课程中无法介绍它们的证明）.

7.3.2 定理 (Gödel 第二定理) 只要一阶系统包含了 N，那么该系统的一致性与否都不是该系统的定理.

这定理的意思就是说，不可能用 N 本身证明 N 的一致性. 虽然如此，我们还是还有一个正面的结果：可以用比 N 更基础的公理系统来证明 N 一致性.

7.3.3 定理 (Genzen) 假设某个一阶系统 $\mathscr{L}$ 是一致的，并且 Peano 系统 N 的一致性是 $\mathscr{L}$ 的定理，那么 N 是一致的.

相比于一致性的正面结果，对于完备性的回答则是否定的（这就是著名的 Gödel 不完备定理）. 称一个形式系统是 **ω-一致的**，如果对任意满足 x_1 在其中自由出现而且 $\phi(0^n)$ 是定理（即该公式对自然数是定理）的公式 $\phi(x_1)$，$\neg(\forall x_1)\phi(x_1)$ 不是定理.

7.3.4 定理 (Gödel 第一定理) 如果 N 是 ω-一致的，那么存在一个公式 ψ 使得 $\psi, \neg\psi$ 都不是 N 的定理，即 N 并不是完备的.

Gödel 的结果告诉我们，数学如果要保持无矛盾，就不可能穷尽所有定理的证明！尽管我们所熟

知的自然数系统解释里，每一个命题都应该是对的或者错的. 但是推理和证明是有极限的，某些命题的对与错是不可能推导得出的.

相比 N，ZF 公理系统的一致性和完备性则更加复杂. 人们现在暂时还无法证明其一致性. 而且如果认可 ZF 系统的 ω-一致性，因为 ZF 可以导出 N，所以我们也不得不承认 ZF 是不完备的.

习题 7.3

1. 我们想在自然数集 $\mathbb{N}$ 的范围内构造一系列谓词公式，其中 $\leq$ 是唯一的谓词（即只有一个谓词符，用 $x_1 \leq x_2$ 代表 $A_1^2(x_1, x_2)$），并且没有任何常量出现. 举例而言，等号可以如下定义：

$$[x = y] \stackrel{\text{def}}{=} [(x \leq y) \wedge (y \leq x)].$$

一旦一个谓词可以只用 $\leq$ 进行描述，我们就可以将其用作后续的公式中，如：

$$[x > 0] \stackrel{\text{def}}{=} [(\exists y)\neg(x = y) \wedge (y \leq x)].$$

按照如上要求，为下面三个语句构造谓词公式：

(1) $[x = 0]$;

(2) $[x = y + 1]$;

(3) $[x = 3]$.

2. 假设一个一阶系统已经有我们在课文中定义的等号（等词），请定义量词“存在且仅存在两个”.

3. 描述一个关于环论的一阶形式系统（包括其一阶语言和公理），然后给出这个系统的一个模型（要求它不能是环）.（若没有学过环论，可等学过后再来做本题.）

4. 在 ZF 公理系统中可以构造不可数集，但是已知存在 ZF 公理系统的一种模型，它的论域（即所考虑的所有集合对象）仅包含可数集，如何理解这一“矛盾”？

注解

一阶逻辑始于 Frege 的划时代著作《概念文字》（*Begriffsschrift*），该书首次引入了许多我们现在看到的逻辑记号. 对于一阶逻辑的形式系统、数学系统、Gödel 的定理的详细讨论和证明我们都略去了，这些内容可以参考 [2].

命题逻辑是可判定的，而一阶逻辑仅仅是半可判定的. 已经证明，在一个非平凡的一阶逻辑系统中没有通用的办法能够判定一个公式是否为逻辑有效的. 尽管如此，如果一个公式是逻辑有效的，则存在一个有限步内能终止的算法判定其有效（反过来则不一定）.

我们知道一阶逻辑构建了数学的大厦，但是对于计算机和人工智能来说数理逻辑远远不是数学证明这么简单. 对于计算机来说，一切都要用算法构造出来，因此要构造性证明，而不是存在性证明. 存在性证明的基石是反证法，换言之即排中律成立，**直觉逻辑**则否定这一点. 它要求不能说 $\neg\phi$ 不成立所以 ϕ 成立，而必须要构建一条直接到达 ϕ 的证明. 对于人工智能来说，它们要推理、猜测，不是所有东西都是在确定的信息和环境下进行，相应就有**模态逻辑**：引入 $\Box\phi$ 表示 ϕ 肯定（总是）是对的，以及 $\Diamond\phi$ 表示 ϕ 可能（最终）是对的，等等. 对于这些内容的部分讨论可以参考 [3].

参考文献

[1] TARSKI A. Der Wahrheitsbegriff in den formalisierten Sprachen[J]. Studia Philosophica, 1936, 1.

[2] HAMILTON A G. Logic for Mathematicians[M]. Cambridge: Cambridge University Press, 1988.

[3] VAN DALEN D. Logic and structure: vol. 3[M]. Berlin: Springer, 1994.

第三部分

数论与代数

8 数论初步

阅读提示

本章是对初等数论基本内容的一个快速概览，包括了带余除法、最大公因数、素数、算术基本定理、同余、著名数论定理（Euler 定理、Fermat 小定理、中国剩余定理等）的介绍. 阅读本章一般不会有太多困难，但是需要注意多加练习——如果读者发现在读证明的时候经常不知道用到的小结论是什么，则说明对前面的定理尚未建立直觉或者未熟练掌握，可以再返回阅读或者尝试自己证明. 掌握这些基本的数论知识除了直接应用之外，还有一个用处就是为之后两章更抽象的代数结构提供例子.

数论是研究整数性质的学科（后来也不限于整数），是数学中最古老的分支之一. 初等数论则主要是用整数的四则运算方法研究整数性质的数论分支. 近年来，它在密码学、编码理论和量子计算等领域得到了广泛而深入的应用——即便我们不关心能被表成两个数的平方和的整数，也一定会关心两个人之间如何保密通信的问题（参看本章最后一节）. 另外，数论也为我们进一步了解更加抽象的代数概念提供了丰富的例子和动机.

8.1 整除性

整数 $\mathbb{Z}$ 对加法，减法和乘法都具有封闭性，而对于 $a,b\in\mathbb{Z}, b\neq 0, \dfrac{a}{b}$ 不一定是整数. 而对那些确实整除的情形的研究则是初等数论的基础.

8.1.1 定义 设 $a,b\in\mathbb{Z}, b\neq 0$，若存在 $q\in\mathbb{Z}$ 使得 $a=bq$，就称 b **整除** a，记为 $b\mid a$，否则记为 $b\nmid a$. 当 $b\mid a$ 时，称 b 是 a 的**因数**（因子），a 是 b 的**倍数**.

由定义，下面罗列的整除之性质都是容易证明的.

8.1.2 命题 设 $a,b,c\in\mathbb{Z}$.

(i) 总是有 $1\mid a, a\mid a, a\mid 0$.

(ii) 若 $c\mid b, b\mid a$，则 $c\mid a$ 而且 $\dfrac{b}{c}\mid a$.

(iii) 设 $c\neq 0$，则 $b\mid a \iff cb\mid ca$.

(iv) 对于任意的 $m,n\in\mathbb{Z}, c\mid a, c\mid b$ 蕴涵 $c\mid ma+nb$.

(v) 若 $b\mid a$ 且 $a\neq 0$，则 $|b|\leq |a|$.

(vi) 若 $b \mid a, a \mid b$,则 $|a| = |b|$. 此时称 a, b **相伴**.

第 6 条性质虽然简单,但可能会成为我们证明两个数相等的手法.

证明 上述性质的证明方法类似,这里选证 (vi),其余留给读者自己完成. 由整除关系可设 $b = aq, a = bp$,这样得 $b = aq = (bp)q$. 因 $b \neq 0$,所以 $pq = 1$,这表明 $p = q = \pm 1$,命题成立. □

对于两个整数 a, b,无论 a 是否能整除 b,我们都可以进行**带余除法**.

8.1.3 定理 设 $a, b \in \mathbb{Z}, b \neq 0$,则存在唯一的整数 q, r 满足 $0 \leq r < |b|$,使得 $a = bq + r$. 这时称 r 是 b 除 a 的**余数**,q 为**不完全商**.

证明 考虑序列

$$\ldots, -2|b|, -|b|, 0, |b|, 2|b|, \ldots$$

a 必然落在某两个元素之间,设 $q|b| \leq a < (q+1)|b|$,令 $r = a - q|b|$ 即得存在性.

设 $(q, r), (q', r')$ 都满足条件,则 $-|b| < r - r' = (q - q')|b| < |b|$,表明 $q - q' = 0$,进一步 $r - r' = 0$,即得唯一性. □

带余除法是整除的基本定理,其中一个极重要特性是余数 r 严格小于除数,这是之后经常被用到的性质;另一个重要性质是除以 k 只有 $0, 1, \ldots, k-1$ 这 k 种余数,它可用来对整数进行分类,而且,连续 k 个整数中必有一个能被 k 整除. 下面是一个简单应用.

8.1.4 例题 设奇数 $a > 1$,证明:一定存在正整数 $d \leq a - 1$,使得 $a \mid 2^d - 1$.

证明 考虑以下 a 个数 $2^0, 2^1, \ldots, 2^{a-1}$,它们或者是 1,或者是偶数,自然不被 a 整除. 因此它们分别被 a 除的带余除法只能为 $1, 2, \ldots, a-1$ 其一,于是存在某两个数 $2^i, 2^j$ 除以 a 的余数相等,不妨设 $j > i$,则 $a \mid 2^j - 2^i = 2^i(2^{j-i} - 1)$.

最后,设 $a = 2b - 1$,并令 $n = 2^{i-1}(2^{j-i} - 1)$,那么 $a \mid 2bn = an + n$,所以 $a \mid 2bn - an = n$. 递归地论证下去即得 $a \mid 2^{j-i} - 1$,而 $j - i \leq a - 1$. □

习题 8.1

1. 证明:任何奇数的平方减一都是 8 的倍数.

2. 设 α 为正整数,考虑满足 $2^\alpha \mid 3^n + 1$ 的正整数 n.

(1) 若 $\alpha \leq 2$,求出全部这样的 n;

(2) 若 $\alpha > 2$,求出全部这样的 n.

3. 设整系数多项式 $x^n + a_{n-1}x^{n-1} + \cdots + a_1 x + a_0 = 0$ 有理数解 q,证明:q 是整数,而且一定有 $q \mid a_0$.

4. 设 n, k 是正整数,$n \neq 1$,证明:$(n-1)^2 \mid n^k - 1$ 当且仅当 $n - 1 \mid k$.

5. 设整数 $k \geqslant 3$,求出所有的整数集合 $\{a_1, \ldots, a_k\}$,使得从中任取三个数,它们的和可被这三个数中的任意一个整除.

6. 求出满足下列条件的全部互不相同的正整数 a, b, c:均不为 1,满足 $(a-1)(b-1)(c-1) \mid abc - 1$.

7. 设 $a, b \in \mathbb{Z}, b \neq 0$,证明:存在唯一的整数 q, r 满足 $-\dfrac{|b|}{2} \leq r < \dfrac{|b|}{2}$,使得 $a = bq + r$.

8. (b 进制) 设 $b \geqslant 2$ 为正整数,证明:任何正整数 n 均可唯一地表成

$$n = r_k b^k + r_{k-1} b^{k-1} + \cdots + r_1 b + r_0$$

的形式,其中 $r_0, \ldots, r_k$ 都是非负整数,$r_k \neq 0, 0 \leq r_i \leq b-1\,(0 \leq i \leq k)$.

9. 设 $\{a_n\}_{n=1}^{\infty}$ 是严格递增的正整数序列,证明:存在序列中的两个不同数 a_p, a_q 以及无穷多个 a_m,满足 $a_m = xa_p + ya_q$,这里 x, y 是适当的两个正整数.

8.2 最大公因数

我们想把各种整数的性质联系起来,所以要关心多个数共同的因数和倍数.

8.2.1 定义 设 $a_1, \ldots, a_n \in \mathbb{Z}$ 不全为 0. 若 c 同时为 $a_1, \ldots, a_n$ 的因数,就称它是 $a_1, \ldots, a_n$ 的**公因数**;公因数中最大的称为**最大公因数**,记为 $\gcd(a_1, \ldots, a_n)$. 最大公因数为 1 的两个数称作**互素**.

设 $a_1, \ldots, a_n \in \mathbb{Z}$ 均不为 0. 若 c 同时为 $a_1, \ldots, a_n$ 的倍数,就称它是 $a_1, \ldots, a_n$ **公倍数**;正的公倍数中最小的称为**最小公倍数**,记为 $\mathrm{lcm}(a_1, \ldots, a_n)$.

8.2.2 注 因为 $1, a_1 \cdots a_n$ 分别是公因数和公倍数,且公因数不大于 $\min(a_1, \ldots, a_n)$,公倍数不小于 $\max(a_1, \ldots, a_n)$,所以最大公因数和最小公倍数的定义都是良好的. 一般我们取正的最大公因数和最小公倍数. 以下在讨论公因数和公倍数时,均默认所考虑的整数为正整数. ♤

现在问,如何求取最大公因数?下面的引理将帮助我们简化问题.

8.2.3 引理 设 $a, b \in \mathbb{Z}, b \neq 0$ 并有带余除法 $a = bq + r$,则 $\gcd(a, b) = \gcd(b, r)$.

证明 注意到 $\gcd(b, r) \mid a = bq + r$,故 $\gcd(b, r)$ 是 a, b 之公因数,从而 $\gcd(b, r) \leq \gcd(a, b)$. 另一方面,由 $a - bq = r$ 得 $\gcd(a, b) \mid r$,根据公因数的定义 $\gcd(a, b) \mid \gcd(b, r)$,所以 $\gcd(a, b) \leq \gcd(b, r)$. 总之,$\gcd(a, b) = \gcd(b, r)$. □

基于上面引理可以获得以下 **Euclid 算法**,它是由古希腊数学家 Euclid 于公元前 3 世纪提出的,它是一种求两个正整数的最大公因数的有效方法.

8.2.4 定理 (Euclid 算法) 设 $a, b \in \mathbb{Z}_{>0}$,令 $r_0 = a, r_1 = b$,不断作带余除法一定得到下述有限序列:

$$\begin{aligned}
(0) &\quad r_0 = r_1 q_1 + r_2, 0 < r_2 < r_1, \\
(1) &\quad r_1 = r_2 q_2 + r_3, 0 < r_3 < r_2, \\
&\quad \cdots\cdots \\
(n-2) &\quad r_{n-2} = r_{n-1} q_{n-1} + r_n, 0 < r_n < r_{n-1}, \\
(n-1) &\quad r_{n-1} = r_n q_n.
\end{aligned} \tag{8.2.1}$$

且 r_n 就等于 $\gcd(a, b)$.

证明 由于 $r_1 > r_2 > \cdots$ 是严格下降的非负整数序列,由良序原理一定有一个时刻 $r_{n+1} = 0$. 另外,根据 8.2.3 引理,$\gcd(a, b) = \gcd(r_1, r_2) = \cdots = \gcd(r_{n-1}, r_n) = r_n$,所以 r_n 是 a, b 的最大公

因数. □

8.2.5 例题　设整数 $a>1, m, n>0$, 证明: $\gcd(a^m-1, a^n-1)=a^{\gcd(m,n)}-1$.

证明　作带余除法 $m=q_1n+r_1$, 计算得

$$a^m-1=a^{r_1}(a^{q_1n}-1)+a^{r_1}-1.$$

由于 $a^n-1 \mid a^{q_1n}-1$, 所以 $\gcd(a^n-1, a^{r_1}-1)$. 另外 $\gcd(m,n)=\gcd(n,r_1)$, 所以由辗转相除法即得到结论成立. □

从 Euclid 算法可导出非常多常用的性质, 特别是下面这个等式.

8.2.6 推论 (Bézout 等式)　设 $a, b\in\mathbb{Z}$ 不全为零, 则存在整数 s, t 使得 $sa+tb=\gcd(a,b)$.

证明　在式 (8.2.1) 中, 从 $(n-2)$ 式出发,

$$r_n=r_{n-2}-r_{n-1}q_{n-1},$$

右边代入 $(n-3)$ 式 $r_{n-1}=r_{n-3}-r_{n-2}q_{n-2}$ 消去 r_{n-1}, 再代入 $(n-4)$ 式消去 r_{n-2}……最后代入 (0) 式消去 r_2, 就得到想要的等式. □

8.2.7 例　求取 $\gcd(963, 657)$, 计算得

$$\begin{gathered}963=657\times 1+306,\quad 657=306\times 2+45,\\ 306=45\times 6+36,\quad 45=36\times 1+9,\\ 36=4\times 9.\end{gathered}$$

结果为 9, 再按照前一推论的证明过程找出 Bézout 等式.

$$\begin{aligned}\gcd(963,657)=9&=45-36\times 1\\ &=45-(306-45\times 6)\times 1=45\times 7-306\times 1\\ &=(657-306\times 2)\times 7-306\times 1=306\times(-15)+657\times 7\\ &=(963-657\times 1)\times(-15)+657\times 7\\ &=(\underline{-15})\times 963+\underline{22}\times 657.\end{aligned}$$

◇

Bézout 等式极为有用, 它把 $\gcd(a,b)$ 和 a, b 用更加鲜明的方式联系起来了. 在 $sa+tb=\gcd(a,b)$ 中由公因数的定义立刻得到:

8.2.8 推论　所有的公因数必然整除最大公因数, 即如果 $a, b\in\mathbb{Z}$ 不全为零且满足 $d\mid a, d\mid b$, 那么 $d\mid \gcd(a,b)$.

可见, 最大公因数中的"最大"也可以视为整除偏序下的最大.

8.2.9 推论　设 $a, b \in \mathbb{Z}$，则 a, b 互素当且仅当存在整数 s, t 满足 $sa + tb = 1$. 此时我们称 s, a 互为模 b 意义下的**逆**，t, b 互为模 a 意义下的逆.

可以利用 Bézout 等式的思想证明互素. 例如，相邻的两个整数 $n + 1 - n = 1$，所以必然互素. 不过很多时候并不一定需要找出该等式本身.

8.2.10 例题　设 n 是正整数，证明：$\dfrac{n! + 1}{(n+1)! + 1}$ 是既约分数.

证明　注意到

$$(n! + 1)(n + 1) - ((n + 1)! + 1) = n,$$

所以它们的最大公因数 d 满足 $d \mid n$，进一步 $d \mid n!$，可是 $d \mid n! + 1$，所以只好 $d = 1$. □

8.2.11 推论　设 $a, b, c \in \mathbb{Z}$，其中 a, b 不全为零，$c \neq 0$.

(i) $\gcd(ac, bc) = \gcd(a, b)|c|$.

(ii) $\gcd(a, b) = d$ 当且仅当 $\gcd\left(\dfrac{a}{d}, \dfrac{b}{d}\right) = 1$.

证明　注意到在式 (8.2.1) 中两边都乘以 $|c|$，一系列等式仍成立，就得到 (i). (ii) 是 (i) 的直接推论. □

上面推论一个主要的用处是帮助我们把不互素的情形转换为互素的情形，紧接着我们会看到，如果 a, b 互素，则许多性质推导起来会顺利很多. 所以，得出 a, b 互素时的结论后，运用上面推论代入 $\dfrac{a}{\gcd(a, b)}, \dfrac{b}{\gcd(a, b)}$ 就有可能推广到一般情况.

承上，在整除性的讨论中，互素条件的威力确实是巨大的，下面是一些很有用的结论.

8.2.12 推论　设 $a, b, c \in \mathbb{Z}$，且 a, b 互素. 我们有：

(i) $\gcd(a, bc) = \gcd(a, c)$；

(ii) 若 $a \mid bc$，则 $a \mid c$；

(iii) 若 $a \mid c, b \mid c$，则 $ab \mid c$；

(iv) 若 $\gcd(a, c) = 1$，则 $\gcd(a, bc) = 1$.

证明　(i)：由 $\gcd(a, bc) \mid ac, bc$ 结合 8.2.8 推论得 $\gcd(a, bc) \mid \gcd(ac, bc) = \gcd(a, b)|c| = |c|$. 再结合 $\gcd(a, bc) \mid a$ 得 $\gcd(a, bc) \mid \gcd(a, c)$. 又显然有 $\gcd(a, c) \mid a, bc$，结合 8.2.8 推论得 $\gcd(a, c) \mid \gcd(a, bc)$. 总之，$\gcd(a, bc) = \gcd(a, c)$.

(ii)：由 (i)，$\gcd(a, c) = \gcd(a, bc) = a$，即 $a \mid c$.

(iii)：设 $c = bd$，则 $a \mid bd$，由 (ii) 得 $a \mid d$，进一步 $ab \mid bd = c$.

(iv) 是 (i) 的直接推论. □

作为例子，我们利用最大公因数的性质讨论一下**不定方程**. 不定方程是一类特殊的方程，其特点是方程的个数少于未知数的个数，且它的解受到某种限制（如整数或正整数等）. 公元 3 世纪初，古希腊数学家 Diophantus（丢番图）曾大力研究过这类方程，因此不定方程也叫作丢番图方程. 一般的丢番图方程的求解是一个著名的不存在通用算法的问题的例子（Matiyasevich, 1970）.

我们主要解决二元一次不定方程的求解问题.

8.2.13 例 (一次不定方程) 设 $a,b,c \in \mathbb{Z}$，最大公因数 $d = \gcd(a,b)$ 存在. 考虑求不定方程 $ax+by=c$ 的整数解.

如果 $d \mid c$，可设 $dd'=c$，运用 Bézout 等式，存在 x_0,y_0 使得 $ax_0+by_0=d$，所以 $(d'x_0,d'y_0)$ 是原方程的一组解. 显然方程有解要求 $d \mid c$，因此只有这种情况下它才有解.

进一步，假如 x_0,y_0 是原方程的一组解，将 $ax_0+by_0=c$ 和 $ax+by=c$ 相减得到 $a(x-x_0)=-b(y-y_0)$，两边除以 d 并运用 8.2.11 推论的 (ii) 得

$$\frac{a}{d}(x-x_0)=-\frac{b}{d}(y-y_0) \quad \gcd\left(\frac{a}{d},\frac{b}{d}\right)=1.$$

由 8.2.12 推论的 (ii)，

$$\frac{a}{d}\,\Big|\,(y-y_0), \quad \frac{b}{d}\,\Big|\,(x-x_0),$$

所以 $\frac{a}{d}t=(y-y_0)$，$\frac{b}{d}t'=(x-x_0)$，回代得 $t=-t'$，于是

$$x=x_0+\frac{b}{d}t, \quad y=y_0-\frac{a}{d}t$$

就是方程的全部解，其中 $t \in \mathbb{Z}$. ◇

最小公倍数和最大公因数是紧密相连的，对最小公倍数我们只证明以下命题.

8.2.14 定理 设 $a,b \in \mathbb{Z}$ 均不为零，则 $\operatorname{lcm}(a,b)\gcd(a,b)=|ab|$.

证明 类似最大公因数，现在指出最小公倍数是公倍数的因子. 设 a,b 有一个公倍数 m，作带余除法 $m=q\times\operatorname{lcm}(a,b)+r$. 这就得到 r 也是公倍数，由 $\operatorname{lcm}(a,b)$ 的最小性知 $r=0$.

令设 $\gcd(a,b)=d$，$\operatorname{lcm}(a,b)=m$. 由 $a,b \mid m$ 得 $ab \mid ma,mb$，再结合 8.2.8 推论知 $ab \mid \gcd(ma,mb)=md$. 又 $a,b\,\Big|\,\frac{ab}{d}$，即后者是公倍数，于是 $m\,\Big|\,\frac{ab}{d}$，从而 $ab=md$. □

习题 8.2

1. 利用 Euclid 算法，求 36363636 和 15151515 的最大公因数，并以二者的整系数线性组合表出这个最大公因数.

2. (Lamé) 设正整数 $a>b$，证明：用 Euclid 算法计算二者最大公因数的运行时间为 $O(\log a)$. 由此为 Euclid 算法提供一个最坏情况的实例.

3. 设正整数 m,n 满足 $mn \mid m^2+n^2+1$，证明：$3mn=m^2+n^2+1$.

4. 我们把形如 $F_n=2^{2^n}+1$ 的数称为 Fermat 数. 证明：当 $n\neq m$ 时，$\gcd(F_n,F_m)=1$.

5. 设整数 $a>b>1$，$n>m\geqslant 0$.

(1) 给出 $a^m-1 \mid a^n-1$ 的一个充分必要条件.

(2) 证明：$\gcd(a^m-b^m,a^n-b^n)=a^{\gcd(m,n)}-b^{\gcd(m,n)}$.

6. 求出所有的有理数 r，使得 $\cos r\pi$ 是有理数. 提示 可利用多倍角公式的形式为多项式这一事实.

7. 设 k,a,b 是正整数，证明：$\gcd(a^k,b^k)=\gcd(a,b)^k$. 不能用算术基本定理，以下各问题均同.

8. 设 n,a,b 都是正整数，n 是 ab 的因子，但 n 不整除 a,b. 令 $a=d\gcd\left(a,\frac{ab}{n}\right)$，证明：$d \mid n$.

9. 设 a, b 是互素的正整数, d 为正整数. 证明:

(1) $\gcd(d, ab) = \gcd(d, a)\gcd(d, b)$;

(2) $d \mid ab$ 的充分必要条件是 $d = d_1 d_2$ 且 $d_1 \mid a, d_2 \mid b$.

10. 考虑三个正整数 a, b, c 的最大公因数,证明以下结论:

(1) $\gcd(a, b, c) = \gcd(\gcd(a, b), c)$;

(2) 存在整数 s, t, r 使得 $sa + tb + rc = \gcd(a, b, c)$;

(3) $\gcd(a/\gcd(a, c), b/\gcd(b, a), c/\gcd(c, b)) = 1$;

(4) $\gcd(a, b, c)\gcd(ab, bc, ca) = \gcd(a, b)\gcd(b, c)\gcd(c, a)$.

11. 设无穷正整数序列 $\{a_n\}_{n=1}^{\infty}$ 满足对于任意的 $i \neq j$,

$$\gcd(a_i, a_j) = \gcd(i, j).$$

证明:此序列一定是 $1, 2, 3, \ldots$.

12. 假设正整数 a, b 满足

$$\frac{a+1}{b} + \frac{b+1}{a} \in \mathbb{Z},$$

证明: $\gcd(a, b) \leq \sqrt{a+b}$.

13. 设 a, b, c 为整数且 a, b 互素,证明:直线 $ax + by + c = 0$ 上任意长度至少为 $\sqrt{a^2 + b^2}$ 的线段上一定有一个整点(横纵坐标都是整数的点,可为端点).

14. 某人花费 99 元买了两种开本的笔记本共 12 本,其中 A4 开本数量比 B5 多,且每本 A4 笔记本比 B5 笔记本贵 3 元. 求两种类型的笔记本的价格(已知价格均为正整数).

8.3 算术基本定理

除 1 之外的正整数都至少有两个因数, 1 和它自身,这些因子都是平凡的. 从整除性一节我们已经看到,有的整数恰只有这两个平凡因数,而有的则不然. 将没有非平凡因数的整数单独分开研究,在算术中有着重要的作用.

8.3.1 定义 若正整数 $p > 1$ 除了 $\pm 1, \pm p$ 无其他因子,就称它是**素数**,否则称为**合数**.

利用 8.2.12 推论马上得到关于素数的如下性质.

8.3.2 推论 设 p 是素数,则

(i) 设 $a \in \mathbb{Z}$,若 $p \nmid a$,则 $\gcd(p, a) = 1$;

(ii) 设 $a, b \in \mathbb{Z}$,若 $p \mid ab$,则 $p \mid a$ 或者 $p \mid b$. 一般地,若 $p \mid a_1 \cdots a_k$,则 $p \mid a_1, \ldots, p \mid a_k$ 中至少有一个成立.

严格地说,素数定义中的那种事物应该称为"不可约数",而推论 (ii) 中所说的事物才是"素数". 但是在整数中,不可约性和素性是等价的. 素性在整除分析中很有用,这是在前一节已经看到过的.

对于素数的数量,我们熟知以下定理,它是 Euclid 在《几何原本》中首先给出证明的,常常用来作为反证法的典型例子.

8.3.3 定理 (Euclid) 素数有无穷多个.

证明 先来证明对于任何一个大于 1 的正整数,它必有一个因子是素数. 如果不然,设 a 是最小的无素因子的整数,则 a 不是素数,从而有非平凡分解 $a = bc$. 根据假设,b, c 均有素因子,于是 a 有素因子,矛盾.

现在假设只有有限多个素数 $p_1, \ldots, p_n$,考虑 $p_1 \cdots p_n + 1$ 这个数. 任取其一个素因子 p,则 $p \notin \{p_1, \ldots, p_n\}$,否则 $p \mid 1$ 矛盾. 然而这又与 $p_1, \ldots, p_n$ 是全部素数矛盾. □

利用上面证明的构造,可以归纳地证明第 n 个素数 $p_n \leq 2^{2^{n-1}}$.

我们来看一个相似技巧的应用:一些具有特殊形式的素数也是无穷的.

8.3.4 例题 存在无穷多个形如 $4n-1$ 的素数.

证明 如果不然,这些形式的素数中最大的为 p,令 P 为所有 $4n-1$ 型素数中的奇数的乘积并考虑 $q = 4P - 1$. 显然 $q > p$,故 q 是合数. 因为 q 为奇数,所以它的素因子都形如 $4n-1$ 和 $4n+1$. 如果所有的素因子都形如 $4n+1$,那么 q 应形如 $4n+1$,于是 $4(P-n) = 2$,矛盾. 所以一定有一个形如 $4n-1$ 的素因子 q'. 这样一来 $q' > p$,否则 $q' \mid P, q' \mid 4P-1$ 导出 $q' \mid 1$ 为矛盾. 然而 $q' > p$ 和 p 是形如 $4n-1$ 的素数中最大的矛盾. □

素数具有极为重要的性质,它是组成整数的"砖石",这就是**算术基本定理**.

8.3.5 定理 (算术基本定理) 每个大于 1 的整数 n 都可写成有限多个素数的乘积

$$n = p_1^{e_1} \cdots p_r^{e_r},$$

上式称为 n 的**标准分解式**,其中的素数和指数幂(不计顺序)是唯一的.

证明 对 n 归纳. 设对于一切的 $k < n$ 命题都成立. 如果 n 是素数,命题自然成立. 否则 $n = a_1 a_2$,而 $a_1, a_2 < n$ 可写成有限多个素数的乘积,故可分解性成立.

设 $n = p_1 \cdots p_s = q_1 \cdots q_r$(展开分解式的幂),只需证明适当调整下标后 $s = r, p_i = q_i$. 对 s 归纳. $s = 1$ 时由素数定义知 $p_1 = q_1, r = 1$. 归纳步. 由 8.3.2 推论不妨设 $p_1 \mid q_1$,因为 q_1 也是素数,故只能 $p_1 = q_1$,两边除以 p_1 再利用归纳假设即得. □

我们知道, 求取整数的全部因数, 以及研究公因数的性质是不平凡的事情, 但一旦算出了标准分解式, 那么整除、因数、最大公因数和最小公倍数的处理就可能简易很多. 例如, 设 $a = p_1^{e_1} \cdots p_r^{e_r}, b = p_1^{e_1'} \cdots p_r^{e_r'}$($e_i\,(1 \leq i \leq r)$ 中可以有 0),则

$$\gcd(a,b) = p_1^{\min(e_1, e_1')} \cdots p_r^{\min(e_r, e_r')}, \quad \operatorname{lcm}(a,b) = p_1^{\max(e_1, e_1')} \cdots p_r^{\max(e_r, e_r')}.$$

而且,$a \mid b$ 当且仅当 $e_i \leq e_i'\,(1 \leq i \leq r)$.

8.3.6 例题 设 a, b 是互素的正整数,满足 $ab = c^k\ (c \in \mathbb{Z})$,证明:存在整数 u, v,使得 $a = u^k, b = v^k$.

证明 设 c 分解为 $p_1^{e_1}\cdots p_r^{e_r}$,那么根据算术基本定理,可设

$$a=p_1^{\alpha_1}\cdots p_r^{\alpha_r},\quad b=p_1^{\beta_1}\cdots p_r^{\beta_r}.$$

同时,$\alpha_i+\beta_i=ke_i\ (1\le i\le r)$ 且由 a,b 互素知道 α_i,β_i 中总有一个是零,这就推出 a,b 都是某个整数的 k 次幂. □

习题 8.3

1. 设 n 为正整数.

(1) 设 2^n+1 为素数,证明:存在整数 k 使得 $n=2^k$,即这样的数一定是 Fermat 数.

(2) 形如 2^n-1 的素数称为 Mersenne 素数,证明:此时一定有 n 为素数.

2. 证明下面两个命题.

(1) 对于任给的正整数 n,都存在连续 n 个合数. 进一步,存在无穷多个这样的序列.

(2) 对于正整数 $n>2$,在 $n,n!$ 之间一定存在一个素数.

3. 证明:存在无穷多个形如 $6n-1$ 的素数.

4. (1) 设正整数 n 的最小素因数是 p,满足 $p>\sqrt[3]{n}$,证明:$\dfrac{n}{p}$ 是素数.

(2) 设正整数 $n>1$ 没有小于等于 $\sqrt[3]{n}$ 的素因子,证明:n 为素数或者两个素数之积.

5. 利用算术基本定理重新证明习题 8.2.7~8.2.10 的结论.

6. 证明下面两个命题.

(1) 设 n,a 都是正整数,且 $\sqrt[n]{a}$ 不是整数,则 $\sqrt[n]{a}$ 是无理数.

(2) $\log_2 10,\log_3 7,\log_{15} 21$ 都是无理数.

7. 设整数 a,b,c,d,e 满足 $e\mid ab,e\mid cd,e\mid ac+bd$,证明:$e\mid ac$ 而且 $e\mid bd$.

8. 设正整数 n 的标准分解式为 $n=p_1^{e_1}\cdots p_r^{e_r}$,并用 $\tau(n)$ 记其所有正因数的个数,用 $\sigma(n)$ 表示其所有正因数的和,利用标准分解式求出 $\tau(n),\sigma(n)$ 的表达式.

9. 证明:存在整数 b 使得 $a=b^2$ 当且仅当整数 a 的正因数的个数是奇数.

10. 求出所有满足 $a^{b^2}=b^a$ 的正整数 a,b.

8.4 同余

前面处理整除性和素数是利用因数来讨论的,讨论的对象只是个别整数,而整数是无穷多个,如何全面地考虑所有整数呢?

一种可能的想法是,如果用一个固定的数来除所有整数,根据余数的不同,可以把全体整数进行分类,余数相同的分在同一类. 因为任何固定数作为除数只能产生有限多个不同的余数,所以按照这种方式,可以把无穷多个整数分成有限多个类.

通过考虑余数,可以将问题简化,这是等价关系的思想. 这种关系在算术中就是同余,它是初等数论的核心,最早出现在 1801 年 Gauss 出版的《算术研究》中. Gauss 的这一著作是数论作为数学的一个独立分支形成的标志.

8.4.1 定义 设 $a, b \in \mathbb{Z}$, m 是正整数. 若用 m 对 a, b 分别作带余除法所得的余数相同, 亦即 $m \mid a-b$,就称它们模 m **同余**,记为 $a \equiv b \pmod{m}$.

根据定义极易验证:

8.4.2 命题 若 $x \equiv y \pmod{m}$,则对于任意整系数多项式 f, $f(x) \equiv f(y) \pmod{m}$.

这一命题表明,同余相当于抹去了对 m 作带余除法后的不完全商,只通过余数进行分类.

证明 注意 $x \equiv y \pmod{m} \iff m \mid x-y$. 设 $f(x) = a_n x^n + a_{n-1}x^{n-1} + \cdots + a_0$,则

$$f(x) - f(y) = a_n(x-y)(\cdots) + a_{n-1}(x-y)(\cdots) + \cdots + a_1(x-y),$$

所以 $m \mid x-y \implies m \mid f(x)-f(y)$. □

我们将 8.2.9 推论用同余的语言重述为:

8.4.3 推论 设 m 是正整数且与 a 互素,那么存在整数 u,使得 $ua \equiv 1 \pmod{m}$. 这时称 u 是 a 模 m 意义下的**逆**.

8.4.4 例 设 $a \in \mathbb{Z}_{>0}$,当 a 模 6 的余数为 0、1、2、3、4、5 时,a^3 模 6 的余数分别为 $0, 1, 8 \pmod{6} = 2, 27 \pmod{6} = 3, 64 \pmod{6} = 4, 125 \pmod{6} = 5$,所以一定有 $6 \mid a^3 - a$.

这个例子当然是生造的. 实际上,直接分解 $a^3 - a = a(a-1)(a+1)$,因为 $a, a-1, a+1$ 是连续三个数,其中必有一个偶数,也必有一个 3 的倍数,因为 2、3 互素,故由 8.2.12 推论的 (iii) 知 $6 \mid a^3 - a$. ◇

同余式和等式是有区别的,在同余式两边不能随意约去因子,不过下面命题成立.

8.4.5 引理 设 $a, b, c \in \mathbb{Z}$, m 是正整数,则

$$ac \equiv bc \pmod{m} \implies a \equiv b \left(\operatorname{mod} \frac{m}{\gcd(c, m)}\right).$$

特别地,当 c, m 互素时可直接消去 c,同余关系依然成立.

证明 设 $\gcd(c, m) = d$. 依 $m \mid c(a-b)$ 得 $\frac{m}{d} \,\Big|\, \frac{c}{d}(a-b)$. 由 8.2.11 推论得到 $\frac{m}{d}, \frac{c}{d}$ 互素,此时 8.2.12 推论的 (ii) 给出 $\frac{m}{d} \,\Big|\, a-b$,即命题成立. □

类似利用最小公倍数的性质可证

8.4.6 命题 设 $a, b \in \mathbb{Z}$, m, n 是正整数,则

$$a \equiv b \pmod{m}, a \equiv b \pmod{n} \implies a \equiv b \pmod{\operatorname{lcm}(m, n)}.$$

特别地,当 m, n 互素时可以直接模去 mn,同余关系依然成立.

8.4.7 例题 证明:方程 $x^2 - 15y^2 = 3$ 没有整数解.

证明 对于某些不定方程,可以选择一个合适的模数,证明其所对应的同余关系是不可能的来导出其没有整数解. 比如,此例中我们选取模 4,那么

$$x^2 + y^2 \equiv 3 \pmod 4 .$$

但是一个整数的平方模 4 只能是 0 或 1,所以上式不可能成立. □

同余作为等价关系,将 $\mathbb{Z}$ 划分为一个个等价类. 在模 m 的每个等价类中任取一个代表元,构成的集合称为模 m 的**完全剩余系**,简称完系,一般取为 $\mathbb{Z}_m \stackrel{\text{def}}{=} \{0, 1, \ldots, m-1\}$.

完系中所有与 m 互素的元素构成的集合称为**既约剩余系**,简称缩系. 既约剩余系的大小即是和 m 互素,且小于 m 的正整数的个数(这些正整数的全体可记为 $\mathbb{Z}_m^*$),这数目称为 **Euler 函数**,记为 $\phi(m)$.

下述判定引理由定义可立刻推出.

8.4.8 引理 集合 $S \subseteq \mathbb{Z}$ 是模 m 的完系,当且仅当:$|S| = m$,且其中元素两两模 m 不同余. 集合 $S' \subseteq \mathbb{Z}$ 是模 m 的缩系,当且仅当:$|S'| = \phi(m)$,其中元素两两模 m 不同余,且每个元素都与 m 互素.

证明 对两个判定条件都只证明充分性. 由于模 m 的等价类恰有 m 个集合,所以 m 个模 m 两两不同余的元素的集合必然包含全部 m 个等价类的代表元,即 S 是完系. 同理,S' 的元素必然是完系中与 m 互素的全部整数,即 S' 是缩系. □

8.4.9 定理 (Euler) 设 $a \in \mathbb{Z}$,m 为与 a 互素的正整数,则 $a^{\phi(m)} \equiv 1 \pmod m$.(即 $a^{\phi(m)-1}$ 是 a 在模 m 下的逆.)

证明 设 $S = \{a_1, \ldots, a_{\phi(m)}\}$ 是模 m 的既约剩余系,断言 $aS = \{aa_1, \ldots, aa_{\phi(m)}\}$ 也是. 事实上,若 $aa_i \equiv aa_j \pmod m$,则 $m \mid a(a_i - a_j)$,因为 a, m 互素,就得到 $a_i \equiv a_j \pmod m$,矛盾;而由 8.2.12 推论最后一条知 aa_k 仍和 m 互素.

于是,

$$\prod_{x \in aS} x = a^{\phi(m)} \prod_{x \in S} x \equiv \prod_{x \in S} x \pmod m ,$$

由既约剩余系的定义和 8.2.12 推论第三条得 $\prod_{x \in S} x$ 与 m 互素,进一步根据 8.4.5 引理,命题成立. □

8.4.10 推论 (Fermat 小定理) 设 p 是素数,$a \in \mathbb{Z}$,那么 $a^p \equiv a \pmod p$. 特别地,若 $p \nmid a$,则 $a^{p-1} \equiv 1 \pmod p$.

证明 $p \mid a$ 的情形是平凡的. 对素数 p,所有 $1, \ldots, p-1$ 都和它互素,故 $\phi(p) = p - 1$. 又 $p \nmid a$,所以 $\gcd(a, p) = 1$,由 Euler 定理知结论成立. □

Fermat 小定理可简化对整数幂的同余式的处理.

8.4.11 例 求 $a^{25} - a \pmod{30}$,这下直接分解或者枚举 a 模 30 的余数都不太方便. 注意到

$30 = 2 \times 3 \times 5$,由 Fermat 小定理 $a^2 \equiv a \pmod 2$, $a^3 \equiv a \pmod 3$, $a^5 \equiv a \pmod 5$,所以

$$\begin{aligned} a^{25} &\equiv (a^2)^{12} a \equiv a^{12} a \equiv a^6 a \equiv a^3 a \equiv a^2 \equiv a \pmod 2, \\ a^{25} &\equiv (a^3)^8 a \equiv a^8 a \equiv a^3 \equiv a \pmod 3, \\ a^{25} &\equiv (a^5)^5 \equiv a^5 \equiv a \pmod 5. \end{aligned}$$

因为 2, 3, 5 两两互素,由 8.4.6 引理知 $a^{25} - a \equiv 0 \pmod{2 \times 3 \times 5}$. ◇

8.4.12 例题　设素数 $p > 3$,整数 $n = \dfrac{2^{2p} - 1}{3}$. 证明:$2^{n-1} \equiv 1 \pmod n$.

证明　对条件稍作变形得 $3(n-1) = 4(2^{p-1} - 1)(2^{p-1} + 1)$. 由 Fermat 小定理得 $p \mid 2^{p-1} - 1$,鉴于 $p > 3$,故 $2p \mid n - 1$,结合 8.2.5 例题(另参习题 8.2.5)之结论即 $n \mid 2^{2p} - 1 \mid 2^{n-1} - 1$. □

Euler 定理中的 $\phi(m)$ 究竟是多少? 逐一检查和 m 互素因子的个数是较困难的,下面设法用更加方便的办法计算它①.

8.4.13 引理　(i) 设 p 是素数,α 是正整数,则 $\phi(p^\alpha) = p^\alpha - p^{\alpha-1}$.

(ii) Euler 函数是**积性函数**:若 $\gcd(a, b) = 1$,则 $\phi(ab) = \phi(a)\phi(b)$.

证明　因为同 p^α 不互素的数均被 p 整除,由此立得 (i).

对 (ii),我们考虑既约剩余系

$$S_a = \{x_1, \dots, x_{\phi(a)}\}, \quad S_b = \{y_1, \dots, y_{\phi(b)}\},$$

作 $S_{ab} = \{bx_i + ay_j : 1 \le i \le \phi(a), 1 \le j \le \phi(b)\}$. 现在指出这是 ab 的既约剩余系,需要按定义逐一验证. 下面的验证过程大量运用 8.2.12 推论和 8.4.6 引理.

- ◇ 设 $bx_i + ay_j \equiv bx_{i'} + ay_{j'} \pmod{ab}$, 则它们分别模 a, b 同余, 从而 $bx_i \equiv bx_{i'} \pmod a$ 及 $ay_j \equiv ay_{j'} \pmod b$. 依 a, b 互素得 $x_i \equiv x_{i'} \pmod a$, $y_j \equiv y_{j'} \pmod b$,这说明 S_{ab} 中元素模 ab 两两不同余.

- ◇ 对每个 $bx_i + ay_j \in S_{ab}$,由 x_i, a 互素与 a, b 互素得 bx_i, a 互素,于是 $bx_i + ay_j, a$ 互素. 同理 $bx_i + ay_j, b$ 互素,所以 $bx_i + ay_j, ab$ 互素.

- ◇ 设 c, ab 互素. 由 a, b 互素知存在 x, y 使得 $bx + ay = c$. 注意 $1 = \gcd(c, a) = \gcd(bx + ay, a) = \gcd(bx, a) = \gcd(x, a)$,同理 $\gcd(y, b) = 1$,从而存在 x_i, y_j 使得 $x \equiv x_i \pmod a$, $y \equiv y_j \pmod a$,从而 $c \equiv bx_i + ay_j \pmod{ab}$. 这说明每个与 ab 互素的整数都对应一个 S_{ab} 中的元素.

最后,从上面的证明中看出 $bx_i + ay_j$ 各不相同(无需模 ab),故 $|S_{ab}| = \phi(a)\phi(b)$,而它又是既约剩余系,这就证明了 $\phi(ab) = \phi(a)\phi(b)$. □

---

① 不过,就目前而言,逐一检查和接下来的方法在渐近意义上无本质区别,因为对大整数作素因子分解现在还不知道是否有高效算法.

8.4.14 定理 设整数 n 的标准分解式中全部的素因子是 $p_1, \ldots, p_r$，则

$$\phi(n) = n\prod_{i=1}^{r}\left(1 - \frac{1}{p_i}\right). \tag{8.4.1}$$

证明 由上面引理直接得到

$$\phi(n) = \prod_{i=1}^{r}\phi(p_i^{e_i}) = \prod_{i=1}^{r}(p^{e_i} - p^{e_i - 1}) = \prod_{i=1}^{r}p_i^{e_i}\prod_{i=1}^{n}\left(1 - \frac{1}{p_i}\right) = n\prod_{i=1}^{r}\left(1 - \frac{1}{p_i}\right).$$

□

利用 Euler 定理我们可以给出一次同余方程的特解，结合 8.2.13 例我们就立刻给出其通解：

8.4.15 命题 设 $ax \equiv c \pmod b$ 是一次同余方程，其中 $\gcd(a, b) = d$，那么方程有解当且仅当 $d \mid c$. 若方程有解，则恰有 d 个解：

$$x \equiv x_0 + k \cdot \frac{b}{d} \pmod b \quad (k = 0, 1, 2, \ldots, d - 1),$$

其中 x_0 为一个特解.

证明 我们只指出一个特解可以用 Euler 函数表出，其余唯一性和全部解的结论均已经在 8.2.13 例中论证过. 事实上，我们有 $\left(\frac{a}{d}, \frac{b}{d}\right) = 1$（8.2.11 推论的 (ii)），考虑 $\frac{a}{d}$ 模 $\frac{b}{d}$ 的逆，解出

$$x \equiv \underbrace{\frac{c}{d}\left(\frac{a}{d}\right)^{\phi\left(\frac{b}{d}\right) - 1}}_{x_0}\left(\mathrm{mod}\ \frac{b}{d}\right),$$

进一步易验证 $x \equiv x_0 \pmod b$ 就是原方程的解. □

而对于一次同余方程组的求解，中国剩余定理给出了结论.

8.4.16 定理 (中国剩余定理) 设正整数 $m_1, \ldots, m_k$ 两两互素，则同余方程

$$\begin{cases} x \equiv b_1 \pmod{m_1}, \\ x \equiv b_2 \pmod{m_2}, \\ \qquad \cdots \\ x \equiv b_k \pmod{m_k}, \end{cases}$$

在模 $m = m_1 \cdots m_k$ 的意义下有唯一解.

证明 由于 m_i 和 M_i 互素，可令 $M_i = \frac{m}{m_i}$ 以及 M_i' 为 M_i 在模 m_i 下的逆. 我们验证

$$x \equiv \sum_{i=1}^{k} b_i M_i M_i' \pmod m$$

是解. 实际上,当 $i \neq j$ 时 $m_j \mid M_i$,故而

$$\sum_{i=1}^{k} b_i M_i M_i' \equiv b_j M_j M_j' \equiv b_j \pmod{m_j}.$$

唯一性. 假设 x_1, x_2 均为方程的解,则 $x_1 \equiv x_2 \pmod{m_i}$ $(1 \le i \le k)$,因为 $m_1, \dots, m_k$ 两两互素,由 8.4.6 命题得 $x_1 \equiv x_2 \pmod{m}$. □

中国剩余定理在域上的多项式环上也是成立的(素数改为不可约多项式).

8.4.17 例题　中国剩余定理来自我国古代数学著作《孙子算经》的一个题:今有物不知其数,三三数之剩二,五五数之剩三,七七数之剩二,问物几何?求解之.

解　根据中国剩余定理的证明过程,分别找出 35 的倍数中模 3 余 1 的,21 的倍数中模 5 余 1 的和 15 的倍数中模 7 余 1 的数,比如 70、21 和 15,则所有的解为 $x \equiv 2\times70+3\times21+2\times15 \pmod{105} \equiv 23 \pmod{105}$. □

8.4.18 例题　设 $m \geqslant n$ 为正整数,p 是素数. 若对每个正整数 k 都有 $\gcd(pk-1, m) = \gcd(pk-1, n)$,证明:$m = p^i n$,$i$ 为某个非负整数.

证明　设 $m = p^i u, n = p^j v$,其中 $i, j \in \mathbb{Z}_{\geqslant 0}$,$p \nmid u, v$. 由 $\gcd(p, u) = 1$ 和中国剩余定理知

$$x \equiv -1 \pmod{p}, \quad x \equiv 0 \pmod{u}$$

有解 x. 设 $x = pk-1$, 那么 $\gcd(x, m) = \gcd(pk-1, p^i u) = u$. 另一方面, 由条件, $\gcd(x, v) = \gcd(pk-1, p^j v) = u$. 于是 $u \mid p^j v$,进一步 $u \mid v$. 由对称性重复论证可知 $v \mid u$,从而 $u = v$. □

习题 8.4

1. 设整数 a 的十进制表示为

$$a = a_n \cdot 10^n + \cdots + a_1 \cdot 10 + a_0, \quad a_i \in \{0, 1, \dots, 9\}.$$

证明:$a \equiv a_n + \cdots + a_0 \pmod{9}$.

2. 求所有正整数 a, b, c,使得

$$a \equiv b \pmod{c}, \quad b \equiv c \pmod{a}, \quad c \equiv a \pmod{b}.$$

3. 回答下面两个问题.

(1) 设 p 是奇素数且 $p \nmid a$,证明:$a^2 \equiv b^2 \pmod{p}$ 当且仅当 $a \equiv b \pmod{p}$ 或者 $a \equiv -b \pmod{p}$. 举反例说明对 p 的要求缺一不可.

(2) 设整数 a, m 互素,且有正整数 k 使得 $a^k \equiv b^k \pmod{m}$, $a^{k+1} \equiv b^{k+1} \pmod{m}$,是否有 $a \equiv b \pmod{m}$? 举反例或者给出证明.

4. 设正整数 $n > 4$,证明:$(n-2)! \equiv 0 \pmod{n}$ 当且仅当 n 为合数.

5. 对于以下不定方程,证明它们都没有整数解:

(1) $x^2+2y^2=77$;

(2) $x^2-2y^2=77$;

(3) $x^3-3y^2+5z^3=0$;

(4) $x_1^4+\cdots+x_{14}^4=1599$.

6. 设 m 是正偶数,证明:任何模 m 的完全剩余系中一定是一半奇数,一半偶数. 举反例说明对于奇数此事不成立.

7. 设 $m>2$ 为整数,证明:任何模 m 的既约剩余系中所有元素的和都是 m 的倍数.

8. 找出最小的正整数的 k,使得方程 $\phi(n)=k$ 恰有:(1) 零个解;(2) 两个解①;(3) 三个解;(4) 四个解.

9. 分别求出满足下列条件的全部整数 n:

(1) $\phi(n)$ 为奇数;

(2) $\phi(n)=64$;

(3) $\phi(3n)=\phi(4n)$;

(4) $\phi(n)\mid n$.

10. 考虑在 8.4.13 引理中去掉互素条件,设 a,b 为正整数,证明:

(1) $\phi(ab)=\gcd(a,b)\phi(\operatorname{lcm}(a,b))$;

(2) $\phi(ab)\phi(\gcd(a,b))=\gcd(a,b)\phi(a)\phi(b)$.

11. 证明:

$$x^{100}-1\equiv\prod_{i=1}^{100}(x+i)\pmod{101}.$$

12. 已知方程 $a^5+b^5+c^5+d^5=n^5$ 有整数解 $a=133,b=110,c=84,d=27$,请口算 n.

13. 令 $f(x)=x^{x^{x^x}}$,求 $f(17)+f(18)+f(19)+f(20)$ 的十进制表示中的最低两位数字.

14. 求出所有的素数 p,q,使得 $pq\mid(5^p-2^p)(5^q-2^q)$.

15. 假设整数 $n>1$ 整除集合 $\{a^{25}-a : a\in\mathbb{Z}\}$ 中的全体整数,求这样的 n 的个数.

16. (Wilson 定理) 设正整数 $p>1$,证明:p 为素数的充分必要条件是 $(p-1)!\equiv-1\pmod p$.

17. 假设 p 为奇素数.

(1) 证明:$1^2\cdot3^2\cdots(p-2)^2\equiv(-1)^{\frac{p+1}{2}}\pmod p$,由此导出若 p 形如 $4n+1$,则存在 a 使得 $a^2\equiv-1\pmod p$.

(2) 利用前面的结论证明:形如 $4n+1$ 的素数有无穷多个.

18. 已知 2018 年北大校本部全职教师人数在 2000 到 3000 之间,该人数用 5 除余 2,用 13 除余 10,用 85 除余 47,求北大校本部 2018 年全职教师总人数.

19. 求下列同余方程组的整数解:

$$\begin{cases}5x\equiv3\pmod 8,\\ x\equiv1\pmod{15},\\ 3x\equiv13\pmod{20}.\end{cases}$$

20. 证明:对于任意的正整数 n,都存在连续 n 个正整数,序列中的每个数都被某个大于 1 的立方数整除.

---

① 是否有 k 满足 $\phi(n)=k$ 只有一个解的问题 [1] 目前是未解的,但已经证明对于每个 $m\geqslant2$,恰有 m 个解的情形都是存在的 [2].

8.5 RSA 算法

在这一节,我们讨论一个著名的加密算法背后的数学原理.

考虑在网络上通信的两个人 Alice 和 Bob,他们想要进行安全、保密的通信,即便是有一个攻击者 Oscar 在网络上截获了他们的信件,Oscar 也不能知道双方通信的内容. 我们把双方交换的信件原文称为**明文** x,而经过加密就得到**密文** y. 为方便起见,假设已经通过一些编码手段,将消息 x,y 转换成了一个正整数. 映射 $e_K(x)\mapsto y$ 称为**加密函数**,相应的映射 $d_K(y)\mapsto x$ 称为**解密函数**. 二者都和**密钥** K 相关,我们希望设计的 e_K,d_K 应该满足:

(i) 二者都是单射,满足 $d_K(e_K(x))=x$;

(ii) 已知明文 x 和 e_K 或者已知密文 y 和 d_K,容易计算出相应的密文和明文;

(iii) 当不知道 d_K 时,"难以"根据密文 y 计算出 x.

这里的"难以"有严格的密码学定义和分析方法,我们暂时可以理解为计算非常困难.

自从古代开始,人们就试图寻找满足以上要求的加密算法. 较经典的两个例子是仿射密码(e_K,d_K 是关于英文字母 x 的线性函数 $y=ax+b\,(\mathrm{mod}\,26)$)和置换密码(给定英文字母上的置换 $\sigma\in S_{26}$ 作为加密函数). 这些简单的密码现在已经被证明是不安全的,可以通过分析来破解. 它们在加密和解密时所使用的密钥是同一个,称为**对称加密**.

对称加密的一个大问题在于密钥的传送和保存不方便,因为在保密通信之前 Alice 和 Bob 必须设法秘密地交换密钥,这时又不能依赖加密算法本身.

现在要讲的 **RSA 算法**则是一种**非对称加密算法**,也就是说加密和解密时所用的信息是本质不同的. 它是 Ron Rivest、Adi Shamir 和 Leonard Adleman 在 1977 年共同提出,而 RSA 就是他们三人姓氏开头字母拼在一起组成的. 其简化流程(plain RSA)如下 [3].

第一步为公钥和密钥的生成:

(i) Bob 选取两个很大的不同素数 p 和 q,并计算 $N=pq$.

(ii) 计算 Euler 函数 $\phi(N)=(p-1)(q-1)$,并找一个和 $\phi(N)$ 互素的正整数 $e\,(1\le e<\phi(N))$. (e,N) 作为**公钥**向外界公布.

(iii) 求 d,使得 $de=1\,(\mathrm{mod}\,\phi(N))$. (d,N) 作为**私钥**自己保存.

第二步为通信:

(i) Alice 得到 Bob 的公钥之后,计算 $y=x^e\,(\mathrm{mod}\,N)$,并发送给 Bob.

(ii) Bob 计算 $x=y^d\,(\mathrm{mod}\,N)$ 得到明文.

我们可以发现,整个过程中,私钥 d 从来没有公开过. 下面先验证解密变换是加密变换的逆变换.

8.5.1 定理 沿用前面的记号,则 $d_K(e_K(x))=x$.

证明 鉴于 $de=1\,(\mathrm{mod}\,\phi(N))$,所以存在正整数 t 使得 $de=t\phi(N)+1$. 如果 $\gcd(x,N)=1$,那么由 Euler 定理 $x^{\phi(N)}=1\,(\mathrm{mod}\,N)$,这导出

$$d_K(e_K(x))=x^{de}=x^{t\phi(N)+1}\equiv x\,(\mathrm{mod}\,N).$$

如果 $\gcd(x,N)>1$,那么 $\gcd(x,N)=p$ 或者 q. 不妨设为 p,则 x,q 互素,得到 $x^{q-1}\equiv 1\,(\mathrm{mod}\,q)$,进一步

$$x^{de-1}=\left(x^{(q-1)}\right)^{t(p-1)}\equiv 1\,(\mathrm{mod}\,q),$$

即是 $x^{de} \equiv x \pmod q$. 因为 $p \mid x$, 所以 $x^{de} \equiv x \pmod p$. 最后, 结合 p, q 为不同素数和 8.4.6 命题得到 $x^{de} = x \pmod{pq}$ 即证完. □

对于 RSA 算法的安全性, 我们非常粗略地解释如下: 在 RSA 体制下, 要解密就必须知道 d, 而获得它通常需要知道 $\phi(N)$, 而计算 Euler 函数对于一个大素数来说是很困难的, 因为一般需要对其进行素因子分解[①].

RSA 的应用的两个最初级的例子是身份验证以及数字签名, 我们以下仍然进行直观而非正式的表述.

8.5.2 例 (身份验证) 假设 Alice 和 Bob 从未见过面, Alice 希望让 Bob 证明他的身份. 假如利用公钥和私钥, 有一个简单的方案: Bob 把自己的私钥交给 Alice, Alice 检查 Bob 的公钥和私钥是配对的. 然而这个方案不可行, 因为这样就把私钥泄漏出去了. 我们改用如下方案:

1. Alice 随机选取一个消息, 用 Bob 的公钥加密后发给对方;
2. 对方用私钥解密后把消息发给 Alice;
3. Alice 检查两个消息是否相同, 如果不是则认为对方不是 Bob, 否则若重复 (i)、(ii) 多次都未出现问题, 则认为对方是 Bob. ◇

8.5.3 例 (数字签名) 假设 Bob 给 Alice 写了一封情书"I love you", 但 Oscar 可能截获了消息, 并将其篡改为"I hate you". Alice 收到 Bob 的信息之后需要认证信息确实是 Bob 发来的. 在 RSA 体制下实现数字签名是基于 8.5.1 定理: 注意加密和解密的过程可以交换, 即 $e_K(d_K(x)) = x$, 因此采用如下方案:

1. Bob 将信息 x 用私钥作用, 得到 $d_K(x)$. 把 $(x, d_K(x))$ 发给 Alice;
2. Alice 用公钥作用于 $d_K(x)$, 检查结果是否等于 x.

可以看出, 数字签名就是将 RSA 体制倒过来使用. 任何人都无法伪造 Bob 的签名是基于如下假设 (非正式): 如果不知道私钥, 则不可能根据 x 正确计算出 $d_K(x)$. 数字签名还有一个特征是不可否认性, 在上面例子中, 即是如果 Bob 真的发送了"I hate you", 那么 Alice 验证之后便知道这一定是 Bob 所发, 故可以果断地选择不再和 Bob 来往. ◇

习题 8.5

1. 假设在本节的 RSA 密码体制中, $N = 2747, e = 13$, 收到密文为 2206 0755 0436 1165 1737, 求明文.

2. 如果在本节的 RSA 密码体制中, 对给定的 N, 找出两个不同的 e_1, e_2, 将明文加密两次, 是否可以增强安全性? 说明理由.

3. 假设在求密钥时改为 $de = 1 \left(\bmod \dfrac{\phi(N)}{2}\right)$, 证明: 仍然有 $d_K(e_K(x)) = x$.

4. 假设一个密钥体制有加密和解密函数 $d_K(\cdot), e_K(\cdot)$. 如果 $d_K(x_1 + x_2) = d_K(x_1) + d_K(x_2), e_K(x_1 + x_2) = e_K(x_1) + e_K(x_2)$, 就称它对加法是**同态加密**; 如果 $d_K(x_1 x_2) = d_K(x_1) d_K(x_2), e_K(x_1 x_2) = e_K(x_1) e_K(x_2)$, 就称它对乘法是同态加密 (即对密文和明文的某些运算和加密/解密操作可以互换). 本节的 RSA 密码体制对于加法和乘法分别满不满足同态加密的要求?

---

① 目前尚未发现分解素因子的多项式时间算法, 也没有证明其不存在. 另外, 不排除有其他方法得到 d 的可能, 但可以证明一定假设下分解素因子和得到 d 是等价的.

注解

本章我们仅仅介绍了初等数论的最基本的概念与内容，对于紧密相关的素性测试、原根、二次剩余等话题则省略了. 请感兴趣的读者参考 [4].

8.3.4 例题有相应的比较一般的结论：若 a, b 是互素的正整数，则存在无穷多个形如 $an+b$ 的素数，它由 Dirichlet 在 1837 年用复变函数的方法证明.

中国剩余定理起源自我国古代数学著作《孙子算经》（大约成书于南北朝时期），其中的具体问题课文中已经求解过. 而其一般情形则是宋朝数学家秦九韶最得意的创作（《数学九章》，1247 年）之一：

“置诸元数，两两连环求等，约奇弗约偶，遍约毕，乃变元数，皆曰定母，列右行，各立天元一为子，列左行，以定诸母，互乘左行之子，各得名曰衍数，次以各定母满去衍数，各余名曰奇数，以奇数与定母，用大衍术求一.”

这里的大衍求一术就是用 Euclid 算法给一个数求模某个整数的逆：“置奇右上，定居右下，立天元一于左上. 先以右上除右下，所得商数与左上一相生，入左下. 然后乃以右行上下，以少除多，递互除之，所得商数随即递互累乘，归左行上下. 须使右上末后奇一而止，乃验左上所得，以为乘率.”

以上两段话翻译成现代语言就是中国剩余定理的样子，感兴趣的读者可以尝试读解和操作一下. 秦九韶还解决了模数不是两两互素时的一次同余方程组的求解问题.

RSA 算法在具体实现时当然不是使用课文中提到的简化算法. 比如说，如果每次都使用确定性的加密和解密方法，则同样的明文加密得到的密文是相同的，由此容易进行攻击，所以需要使用一次性密码本（padded RSA）. 除此之外，密钥长度的选择和加密的方式具体实现起来都有很多注意事项. 感兴趣的读者可以参阅相关书籍，例如 [5]. 第一个完全同态的加密算法（在不解密的条件下对加密数据进行任何可以在明文上进行的运算）是由 Craig Gentry 发现的 [6].

参考文献

[1] CARMICHAEL R D. On Euler's ϕ-function[J]. Bulletin of the American Mathematical Society, 1907, 13(5): 241-243.

[2] FORD K. The number of solutions of $\varphi(x) = m$[J]. Annals of Mathematics, 1999: 283-311.

[3] RIVEST R L, SHAMIR A, ADLEMAN L. A method for obtaining digital signatures and public-key cryptosystems[J]. Communications of the ACM, 1983, 26(1): 96-99.

[4] 柯召, 孙琦. 数论讲义（上册）[M]. 北京: 高等教育出版社, 2001.

[5] KATZ J, LINDELL Y. Introduction to Modern Cryptography[M]. Boca Raton, Florida CRC press, 2020.

[6] GENTRY C. Fully homomorphic encryption using ideal lattices[C]//Proceedings of the forty-first annual ACM symposium on Theory of computing. 2009: 169-178.

9 群论

阅读提示

本章的内容讲的是近世代数中的群. 大体来说, 我们先在 §9.1 和 §9.2 节通过例子(特别是置换群和二面体群)熟悉群的概念. 然后入手研究几类群的内部结构(子群, §9.3 和 §9.4 节)以及一些群之间的关系(同态和同构 §9.5 节), 这也是处理代数结构的一般套路. 若读者对有限交换群分类定理不感兴趣, 则可以跳过 §9.6 节的后半部分.

近世代数的内容会比较抽象, 初学时感到有些困难是很正常的, 可以通过多想例子来应对, 另外还要勤动手计算. 例如在讲到循环群和阶时对比数论中的结论, 讲到子群、同态和同构时回忆高等代数中学过的类似看法, 等等.

线性空间	群
子空间	子群
直和	直积
线性映射	同态
线性同构	同构
商空间	陪集、商群

不过, 正如英国哲学家 Whitehead(怀特海)所说: "最高的抽象是控制我们对具体事物的思想的真正武器." 利用较高的观点来看各种各样的运算结构是非常有益的, 比如匈牙利数学家 László Babai 在给出图同构的准多项式时间算法时就大量用到了群论的技术. 本章也是后续第 14 章的前置基础.

直到三百多年前, "代数"对于人们来说不过是研究求解方程(组)的数学分支. 然而, 随着代数学的发展, 人们发现了许多其他的数学结构, 在这些结构上也可以定义运算并研究其性质. 尽管这些结构各不相同, 但其中的运算性质却具有某些普遍性. 更神奇的是, 这些抽象性质还可以倒回来对方程的求解给出深刻的洞见. 于是, 这些普遍的抽象性质就会慢慢被剥离出来, 从而给出比较广泛的总结和认识. 近世代数就是在这样的背景下产生的.

在当代计算机科学的研究中, 人们广泛运用近世代数中的元素. 不论是数据结构、密码学还是编码理论, 代数结构总是提供了强大而优雅的解决方案. 所以, 我们在以下两章中介绍近世代数中基础的概念：群、环、域.

在正式进入群的讨论之前，有必要先对代数结构和运算作一些解说：所谓代数就是运用文字符号来代替数字并研究某些集合上运算的一种数学方法，带有运算的集合就称为**代数结构**.

9.0.1 定义 设 A 是非空集合，映射 $A \times A \longrightarrow A$ 称为 A 上的一个**代数运算**，一般记为乘法 $\cdot$. 该映射下的像称为代数运算的**运算结果**.

于是 $(A, \cdot)$ 合起来就构成一个代数结构. 这样未对其中代数运算的性质作任何基本要求的结构称为“原群”（magma）. 但我们通常要求集合上的代数运算满足一些性质，在这些性质的基础上来研究运算，这样可以得到群、环、域等结构. 下面列举一些常见的这样的用作定义的性质.

设 $(A, \cdot)$ 是含运算的集合，这些性质包括熟知的**交换律**：对任意 $a, b \in A$, $ab = ba$，以及**结合律**：对任意 $a, b, c \in A$, $a(bc) = (ab)c$.

需要注意，结合律很容易利用归纳法推广到多个元素相乘的情形.

9.0.2 引理 (广义结合律) 定义 $a_1 \cdots a_n$ 运算顺序从左到右：$(((a_1a_2)a_3) \cdots a_{n-1})a_n$. 设 $\phi(a_1, \ldots, a_n)$ 是任意加括号运算得到的结果，若结合律成立，则

$$a_1 \cdots a_n = \phi(a_1, \ldots, a_n).$$

证明 对 n 归纳，$n = 3$ 时命题即结合律. 假设对任意 $m < n$ 命题都已经成立，注意到计算 $\phi(a_1, \ldots, a_n)$ 时的最后一次运算一定是

$$\phi(a_1, \ldots, a_n) = \phi(a_1, \ldots, a_m) \times \phi(a_{m+1}, \ldots, a_n).$$

由归纳假设，若 $m + 1 = n$，则 $\phi(a_1, \ldots, a_m)a_n = a_1 \cdots a_n$；若 $m + 1 < n$，则 $\phi(a_1, \ldots, a_m) \times \phi(a_{m+1}, \ldots, a_n) = (a_1 \cdots a_m)(a_{m+1} \cdots a_{n-1})a_n = a_1 \cdots a_n$. 后一式中多次用到归纳假设. 故命题成立. □

这些性质可能还包括一些特殊的元素. 例如**幺元** 1（注意它不是数字 1，只是借用记号，有的材料也写为 e），它满足对于任意的 $a \in A$ 都有 $1a = a1 = a$. 由定义，设 $1, 1'$ 都是幺元，则 $1 = 11' = 1'$，故幺元若存在，必唯一.

如果运算中有幺元，则逆元的讨论也是重要的. 对于每个 $a \in A$，若存在 $b \in A$ 使得 $ba = ab = 1$，就称 b 是 a 的**逆元**. 在结合律成立的条件下，逆元若存在则也有唯一性. 设 b, b' 都是 a 的逆元，则 $b = b1 = b(ab') = (ba)b' = 1b' = b'$. 所以，$a$ 的逆元可以记为 a^{-1}. 容易验证 $(ab)^{-1} = b^{-1}a^{-1}$ 和 $(a^{-1})^{-1} = a$.

若 A 上有结合律，则广义结合律成立，因而可以有元素方幂的概念：

$$a^n \stackrel{\text{def}}{=} \underbrace{a \cdots a}_{n\text{个}}, \quad a^0 \stackrel{\text{def}}{=} 1.$$

若 a 有逆，则负次幂写为 $a^{-n} \stackrel{\text{def}}{=} \underbrace{a^{-1} \cdots a^{-1}}_{n\text{个}}$. 这样，幂运算就满足熟知的相乘指数相加法则 $a^m a^n = a^{m+n}$ 和求幂指数相乘法则 $(a^m)^n = a^{mn}$.

有些时候 A 上的运算也可以写成加法，则此时幺元一般记为 0，逆元记为负元，方幂就是倍数. 当然，记法和代数结构的性质是无关的，只是合适的记号更加形象而已.

9.1 群的定义

近世代数的研究是始于群论的，但下面我们要看到的概念直到 19 世纪才被提出. 实际上，群的概念是一段漫长的数学研究历史的结晶，而不是凭空出现的.

举例来说，如果 a 不被 2 和 5 整除，则 $a^{40} \equiv 1 \pmod{100}$，这是大家在初等数论中已经会证明的东西. 1761 年 Euler 首先采用了 Lagrange 的思想证明了这一结果. 这个 Lagrange 的思想，在现在看来就是 Lagrange 定理（§9.4 节），把 Lagrange 定理用到整数上，就得到 Euler 定理作为特例. 所以，在学习群论的过程中，思考例子总是很重要的.

现实生活中最常见的群的例子在"变换"中. 无论是对一列数顺序的变换，还是对某个几何体的旋转、反映等操作，它们都具有类似的性质，即操作有结合律，一个操作总是可以用另一个对应的操作恢复原状，而且存在恒等操作. 把这些例子显现的性质提炼出来，就得到群的概念.

9.1.1 定义 设 G 为一非空集合，若其上代数运算满足结合律，就称它是**半群**；若 G 中还有幺元，就称它是**幺半群**.

9.1.2 例 (i) $\mathbb{Z}_{>0}$ 在一般的加法下构成半群，$\mathbb{Z}_{\geqslant 0}$ 则相应构成幺半群.

(ii) 数域 K 上所有 n 阶方阵组成的集合在矩阵乘法下构成幺半群. ◇

9.1.3 定义 设 G 为幺半群，若其上代数运算还满足每个元素都有逆，就称它是**群**；进一步，如果该运算还满足交换律，就称它是**交换群**（或 Abel 群）. 对于一般的群中的两个元素 a, b，如果 $ab = ba$，则称 a, b **可交换**.

群中元素皆可逆是宝贵的性质，它导致群中有**消去律**：$ab = ac \implies b = c$. 所以，在群中，方程 $ax = b$ 总是有唯一解 $x = a^{-1}b$.

在展示群的更多具体例子之前，先来抽象地运用一下群的定义.

9.1.4 例题 设 G 是半群，且 G 中有左幺元 1：$\forall a \in G(1a = a)$，每个元素都有左逆元：$\forall a \in G \exists b(ba = 1)$. 证明：$G$ 是群.

证明 根据群的定义，需要证明 1 也是右幺元，且每个元素都有和左逆元相等的右逆元.

任取 $a \in G$，按条件知存在 b 使得 $ba = 1$，为了让 1 出现在 a 的右边，考虑 $1 \cdot 1 = 1$，代入得到 $ba1 = 1 = ba$，两边左乘 b 的左逆元得 $a1 = a$，所以 1 也是右幺元.

设 b 是 a 的左逆元，我们有 $ab = a(1b) = abab$，两边乘以 ab 的左逆元就得到 $1 = ab$，所以 b 同时也是右逆元. □

9.1.5 例 (i) 集合 M 上所有到自身的双射 $f : M \longrightarrow M$（在映射复合下）构成群，称为全变换群 S_M.

(ii) $\mathbb{Z}, \mathbb{Q}, \mathbb{R}, \mathbb{C}$ 在一般的加法下构成群. $\mathbb{Q} \setminus \{0\}, \mathbb{R} \setminus \{0\}, \mathbb{C} \setminus \{0\}$ 在一般的乘法下也构成群. 特别地，$\mathbb{C}$ 上 $x^n = 1$ 的所有解 $\left\{ \exp \frac{2\pi\sqrt{-1}}{n} k : 0 \leq k \leq n-1 \right\}$ 在乘法下构成 **n 次单位根群** U_n.

(iii) 数域 K 上的所有 n 阶可逆方阵在矩阵乘法下构成**一般线性群** $\mathrm{GL}_n(K)$,所有行列式为 1 的 n 阶方阵在乘法下构成**特殊线性群** $\mathrm{SL}_n(K)$. 这一例子也可扩展到 K 为一般的域的情况.

(iv) 用一张表来表示群中乘法运算的结果,行列分别代表乘法左元素和右元素,交点是运算结果,称为**乘法表**. 设 $K_4=\{1,a,b,c\}$,其乘法表为

$\times$	1	a	b	c
1	1	a	b	c
a	a	1	c	b
b	b	c	1	a
c	c	b	a	1

即 $a^2=b^2=c^2=1$,而 a,b,c 任意两个相乘都等于第三个. K_4 叫作 **Klein 四元群**,它是一个交换群.

(v) 平面上正 $n\,(n\geqslant 3)$ 边形的所有对称操作,即 n 个反映和 n 个旋转(其中有一个旋转相当于恒等映射)在变换复合下构成一个群,称为**二面体群** D_n. 图 9.1 用虚线示出了正方形的二维对称群 D_4 中的元素.

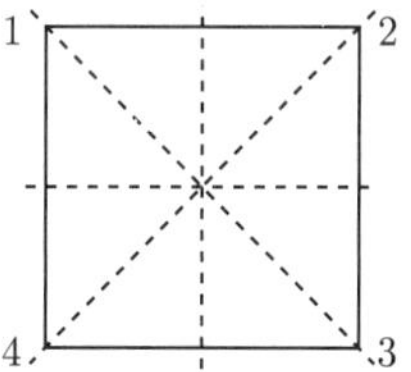

图 9.1 D_4 中的变换

注: 图中虚线代表四个反映,另外还有沿着通过正方形中心垂直于纸面的旋转轴旋转 $0,\frac{\pi}{2},\pi,\frac{3\pi}{2}$ 的四个旋转

二面体群是一个非交换群. ◇

若群 G 作为集合是有限的,就称它是**有限群**,把其中元素的个数记为群的**阶** $|G|$;否则称它是**无限群**.

例如,根据几何直观,我们可以发现二面体群 D_n 的阶是 $2n$,所以有的文献也把它记为 D_{2n}. 二面体群的具体记号常需要根据上下文予以区分.

习题 9.1

1. 设 S 是幺半群. 判断下列命题的正确性,说明理由.

(1) 若 $a,b\in S$ 且 ab 可逆,则 a,b 都可逆.

(2) 设 $a_1,\ldots,a_n\in S$ 且两两可交换,则 $a_1\cdots a_n$ 可逆当且仅当 $a_1,\ldots,a_n$ 都可逆.

2. 设 G 是半群,若对每个 $a,b\in G$,方程 $ax=b$ 和 $ya=b$ 都在 G 中有解,证明:G 是群.

3. 设 G 是有限半群. 证明:若消去律成立,即 $ax=ay$ 或 $xa=ya$ 都能推出 $x=y$,则 G 是群.

4. 在 $\mathbb{Q}\setminus\{-1\}$ 中定义运算: $a\star b\overset{\text{def}}{=}ab+a+b$, 这里右侧都是有理数的一般四则运算. 证明: 这样就将 $\mathbb{Q}\setminus\{-1\}$ 做成一个群.

5. 设 n 为正整数,在整数模 n 的既约剩余系 $\mathbb{Z}_n^*$ 上定义运算为整数模 n 乘法,证明:这样就将 $\mathbb{Z}_n^*$ 做成一个群,其阶为 $\phi(n)$.

6. 设 G 为群,且对任意的 $x\in G$ 有 $x^2=1$,证明:G 是交换群.

7. 设 D_n 为二面体群. 以 r,s 分别表示绕着垂直于纸面的方向旋转 $\dfrac{2\pi}{n}$ 角度和一个反映.

(1) 利用几何意义证明:$D_n=\{1,r,\dots,r^{n-1},s,sr,\dots,sr^{n-1}\}$.

(2) 验证二面体群中的运算法则:$sr^is=r^{-i}$.

9.2 置换群

正如本章开头所说,变换群是研究群的最基本要义. 在有限群中,一类特别重要的例子是 $[n]$ 上的全变换群 S_n.

我们注意 $[n]$ 上的双射都是置换,所以 S_n 称为 n 元**置换群**,其阶是 $|S_n|=n!$. 对每个 $\sigma\in S_n$,我们用下述记号来表示它

$$\sigma=\begin{pmatrix}1 & 2 & \cdots & n\\ \sigma(1) & \sigma(2) & \cdots & \sigma(n)\end{pmatrix},$$

即每个数字下面写它在 σ 作用下的像. 因为 $\sigma(1)\cdots\sigma(n)$ 还是 n 元排列,所以称 σ 是奇(偶)置换,如果 $\sigma(1)\cdots\sigma(n)$ 是奇(偶)排列. 当 $n\geqslant 2$ 时,S_n 中恰各有 $\dfrac{1}{2}n!$ 个奇(偶)置换. 由此可见,置换和排列是密切相关的. 我们用 $\operatorname{sgn}(\sigma)$ 来记 σ 的奇偶性,其中 $\operatorname{sgn}(\sigma)=-1$ 表示奇置换,$\operatorname{sgn}(\sigma)=+1$ 表示偶置换①.

9.2.1 例 按映射复合的法则不难计算置换乘积. 例如,考虑

$$\begin{pmatrix}1 & 2 & 3 & 4\\ 3 & 2 & 4 & 1\end{pmatrix}\begin{pmatrix}1 & 2 & 3 & 4\\ 2 & 1 & 4 & 3\end{pmatrix}.$$

运算时从右向左复合,$1\mapsto 2\mapsto 2, 2\mapsto 1\mapsto 3, 3\mapsto 4\mapsto 1, 4\mapsto 3\mapsto 4$,因此结果是

$$\begin{pmatrix}1 & 2 & 3 & 4\\ 2 & 3 & 1 & 4\end{pmatrix}.$$

◇

在置换群中,有两类元素在其结构中有基础性的作用. 第一种是**对换**,即只交换某两个元素

① 回忆高等代数中学过的内容,考虑文字 $x_1,\dots,x_n$ 和判别式

$$\Delta\overset{\text{def}}{=}\prod_{1\leq i<j\leq n}(x_i-x_j),\quad \sigma(\Delta)\overset{\text{def}}{=}\prod_{1\leq i<j\leq n}(x_{\sigma(i)}-x_{\sigma(j)})=\pm\Delta,$$

再设 $\operatorname{sgn}(\sigma)$ 满足 $\operatorname{sgn}(\sigma)\Delta=\sigma(\Delta)$,这就是排列(置换)的符号——经 σ 作用的判别式的正负号相当于计数了排列中的逆序对个数.

i, j:

$$\sigma(i) = j, \quad \sigma(j) = i, \quad \sigma(k) = k\, (\forall k \in [n] \setminus \{i, j\}).$$

把 i, j 相互交换的对换可以简单记为 $(i\ j)$.

第二种是**轮换**,即把某 k 个数 $a_1, \dots, a_k$ 循环挪动一次:

$$\sigma(a_i) = a_{i+1}\, (i < k), \quad \sigma(a_k) = a_1, \quad \sigma(a) = a\, (\forall a \in [n] \setminus \{a_1, \dots, a_k\}).$$

这样的轮换可以简单记为 $(a_1\ \cdots\ a_k)$, 称其是**长度为 k 的轮换**. 当然, 它也可以写成 $(a_2\ \cdots\ a_k\ a_1), (a_3\ \cdots\ a_k\ a_1\ a_2)$ 等等,所以长为 k 的轮换有 k 种等价记法.

显然,对换可以视为长度为 2 的轮换. 长度为 1 的轮换是平凡的,可以记为恒等置换 (1).

回忆在高等代数课中学过的内容,对于每一个排列,我们都可以用一系列对换从 $(1, \dots, n)$ 得到它. 设所用的对换依次是 $(i_1\ j_1), \dots, (i_k\ j_k)$,则

$$(i_k\ j_k) \cdots (i_1\ j_1) \underbrace{\begin{pmatrix} 1 & 2 & \cdots n \\ 1 & 2 & \cdots n \end{pmatrix}}_{\text{恒等置换, 常常略去不写}} = \begin{pmatrix} 1 & 2 & \cdots & n \\ \sigma(1) & \sigma(2) & \cdots & \sigma(n) \end{pmatrix}.$$

因此

9.2.2 引理 任意置换都能写成对换的乘积.

利用置换的对换表示,我们指出 S_n 中所有的偶置换构成一个群,称为 n 元**交错群**,记为 A_n; $n \geqslant 2$ 时 $|A_n| = \dfrac{1}{2} n!$.

9.2.3 命题 S_n 中所有偶置换对置换乘法构成一个群.

证明 因为对换一次改变排列的奇偶性,故两个偶置换的乘积(分别分解为对换乘积)是偶数个对换的乘积,是偶置换,因此乘法具封闭性. 乘法结合律是显然的,而幺元是恒等置换,置换 $(i_k\ j_k) \cdots (i_1\ j_1)$ 的逆是 $(i_1\ j_1) \cdots (i_k\ j_k)$,仍然是偶置换. 所以它们确实构成一个群. □

称轮换 $(\alpha_1\ \cdots\ \alpha_n)$ 和 $(\beta_1\ \cdots\ \beta_m)$ 是**不相交**的,如果对任意 $i, j, \alpha_i \neq \beta_j$. 类似 9.2.2 引理,我们还有置换的轮换分解.

9.2.4 引理 任意置换都能唯一写成不相交轮换的乘积,分解式中的轮换叫作**轮换因子**.

9.2.5 注 若轮换不相交,则它们变动的元素都不同,所以它们的乘法可交换. 因此引理中的唯一性不计分解出来的轮换因子的次序. 从引理中我们还看出,分解得到所有轮换的长度和是 n. ♤

证明 给一个置换 $\sigma \in S_n$,任取 $\alpha_1 \in [n]$ 并用 σ 连续作用 $\sigma(\alpha_1) = \alpha_2, \sigma(\alpha_2) = \alpha_3, \dots$,注意 $\alpha_i \in [n]$ 为有限集,故作用序列一定会发生循环. 设 α_j 是序列中第一个发生循环的元素,即对某个 $i < j$, $\alpha_j = \alpha_i$. 现在断言 $i = 1$,于是这样就得到一个轮换. 事实上,由 $\sigma^{i-1}(\alpha_1) = \sigma^{j-1}(\alpha_1)$,当 $i > 1$ 时两边可作用 σ^{-1} 推得 $\alpha_{i-1} = \alpha_{j-1}$,和 α_j 的选取方法矛盾.

获得第一个轮换后,我们再在 $[n] \setminus \{\alpha_1, \dots, \alpha_{j-1}\}$ 中任取一个元素重复上述操作. 因为 $[n]$ 有限,如此有限步后就会终止,即每个 $i \in [n]$ 都在某个轮换中了. 根据构造过程这些轮换都是不相

交的，而不相交的轮换可交换，所以它们的乘积就是原置换，这样就将 σ 分解成了不相交轮换的乘积.

唯一性是显然的，因为含有 $\alpha \in [n]$ 的轮换由上述构造过程唯一确定，和选择数的顺序无关. □

轮换分解揭示了置换群的内在结构. 它在计算中也很有用：我们需要快速计算置换群中元素的复合和逆，而轮换分解是有力的工具，这是因为不相交轮换之间可交换，而轮换的逆容易求取. 轮换 $(a_1 \ \cdots \ a_k)$ 的逆应该把 $a_1, \ldots, a_k$ 向前循环移动一次，即 $a_2 \mapsto a_1, \ldots, a_k \mapsto a_{k-1}, a_1 \mapsto a_k$，所以

$$(a_1 \ \cdots \ a_k)^{-1} = (a_k \ \cdots \ a_1).$$

以下是一个算例.

9.2.6 例 设 $\sigma \in S_{13}$ 为

$$\begin{pmatrix} 1 & 2 & 3 & 4 & 5 & 6 & 7 & 8 & 9 & 10 & 11 & 12 & 13 \\ 12 & 13 & 3 & 1 & 11 & 9 & 5 & 10 & 6 & 4 & 7 & 8 & 2 \end{pmatrix}.$$

我们计算 σ 的轮换分解和 σ^{-1}, σ^2.

根据 9.2.4 引理的证明过程，我们任选初始元素 1，它被映到 12，12 映到 8，8 映到 10，10 映到 4，4 映到 1，所以第一个轮换为 $(1\ 12\ 8\ 10\ 4)$. 接下去同理操作，算得

$$\sigma = (1\ 12\ 8\ 10\ 4)(2\ 13)(5\ 11\ 7)(6\ 9).$$

因为不相交的轮换都是可交换的（9.2.5 注），再根据 $(ab)^{-1} = b^{-1}a^{-1}$，知道对已经写成轮换分解置换求逆，只需要对每个轮换因子分别求逆，所以

$$\sigma^{-1} = (4\ 10\ 8\ 12\ 1)(2\ 13)(7\ 11\ 5)(6\ 9).$$

最后计算 σ^2，仍然根据交换性，只要计算每个轮换的平方. 注意对换的逆就是自身，所以只要计算 $(1\ 12\ 8\ 10\ 4)^2(5\ 11\ 7)^2$. 计算轮换的幂就是多次循环移动，所以对于 $(1\ 12\ 8\ 10\ 4)^2$，1 映到 8，12 映到 10，8 映到 4，10 映到 1，4 映到 12，结果是 $(1\ 8\ 4\ 12\ 10)$. 同理 $(5\ 11\ 7)^2 = (5\ 7\ 11)$，即

$$\sigma^2 = (1\ 8\ 4\ 12\ 10)(5\ 7\ 11).$$ ◇

之后对群的结构进行讨论的时候会用到共轭的概念，而考虑置换的共轭还能引出一些有用的性质，所以下面先提出.

设 G 是群，$a, b \in G$，令 a **共轭作用** 于 b，是指计算 aba^{-1}，后者称为和 b **共轭**的元素. 假如 $aba^{-1} = b$，那么 $ab = ba$，即 a, b 可交换. 如果和 b 共轭的元素只有 b，这说明 b 和群中每个元素都可交换，所有这样的 b 构成的集合叫作**中心**，记为 Z_G.

对于置换 $\rho, \sigma \in S_n$，共轭元素 $\rho\sigma\rho^{-1}$ 是什么？注意到 $(\rho\sigma\rho^{-1})(\rho(i)) = \rho(\sigma(i))$，所以 $\rho\sigma\rho^{-1}$ 把

$\rho(i)$ 映到 $\rho(\sigma(i))$,即

$$\rho\sigma\rho^{-1}=\begin{pmatrix}\rho(1) & \rho(2) & \cdots & \rho(n)\\ \rho(\sigma(1)) & \rho(\sigma(2)) & \cdots & \rho(\sigma(n))\end{pmatrix}.$$

特别地,如果 $\sigma=(a_1\ \cdots\ a_k)$ 是一个长度为 k 的轮换,那么在 ρ 的共轭作用下,其共轭元素是 $\rho\sigma\rho^{-1}=(\rho(a_1)\ \cdots\ \rho(a_k))$.

于是,轮换分解再一次发挥作用. 对于一般的置换 σ,若其轮换分解为 $\sigma=(\alpha_1\ \cdots\ \alpha_k)\cdots(\beta_1\ \cdots\ \beta_t)$,则

$$\rho\sigma\rho^{-1}=\rho(\alpha_1\ \cdots\ \alpha_k)\rho^{-1}\cdots\rho(\beta_1\ \cdots\ \beta_t)\rho^{-1}=(\rho(\alpha_1)\ \cdots\ \rho(\alpha_k))\cdots(\rho(\beta_1)\ \cdots\ \rho(\beta_t)).$$

这说明,互相共轭的置换,轮换分解式中的因子的长度及其个数都是一样的.

设 σ 的轮换分解式中,长度为 i 的轮换有 b_i 个,元组 $(b_1,\ldots,b_n)$ 称为 σ 的**型**. 比如,9.2.6 例中 σ 的型为 $(1,2,1,0,1,0,\ldots,0)$,可以看出总有 $\sum_{i=1}^{n} ib_i=n$.

9.2.7 定理 在置换群中,两个置换相互共轭当且仅当它们具有相同的型.

证明 必要性在上面的论述中已经证明. 对于充分性,我们把型相同的两个置换 σ,τ 的轮换分解按照轮换的长度从小到大排好,轮换的长度分别为 $k_1,\ldots,k_s$,即

$$\begin{aligned}\sigma&=(\alpha_1\ \cdots\ \alpha_{k_1})(\alpha_{k_1+1}\ \cdots\ \alpha_{k_1+k_2})\cdots(\alpha_{k_1+\cdots k_{s-1}+1}\ \cdots\ \alpha_{k_1+\cdots k_{s-1}+k_s}),\\ \tau&=(\beta_1\ \cdots\ \beta_{k_1})(\beta_{k_1+1}\ \cdots\ \beta_{k_1+k_2})\cdots(\beta_{k_1+\cdots k_{s-1}+1}\ \cdots\ \beta_{k_1+\cdots+k_{s-1}+k_s}).\end{aligned}$$

其中 $k_1+\cdots+k_s=n$. 因为轮换分解是不相交的,所以可以令 $\rho(\alpha_i)=\beta_i\,(1\leq i\leq n)$,于是 $\rho\sigma\rho^{-1}=\tau$,二者共轭. □

实际上,很容易验证共轭是等价关系,所以它把群划分为一个个等价类,称为**共轭类**. 因此上面定理说明在置换群中每个共轭类中恰包括了型相同的全部置换.

习题 9.2

1. 把 S_9 中元素 $(1\ 4\ 7)(7\ 8\ 9)(3\ 9)(9\ 4\ 2)(3\ 5\ 6)$ 写成不相交轮换的乘积.

2. 在 S_5 中,设

$$\sigma=\begin{pmatrix}1&2&3&4&5\\5&1&4&3&2\end{pmatrix},\quad \tau=\begin{pmatrix}1&2&3&4&5\\4&3&1&5&2\end{pmatrix}.$$

试计算:

(1) $\sigma\tau,\tau\sigma,\sigma^{-1}\tau^{-1},\tau^{-1}\sigma^{-1}$;

(2) σ,τ 分别的不相交轮换分解和一个对换分解.

3. 设 $\sigma\in S_n$ 的轮换分解中有 c 个轮换,证明:$(-1)^{\mathrm{sgn}(\sigma)}=(-1)^{n-c}$.

4. 设 $\sigma=(1\ 2\ \cdots\ m)$ 是一个长度为 m 的轮换,证明:σ^i 为一个长度为 m 的轮换,当且仅当 $\gcd(m,i)=1$.

5. 证明:在置换群 S_n 中,型 $(b_1,\ldots,b_n)$ 的置换有

$$\frac{n!}{b_1!b_2!\cdots b_n!1^{b_1}2^{b_2}\cdots n^{b_n}}\text{ 个}. \tag{9.2.1}$$

6. 利用置换的轮换分解证明：当 $n \geqslant 3$ 时，S_n 的中心是平凡的，即 $Z_{S_n} = \{1\}$.

7. 在交错群 A_n 中，称 σ, τ 共轭，如果存在 $\rho \in A_n$ 使得 $\rho\sigma\rho^{-1} = \tau$.

(1) 在 A_5 中计算 $(1\,2\,3\,4\,5)$ 所在的共轭类.

(2) 证明：A_5 中型为 $(1,2,0,0,0)$ 的置换都是彼此共轭的.

(3) 判断下列命题的正确性：交错群中的两个置换相互共轭当且仅当它们具有相同的型.

8. (囚犯问题, [1]) 以下是一个代数结构在数据结构设计中的应用（若不熟悉概率，可等学过之后再做）. 我们以故事的形式表述：

在处决 100 个犯人之前，某监狱的监狱长决定给他们一个机会. 他把这些人标记为 $1, 2, \ldots, 100$ 并准备了 100 张写有这些号码的纸条. 他把这些纸条均匀随机地放到 100 个抽屉中（也编号为 $1, 2, \ldots, 100$）. 现在，囚犯们轮流来到这些抽屉面前，每人都可以选择 50 个抽屉打开. 如果在这个过程中，每个囚犯都打开了一个装有自己编号的抽屉，那么这 100 人都会被释放；否则他们均被处决.

在这个过程开始之前，囚犯们可以商量策略，但第一个囚犯开始看抽屉之后，他们便不能再交流. 问：他们应该怎么做才能最大化生存几率?

(1) 假设每个囚犯都均匀随机地打开抽屉，那么他们不被处决的概率有多大?

考虑如下策略：囚犯 i 首先打开 i 号抽屉. 如果看到了自己的号码，接下去就随意打开抽屉. 否则，假设其中的号码是 j，那么接下来就打开 j 号抽屉. 如此循环，直到打开了 50 个抽屉或者发现了有号码 i 的抽屉.（这个解是最优的，证明可看 [2].）

(2) 用置换群的相关概念描述，这个策略何时能成功? 由此计算其成功的概率.

9.3 子群

在上面的讨论中，大家看到 A_n 是 S_n 的子集，而且 A_n 在 S_n 的乘法下也构成一个群（9.2.3 命题）. 实际上，研究各种离散结构的一种重要方法就是考察满足相同定义的子结构的性质. 现在把这一情形列为概念：

9.3.1 定义 设 G 是群，如果 $\varnothing \neq H \subseteq G$ 在 G 的运算下也构成一个群，就称 H 是 G 的**子群**，记为 $H \leq G$.

9.3.2 注 用 $\leq$ 来记子群的关系是因为它是一个偏序关系，而且这种偏序关系很有趣（构成一种特殊的代数结构，称为**格**）. ♤

对每个群 G，都有 $G \leq G, \{1\} \leq G$，这两个群称为**平凡子群**，一般不是我们关心的内容.

9.3.3 例 (i) A_n 是 S_n 的子群；特殊线性群 $\mathsf{SL}_n(K)$ 是一般线性群 $\mathsf{GL}_n(K)$ 的子群；n 次单位根群是 $\mathbb{C} \setminus \{0\}$ 的子群.

(ii) 根据定义立刻得出，子群的交仍为子群：如果 H, K 都是群 G 的子群，则 $H \cap K \leq G$. ◇

有子群概念后，我们要问两个问题. 其一是更简单的子群判定方式——直接使用群的定义逐一验证还是比较繁琐. 其二是，如何找出某个群 G 的（所有）子群?

第一个问题较容易回答. 想象 H 作为子群,最重要的条件应该是 H 必须对乘法封闭和每个元素都有逆元. 如果有元素 $a, b \in H$,则 $ab, a^{-1}, b^{-1} \in H$,将几个条件合并写在一个表达式里得到:

9.3.4 定理 (子群判定定理) 设 G 为群, 非空集合 $H \subseteq G$, 则 $H \leq G$ 的充要条件是对任意的 $a, b \in H$ 都有 $ab^{-1} \in H$.

证明 必要性显然. 充分性则是按定义逐一验证. 取 $a \in H$, 则 $aa^{-1} = 1 \in H$. 进一步 $1a^{-1} = a^{-1} \in H$ 说明逆元存在. 最后 $a(b^{-1})^{-1} \in H$ 表明乘法封闭. 所以 $H \leq G$. □

9.3.5 例题 设 H, K 都是群 G 的子群,证明:$H \cup K \leq G$ 当且仅当 $H \subseteq K$ 或 $K \subseteq H$.

证明 充分性显然. 对于必要性,假设 $H \cup K \leq G$ 而 H, K 互不包含,则存在 $h \in H \backslash K, k \in K \backslash H$.

如果 $hk \in H$,那么 $k = h^{-1}hk \in H$,所以 $hk \notin H$. 同理可证 $hk \notin K$,故 $hk \notin H \cup K$. 但另一方面 h, k 在子群 $H \cup K$ 中,表明 $hk \in H \cup K$,矛盾. 所以 $H \subseteq K$ 或 $K \subseteq H$. □

第二个问题则较难给出简单的回答. 不过我们容易想到以子集为基础,**从底而上**构筑子群. 选定 G 的一个非空子集 S,它当然不一定是子群;但任何一个子群如果要包含 S,就必须包含 S 中元素在 G 中不断运算得到的所有元素:

$$H = \left\{ \prod_{i=1}^{k} s_i^{m_i} : s_i \in S, k \in \mathbb{Z}_{>0}, m_i \in \mathbb{Z} \right\}. \tag{9.3.1}$$

对于有限群,至少可以把所有的运算得到的元素添加进来得到群,所以添加的过程一定能在有限步内停下来,H 将是一个有限子群. 可以合理推测这样得到的集合 H 总是 G 的子群,而且是包含集合 S 的最小子群. 由此引出如下定义:

9.3.6 定义 设 S 为群 G 的非空子集,G 所有包含 S 的子群中最小的称为 S **生成**的子群,记为 $\langle S \rangle$. 若 $G = \langle S \rangle$,称 G 由 S 生成,S 称为**生成元集**;若 S 有限,则称 G **有限生成**.

9.3.7 注 可以看出,所有包含的 S 的子群中最小的就是这些子群的交 $\bigcap_{S \subseteq K \leq G} K$. 因为子群的交都是子群,所以 $\bigcap_{S \subseteq K \leq G} K$ 是包含 S 的子群. 它也是最小的,因为若存在包含 S 的子群 $M \subseteq \bigcap_{S \subseteq K \leq G} K$,则 M 也应该出现在右边的交中,因而 $M = \bigcap_{S \subseteq K \leq G} K$. ♤

上面的定义是**自上而下**的,以下我们证明前面的推测,生成子群也可以通过**自下而上**"不断运算得到所有元素"获得的.

9.3.8 命题 设 S 为群 G 的非空子集,H 的定义如式 (9.3.1),那么 $\langle S \rangle = H$.

证明 记 $L = \bigcap_{S \subseteq K \leq G} K$,根据 9.3.7 注只需要证明 $H = L$. 首先,任取子群 M 满足 $S \subseteq M \leq G$,因为 M 是子群,其运算是封闭的,所以 $H \subseteq M$,由 M 的任意性 $H \subseteq L$. 接下来只需要证明 H 是 G 的子群,这样结合 $S \subseteq H$ 立刻知道 $L \subseteq H$. 实际上,取 $a = \prod_{i=1}^{k} s_i^{m_i} \in H$ 和 $b = \prod_{j=1}^{\ell} t_j^{n_j} \in H$,那么 $ab^{-1} = s_1^{m_1} \cdots s_k^{m_k} t_\ell^{-n_\ell} \cdots t_1^{-n_1}$ 当然也是 H 中元素,根据子群判定定理 H 是子群. 综上,$H = L$. □

9.3.9 例 设 D_n 是二面体群，r 是其中一个旋转，s 是其中一个反映，则 $D_n = \langle r, s\rangle$. 事实上，由几何意义可以发现 $D_n = \{1, r, \ldots, r^{n-1}, s, sr, \ldots, sr^{n-1}\}$（参看习题 9.1.7）.

这说明 $\{r, s\}$ 是 D_n 的生成元集，而且它们满足条件

$$r^n = s^2 = 1, \quad srs^{-1} = r^{-1}. \tag{9.3.2}$$

可以证明，生成元和上式中的条件（称为**生成关系**）完全确定了 D_n，因此可以写

$$D_n = \langle r, s : r^n = s^2 = 1, srs^{-1} = r^{-1}\rangle.$$

D_n 的一个显见的子群是 $C_n = \{1, r, \ldots, r^{n-1}\}$，它由单个元素 r 生成，包含了全部的旋转. 至于求出 D_n 的全部子群，我们还要了解更多的技术才能较快解决. ◇

习题 9.3

1. 设 I 为指标集，$(H_i)_{i\in I}$ 为 G 的一族子群，证明：$\bigcap_{i\in I} H_i$ 也是 G 的子群.

2. 设群 G 有无穷子群升链 $H_1 \leq H_2 \leq \cdots$，证明：$\bigcup_{i=1}^{\infty} H_i \leq G$.

3. 设 G 为有限群，非空集合 $H \subseteq G$，证明：$H \leq G$ 的充要条件是对任意的 $a, b \in H$ 都有 $ab \in H$.

4. 证明：群的中心是该群的子群.

5. 设 G 是群，$H \leq G$，取定 $g \in G$，令 g 在 H 中每个元素都有共轭作用，得

$$gHg^{-1} \overset{\text{def}}{=} \{ghg^{-1} : h \in H\}.$$

证明：$gHg^{-1} \leq G$，称为 H 的**共轭子群**.

6. 证明下面两个群都是 D_4 的子群：(1) $\{1, r^2, s, sr^2\}$；(2) $\{1, r^2, sr, sr^3\}$.

7. (Dedekind 模律) 设 A, B, C 都是群 G 的子群，且 $A \subseteq B$，证明：$A(B \cap C) = B \cap AC$.（AC 的含义可参看式 (9.5.1).）

8. 假设有限群 G 的阶为 $n > 2$，证明：G 没有阶为 $n-1$ 的子群.

9. 证明：S_n 可由 $(1\ 2)$ 和 $(1\ 2\ \cdots\ n)$ 生成.

10. 设 H 是有理数加法群的子群，满足对任意的 $x \in H \setminus \{0\}$，$1/x \in H$，证明：H 是平凡子群，即是 $H = \{0\}$ 或者 $\mathbb{Q}$.

11. 称群 G 的子群 M 是**极大的**，如果它是 G 的真子群，而且对于任意的 $M \leq H \leq G$，或者 $H = M$，或者 $H = G$.

(1) 设 H 是有限群 G 的真子群，证明：存在一个 G 的极大子群 M，使得 $H \subseteq M$.

(2) 证明：在 D_n 中，C_n 就是一个极大子群.

9.4 阶与 Lagrange 定理

D_n 的子群 C_n 特别简单，它只由一个元素生成，这种群适合我们先来入手研究.

对于群 G 中的元素 g，按式 (9.3.1)，它生成的子群是

$$\langle g\rangle=\{g^n : n\in\mathbb{Z}\}.$$

这里我们把 $\langle\{g\}\rangle$ 简写为 $\langle g\rangle$. 这个群可能是有限群,因为不断计算 $g,g^2,\dots$,有可能像 $r\in C_n$ 一样最终得到幺元 1,再继续运算时就发生循环了.

9.4.1 定义 设 g 是群 G 中的元素,称最小的使 $g^n=1$ 的正整数 n 为 g 的**阶**,记为 $\mathrm{o}(g)$. 如果不存在这样的 n,就说 g 的阶是 ∞. 群中所有元素阶的最小公倍数(如果存在的话)称为其**方次数**,记为 $\exp G$.

在 g 的阶有限的情况下,$g^{\mathrm{o}(g)-1}$ 就是 g^{-1},所以不难想象计算 $g,g^2,\dots$ 直到算出幺元后就获得了 g 生成的子群中的全部元素.

9.4.2 定理 设群 G 中的元素 g 具有有限的阶,则

$$\langle g\rangle=\{1,g,g^2,\dots,g^{\mathrm{o}(g)-1}\}.$$

证明 任取 $g^i\in\langle g\rangle$,作带余除法 $i=j\cdot\mathrm{o}(g)+r$,则 $g^i=g^{j\cdot\mathrm{o}(g)+r}=g^r$,所以 $\langle g\rangle$ 中元素都表为 $g^i\,(0\le i<\mathrm{o}(g))$ 的形式. 另一方面,若 $g^i=g^j$,则 $g^{|i-j|}=1$,所以 $|i-j|\geqslant\mathrm{o}(g)$,于是当 $i,j<\mathrm{o}(g)$ 时 g^i,g^j 必两两不同,因此命题成立. □

不论 g 的阶是否有限,我们都把 $\langle g\rangle$ 称为 g 生成的**循环群**,上面的定理使得 $\langle g\rangle$ 的全部元素可被立刻列出(特别是有限群的情形). 如果 $G=\langle g\rangle$,则也把 G 称为循环群.

9.4.3 例 (i) 整数模 n 的完全剩余系在模 n 的加法下是一个循环群,记为 $\mathbb{Z}_n$ 或 $\mathbb{Z}/n\mathbb{Z}$,其生成元就是 1.

(ii) n 次单位根群也是循环群,它的生成元是 $\exp\dfrac{2\pi\sqrt{-1}}{n}$. ◇

阶具有丰富的数论背景,接下来考察阶的简单性质.

9.4.4 例题 设群中元素 a 的阶为 n,k 为正整数,证明:

(1) $a^m=1$ 当且仅当 $\mathrm{o}(a)\mid m$;

(2) $\mathrm{o}(a^k)=\dfrac{n}{\gcd(n,k)}$.

证明 第一问充分性显然. 必要性仍然是用到带余除法的方法,作 $m=q\times\mathrm{o}(a)+r\,(0\le r<\mathrm{o}(a))$,则 $1=a^m=a^r$,由阶的最小性得 $r=0$,表明 $\mathrm{o}(a)\mid m$.

考虑第二问. 设 $d=\gcd(n,k)$,$n=n_1d$,$k=k_1d$,注意 $\gcd(n_1,k_1)=1$. 一方面 $(a^k)^{n_1}=a^{n_1k_1d}=1^{k_1}=1$,于是 $\mathrm{o}(a^k)\mid n_1$;另一方面 $(a)^{k\cdot\mathrm{o}(a^k)}=1$,故 $n\mid k\times\mathrm{o}(a^k)$,即 $n_1\mid\mathrm{o}(a^k)$,所以 $n_1=\dfrac{n}{\gcd(n,k)}=\mathrm{o}(a^k)$. □

作为阶的一个应用,我们来导出一些和初等数论有关的结论.

9.4.5 例 设 $G=\langle g\rangle$ 是 n 阶循环群,现在问 d 阶元有几个?设 g^k 为 d 阶元,由前面例题的结论知 $d=\dfrac{n}{\gcd(n,k)}$,这等价于 $\gcd\left(d,\dfrac{kd}{n}\right)=1$,故满足条件的 k 有 $\phi(d)$ 个. 特别地,G 中生成元(等价

于阶为 n）恰有 $\phi(n)$ 个. 如果进一步结合下面的 Lagrange 定理，d 一定是 n 的因子，所以还导出

$$\sum_{d|n} \phi(d) = n. \tag{9.4.1}$$

（思考：这个式子应该如何直接使用数论知识证明？） ◇

利用式 (9.4.1) 我们可以得出一个重要的结论：

9.4.6 定理 当 n 为素数时，$\mathbb{Z}_n^*$ 为循环群.

证明 记 $g(d)$ 表示 $\mathbb{Z}_n^*$ 中阶 d 元素的个数. 如果存在阶 d 的元素 a，则其生成的 d 阶子群中的每个元素 x 都满足 $x^d = 1$. 另一方面，在 $\mathbb{Z}_n$ 中 $x^d = 1$ 的解却至多只有 d 个（回忆在高等代数课中学过的内容，如果读者忘记了的话，可以参考习题 10.3.6），故

$$\langle a \rangle = \{x \in \mathbb{Z}_n : x^d = 1\}.$$

特别的，$\mathbb{Z}_n^*$ 中所有的 d 阶元都在 $\langle a \rangle$ 中.

根据前例，循环群 $\langle a \rangle$ 中有 $\phi(d)$ 个 d 阶元，而且它们恰好是满足 $\gcd(k, d) = 1$ 的那些 a 的 k 次幂，从而 $g(d) = \phi(d)$ 或者 $g(d) = 0$. 又因为

$$|\mathbb{Z}_n^*| = n - 1 = \sum_{d|n-1} g(d) = \sum_{d|n-1} \phi(d),$$

其中第二个等号来源于 $g(d)$ 的定义和后面要提到的 Lagrange 定理，第三个等号依据式 (9.4.1). 这就迫使 $g(d) = \phi(d)$. 特别地 $g(n-1) = \phi(n-1) > 0$，所以 $\mathbb{Z}_n^*$ 是循环群. □

9.4.7 注 若模 n 的既约剩余系 $\mathbb{Z}_n^*$ 为循环群，则其生成元称为（模 n 的）**原根**，以上定理说明模素数一定有原根——其实可以证明模 n 有原根当且仅当 $n = 2, 4, p^k, 2p^k$，其中 p 为奇素数，k 为正整数 [3]. 另外不难看出若模 n 有原根，则原根恰有 $\phi(\phi(n))$ 个. ♤

9.4.8 例 对有限交换群，我们将元素按互为逆元配对，得到

$$\prod_{g \in G} g = \prod_{a \in G, \mathrm{o}(a)=2} a.$$

设 $\mathbb{Z}_n^*$ 为整数模 n 的既约剩余系的集合，利用 Bézout 等式容易看出它在模 n 乘法下构成一个群（习题 9.1.5）. 根据定理 9.4.6，当 n 为素数时，$\mathbb{Z}_n^*$ 为循环群，其中的 2 阶元有 $\phi(2) = 1$ 个，它就是 $n - 1$. 利用上式我们有

$$(n-1)! \equiv -1 \pmod{n},$$

这就是 **Wilson 定理**（参看习题 8.4.16）. ◇

一个有限群中的元素的阶可能取哪些值？回答这一问题就需要对群中元素的阶的性质作出进一步的刻画，首先需要导出关于子群性质的一个重要结果.

9.4.9 定义 设 G 为群, $H \le G, a \in G$, 称 $aH \overset{\text{def}}{=} \{ah : h \in H\}$ 为 H 的一个**左陪集**, $Ha \overset{\text{def}}{=} \{ha : h \in H\}$ 为 H 的一个**右陪集**.

9.4.10 注 a 称为**陪集代表元**. 请注意, 同一个陪集的代表元有多种不同选择方法, 只要 $a^{-1}b \in H$, 则 aH, bH 就是一回事. 设想某人对陪集作映射, 规定把 $aH \mapsto a, bH \mapsto b\,(a \ne b)$, 而实际上 $aH = bH$, 则这个定义就不构成映射(不是良定义). ♤

利用上述概念, 可以对群作**陪集分解**.

9.4.11 定理 设 G 为群, $H \le G$, 则 H 的任意两个左(右)陪集或者相等, 或者不交. 而且 G 可以表示为若干个不相交的左(右)陪集的并.

证明 设 $aH \cap bH \ne \varnothing$, 即存在 $h_1, h_2 \in H$ 满足 $ah_1 = bh_2$, 于是 $a = bh_2h_1^{-1} \in bH$, 从而 $aH \subseteq bH$. 同理 $bH \subseteq aH$, 故 $aH = bH$.

注意到 $a \in aH$, 故

$$G = \bigcup_{a \in G} aH.$$

因为陪集不是相等就是不交, 因此去掉那些相等的集合, 就得到不交并. □

下面的 Lagrange 定理是陪集分解导出的最重要结果之一. 如果没有陪集分解, 直接证明将是相当困难的.

9.4.12 推论 (Lagrange) 设 G 是有限群, $H \le G$, 则 $|H|$ 是 $|G|$ 的因子.

证明 首先注意到对每个陪集 aH, $H \longrightarrow aH : h \mapsto ah$ 是一个一一映射(消去律), 故 $|aH| = |H|$. 由陪集分解得到

$$|G| = \sum_{i=1}^{r} |a_iH| = r|H|,$$

其中 a_iH 两两不交. 因而 $|H|$ 必然是 $|G|$ 的因子. □

若我们称子群 H 在群中的不同陪集个数为 H 的**指数**, 记为 $[G : H]$, 则 Lagrange 定理可重述为 $|G| = |H|[G : H]$.

在针对阶和指数的论证中, 我们一般假设这些阶和指数都是有限的, 或者直接假设所讨论的群是有限群. 但对于无限的情况实际上这些结论大多也成立, 只需要将这些数值理解为基数, 关系理解为基数的运算(但不能写成除法)即可.

9.4.13 推论 设 G 是有限群, $K \le H \le G$, 则有**望远镜法则** $[G : K] = [G : H][H : K]$.

证明 设 G 对 H 的不相交陪集分解为

$$G = \bigcup_{i=1}^{n} g_iH, \quad n = [G : H],$$

H 对 K 的不相交陪集分解为

$$H = \bigcup_{i=1}^{m} h_i K, \quad m = [H : K],$$

于是有分解 $G = \bigcup_{i=1}^{n} \bigcup_{j=1}^{m} g_i h_j K$.

另一方面，若 $g_i h_j K = g_{i'} h_{j'} K$，则 $h_j^{-1} g_i^{-1} g_{i'} h_{j'} \in K$，于是 $g_i^{-1} g_{i'} \in h_j K h_{j'}^{-1} \subseteq H$. 所以 $g_i H = g_{i'} H$，这表明 $i = i'$. 进一步 $h_j^{-1} h_{j'} \in K$ 得到 $j = j'$. 这说明如果 $(i, j) \neq (i', j')$ 则 $g_i h_j K \neq g_{i'} h_{j'} K$，结合陪集不相等就是不相交知，这 mn 个陪集两两不交，恰有 mn 个陪集. □

9.4.14 例题 设 H, K 是有限群 G 的子群，证明：

$$|HK| = \frac{|H||K|}{|H \cap K|}.$$

HK 的含义可参看式 (9.5.1).

证明 仿照前面定理证明中的办法进行分解.

设 $L = H \cap K$，则 $L \leq H, K$. 设 L 在 H 的左陪集代表元集为 I，在 L 在 K 的右陪集代表元集为 J，有

$$HK = \bigcup_{x \in I} xL \bigcup_{y \in J} Ly = \bigcup_{(x,y) \in I \times J} xLy.$$

设 $xLy \cap x'Ly' \neq \varnothing$，则 $xl_1y = x'l_2y'$，即 $(x')^{-1}xl_1 = l_2y'y^{-1} \in H \cap K = L$，注意 $(x')^{-1}x, y'y^{-1}$ 是陪集代表元而它们都是 L 中元素，故 $x' = x, y = y'$. 这说明上述分解是不交并. 易见 $|xLy| = |L|$，从而

$$|HK| = |I||J||L| = |H \cap K| \frac{|H|}{|H \cap K|} \frac{|K|}{|H \cap K|},$$

整理即得结论. □

9.4.15 推论 设 G 是有限群，G 中元素的阶一定是 $|G|$ 的因子，且对任意的 $a \in G, a^{|G|} = 1$.

证明 阶 s 的元素 a 生成阶 s 的循环子群，故由 Lagrange 定理 $s \mid |G|$. 设 $|G| = sd$，则 $a^{|G|} = (a^s)^d = 1^d = 1$. □

9.4.16 例 (i) 在群 $\mathbb{Z}_n^*$ 上运用 9.4.15 推论立刻重新得到**欧拉定理** $a^{\phi(n)} \equiv 1 \pmod n$.

(ii) 由 Lagrange 定理，素阶群的子群都是平凡的. 取 $G \ni g \neq 1$，则 $\langle g \rangle$ 是一个子群，其阶又不是 1，从而必为 G. 所以，素阶群一定是循环群. ◇

现在，我们可以找出循环群的所有子群了.

9.4.17 定理 设 $G = \langle g \rangle$ 是循环群，则其一切子群都是循环群. 无限循环群的全部子群是 $\{\langle g^t \rangle : t \in \mathbb{Z}_{\geqslant 0}\}$，$m$ 阶循环群的全部子群是 $\{\langle g^{\frac{m}{d}} \rangle : d \mid m\}$.

证明 设 $H \leq G$，若 $H = \{1\}$，则情形平凡. 若子群 $H \neq \{1\}$，则 $S = \{t \in \mathbb{Z}_{>0} : g^t \in H\} \neq \varnothing$，故可取 $t = \min S$. 断言 $H = \langle g^t \rangle$. 显然 $\langle g^t \rangle \subseteq H$. 取 $g^n \in H$，作带余除法 $n = qt + r$，于是 $g^r \in H$，根据 t 的取法知 $r = 0$，因而 $H \subseteq \langle g^t \rangle$. 所以循环群的子群都是循环群.

对于无限循环群,因为 g 的任意次方幂都不同,故 $\langle g^t\rangle$ 都是无限循环群;显然对每个 $t\in\mathbb{Z}_{\geqslant 0}$,$\langle g^t\rangle$ 都是一个子群. 这就是无限循环群的所有子群.

对有限循环群,由 Lagrange 定理知道其子群必然是 $d\mid n$ 阶的. 设 $H=\langle g^t\rangle$ 为 d 阶循环群. 由 9.4.4 例题知道 $d=\dfrac{n}{\gcd(n,t)}$,即 $\dfrac{n}{d}\mid t$,故 $H\subseteq\langle g^{\frac{n}{d}}\rangle$,后者显然是一个 d 阶子群,所以 $H=\langle g^{\frac{n}{d}}\rangle$. 这就是有限循环群的所有子群. □

习题 9.4

1. 设 G 的阶为偶数,证明:G 中必有一个阶为 2 的元素.

2. 设 $\sigma\in S_n$ 分解为长为 $k_1,\ldots,k_r$ 的轮换,证明:$\mathrm{o}(\sigma)=\mathrm{lcm}(k_1,\ldots,k_r)$;并问:$S_7$ 中有几个阶 15 的置换? S_8 中呢?

3. 设群 G 中元素 a,b 可交换:$ab=ba$,且 $\mathrm{o}(a),\mathrm{o}(b)$ 为互素的正整数. 证明:$\mathrm{o}(ab)=\mathrm{o}(a)\mathrm{o}(b)$,并举例说明交换和互素的条件缺一不可;推广你的结论到 $\mathrm{o}(a),\mathrm{o}(b)$ 不互素的情形.

4. 设 g,x 是群中元素,证明 $\mathrm{o}(x)=\mathrm{o}(gxg^{-1})$,由此导出对任意的 $a,b,\mathrm{o}(ab)=\mathrm{o}(ba)$.

5. (1) 设 G 为交换群,证明:G 中所有阶有限的元素构成一个子群.

(2) 举反例说明对非交换群前一问的命题不一定成立,并尝试给提出的反例作一个形象的直觉解释.

提示 [4] 提供了一个可能的简洁答案.

6. 设 G 为 2024 阶群,整数 $1\leq k\leq 2024$,试问对每个 $x\in G$,满足方程 $y^k=x\,(y\in G)$ 有且只有一个解的 k 有多少个?

7. 设 g 是群 G 中的元素,其阶为正整数 $n=rs$,其中 r,s 为互素的正整数. 证明:存在 $g_1,g_2\in G$ 使得 $g_1^r=g_2^s=1$ 而且 $g_1g_2=g_2g_1=g$.

8. 设 H,K 是 G 的子群,证明:$H\cap K$ 的陪集都可表成 H,K 陪集的交,进一步若 H,K 的指数有限,则 $H\cap K$ 的指数也有限.

9. 设 H,K 是群 G 的子群,**双陪集**

$$HgK \overset{\text{def}}{=} \{hgk:\ h\in H,k\in K\}.$$

证明:群 G 可作不交的双陪集分解.

10. 设 H,K 是群 G 的子群,二者具有有限且互素的阶,证明:$H\cap K=\{1\}$.

11. 求循环群 $\mathbb{Z}_{49000}$ 的全部生成元.

12. 设 p 为素数,S_p 为 p 元集合上的置换群. 求 S_p 中 p 阶子群的个数.

13. 设 H,K 为群 G 的子群,满足 $[G:H]=m,[G:K]=n$(G 不一定是有限群),证明:$\mathrm{lcm}(m,n)\leq[G:H\cap K]\leq mn$,特别地当 m,n 互素时,$[G:H\cap K]=mn$.

14. (1) 确定无限循环群的全部极大子群(概念参看习题 9.3.11).

(2) 证明:有限群 G 有唯一的极大子群当且仅当 G 为循环群且其阶数为素数的幂.

15. 证明:有理数加法群 $\mathbb{Q}$ 不是循环群,但它的任何有限生成的子群都是循环群.

16. 设想有无数张卡片,每张卡片上写有 1 个自然数(可能有些自然数被重复写了多次也可能有些自然数一次也没有写). 已知对任意一个自然数 m,写有 m 的因数的卡片恰好有 m 张,证明:对每一个自然数 n,至少有一张卡片上写了这个数.

9.5　同态与同构

许多群具有相似性. 比如，如果把 D_3 中的变换视为三个点 1、2、3 的一个置换，那么 D_3 可以视为 S_3 的子群. 又因为 $|S_3| = |D_3|$，所以 D_3, S_3 应该是同一回事.

同态和同构描述了"两个群相似或一样"的直观，它们能帮助我们建立各种群之间的关系，透过群的表象观察到本质，是极为重要的工具.

9.5.1 定义　设 G, H 是两个群，映射 $\sigma: G \longrightarrow H$ 称为**同态**，如果它保运算：

$$\forall x, y \in G, \quad \sigma(x)\sigma(y) = \sigma(xy).$$

如果同态 σ 是单射，就称它是**单同态**（或者**嵌入**，用 $\hookrightarrow$ 记）；如果它是满射，就称它是**满同态**；如果它是双射，就称它是**同构**，此时写 $G \cong H$，称为 G 同构于 H.（这几个附加的单、满等概念对所有代数结构的同态都是一样的，以后就不重复了.）

9.5.2 例　(i) 群 G 到自身的同构映射称为**自同构**，可看出所有自同构（在映射复合下）构成一个群，记为 $\mathrm{Aut}(G)$.

(ii) $U_n \cong \mathbb{Z}_n$，因为我们可以把 $\exp \dfrac{2\pi\sqrt{-1}}{n} k \mapsto k$.

(iii) 因为 $D_3 = \langle r, s\rangle$，令 $\sigma(r) = (1\ 2\ 3), \sigma(s) = (1\ 2)$，则 σ 是 $D_3 \longrightarrow S_3$ 的一个同构映射（你也可以去验证 $(1\ 2\ 3)$ 和 $(1\ 2)$ 满足 D_3 的定义关系）. 又如，恒可以写 $D_n \hookrightarrow S_n\ (n \geqslant 3)$.

由 (ii)、(iii) 我们可以总结出：决定同构映射可以归结为决定生成元之间的对应关系.　◇

同构是群之间的等价关系，利用它可以给群**分类**. 给群分类是群论中的一个基本问题. 比如，可以证明比 $D_3 \cong S_3$ 更深入的结果. 6 阶群只有两种：如果它是交换群，则它和 $\mathbb{Z}_6$ 同构；否则它和 S_3 同构. 又如，4 阶群也只有两种，如果其中有 4 阶元，则它和 $\mathbb{Z}_4$ 同构，否则它和 K_4 同构.

现在具体看同态是如何把两个群的运算联系在一起的.

由于同态保运算，所以只根据群中运算定义的结构和性质在同态下会得到保留. 例如，设 $\sigma: G \longrightarrow H$ 是群同态，则 G 的每个子群 K 的像 $\sigma(K)$ 也是 H 的子群. 幺元 1_G 的像也是 H 的幺元，因为 $\sigma(1_G)\sigma(1_G) = \sigma(1_G)$，两边左乘 $\sigma(1_G)^{-1}$ 即得.

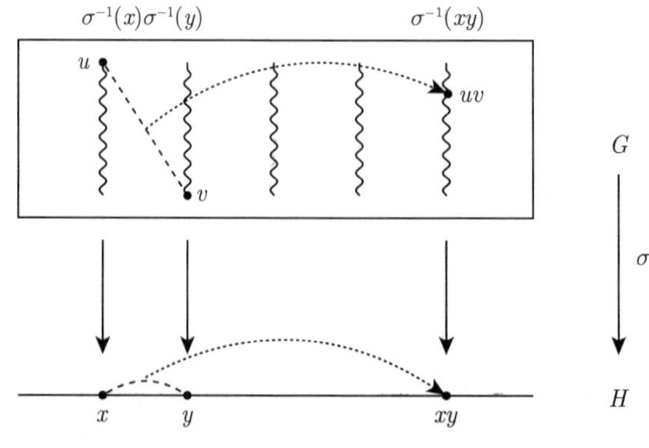

图 9.2　同态和商集

反过来,如果 H 中有两个元素 x,y,二者的运算 xy 在 G 中应当对应什么? 考虑原像 $\sigma^{-1}(x)$,它是像相同的元素的集合,在同态中亦称为**纤维**. 观察图 9.2,每一个 H 中的元素都对应一条一条的纤维,任取 $u\in\sigma^{-1}(x), v\in\sigma^{-1}(y)$,则一定有 $uv\in\sigma^{-1}(xy)$. 这暗示我们 H 中的运算在 G 中对应 $\sigma^{-1}(x)\sigma^{-1}(y)=\sigma^{-1}(xy)$.

首先要找出这些纤维的全体,才能考虑运算问题. 1 的原像在这里发挥作用.

9.5.3 定义 设 $\sigma: G\longrightarrow H$ 是同态,称 $\{g\in G: \sigma(g)=1_H\}$ 为**同态核**,记为 $\ker\sigma$.

9.5.4 注 (i) $\sigma(G)$ 称为**同态像**,记为 $\operatorname{im}\sigma$. 易见 φ 是单同态当且仅当 $\ker\sigma=\{1\}$,是满同态当且仅当 $\operatorname{im}\sigma=H$.

(ii) 同态核是 G 的子群. 事实上, 设 $a,b\in\ker\sigma$, $\sigma(ab^{-1})=\sigma(a)\sigma(b^{-1})=1\cdot 1^{-1}=1$, 故 $ab^{-1}\in\ker\sigma$. ♤

9.5.5 例 考虑置换群 S_n 的子群 G,映射 $\operatorname{sgn}: G\to\{0,1\}$(这里群 $\{0,1\}$ 中的运算是模 2 加法)

$$\operatorname{sgn}(\sigma)=\begin{cases}0 & \sigma\text{ 是偶置换},\\ 1 & \sigma\text{ 是奇置换},\end{cases}$$

是同态,同态核是 $G\cap A_n$. ◇

设 $\sigma: G\longrightarrow H$ 是同态, $\ker\sigma=K$,我们断言左陪集 aK 给出了在该同态下像为 $\sigma(a)$ 的一切元素:若 $x\in aK$,则存在 k 使得 $x=ak$,故 $\sigma(x)=\sigma(a)\sigma(k)=\sigma(a)$;若 $\sigma(x)=\sigma(a)$,两边左乘 $\sigma(a)^{-1}=\sigma(a^{-1})$ 得 $\sigma(a^{-1}x)=1$,这说明 $a^{-1}x\in K$,即 $x\in aK$. 同理可证右陪集 Ka 也给出了像为 $\sigma(a)$ 的一切元素.

总之,同态核的陪集给出了 σ 下的全部纤维,也给 G 中元素按像的不同作了一个划分. 于是要尝试在陪集的全体 $\{gK: g\in G\}$ 上作运算:$(g_1K)(g_2K)$. 在这里集合相乘的含义就是按元素相乘

$$AB\overset{\text{def}}{=}\{ab: a\in A, b\in B\},\quad A^{-1}\overset{\text{def}}{=}\{a^{-1}: a\in A\}. \tag{9.5.1}$$

插一句,利用这样的记号,则 H 是子群当且仅当 $HH^{-1}=H$,这样书写起来较为容易.

9.5.6 例题 设 G 是群,$H,K\leq G$,则 $HK\leq G$ 的充要条件是 $HK=KH$.

证明 按定义操作即可. 因为 H,K 为子群, 故 $H=H^{-1},K=K^{-1}$. 若 $HK=KH$, 则 $(HK)(HK)^{-1}=HKK^{-1}H^{-1}=HKH^{-1}=KHH^{-1}=KH=HK$,故 $HK\leq G$. 若 $HK\leq G$, 则 $HK=(HK)^{-1}=K^{-1}H^{-1}=KH$. □

回到同态核陪集的乘法上来. 根据前面的讨论,aK 和 Ka 都给出了像为 $\sigma(a)$ 的集合,所以 $(g_1K)(g_2K)=g_1KKg_2=g_1Kg_2=g_1g_2K$,即 $(g_1K)(g_2K)$ 客观地等于 g_1g_2K. 这是一个很好的性质,如此一来 $\{gK: g\in G\}$ 的运算和 G 中乘法差不多,结合律自然成立,幺元是 K,逆元 $(gK)^{-1}=g^{-1}K$,就成为一个群了.

我们把陪集的全体 $\{gK: g\in G\}$ 在按代表元相乘的运算下构成的群称为 G 模 K 的**商群**,记为 G/K. 因为幺元是 K,所以可以形象地说商群是把某个同态核"坍缩"成 1 得到的.

9.5.7 注 由 Lagrange 定理立得,$|G|=|G/K||K|$. ♤

9.5.8 例 设 $G = \langle g \rangle$ 是 n 阶循环群,考虑同态 $\mathbb{Z} \longrightarrow G : a \mapsto g^a$,则同态核

$$K = \{a \in \mathbb{Z} : g^a = 1\},$$

根据 9.4.4 例题的结果,$K = \{a \in \mathbb{Z} : n \mid a\} = \{\dots, -2n, -n, 0, n, 2n, \dots\}$.

在这里,$\mathbb{Z}$ 中运算写为加法,选定整数 $x \in \mathbb{Z}$,陪集

$$x + K = \{\dots, -2n + x, -n + x, 0 + x, n + x, 2n + x, \dots\} = \{m \in \mathbb{Z} : m \equiv x \pmod n\}.$$

所以,这里商群的加法就是模 n 的加法,可以说 $\mathbb{Z}/K \cong \mathbb{Z}_n$. ◇

线性空间中任何一个子空间都可以构作商空间,但是在群中,只有像同态核这样的子群才可以构作商群. 构作关于子群 H 的商群需要满足乘法 $(g_1H)(g_2H) = g_1g_2H$,之前是由左右陪集相等导出的;可以证明,只要满足这样的乘法性质,则 H 的左右陪集一定是相等的(看习题 9.5.8). 我们把这个性质总结成下面的定义.

9.5.9 定义 设 G 为群,$H \leq G$. 称 H 为**正规子群**,如果对任意的 $a \in G$ 都有 $aH = Ha$,记为 $H \lhd G$.

9.5.10 注 由定义立刻看出,交换群中每个子群都是正规子群;H 为 G 正规子群的充要条件是对每个 $g \in G, h \in H, ghg^{-1} \in H$. ♤

尽管之前对商群的定义是由同态核的讨论导出的,但现在只要挑选一个正规子群就可以构作商群了.

而且,正规子群和同态核是"同一件事". 我们已经知道同态核都是正规子群,而反过来,任取一个 $N \lhd G$,只需要考虑**典范同态**

$$G \longrightarrow G/N : g \mapsto gN,$$

这同态的核恰好是 N.

9.5.11 例 特殊线性群是一般线性群的正规子群,因为它是同态 $\mathrm{GL}_n(F) \longrightarrow F : A \mapsto \det A$ 的核. ◇

总而言之,我们可以从群同态的角度观察群的结构. 给出 $G \longrightarrow H$ 的一个同态,就将二者之间的运算联系在一起,H 中的运算对应于 G 的某个商群的运算. 这一过程的等价描述是直接选择 G 的一个正规子群,然后商掉它.

得到以上概念后,我们就可以介绍**同构定理**了. 它们一般地指出了一些群同构的规律,是威力强大的武器. 证明这些定理所使用的方法也是我们需要掌握的.

第一同构定理描述了图 9.2 的直观,纤维作为一个商群和同态像(如果同态是满的,则就是 H)完全是一件事.

9.5.12 定理 (第一同构定理) 设 $\varphi : G \longrightarrow H$ 为群同态,则 $G/\ker\varphi \cong \operatorname{im}\varphi$.

证明 设 $\ker\varphi = K$,考虑映射 π

$$G/K \longrightarrow \operatorname{im}\varphi:\ aK \mapsto \varphi(a).$$

首先要验证该映射是良定义的,即不依赖于陪集代表元的选取(9.4.10 注). 事实上,因为核的陪集 aK 恰给出了像相同的所有元素,故这定义合法,而且映射是单射. 由定义知映射是满射. 故 π 是双射.

而 $\pi(aK)\pi(bK) = \varphi(a)\varphi(b) = \varphi(ab) = \pi(aKbK)$, 从而 π 为一个同态. 结合它是双射得到 $G/\ker\varphi \cong \operatorname{im} G$. □

9.5.13 注 第一同构定理又叫**同态基本定理**,其根本思想是"按像分类",和习题 1.3.5 类似. 另外,因为正规子群都是同态核,所以第一同构定理还可以形象地理解为:若 $N \lhd G$,则 $G \approx N \times G/N$(注意这里的 $\times$ 是陪集乘法),商去一个正规子群可以简化群的结构. ♤

我们来回顾 9.5.8 例中的同态并应用同态基本定理. 之前说过,如果 $G = \langle g\rangle$ 是一个循环群,则

$$\mathbb{Z} \longrightarrow \langle g\rangle:\ n \mapsto g^n$$

是一个满同态,同态核 $K = \{n \in \mathbb{Z} : g^n = 1\}$. 如果 G 是有限循环群,9.5.8 例的计算已经告诉我们 $\mathbb{Z}/K \cong \mathbb{Z}_n$,所以由同态基本定理 $G \cong \mathbb{Z}_n$.

若 $|G| = \infty$,则必有 $K = \{0\}$. 假如不然,即除此之外还存在正整数 n 使得 $g^n = 1$,则由 9.4.2 定理 $|G| < \infty$,矛盾. 于是此时 $G \cong \mathbb{Z}$. 总之我们证明了:

9.5.14 定理 (循环群分类定理) 无限循环群都同构于整数加群 $\mathbb{Z}$,有限循环群都同构于模某个 n 的完全剩余系 $\mathbb{Z}_n$.

所以,无限循环群都互相同构,有限循环群相互同构等价于二者有相同的阶.

还有几个同构定理,它们都是上述第一定理的直接推论,读者不妨先自己试试写出证明(其他代数结构中也有类似定理,之后将省略具体的证明).

9.5.15 定理 (第二同构定理) 设 G 为群,若 $N \lhd G, H \le G$,则 $H \cap N \lhd H, N \lhd NH \le G$,且 $NH/N \cong H/(H \cap N)$.

证明 注意

$$NH = \bigcup_{h\in H} Nh = \bigcup_{h\in H} hN = HN,$$

故 $NH \le G, N \lhd NH$.

考虑映射 π

$$H \longrightarrow NH/N:\ h \mapsto hN.$$

$\ker\pi = \{h \in H : hN = N\} = H \cap N$,注意 $NH = HN$ 即得 $\operatorname{im}\pi = NH/N$. 易验证这是同态. 故由第一同构定理得 $NH/N \cong H/(H \cap N)$,于是 $H \cap N \lhd H$. □

9.5.16 定理 (第三同构定理) 设 G 为群,N, M 为 G 的正规子群且 $N \le M$,则 $G/M \cong (G/N)/(M/N)$.

证明 考虑映射 π

$$G/N \longrightarrow G/M:\ gN \mapsto gM.$$

由 $N \leq M$ 得映射良定义. $\ker \pi = \{gN \in G/N : gM = M \ (\iff g \in M)\} = M/N$, $\operatorname{im} \pi = G/M$. 易验证这是同态. 故由第一同构定理得 $G/M \cong (G/N)/(M/N)$, M/N 是 G/N 的正规子群. □

习题 9.5

1. 设 G 为群,考虑 G 上的运算:$a \star b = ba$,它连同 G 的元素构成群 G^{op},称为 G 的**相反群**.

(1) 验证:G^{op} 是群.

(2) 证明:G 与 G^{op} 同构.

2. 设 G 为有限群,$N \lhd G$, $|N|$, $|G/N|$ 互素. 证明:若 a 的阶整除 $|N|$,则 $a \in N$. 利用这一结论证明 A_4 没有 6 阶子群.

3. 设 G 为有限群,$N \lhd G$, $|N|$, $|G/N|$ 互素. 证明:N 是唯一的阶 $|N|$ 的子群.

4. 证明:正实数乘法群 $(\mathbb{R}_{>0}, \times)$ 是非零实数乘法群 $(\mathbb{R}^*, \times)$ 的正规子群,并求出这个子群的指数.

5. 证明:指数为 2 的子群必为正规子群.

6. 设 Z_G 是群 G 的中心,证明:$Z_G \lhd G$ 而且 G/Z_G 循环能推出 G 交换.

7. 设 G 为群,$N = \langle xyx^{-1}y^{-1} \mid x, y \in G \rangle$ 称为**换位子群**. 证明:$N \lhd G$ 且 G/N 是交换群.

8. 设 G 是群,$H \leq G$,证明:H 是正规子群当且仅当其陪集相乘还是陪集.

9. 确定对称群 S_n 到二阶群 μ_2 的所有同态.

10. 假设有限循环群的 G 的阶为 n,考虑映射 $f : x \mapsto x^m$,证明:f 为自同构当且仅当 $\gcd(m, n) = 1$.

11. 设 $G \leq S_n$,证明:若 G 中有奇置换,则其中奇置换和偶置换的数目相等.

12. 定义 $\mathrm{SO}(3) \stackrel{\mathrm{def}}{=} \{A \in \mathrm{SL}_3(\mathbb{R}) : A^{\top}A = I_3\}$ 以及 $\mathrm{SU}(2) \stackrel{\mathrm{def}}{=} \{A \in \mathrm{SL}_2(\mathbb{C}) : A^{\dagger}A = I_2\}$,其中 $A^{\dagger}$ 是 A 转置之后每个元素取共轭得到的矩阵,I_n 表示 n 阶单位方阵. 证明:$\mathrm{SU}(2)/\{\pm I_2\} \cong \mathrm{SO}(3)$.(这一结果在量子计算中表明量子门操作可以被描绘成三维空间的旋转.)

13. 证明:除零同态外,不存在从 $(\mathbb{Q}, +)$ 到 $(\mathbb{Z}, +)$ 的同态映射.

14. 设 G 是群,证明下面两个命题:

(1) $x \mapsto x^{-1}$ 是 $G \longrightarrow G$ 的自同构当且仅当 G 是交换群.

(2) 若 $x \mapsto x^3$ 是 $G \longrightarrow G$ 的自同构,则 G 是交换群.

15. 设 σ 为 G 出发的群同态,$H \leq G$, $K = \ker \sigma$,证明:$\sigma^{-1}(\sigma(H)) = HK \leq G$.

16. 设 $\sigma : G \longrightarrow H$ 为群同态,H 为交换群. G 的子群 N 满足 $N \subseteq \ker \sigma$,证明:$N \lhd G$.

17. 设 H_1, H_2 是群 G 的子群,其正规子群 $N \subseteq H_1 \cap H_2$,证明:

$$(H_1/N) \cap (H_2/N) \cong (H_1 \cap H_2)/N.$$

18. 设 H_1, H_2 是群 G 的子群,$N_1 \lhd H_1$, $N_2 \lhd H_2$,证明:

$$[N_1(H_1 \cap H_2)]/[N_1(H_1 \cap N_2)] \cong (H_1 \cap H_2)/[(H_1 \cap N_2)(N_1 \cap H_2)].$$

19. 设有限交换群 G 的阶为 n,素数 $p \mid n$,证明:G 有 p 阶子群(p 阶元).(请直接证明,不得引用有限群理论中更深入的其他定理.)

20. 证明:$D_n\ (n \geqslant 3)$ 的全部子群是:

(1) 循环群 $C_{\frac{n}{d}} = \langle r^d \rangle\,(d \mid n)$;
(2) 二面体群 $D_{\frac{n}{d}} = \langle r^d, r^i s \rangle\,(d \mid n, 0 \le i \le d-1)$.
其中用 r, s 表示 D_n 的生成元, 即旋转和反映. 提示 注意 $\langle r \rangle \lhd D_n$, 设 $H \le D_n$, 讨论同态 $\varphi\colon H \hookrightarrow D_n \longrightarrow D_n/\langle r \rangle$ 的同态核并分类讨论,可以分析阶或者应用同构定理 [5].

9.6 群的直积

在这一节,我们介绍(但不证明)有限交换群结构定理,它在同构意义下对有限交换群作出了完整的分类.

叙述该定理之前,首先要用到群的直积的概念. 直积的概念可帮助我们构造更大的群或者对较大的群进行分解.

9.6.1 定义 设 G_1, G_2 是群, 在 $G_1 \times G_2$ 上定义运算 $(g_1, g_2)(g_1', g_2') \overset{\text{def}}{=} (g_1g_1', g_2g_2')$, 得到的群称为 G_1 和 G_2 的**直积**. G_1, G_2 称为**直积因子**.

可以将两个群的直积推广到任意有限多个群的直积的情形.

不难看出直积的一些性质,例如交换群的直积仍然是交换群,有限群的直积的阶等于每个直积因子的阶的积,群的直积中保留子群和正规子群的性质等.

9.6.2 例题 设 G, H 分别为 m, n 阶循环群,证明:$G \times H$ 为循环群的充要条件是 $\gcd(m, n) = 1$.

证明 $|G \times H| = mn$,所以它为循环群等价于存在 mn 阶元. 设 $G = \langle g \rangle, H = \langle h \rangle$. 考虑 $|G \times H|$ 中 $x = (g^a, h^b)$ 的阶. 注意 $x^{\operatorname{lcm}(m,n)} = (1, 1)$,故 $\operatorname{o}(x) \mid \operatorname{lcm}(m, n)$,即 $\operatorname{o}(x) \le \operatorname{lcm}(m, n) \le mn$,因此若 $\gcd(m, n) \ne 1$ 则 $G \times H$ 非循环. 另一方面 $\gcd(m, n) = 1$ 时,易证 $\operatorname{o}((g, h)) = mn$,故为循环群. □

可以从两个群出发通过直积得到新的群. 能否将一个群分解为其两个子群的直积? 形式地说,这就是希望有 $G \cong H \times K$,其中 H, K 为群 G 的子群. 这种情况也可以简记为 $G = H \times K$. 下面给出了一个判据:

9.6.3 定理 设 H, K 为群 G 的子群,若
(i) $G = HK$,
(ii) $H \cap K = \{1\}$,
(iii) H, K 中元素可交换,即 $\forall h \in H, \forall k \in K, hk = kh$,
则 $G \cong H \times K$,此时称 G 是 H, K 的**内直积**.

证明 考虑映射 $H \times K \xrightarrow{\sigma} G\colon (h, k) \mapsto hk$. 设 $h_1k_1 = h_2k_2$,则 $H \cap K \ni h_2h_1^{-1} = k_2k_1^{-1} = 1$,故 σ 是单射. 满射由 (i) 显然. 而 $\sigma((h_1, k_1))\sigma((h_2, k_2)) = h_1k_1h_2k_2 = h_1h_2k_1k_1 = \sigma((h_1h_2, k_1k_2))$,故 σ 是同构. □

9.6.4 注 容易验证,如果 (i)(iii) 同时成立,则 H, K 都是 G 的正规子群. 故 (iii) 也可以删去,并要求 H, K 都是正规子群. 条件 (i)(ii) 保证了 G 中元素都可以唯一表成 hk 的形式. 所以内直积也可视为 G 中元素被子群 H, K 中元素唯一分解. ♤

下面决定所有的有限交换群. 简单地说,所有的有限交换群都可以唯一地分解为循环群的直积. 我们不加证明地给出如下结论:

9.6.5 定理 (有限交换群结构定理,初等因子) 设 G 是有限交换群,其阶有标准分解 $|G| = p_1^{e_1} \cdots p_s^{e_s}$,则

$$G \cong \prod_{i=1}^{s} \left(\mathbb{Z}_{p_i^{\ell_{i1}}} \times \mathbb{Z}_{p_i^{\ell_{i2}}} \times \cdots \times \mathbb{Z}_{p_i^{\ell_{ik_i}}} \right),$$

其中 $\ell_{ij}\,(1 \le j \le k_i)$ 为正整数,满足 $\ell_{i1} \le \ell_{i2} \le \cdots \le \ell_{ik_i}, \sum_{j=1}^{k_i} \ell_{ij} = e_i$. 多重集合

$$\{p_1^{\ell_{11}}, p_1^{\ell_{12}}, \dots, p_1^{\ell_{1k_1}}, \dots, p_s^{\ell_{s1}}, p_s^{\ell_{s2}}, \dots, p_s^{\ell_{sk_s}}\}$$

由 G 唯一确定,称为 G 的**初等因子**.

依据 9.6.2 例题的结论,还可以将初等因子分解进一步简化. 我们在初等因子中,每次从每个素因子中取出一个来,将它们对应的直积化简为一个循环群. 形式言之,设 $k = \max\{k_1, \dots, k_s\}$,取

$$\begin{aligned}
d_k &= p_1^{\ell_{1k_1}} p_2^{\ell_{2k_2}} \cdots p_s^{\ell_{sk_s}}, \\
d_{k-1} &= p_1^{\ell_{1(k_1-1)}} p_2^{\ell_{2(k_2-1)}} \cdots p_s^{\ell_{s(k_s-1)}}, \\
&\cdots\cdots \\
d_1 &= p_1^{\ell_{1(k_1-k+1)}} p_2^{\ell_{2(k_2-k+1)}} \cdots p_s^{\ell_{s(k_s-k+1)}}.
\end{aligned}$$

其中约定 $\ell_{ij} = 0$,如果 $j \le 0$;则分类定理可重述为

9.6.6 推论 (有限交换群结构定理,不变因子) 设 G 是有限交换群,其阶有标准分解 $|G| = p_1^{e_1} \cdots p_s^{e_s}$,则

$$G \cong \mathbb{Z}_{d_1} \times \cdots \times \mathbb{Z}_{d_k}.$$

其中 $d_1 \mid d_2 \mid \cdots \mid d_k, d_1 d_2 \cdots d_k = n$,由 G 唯一确定,称为 G 的**不变因子**.

由于有限循环群的直积都是有限交换群,因此对给定的 n,取遍每个合法的初等因子或是不变因子就构造了出了全部 n 阶有限交换群,这样我们就实现了所有有限交换群的分类工作.

9.6.7 例题 定出所有的 1500 阶交换群.

解 由于 $1500 = 2^2 \cdot 3 \cdot 5^3$,所以分类如表 9.1 所示.

表 9.1 1500 阶交换群的结构

初等因子	不变因子	直积分解
$\{2, 2, 3, 5, 5, 5\}$	$\{5, 10, 30\}$	$\mathbb{Z}_5 \times \mathbb{Z}_{10} \times \mathbb{Z}_{30}$
$\{2^2, 3, 5, 5, 5\}$	$\{5, 5, 60\}$	$\mathbb{Z}_5 \times \mathbb{Z}_5 \times \mathbb{Z}_{60}$
$\{2, 2, 3, 5, 5^2\}$	$\{10, 150\}$	$\mathbb{Z}_{10} \times \mathbb{Z}_{150}$
$\{2^2, 3, 5, 5^2\}$	$\{5, 300\}$	$\mathbb{Z}_5 \times \mathbb{Z}_{300}$
$\{2, 2, 3, 5^3\}$	$\{2, 750\}$	$\mathbb{Z}_2 \times \mathbb{Z}_{750}$
$\{2^2, 3, 5^3\}$	$\{1500\}$	$\mathbb{Z}_{1500}$

表中分别写出了所有六种 1500 阶交换群以及其直积分解. □

习题 9.6

1. 设 G, H 都是有限群且 $G \times H$ 为循环群,证明:G, H 都是循环群且二者的阶互素.

2. 设 $H, K \lhd G, H \cap K = \{1\}$,证明:$H, K$ 中的元素可交换(参看 9.6.3 定理及其注).

3. 设 H, K 是有限群 G 的两个非空子集,证明:

(1) 若 H, K 是正规子群,且 $[G : H], [G : K]$ 互素,则 $G = HK$;

(2) 若 $|H| + |K| > |G|$,则 $G = HK$.

4. 设 H, K 是群 G 的正规子群,满足 $G = HK$,证明:$G/(H \cap K) \cong G/H \times G/K$.

5. 写出 n 个子群内直积的定义,叙述并证明类似 9.6.3 定理的判定命题.

6. 设群 G 是 G_1, G_2 的内直积,且 $G_1, G_2 \neq G$.

(1) 证明:G_1 是 G 的正规子群,且 $G/G_1 \cong G_2$.

(2) 证明:$G \neq G_1 \cup G_2$.

7. 设 A, B, C 是群,$A \times B \cong A \times C$,是否一定有 $B \cong C$? 证明之或者举出反例. 假设 A, B, C 都是有限群,再次回答这一问题.

8. (1) 证明:$\mathrm{Aut}(\mathbb{Z}_n) \cong \mathbb{Z}_n^*$,后者是整数模 n 既约剩余系的乘法群.

(2) 设 $G = \underbrace{\mathbb{Z}_p \times \cdots \times \mathbb{Z}_p}_{n\text{个}}$, 证明: $\mathrm{Aut}(G) \cong \mathrm{GL}_n(\mathbb{Z}_p)$, 这里 $\mathrm{GL}_n(\mathbb{Z}_p)$ 可认为是模 p 意义下的 n 阶非退化矩阵群.(一般有限交换群的自同构群描述起来并不容易,参看 [6].)

9. 决定所有的 576 阶交换群.

10. 证明:有限交换群 G 是循环群的充分必要条件是对每个 $m \in \mathbb{Z}_{>0}, x^m = 1$ 在 G 中的解至多 m 个.

11. 设 G 是有限交换群,p 为素数,考虑

$$G^p \overset{\text{def}}{=} \{x^p \mid x \in G\}, \quad G_p \overset{\text{def}}{=} \{x \mid x^p = 1\}.$$

(1) 证明:$G/G_p \cong G^p$.

(2) 证明:G 的 p 阶子群个数和 G 的指数为 p 的子群的个数相等.

注解

尽管 Euler 和 Lagrange 在他们各自的研究中都或多或少用到了群论的思想,但给出了"群"这个词汇并有效地运用了各种群论技巧的数学家则是 Galois. 众所周知他研究了关于代数方程的根的置换群,得出了五次及以上方程没有根式解的结论. 正规子群的概念也是由 Galois 提出的. 但现代的群的概念之定义则归功于 von Dyck(1882).

习题 9.1.3 中用到的技巧是 Cauchy 提出的,置换的轮换分解亦然.

我们现在看到的 Lagrange 定理的证明是 Jordan 在 1870 年写出的. 注意,Lagrange 定理的逆命题"如果 d 整除有限群 G 的阶,那么 G 有 d 阶子群"不是真命题,例如 A_4 没有 6 阶子群(参看习题 9.5.2). 但是有限群理论中著名的 Sylow(第一)定理指出,如果 d 是素数或者素数的方幂,则逆命题成立. 它的证明超出了本课程的范围,感兴趣的读者可以阅读相关材料,例如 [7].

课文中对同态和同构的解说方式取自于 [8],这也是一本非常经典的代数教科书. 除了第一、第二和第三同构定理之外,还有一个比较重要的第四同构定理(对应定理),这也可在上面的书中找到. 习题 9.5.18 的同构结果称为 Zassenhaus 引理.

有限交换群结构定理的证明主要用到习题 9.5.19 的结论以及多次归纳论证,一个较短的版本是 [9].

参考文献

[1] GÁL A, MILTERSEN P B. The cell probe complexity of succinct data structures[J]. Theoretical Computer Science, 2007, 379(3): 405-417.

[2] CURTIN E, WARSHAUER M. The locker puzzle[J]. The Mathematical Intelligencer, 2006, 28(1): 28-31.

[3] 柯召, 孙琦. 数论讲义（上册）[M]. 北京: 高等教育出版社, 2001.

[4] GEdgar. Example of a group where o(a) and o(b) are finite but o(ab) is infinite[EB/OL]. 2013[2013-02-26]. https://math.stackexchange.com/q/314890.

[5] CONRAD K. Dihedral groups II[EB/OL]. 2009[2023-10-07]. https://kconrad.math.uconn.edu/blurbs/grouptheory /dihedral2.pdf.

[6] HILLAR C J, RHEA D L. Automorphisms of finite abelian groups[J]. The American Mathematical Monthly, 2007, 114(10): 917-923.

[7] ISAACS I M. Finite Group Theory: vol. 92[M]. Providence, Rhode Island: American Mathematical Society, 2008.

[8] DUMMIT D S, FOOTE R M. Abstract Algebra[M]. 3rd ed. Hoboken: New Jersey Wiley, 2004.

[9] NAVARRO G. On the fundamental theorem of finite abelian groups[J]. The American Mathematical Monthly, 2003, 110(2): 153.

10 环和域

阅读提示

读者应该在高等代数中接触过多项式环和数域的概念,这两个概念的一般版本就是环和域. 在此背景下本章的内容就比较简单,我们仅仅对环和域的最基本内容作涉猎:重申环、域的定义,给出环同态和理想的概念,另外介绍有限域的性质. 深入的知识有些略去了,有些则收入了习题,请感兴趣的读者参考之. 环论中的一个特色是理想的概念,在理解环中理想的性质时常常可以类比整数.

相比群,环是同时具有加法和乘法两种运算的代数结构,这二者由分配律联系在一起. Hilbert 于 1897 年出版的《数论报告》中首次引进了环的术语,其原文是德文 der Zahlring,即"数环";二次以上的丢番图方程之算术研究,直接影响了环与理想等概念的形成. 由此可见环和数论具有极为紧密的关系,而且其最直接的例子就是整数环 $\mathbb{Z}$.

10.1 环和域的定义

我们对环的考察方式和群类似,但理想是一个新的概念. 域则是在环上添加"除法"得到的,域和域上的多项式则在密码学中有着重大的用处. 通过对环和域的研究,我们可以更抽象地理解初等数论中导出的整数的各种性质.

10.1.1 定义 设 R 为一非空集合,其上有两种代数运算,分别称为加法和乘法,若其满足

(i) $(R,+)$ 构成交换群,

(ii) $(R,\cdot)$ 构成幺半群,

(iii) 乘法分配律成立 $a(b+c)=ab+ac,(b+c)a=ba+ca$,

就称 R 是**环**. 如果乘法还是可交换的,则 R 称为**交换环**.

10.1.2 注 (i) 在本课程的范围内,我们规定环含有乘法幺元,一些简单的理由可参看 [1]. 这一选择也可以由以下事实得到佐证:(粗略地说)无幺环都可以自然地嵌入到某个有幺环中①,但研究无幺环仍然是有意义的. 这样要求会导致概念在一些小细节上有所不同,例如非平凡理想不再是子环,环同态的定义要对幺元有要求等. 为了避免混淆,今后我们总是称"幺环"来强调这一点.

① 设 R 是一个不一定有幺元的环,考虑 $R\times\mathbb{Z}$ 上的运算:$(a,m)+(b,n)=(a+b,m+n)$ 以及 $(a,m)(b,n)=(ab+an+mb,mn)$,则可验证 $(0,1)$ 是该直积环的幺元. 此时便有自然的嵌入 $R\cong R\times\{0\}\hookrightarrow R\times\mathbb{Z}$. 此论证取自 [2].

(ii) 若要求有单位元,则加法具有交换性也可以用分配律推出. ♤

我们可立刻想到两个简单的例子:$\mathbb{Z}$ 在一般的整数加法和乘法下为交换幺环;整数模 n 的完全剩余系 $\mathbb{Z}_n$ 在模 n 的加法和乘法下也是交换幺环.

在高等代数的课程中,我们学过数域上的多项式环的概念,现在将这个定义扩展到一般的环上.

10.1.3 例 (i) 设 R 是环(不一定为交换环),x 是无关未定元,集合

$$\left\{\sum_{i=0}^{n} a_i x^i : a_i \in R, n \in \mathbb{Z}_{\geqslant 0}\right\}$$

在加法 $\sum_{i=0}^{n} a_i x^i + \sum_{i=0}^{n} b_i x^i \stackrel{\text{def}}{=} \sum_{i=0}^{n}(a_i + b_i)x^i$,和乘法

$$\left(\sum_{i=0}^{n} a_i x^i\right)\left(\sum_{j=0}^{m} b_j x^j\right) \stackrel{\text{def}}{=} \sum_{i=0}^{m+n}\left(\sum_{j=0}^{i} a_j b_{i-j}\right)x^i$$

下构成环,称为 R 上的**一元多项式环** $R[x]$. 数域上多项式环的术语均自然地迁移到一般的多项式环上,例如多项式的次数 $\deg f(x)$ 就是最高次项的次数.

(ii) 设 R 为环(不一定为交换环),元素 $a \in R$,多项式 $f, g, h \in R[x]$ 满足 $f(x) = g(x)h(x)$,那么不一定有 $f(a) = g(a)h(a)$. 这是因为文字 x 可以和系数相交换,但 a 则不一定. 但若 R 为交换环时,$R[x]$ 也为交换环,而且可以直接代入 a. ◇

有关多项式环的理论我们在本章后面还会谈到.

在环中,加法幺元一般记为 0,乘法幺元一般记为 1. 除了加法和乘法单独作为(半)群的运算性质外,如倍数、方幂、加法消去律等,由于环的加法和乘法之间通过分配律相联系,因此还有以下简单性质(参看习题 10.1.1):

- ◇ 对任意 $a \in R$, $0a = a0 = 0$. 实际上 $0a = (0+0)a = 0a + 0a$ 便导出 $0a = 0$. 利用这条结论我们指出,一般环中 $0 \neq 1$,否则 $a = 1a = 0a = 0$,则 $R = \{0\}$,即 R 是平凡的**零环**. 下文都假设 $0 \neq 1$.
- ◇ $(-a)b = a(-b) = -ab$, $(-a)(-b) = ab$. 这一点只需要注意 $(-a)b + ab = (-a+a)b = 0b = 0$ 即可.

这两条性质说明,环的运算具有类似我们所熟悉的整数的那些性质. 而且我们从第一条性质中看出,除非 R 为零环,否则加法幺元是不可逆的.

不过和整数不同的地方也很多,比如,一般的环中可能存在许多元素,它们都有乘法逆元,而整数中只有 ± 1 才有逆元.

10.1.4 定义 设 R 为环,记 $R^* \stackrel{\text{def}}{=} R \setminus \{0\}$,若 $(R^*, \cdot)$ 构成群,就称 R 为**除环**(或称为**体**).

一般环中的乘法可逆元称为**单位**,容易验证环的所有单位构成一个群,称为环的**单位群**. 于是除环也可以说成单位群是 R^* 的环.

一般的环中也可能存在两个非零元素，二者相乘等于零（从而均不可逆，而整数中则没有这样的数），比如下面的经典例子.

10.1.5 例 数域 K 上 n 阶矩阵的集合 $K^{n\times n}$ 在一般的矩阵加法和乘法下构成非交换环.

在高等代数中我们知道，存在 $0\neq A, B\in K^{n\times n}$，使得 $AB=0$. 这一现象在环中抽象如下：若 $a,b\in R^*$ 满足 $ab=0$，则称 a 是**左零因子**，称 b 是**右零因子**. ◇

10.1.6 例 设 R 为所有 $[0,1]\longrightarrow\mathbb{R}$ 的函数在一般的加法和乘法下构成的环. R 中的 0 和 1 分别是 $f(x)\equiv 0$ 和 $g(x)\equiv 1$. 这个环中的单位群包括在任意一个点的像都不为 0 的函数. R 中有大量零因子，例如对任意给定的非 0 且不是单位的函数 $f(x)$，令

$$g(x)=\begin{cases}0 & (f(x)\neq 0),\\ 1 & (f(x)=0),\end{cases}$$

则 $f(x)g(x)\equiv 0$，它们都是零因子. ◇

10.1.7 定义 无零因子的交换环称为**整环**；交换除环称为**域**.（简单地说，域就是能作全部四则运算且具有熟悉的性质的代数结构.）

10.1.8 例 若 R 是整环，则 $R[x]$ 中元素 $f(x),g(x)$ 一定满足关系 $\deg f(x)+\deg g(x)=\deg f(x)g(x)$，但是对一般的环只有 $\deg f(x)+\deg g(x)\geqslant\deg f(x)g(x)$. 当然，如果 $f(x),g(x)$ 的首项系数不是 R 中零因子的，那么等号成立. ◇

在整环中消去律就成立了. 事实上，$ac=bc$ 蕴涵 $(a-b)c=0$，鉴于整环中没有零因子，这导出 $a-b=0$ 或 $c=0$.

直至目前，我们能想到的除环大多都是域，比如说 $\mathbb{Q},\mathbb{R},\mathbb{C}$ 是域，模素数 p 的既约剩余系在模 p 运算下也是域. 而下面的非交换除环的典型例子则是有趣的，它在数学史上也有很重要的地位. 我们先顺带给出子环的概念.

10.1.9 定义 设 R 是环，若 $S\subseteq R$ 在 R 的运算下构成一个环，且 S,R 的乘法单位元是同一个，就称 S 是 R 的**子环**.

类似子群判定定理，S 是 R 的子环当且仅当 $1\in S$，且对每个 $x,y\in S$ 都有 $xy\in S, x-y\in S$.

10.1.10 例 我们考虑**四元数体** $\mathbb{H}$，它是 $\mathbb{C}^{2\times 2}$ 的子环

$$\mathbb{H}\overset{\text{def}}{=}\left\{\begin{bmatrix}\alpha & \beta\\ -\overline{\beta} & \overline{\alpha}\end{bmatrix}:\alpha,\beta\in\mathbb{C}\right\}.$$

很容易验证，该集合在矩阵运算下确实是二阶复矩阵环的子环. 这样就不难发现它是非交换的.

当 $s=|\alpha|^2+|\beta|^2\neq 0$，计算可知元素的逆写为

$$\frac{1}{s}\begin{bmatrix}\overline{\alpha} & -\beta\\ \overline{\beta} & \alpha\end{bmatrix}=\begin{bmatrix}\overline{\alpha/s} & -\beta/s\\ -\overline{-\beta/s} & \overline{\overline{\alpha/s}}\end{bmatrix}\in\mathbb{H}.$$

所以这是除环. 考察这矩阵环的基将解释它为何叫"四元数". 令 $\alpha = a + bi, \beta = c + di$, 则元素可写为

$$\begin{bmatrix} a+bi & c+di \\ -c+di & a-bi \end{bmatrix} = a\underbrace{\begin{bmatrix} 1 & 0 \\ 0 & 1 \end{bmatrix}}_{E} + b\underbrace{\begin{bmatrix} i & 0 \\ 0 & -i \end{bmatrix}}_{I} + c\underbrace{\begin{bmatrix} 0 & 1 \\ -1 & 0 \end{bmatrix}}_{J} + d\underbrace{\begin{bmatrix} 0 & i \\ i & 0 \end{bmatrix}}_{K}.$$

于是 $\mathbb{H}$ 是 $\mathbb{R}$ 上线性空间, 基是 E, I, J, K, 维数是 4. 这时 (a, b, c, d) 就称为**四元数**. 这里, $Q_8 \stackrel{\text{def}}{=} \{\pm E, \pm I, \pm J, \pm K\}$ 是一个 8 阶非交换 (譬如 $IJ = -JI$) 群, 称为**四元数群**. ◇

域中非零元素的乘法构成群, 故一定是整环, 但反过来不一定对, 比如 $\mathbb{Z}$ 是整环但不是域. 但是对于有限集合的情形有以下命题.

10.1.11 命题 有限整环是域.

证明 只需验证非零元素都可逆. 设 $R = \{a_1, \dots, a_n\}$, 对每个 $a \in R^*$, 都考虑集合 $L_a = \{aa_1, \dots, aa_n\} \subseteq R$. 因为消去律成立, 所以这集合元素各不相同, 这就迫使 $L_a = R$. 特别地 $1 \in L_a$, 所以 a 可逆. □

习题 10.1

1. 设 R 为环并定义 $a - b = a + (-b)$. 证明: 在 R 中有 $-(a + b) = (-a) + (-b) = -a - b, -(a - b) = (-a) + b, -(ab) = (-a)b = a(-b), (-a)(-b) = ab, a(b - c) = ab - ac$.

2. 在全体连续函数 $f : \mathbb{R} \longrightarrow \mathbb{R}$ 的集合上定义加法为函数逐点加法, 乘法为函数逐点乘法, 证明这一集合构成交换幺环, 并计算它的单位群.

3. 设 R 是交换幺环, x 是无关未定元, 在集合

$$R[[x]] \stackrel{\text{def}}{=} \left\{ \sum_{n=0}^{\infty} a_n x^n \,:\, a_n \in R \right\}$$

上规定加法 $\sum_{n=0}^{\infty} a_n x^n + \sum_{n=0}^{\infty} b_n x^n \stackrel{\text{def}}{=} \sum_{n=0}^{\infty} (a_n + b_n) x^n$ 和乘法

$$\left(\sum_{n=0}^{\infty} a_n x^n \right) \left(\sum_{n=0}^{\infty} b_n x^n \right) \stackrel{\text{def}}{=} \sum_{n=0}^{\infty} \left(\sum_{k=0}^{n} a_k b_{n-k} \right) x^n.$$

(1) 证明: 此时 $R[[x]]$ 构成交换幺环), 称为 R 上的**形式幂级数环**.

(2) 证明: 幂级数 $f \in R[[x]]$ 可逆当且仅当 f 的常数项 a_0 可逆.

4. 给定素数 p, 考虑映射 $v_p : \mathbb{Q} \setminus \{0\} \longrightarrow \mathbb{Z}$:

$$v_p\left(\frac{a}{b}\right) = \alpha \quad 其中 \quad \frac{a}{b} = p^{\alpha} \frac{c}{d}, \quad \gcd(a, b) = 1, p \nmid c, p \nmid d.$$

令 $R = \{x \in \mathbb{Q} : v_p(x) \geqslant 0\} \cup \{0\}$, 证明: R 是 $\mathbb{Q}$ 的子环, 并计算 R 中的单位.

5. 设 a, b 是幺环中的元素, 证明: $1 - ab$ 可逆当且仅当 $1 - ba$ 可逆.

6. 证明: 每一个非交换环都至少有 8 个元素, 并举出一个非交换环的例子, 它恰有 8 个元素.

7. 设 R 是整环，m,n 是互素的正整数，元素 $a,b\in R$ 满足 $a^n=b^n, a^m=b^m$，证明：$a=b$. 如果 R 不是整环，命题是否成立？说明理由.

8. 设 R 是整环，在集合 $R\times R^*$ 上定义关系 $(r,s)\sim(r',s') \iff rs'=r's$.

(1) 证明这一关系是等价关系.

用 $\dfrac{r}{s}$ 记 (r,s) 所在的等价类，并在等价类的集合

$$\mathrm{Frac}(F)\overset{\text{def}}{=}\left\{\frac{r}{s}: r\in R, s\in R^*\right\}$$

上定义运算：

$$\frac{r}{s}+\frac{r'}{s'}=\frac{rs'+sr'}{ss'},\quad \frac{r}{s}\frac{r'}{s'}=\frac{rr'}{ss'}.$$

(2) 证明：这一定义是良定义，而且所得 $\mathrm{Frac}(F)$ 是域，称为整环 R 的**分式域**.

(3) 分别求出 $\mathbb{Z}$ 和 $\mathbb{Z}[x]$ 的分式域.

9. 设 d 是一个整数，且 $\sqrt{|d|}$ 不是整数，考虑 $\mathbb{Q}[\sqrt{d}]\overset{\text{def}}{=}\{a+b\sqrt{d}: a,b\in\mathbb{Q}\}$.

(1) 证明：这一集合在 $\mathbb{C}$ 的一般加法和乘法下构成域.

(2) 设 $d=cp_1^{e_1}\cdots p_r^{e_r}$，令 $d'=cp_1^{e_1'}\cdots p_r^{e_r'}$，其中 e_i' 是 e_i 除以 2 的余数，$c=\pm1$. 证明：$\mathbb{Q}[\sqrt{d}]=\mathbb{Q}[\sqrt{d'}]$.

10. 求出 $\mathbb{Z}_n$ 的全部子环；给出子域的定义，然后求出 $\mathbb{Q}$ 的全部子域.

11. 设 R 是环，若每个 $a\in R$ 都满足 $a^2=a$（**幂等**），就称 R 是 **Boole 环**. 证明：对每个 $a\in R$，$2a=0$，而且 R 是交换环. 若将条件改为 $a^3=a$，证明：$6a=0$ 而且 R 是交换环.

12. 设 X 是非空集合，在 $\mathscr{P}(X)$ 上定义运算：$A+B\overset{\text{def}}{=}A\triangle B, AB\overset{\text{def}}{=}A\cap B$，证明：这样就将 $\mathscr{P}(X)$ 做成一个 Boole 环.

13. 设 L 是一个至少有两个元素的环（本题不预先假设其有 1），且对每个 $a\in L\setminus\{0\}$ 都存在唯一 b 使得 $aba=a$. 证明：

(1) L 无零因子；

(2) 在题设条件下，$bab=b$；

(3) L 有 1；

(4) L 是除环.

14. 设 R 是环，令**中心** $Z_R\overset{\text{def}}{=}\{z: 对每个\ r\in R, zr=rz\}$.

(1) 环的中心是否为子环？是否为理想？

(2) 求出四元数体 $\mathbb{H}$ 的中心；设 F 为域，求出矩阵环 $F^{n\times n}$ 的中心.

10.2 环同态和理想

比照研究群结构的思路，环的同态和同构等概念是将各种环联系在一起的有力工具，由此还可引入理想的概念.

10.2.1 定义 设 R, R' 是两个环，映射 $\sigma: R\longrightarrow R'$ 称为**同态**，如果它保运算：

$$\forall x,y\in R,\quad \sigma(x+y)=\sigma(x)+\sigma(y),\quad \sigma(xy)=\sigma(x)\sigma(y),\quad \sigma(1_R)=1_{R'}.$$

10.2.2 注 (i) 环同态当然是其加法群的同态，故 $\sigma(0_R) = 0_{R'}$. 但是定义中 $\sigma(1_R) = 1_{R'}$ 的要求是必需的，因为乘法只构成幺半群.

(ii) 对于域来说，同态的概念类似环同态定义，但是因为这时乘法构成群，故不在定义中要求 $\sigma(1_R) = 1_{R'}$. 此外，非平凡域同态一定是单同态，这一点利用理想的语言最易论证. ♤

环同态的核应该是加法群的同态核：

$$\ker\varphi = \{r \in R : \varphi(r) = 0_{R'}\}.$$

但是它还有具有不同于群同态核的独特性质. 设 $I = \ker\varphi$，我们注意到对于每个 $r \in R, i \in I$ 都有 $\varphi(ri) = \varphi(r)\varphi(i) = 0$，即 $ri \in I$. 同态核对乘法有吸收作用. 把具有这样性质的环的子集总结成下面的定义：

10.2.3 定义 设 R 是环，加法子群 $S \subseteq R$ 称为**左理想**，如果对任意的 $r \in R, rS \subseteq S$；称为**右理想**，如果对任意的 $r \in R, Sr \subseteq S$. 同时是左理想和右理想的 S 称为**理想**.

10.2.4 例 设 $R[x]$ 是环 R 上的一元多项式环，考虑在 $c \in R$ 处的求值，这是一个同态 $R[x] \longrightarrow R: f(x) \mapsto f(c)$. 特别地，设 I 表示常数项为 0 的多项式的集合，则根据同态基本定理 $R[x]/I \cong R, I$ 是一个理想. ♢

显然 $\{0\}, R$ 都是 R 的理想，称为**平凡理想**.

从理想的定义中能看出，如果理想 I 满足 $1 \in I$，则 $I = R$. 进一步，如果 $a \in I$ 是环中的单位，则 $a \in I \implies I = R$. 因此非平凡理想中的元素都不可逆. 进一步，这表明除环和域都没有非平凡理想，这样的环称为**单环**. 另外一个比较有趣的单环的例子如下：

10.2.5 例题 证明：数域 K 上的 n 阶矩阵环没有非平凡理想.

证明 设 $0 \neq I$ 为 $K^{n\times n}$ 的理想，去证明 $I = K^{n\times n}$，要旨是用一组基去简化问题. 设 $E_{ij} \in K^{n\times n}$ 是只有 i 行 j 列元为 1 的矩阵，我们有

$$E_{mn}E_{pq} = \begin{cases} E_{mq} & (n = p), \\ 0 & (\text{否则}). \end{cases}$$

只需要用理想中的元素去乘出全部的 E_{ij} 即可.

设 $(a_{ij})_{n\times n} = A \in I$ 不是零矩阵，比如 $a_{lk} \neq 0$，则 $E_{ll}\left(A = \sum_{i,j} a_{ij}E_{ij}\right)E_{kk} = a_{lk}E_{lk}$，于是对于任意的 $i, j, E_{il}a_{lk}E_{lk}E_{kj}a_{lk}^{-1} = E_{ij} \in I$，于是 $I = K^{n\times n}$. □

有了理想的概念之后，我们也像群论中一样问，如何描述包含某个元素 a 的理想？

10.2.6 定义 设 $a \in R$，R 中所有含 a 的理想的交（或等价地，最小的理想）称为 a 生成的**主理想**，记为 (a). 若环 R 的理想都是主理想，就称 R 是**主理想环**. 同样可定义子集 S 生成的理想 (S)，生成元集和有限生成等概念.

和群中的论证一样，我们可以证明

$$(a) = \left\{ \sum_{i=1}^{k} r_i a s_i \,:\, r_i, s_i \in R, k \in \mathbb{N} \right\},$$

特别地,当 R 交换时 $(a) = \{ar : r \in R\}$.

10.2.7 例 (i) 接续 10.2.4 例,I 是由 (x) 生成的主理想.

(ii) $(2,x)$ 生成的理想不是 $\mathbb{Z}[x]$ 的主理想. 如果 $(2,x) = (f(x))$, 则一定存在 $g(x)$ 使得 $2 = f(x)g(x)$. 因为 $\mathbb{Z}$ 是整环, 所以 $\deg f(x) = \deg g(x) = 0$. 从而 $f(x) \in \{\pm1, \pm2\}$. 如果 $f(x) \in \{\pm1\}$, 则 $(f(x)) = \mathbb{Z}[x]$, 但是 $(2,x)$ 中的多项式的常数项皆为偶数, 矛盾; 如果 $f(x) \in \{\pm2\}$,则存在某个 $h(x)$ 使得 $x = 2h(x)$,这也是不可能的. ◇

下面是主理想环中的一个非常重要的例子.

10.2.8 命题 $\mathbb{Z}$ 是主理想(整)环.

证明 考虑 $\mathbb{Z}$ 的理想 I,它是 $\mathbb{Z}$ 加法群的子群. 因为 $\mathbb{Z}$ 加法群循环,故 I 作为子群亦循环,设生成元是 a,则 $I = (a)$ 是主理想. □

和群中商群的构造一样,接下来我们造一个商环及自然映射,使得理想都是同态核,于是理想就确实和正规子群一样具有重要性了.

设 I 是 R 的理想,考虑 I 的加法**陪集** $a + I \overset{\text{def}}{=} \{a + i : i \in I\}$,定义这些陪集的运算如下:

$$a + I + b + I \overset{\text{def}}{=} (a + b) + I,$$
$$(a + I)(b + I) \overset{\text{def}}{=} ab + I.$$

因为环上加法是交换群, 故加法良定义. 设 $a + I = a' + I, b + I = b' + I$, 则 $ab - a'b' = ab - ab' + ab' - a'b' = a\underbrace{(b - b')}_{\in I} + \underbrace{(a - a')}_{\in I}b' \in I$,故乘法良定义. 不难验证在这样的加法和乘法下,$\{a + I : a \in R\}$ 成为一个环,称为 R 对 I 的**商环** R/I.

进一步,设 I 是环 R 的理想,则自然同态 $R \longrightarrow R/I : r \mapsto r + I$ 的同态核就是 I. 如此,将群的几个同构定理中的子群适当地换成理想,乘法适当地换为加法,则它们对环都成立. 比如,类似群中的同态基本定理,我们有 $R/\ker\varphi \cong \operatorname{im}\varphi$. 我们下面再叙述环的第二和第三同构定理,首先有必要引入理想的运算:

10.2.9 定义 设 I, J 是环 R 的理想. 定义

- 加法为 $I + J \overset{\text{def}}{=} \{i + j : i \in I, j \in J\}$;
- 交为 $I \cap J \overset{\text{def}}{=} \{k : k \in I, k \in J\}$;
- 乘法为 $IJ \overset{\text{def}}{=} \left\{\sum_{i=1}^{n} a_{i1}a_{i2} : a_{i1} \in I, a_{i2} \in J\right\}$.

容易验证这些运算的结果还是理想, 而且上面罗列的顺序是按集合“从大到小”排列的: $IJ \subseteq I \cap J \subseteq I + J$. 此外,理想的加法和乘法还满足分配律.

10.2.10 定理 设 I, J 都是环 R 的理想,那么

(i) $I/I \cap J \cong (I + J)/J$;

(ii) 如果 $I \subseteq J$,则 $(R/I)/(J/I) \cong R/J$.

请读者模仿群的部分所学证明以上同构定理.

10.2.11 例 (i) 设 $(m),(n)$ 是 $\mathbb{Z}$ 的理想,则我们有:$(m)+(n)=(\gcd(m,n))$,$(m)\cap(n)=(\operatorname{lcm}(m,n))$ 和 $(m)(n)=(mn)$.

(ii) 现在考虑 $\mathbb{Z}$ 的两个理想 $(m),(n)$,第二同构定理指出

$$(n)+(m)/(m)\cong(n)/(n)\cap(m),$$

或等价地 $(\gcd(m,n))/(m)\cong(n)/(\operatorname{lcm}(m,n))$. 利用两边商群元素数量相等立刻得到 $mn=\gcd(m,n)\operatorname{lcm}(m,n)$,这正是熟知的结论(定理 8.2.14). ◇

习题 10.2

1. 叙述并证明环的第一、第二和第三同构定理.

2. 设 R 为交换幺环,证明:R 为单环当且仅当 R 是域.

3. 设 R 是交换环,重新定义加法 $\oplus$ 和乘法 $\odot$ 如下:$a\oplus b=a+b-1$;$a\odot b=a+b-ab$. 证明:$(R,\oplus,\odot)$ 是交换环,且和原来的环同构.

4. 设 I,J,K 是环 R 的理想.

(1) 证明:$IJ,I\cap J,I+J$ 都是 R 的理想.

(2) 证明:$I(J+K)=IJ+IK$.

(3) 假设 $J\subseteq I$,证明:$I\cap(J+K)=J+(I\cap K)$.

5. 设 I 是交换幺环 R 的理想,证明:$\operatorname{rad} I\overset{\text{def}}{=}\{r\in R:存在\ n\in\mathbb{Z}_{\geqslant 1}\ 使得\ r^n\in I\}$ 也是理想,称为 I 的根. 满足 $\operatorname{rad} I=I$ 的理想称为**根理想**,写出 $\mathbb{Z}$ 中根理想的全体.

6. 设 J_1,J_2 为环 R 的理想,称 J_1,J_2 **互素**,如果 $J_1+J_2=R$. 证明:若 R 的理想 J,J_1 和 J,J_2 分别互素,则 J 与 $J_1J_2,J_1\cap J_2$ 也分别互素.

7. 设 P 是交换幺环 R 的理想,若对任意 $a,b\in R,ab\in P$ 推出 $a\in P$ 或 $b\in P$,就称 P 是**素理想**;若没有真包含 P 的非平凡理想,就称 P 是**极大理想**.

(1) 求出 $\mathbb{Z}$ 的全部极大理想和素理想.

(2) 证明:P 是素理想等价于 R/P 是整环;P 是极大理想等价于 R/P 是域.

(3) 证明:极大理想必是素理想.

8. 设 R 为环,若存在 $x\in R$ 和 $n\in\mathbb{Z}_{>0}$ 使得 $x^n=0$,就称 x 是**幂零元素**. 证明:若 x 是幂零元素,则 $1-x$ 可逆;而且交换环中所有幂零元素构成一个理想. 求出 $\mathbb{Z}_n$ 的全部幂零元素.

9. 设 R 为交换环,证明:$f(x)\in R[x]$ 为可逆元,当且仅当 $f(x)$ 的常数项为 R 中单位且其他系数均为 R 中幂零元.

10. 设 R 是幺环,正整数 $n\geqslant 2$,证明:J 是矩阵环 $R^{n\times n}$ 的理想当且仅当存在 R 的理想 I 使得 $J=I^{n\times n}$.

11. 设 R,S 都是环,$\varphi:\ R\longrightarrow S$ 是保持幺元的满同态,请问下面的命题是否正确?说明理由.

(1) φ 把零因子映为零因子.

(2) φ 把整环映为整环.

(3) 如果 S 是整环,则 R 是整环.

(4) φ 把可逆元映为可逆元.

(5) 对 $a \in R$,如果 $\varphi(a)$ 可逆,则 a 可逆.

12. 设 m, n 为正整数,求 $\mathbb{Z}_m \longrightarrow \mathbb{Z}_n$ 的全部环同态.

13. 设 R a 是交换幺环. 证明 $R[x]$ 是主理想整环当且仅当 R 是域.

14. 设 A, B, C 为环且 $\varphi: A \longrightarrow B, \psi: A \longrightarrow C$ 都是满环同态,证明:

$$B/\varphi(\ker\psi) \cong A/(\ker\varphi + \ker\psi) \cong C/\psi(\ker\varphi).$$

10.3 有限域

于前面定义域时我们提到,所有整数模 n 的既约剩余系在模 n 运算下构成一个域. 这其中有一类特别的域,即素数 p 以及 $\mathbb{Z}_p = \{0, 1, 2, \ldots, p-1\}$,它是一个元素个数有限的域,称为**有限域**.

有限域在密码学中有着重要的应用. 我们现在从 $\mathbb{Z}_p$ 入手来构造全部的有限域,首先需要刻画关于 $\mathbb{Z}_p$ 的一个性质.

10.3.1 定义 设 F 是域,使得 $n \times 1 = 0$ 的最小正整数 n 称为域的**特征**,记为 $\mathrm{char}(F)$. 如果不存在这样的正整数,则称 $\mathrm{char}(F) = 0$.

10.3.2 命题 域的特征如果不是零,就一定是素数.

证明 若不然,设 $\mathrm{char}(F) = n = n_1 n_2\ (1 < n_1 \leqslant n_2 < n)$,则 $(n_1 \times 1) \times (n_2 \times 1) = 0$,因为域是整环,这就导出 $\mathrm{char}(F) \leqslant n_1 < n$ 或 $\mathrm{char}(F) \leqslant n_2 < n$,矛盾. □

从同态的角度看域的特征则更加清晰. 设域 F 的特征为 p,环同态 $\mathbb{Z} \longrightarrow F: n \mapsto n \times 1$ 的核是 (p). 由此可见,$\mathbb{Z}/(p) \hookrightarrow F$.

- 若 $p = 0$,则 $\mathbb{Z}$ 嵌入 F. 我们还可以证明,$\mathbb{Q}$ 是能被 $\mathbb{Z}$ 嵌入的最小域(粗略地说,根据乘法封闭性知道 $\dfrac{p}{q}$ 必在所嵌入的域中,参看习题 10.1.8),因此 $\mathbb{Q}$ 是最小的特征为 0 的域.
- 若 $p > 0$,则 $\mathbb{Z}/(p)$ 嵌入 F,即有限域 $\mathbb{Z}_p$ 可看成每个特征为 p 的子域,所以 $\mathbb{Z}_p$ 是最小的特征为 p 的域.

由于这样的最小性,$\mathbb{Z}_p$ 和 $\mathbb{Q}$ 统称**素域**.

下面考虑如何从 $\mathbb{Z}_p$ 出发,构造更大的有限域. 我们知道,在数域上可以建立多项式环的基本理论,包括带余除法、最大公因子、Bézout 等式、不可约多项式等,这些都和整数的算术性质类似,而且对于一般的域上的多项式,它们也是成立的.

10.3.3 定理 设 F 是域,那么 $F[x]$ 满足以下性质:

(i) $F[x]$ 是整环;

(ii) $F[x]$ 中的可逆元恰好为 $F \setminus \{0\}$,即全体非零常数;

(iii) 带余除法: 设 $f(x), g(x) \in F[x]$, $g(x)$ 非零, 则存在唯一的 $q(x), r(x) \in F[x]$ 使得 $f(x) = q(x)g(x) + r(x)$,满足 $\deg r(x) < \deg g(x)$(这样就可以像整数一样推出一整套整除理论,特别是不可约多项式的地位);

(iv) $F[x]$ 中理想都是主理想.

证明 对于 (i),设 $f(x), g(x) \in F[x]$ 均非零,那么它们的最高次项次数 a_m, b_n 均非零,从而由 F 为整环得 $f(x)g(x) = a_m b_n x^{m+n} + \cdots$ 不为零.

对于 (ii),注意到域上有 $\deg f(x)g(x) = \deg f(x) \cdot \deg g(x)$,所以 $\deg f(x) = \deg g(x) = 1$,这样它们均为可逆常数,故就是 $F \setminus \{0\}$.

(iii) 存在性:我们对 $n = \deg f(x)$ 作归纳. 设 $f(x) = \sum_{i=0}^{n} a_i x^i, g(x) = \sum_{i=0}^{m} b_i x^i$. 当 $n = m = 0$ 时,取 $r(x) = 0, q(x) = a_0 b_0^{-1}$ 即可. 假设对于 $\deg f(x) \leqslant n-1$ 时均有带余除法,由于 $f(x) - a_n b_m^{-1} x^{n-m} g(x)$ 次数小于 n,所以存在 $r(x), q'(x) \in F[x]$ 满足

$$f(x) - a_n b_m^{-1} x^{n-m} g(x) = q'(x)g(x) + r(x) \quad (\deg r(x) < \deg g(x)).$$

那么令 $q(x) = a_n b_m^{-1} x^{n-m} + q'(x)$ 即可.

唯一性. 如果 $f(x) = q(x)g(x) + r(x) = q'(x)g(x) + r'(x)$,那么 $(q(x) - q'(x))g(x) = r'(x) - r(x)$. 注意到除非 $q(x) = q'(x)$,左边的次数大于等于 $g(x)$,而右边严格小于 $r(x)$,所以一定有 $q(x) = q'(x), r(x) = r'(x)$.

(iv) 是 (iii) 的直接推论. 设 I 为 $F(x)$ 的理想,不妨设该理想非平凡,则可任取 I 中次数最小的多项式 $g(x)$. 因为理想非平凡,故 $\deg g(x) \geqslant 1$. 任取 $f(x) \in I$ 并作带余除法 $f(x) = q(x)g(x) + r(x)$. 鉴于 I 为理想,我们有 $r(x) \in I$,故由 $g(x)$ 的选择表明 $\deg r(x) = 0$. 这说明 $I \subseteq (f(x))$. 显然有 $(f(x)) \subseteq I$,所以 I 为主理想. □

利用域 F 上的不可约多项式,我们下面说明可以构造一个更大的商环 $F[x]/(f(x))$,使得该商环具有域的结构.

10.3.4 定理 设 F 是域,$F[x]/(f(x))$ 是域当且仅当 $f(x)$ 是 $F[x]$ 中不可约多项式.

证明 必要性. 假设 $f(x)$ 可约,设 $f(x) = p(x)q(x)$,且 $\deg p, \deg q < \deg f$,立刻看出商环中 $p(x) + (f(x))$ 和 $q(x) + (f(x))$ 相乘为零元素,表明 $F[x]/(f(x))$ 非整环,矛盾.

充分性,只需验证每个非零元都有逆. 事实上,$g(x) + (f(x))$ 不为零表明 $g(x)$ 不为 $f(x)$ 的倍数,而 $f(x)$ 不可约,所以必有 $\gcd(f(x), g(x)) = 1$,由 Bézout 等式得到 $u(x)f(x) + v(x)g(x) = 1$,于是 $v(x) + (f(x))$ 就是 $g(x) + (f(x))$ 的逆. □

10.3.5 例 x^2+1 在 $\mathbb{R}[x]$ 上为不可约多项式,考虑域 $\mathbb{R}[x]/(x^2+1)$ 及映射 $\mathbb{C} \longrightarrow \mathbb{R}[x]/(x^2+1)$: $a + bi \mapsto \overline{a} + \overline{bx}$,易证新域同构于 $\mathbb{C}$,其中 $\overline{t}$ 表示 t 所在的等价类(关于模 x^2+1). 实际上 $\mathbb{R}$ 商任何一个 $\mathbb{R}$ 上二次不可约多项式生成的理想得到的域都和 $\mathbb{C}$ 同构. ◇

仔细考虑上面的商环 $F[x]/(f(x))$,利用带余除法立刻得到商环中每个等价类都可唯一地用一个次数小于 $\deg f$ 的多项式来作为代表元,因而 $|F[x]/(f(x))| = |F|^{\deg f}$. 于是上述定理的重要性在于它给我们提供了一个构造指定阶数有限域的方法.

10.3.6 例题 构造一个 4 个元素的有限域并列出其加法表和乘法表.

解 因为 x^2+x+1 是 $\mathbb{Z}_2[x]$ 上不可约多项式,只需作出 $\mathbb{Z}_2[x]/(x^2+x+1)$ 的乘法表,代表元为

$0, 1, x, x+1$. 接下来无非是计算.

$+$	0	1	x	$x+1$
0	0	1	x	$x+1$
1	1	0	$x+1$	x
x	x	$x+1$	0	1
$x+1$	$x+1$	x	1	0

$\times$	0	1	x	$x+1$
0	0	0	0	0
1	0	1	x	$x+1$
x	0	x	$x+1$	1
$x+1$	0	$x+1$	1	x

□

运用更深入的思想可以证明如下结论:

10.3.7 定理 存在且在同构意义下仅存在一个阶 p^n (p 是素数, $n \geqslant 1$) 的有限域, 而且不存在其他阶的有限域.

此定理刻画了有限域的基本类型. 由于有限域是 Galois 首先系统研究的, 为纪念 Galois, 有限域也称为 Galois 域. 于是今后有限域都可以记为 $\mathrm{GF}(p^n)$ 或者 $\mathbb{F}_{p^n}$.

为了构造有限域, 往往需要找出有限素域上的不可约多项式. 数域上的 Eisenstein 判别法如果要在一般的域中使用, 实际上仍需要做一些推广 (主要是定义上的). 不过, 因为有限素域上的多项式可以看成整系数多项式, 所以各种判定方法大体是可以使用的.

10.3.8 例题 求 GF(2) 上所有的 2、3、4 次不可约多项式.

解 作为不可约多项式, 常数项必然为 1 (于是这里 Eisenstein 判别法不便使用), 所以 2 次不可约多项式只可能在 x^2+x+1 和 $x^2+1=(x+1)^2$ 中, 再用 $x+1$ 试除, 即得 x^2+x+1 不可约.

用 $x+1$ 试除时我们发现, $x+1$ 是某多项式的因式, 当且仅当其系数中有偶数个 1, 因此 3 次不可约多项式只能在 x^3+x^2+1 和 x^3+x+1 中, 用二次不可约多项式试除发现都除不尽, 因此它们都不可约.

同样, 先排除 4 次多项式中被 $x+1$ 除尽的, 还剩下 $x^4+x^3+x^2+x+1, x^4+x^3+1, x^4+x^2+1, x^4+x+1$, 这里可约的只可能是 $(x^2+x+1)^2$, 因此除去 x^4+x^2+1 都是不可约的. □

习题 10.3

1. 设域 F 的特征为 $p>0$, 证明: 对任意的 $a, b \in F$ 有 $(a+b)^p = a^p + b^p$.

2. 证明有限素域 $\mathbb{Z}_p$ 的乘法群一定是循环群.

3. 设 R 是环, 使得 $n \times 1 = 0$ 的最小正整数 n 称为环的**特征**, 记为 $\mathrm{char}(R)$. 如果不存在这样的正整数, 则称 $\mathrm{char}(R) = 0$.

(1) 计算 $\mathbb{Q}, \mathbb{Z}[x], \mathbb{Z}_n[x]$ 以及 Boole 环的特征.

(2) 设 R 是环, 考虑映射

$$\sigma(k)=\begin{cases}\underbrace{1+\cdots+1}_{k\text{个}} & (k>0),\\ 0 & (k=0),\\ \underbrace{(-1)+\cdots+(-1)}_{-k\text{个}} & (k<0).\end{cases}$$

证明 σ 为同态并求出其同态核.

(3) 设 p,q 为不同的素数,是否存在恰有 pq 个元素的整环?

4. 环商掉理想的形象含义,其实是将环中元素按照理想对应的关系“杀掉”一些元素.

(1) 证明:$\mathbb{Z}[x]/(x^2+1)\cong\mathbb{Z}[i]$,以及 $\mathbb{Z}[i]$ 为主理想环.

(2) 定出 $\mathbb{Z}[x]/(2,x)$ 的结构.

5. 设 F 是域. 考虑二元多项式环 $F[x,y]$ 和一元多项式环 $F[x]$ 之间的映射:$\sigma:\ f(x,y)\mapsto f(x^2,x^3)$.

(1) 证明 σ 为环同态并求出同态核 $\ker\sigma$ 和同态像 $\operatorname{im}\sigma$.

(2) $\operatorname{im}\sigma$ 是否为主理想环? 证明或者举出一个非主理想.

6. 设 p 为素数,考虑环 $\mathbb{Z}_p$ 上的非常数多项式 $f(x)$.

(1) 对 $a\in\mathbb{Z}_p$,证明:$f(a)=0$ 当且仅当 $x-a$ 是 $f(x)$ 的因子.

(2) 通过对 $\deg f(x)$ 归纳证明:$f(x)$ 在 $\mathbb{Z}_p$ 上至多只有 $\deg f(x)$ 个根.

7. 在非交换环上,n 次多项式的根的个数可能超过 n 个,请通过在四元数体 $\mathbb{H}$ 上构造无穷多个 x^2+1 的根来说明这一点.

8. 在 $\mathbb{Z}_2[x]$ 上有多项式 $f(x)=x^4+1, g(x)=x^2+x+1$.

(1) 用 $g(x)$ 除 $f(x)$,给出商和余数.

(2) 求多项式 $u(x),v(x)\in\mathbb{Z}_2[x]$ 使得 $u(x)f(x)+v(x)g(x)=1$.

(3) 计算 $g(x)^{10}$ 除以 $f(x)$ 的余数.

9. 设 F 为有 p^n 个元素的有限域.

(1) 证明:F 中非零元素构成的乘法群是循环群,且对任意的 $x\in F$ 都有 $x^{p^n}=x$.

(2) 证明:在 $F[x]$ 上有分解

$$x^{p^n}-x=\prod_{a\in F}(x-a).$$

(3) 构造一个有 27 个元素的有限域,并明确指出这个有限域的乘法群的一个生成元.

10. 设 $F=\mathsf{GF}(125)$ 为含有 125 个元素的有限域,考虑映射 $f:\ x\mapsto x^{31}$,试问 $\operatorname{im}f$ 为何? 证明你的结论.

11. 域 F 称为**代数封闭**的,若对每个 $f(x)\in F[x]$,$f(x)$ 的根都在 F 中. 证明:代数封闭域必定是无限域.

12. 大洋国的核弹发射密码 s 是 m 比特二进制数. 该密码通过如下方式分散地掌握在和平部的 n 位部长手中(已知密码充分长 $2^m>n$):

(i) 在域 $\mathbb{F}_{2^m}$ 中均匀随机选择 $k-1$ 个元素 $a_1,\dots,a_{k-1}$,并令 $a_0=s$.

(ii) 考虑多项式 $\mathbb{F}_{2^m}[x]\ni f(x)=\sum_{i=0}^{k-1}a_ix^i$,均匀随机选择 n 个 $\mathbb{F}_{2^m}$ 中不同的非零元素 $\alpha_1,\dots,\alpha_n$(公开),把 $S_i=(\alpha_i,f(\alpha_i))$ 告诉部长 i.

证明:

(1) 若至少 k 位部长达成共识,则他们可以正确算出唯一的核弹发射密码,开始战争;

(2) 若少于 k 位部长达成共识,则他们无法得知密码,即只依赖这些部长的 S_i 得到 s 的概率不大于 2^{-m},相当于随机猜测. 提示 运用 Lagrange 插值法.

13. 设 $\mathbb{F}_3, \mathbb{F}_4$ 分别为有 3 个和 4 个元素的有限域.

(1) 求出 $\mathbb{F}_3[x]$ 上全部三次不可约多项式.

(2) $\mathbb{F}_4[x]$ 上有几个三次不可约多项式?

14. 有限域 GF(p) 上有多少个可逆的 $n \times n$ 的矩阵?

注解

本章中没有对多项式环的理论作太多叙述,其中一个原因是它和读者在高等代数中学过的"数域上的多项式环"有一定的相似之处,不过我们仍然要指出一般性的理论同这个特殊的情况有一些不同,详见 [3].

四元数的发现是数学史上的一件大事. 我们知道复数可以看成实数上的二维线性空间,后来人们希望寻找一个代数结构,其做成实数域上的三维线性空间,而且是交换的. 然而这被证明是不可能的:$\mathbb{R}$ 上的有限维结合可除代数只有 $\mathbb{R}, \mathbb{C}$ 和四元数体三种(Frobenius, 1877),在这之前人们发现如果要拓展到四维的情形,则必须在交换性上让步,这就是四元数(Hamilton, 1843).

10.1.11 命题有一个更强的版本,即 Wedderburn 小定理:有限除环也都是域. 因此对于有限环来说,整环、除环、域没有区别.

理想的概念是 Kummer 在研究 Fermat 猜想的时候引入的. 1847 年他证明了若环 $\mathbb{Z}[\zeta_p]$ 具有像整数一样的唯一分解性质,p 为素数,ζ_p 为 p 次单位根,则 $x^p + y^p = z^p$ 没有非平凡整数解. 当 $p \leqslant 19$ 时,$\mathbb{Z}[\zeta_p]$ 都是这样;但当 $p \geqslant 23$ 时,唯一分解性质不再成立. Kummer 发现如果 $\mathbb{Z}[\zeta_p]$ 对一种"理想数"有唯一分解性质,那么命题仍然成立,这样可以把结论推广到 $p \leqslant 100$ 的一切情形. 后来 Dedekind 指出"理想数"实质上是一个集合,这就是我们今天看到的理想.

利用理想的运算,中国剩余定理可以扩展到环上. 简单地说,设环 R 有两两互素(参看习题 10.2.6)的理想 $J_1, \dots, J_n$,则

$$R \Big/ \bigcap_{i=1}^{n} J_i \cong \prod_{i=1}^{n} (R/J_i).$$

这里的连乘表示环的直积(类比群的概念);具体可参考 [4].

10.3.7 定理利用域扩张的术语证明比较快捷,但也有说法比较初等的证明方法,例如 [5]. 习题 10.3.1 有个比较好玩的名字:一年级新生之梦(freshman's dream).

参考文献

[1] POONEN B. Why all rings should have a 1[J]. Mathematics Magazine, 2019, 92(1): 58-62.

[2] DORROH J L. Concerning adjunctions to algebras[J]. Bulletin of the American Mathematical Society, 1932, 38(2): 85-88.

[3] 冯克勤, 李尚志, 章璞. 近世代数引论（第四版）[M]. 合肥：中国科学技术大学出版社, 2018.

[4] DUMMIT D S, FOOTE R M. Abstract Algebra[M]. 3rd ed. Hoboken: New Jersey Wiley, 2004.

[5] MURPHY T. Finite Fields[EB/OL]. University of Dublin. 2002[2012-01-31]. https://www.maths.tcd.ie/pub/Maths/Courseware/FiniteFields/GF.pdf.

第四部分

计数与概率

11 基本计数

阅读提示

本章介绍一些基本的计数方法，在方法上需要读者着重掌握一一对应和算两次的办法（§11.1 节），在概念上主要涉及组合数、容斥原理和抽屉原理（依次为 §11.2、§11.3 和 §11.4 节）. 这些概念和方法都是读者有所熟悉而且不自觉在使用的，但需要读者结合习题多多练习. 对于基本的计数模型，推荐读者在阅读完之后填写习题 11.3.1 中的表格.

组合数学这一词汇是在 Leibniz 1666 年的论文首先提出的，不过在此之前，组合数学的问题已经层出不穷，比如我国的古书《易经》中就已经提到了幻方问题. 二十世纪下半叶以来，组合数学蓬勃发展，它为计算机科学的问题的解决提供了大量的方法，而后者又提出了许多新的组合数学问题. 这是我们专辟若干章节来介绍简单的组合数学的原因.

组合数学中最古老和最基本的分支之一是组合计数，它研究的问题就是算出满足特定条件的组合结构的数目. 尽管所涉及的问题的描述相当浅易，计数所运用的方法却是千变万化，其中的思想则贯穿组合数学之始终. 本章我们就先来介绍这些基本的思想和方法.

11.1 基本模型

设 S 是有限集合，我们总是用 $|S|$ 来表示 S 中元素的个数. 具有 n 个元素的集合简称 n 元集合，其中一个样板为指标集 $\{1, 2, \ldots, n\}$，记为 $[n]$.

一切的基础是所谓的**加法原理**和**乘法原理**. 用自然语言表述，它们分别是：

(i) 若有 a 种方式做某事，又有 b 种方式做另一件事，且恰好要做其中之一，则一共有 $a + b$ 种方案做这件事；

(ii) 若有 a 种方法做某事，b 种方法做另一事，则一共有 ab 种方法做此两件事.

可以用集合的语言严格表述如下：

11.1.1 命题 设 S, T 都是有限集，那么

(i) 若 S, T 是不交的集合，则 $|S \cup T| = |S| + |T|$；

(ii) 总有 $|S \times T| = |S||T|$.

11.1.2 例 (i) 从北京到上海，每天有 99 班航班和 36 班高速列车. 则由加法原理，从北京到上海的快速方式共有 $99 + 36 = 135$ 种.

(ii) 在河内塔问题中，一共有 3 个不同的柱子和 n 件大小不一的圆盘. 我们不允许将较大的圆盘放置在较小的圆盘上方. 决定有多少种合法的放法，即是决定每个盘子放到哪个柱子上（放好之后，其放法是唯一的），所以由乘法原理共有 3^n 种.

(iii) 用 ASCII 码来编写长度 4~6 位的密码，已知可用的码字有 95 个（可显示字符），则同时用加法原理和乘法原理得，一共有 $95^4 + 95^5 + 95^6$ 种不同的密码. ◇

利用以上基础，我们再来回顾最基本的两类计数问题，排列和组合.

组合问题就是指从一个组合结构中挑选出指定个数的元素，但不考虑顺序的问题. 于是不计顺序的那些问题往往也被划到组合问题中，这样的问题可以用集合来建模，我们把从 n 元集合中选出 k 个元素的组合方法的个数记为 $\binom{n}{k}$.

如果在组合的基础上还要考虑顺序，问题就变成**排列**，它可以视为一个置换 $\sigma \in S_n$. 所以置换可以看成有序的集合，也可视为恰由 $[n]$ 构成的长度为 n 的**元组**，即是一个有限长的整数序列.

利用加法和乘法原理可给出排列和组合的计数公式，特别是决定 $\binom{n}{k}$ 的计算方法.

11.1.3 定理 设 S 为 n 元集合，那么

(i) 从中选出 k 个元素的排列的方法有 $n(n-1)\cdots(n-k+1)$ 种，特别地，n 元排列有 $n!$ 种；

(ii) 从中选出 k 个元素的组合的方法有 $\binom{n}{k} = \dfrac{n!}{(n-k)!k!}$ 种.

证明 (i)：做这件事有 k 步，第一步有 n 种选法，第二步有 $n-1$ 种，以此类推，因而由乘法原理，答案为 $n(n-1)\cdots(n-k+1)$.

(ii)：在 (i) 的基础上，我们知道每种选法可视为元组 $(x_1, \ldots, x_k)$，这些排列中每 $k!$ 个在不计顺序的情况下所得结果是一样的，所以只需要除以 $k!$ 即得到答案. 这一结果称为**二项式系数**. □

对于组合数性质的进一步讨论我们留到下一节再继续进行.

除了组合和排列问题的差别之外，我们常常还要考虑结构中的元素是否可以区分. 例如把颜色全部相同的不可区分的红球排成一列，则永远只有 1 种排法；把完全相同的糖果分给一些孩子，则分配方案只和孩子拿到糖果的数目有关，与具体拿到哪个糖果无关. 这些问题则可以用多重集的概念予以建模.

所谓**多重集**就是元素可以重复的集合，重复元素之间不可区分.

11.1.4 定义 多重集 M 是有序对 (S, m)，其中 S 是一个集合，映射 $m\colon S \longrightarrow \mathbb{Z}_{>0} \cup \{\infty\}$ 称为元素的**多重度**. 若 $S = \{a_1, \ldots, a_n\}$，则 M 可记为 $\{m(a_1)\cdot a_1, \ldots, m(a_n)\cdot a_n\}$. 若进一步 $m(a_i) < \infty\,(1 \leqslant i \leqslant n)$，就称集合 M 含有 $\sum_{a\in S} m(a)$ 个元素.

从多重集中取出一个 r 个元素的多重子集，称为**多重集的 r 组合**，相应取法数目称 **r 组合数**；从中取出一个 r 元序列，称为**多重集的 r 排列**，相应取法数目称 **r 排列数**.

11.1.5 例 用两面红旗和三面黄旗一面接一面地悬挂在旗杆上，可以组成多少种不同的标志？这一问题就是多重集 $\{2\cdot r, 3\cdot y\}$ 的 5 排列问题. ◇

可以发现，多重集 $\{m(a_1)\cdot a_1, \ldots, m(a_n)\cdot a_n\}$ 的 r 组合问题，等价于求解方程 $x_1 + \cdots + x_n = r$ 在限制 $0 \leqslant x_i \leqslant m(a_i)\,(1 \leqslant i \leqslant n)$ 下的非负整数解. 我们将该问题称为**整数有序划分**.

11.1.6 例 (瓮中球) 我们来解决以上整数有序划分问题的一个特殊情形：对每个 i 有 $m(a_i) = \infty$，此时只有 $x_i \geqslant 0$ 的要求.

考虑这样一个问题：将 n 个不可区分的球放到 m 个不同的盒子中，每个盒子至少要放一个球，求放法的个数.

因为球不可区分，所以考虑将 n 个球排成一列，在球的空隙中插入隔板来代表分配结果，第一个隔板左侧的球给 1 号盒子，第一个隔板右侧，第二个隔板左侧的球给 2 号盒子，以此类推.

○○ | ○ | ○○○○ | ○○

1 号盒子　2 号盒子　3 号盒子　4 号盒子

因为每个盒子都需要一个球，所以两个隔板不能同时插入一个位置，隔板也不能插在所有球的某一侧，于是一共有 $n-1$ 个空隙可选，需要选出 $m-1$ 个，一共有 $\binom{n-1}{m-1}$ 种放法.

如果我们把球看成 1，盒子看成变元 x_i，则划分得到的是方程 $x_1+\cdots+x_m=n, x_i\in\mathbb{Z}_{>0}\,(1\leqslant i\leqslant m)$ 的解. 这样的解的个数也是 $\binom{n-1}{m-1}$.

进一步，对方程 $x_1+\cdots+x_m=n, x_i\in\mathbb{Z}_{\geqslant 0}\,(1\leqslant i\leqslant m)$ 的解 $(x_1,\ldots,x_n)$ 作变换 $(x_1+1,\ldots,x_n+1)$ 得方程 $x_1+\cdots+x_m=n+m, x_i\in\mathbb{Z}_{>0}\,(1\leqslant i\leqslant m)$ 的解，反过来后者的解减去 1 就得到一个前者的解. 所以前者解的个数是 $\binom{n+m-1}{m-1}$. ◇

11.1.7 例题 某人有一套 n 卷本的百科全书，编号为第 $1,2,\ldots,n$ 卷. 现在他想要从其中抽取 r 卷，使得任意两卷的卷号都不相邻. 求抽取方法的种数.

解 设取出的卷号从小到大分别为 $x_1<x_2<\cdots<x_r$，则 $x_1\geqslant 1, x_{i+1}-x_i\geqslant 2\,(1\leqslant i\leqslant r-1)$. 由于给定 x_1 和所有 $x_{i+1}-x_i$ 可以唯一确定 $\{x_i\}_{i=1}^n$，所以可以直接考虑前者. 进一步令

$$y_1=x_1, y_i=x_i-x_{i-1}-1\,(2\leqslant i\leqslant r), y_{r+1}=n-x_r+1,$$

则 $\{y_i\}_{i=1}^{r+1}$ 也可唯一确定原序列. 留意到 $\{y_i\}_{i=1}^{r+1}$ 是正整数序列，满足 $\sum_{i=1}^{r+1}y_i=n-r+2$，因此由瓮中球模型的结论，抽取方法的种数是 $\binom{n-r+1}{r}$. □

从上面的瓮中球模型中我们可以看到，具体利用各种已有模型求解计数问题时，常需要进行一定的转化. 典型的技巧可总结为**一一对应法**：在计算有限集合 S 的大小时，常找另一个更易计算大小的集合 T 和映射 $f: S\longrightarrow T$，则 f 是双射表明 $|S|=|T|$. 更进一步，f 是单射表明 $|S|\leqslant|T|$，f 是满射表明 $|S|\geqslant|T|$.

一一对应法是大家早就不自觉地使用的一种方法，前面已经有多例. 下面是一个极为经典的一一对应法的例子.

11.1.8 例 (非降路径问题) 如图 11.1 所示，某人从 $(0,0)$ 点开始走，每次只能向上或向右走 1 步，欲到达 (m,n). 想要求出这样的路径（称为**非降路径**或**格点路径**）的个数.

我们用 x 表示向右走，用 y 表示向上走，那么每条路径唯一确定了 m 个 x 和 n 个 y 的 xy 字符串，反之亦然. 因此非降路径的个数为 $\binom{m+n}{n}$.

进一步，求带某些约束的非降路径则需要更富有技巧性的一一对应技术. 考虑从 $(0,0)$ 到 (n,n) 的，除端点外不接触直线 $y=x$ 的非降路径数. 由对称性，可以只看 $y=x$ 下侧的合法非降路径，它们必经过点 $(1,0)$ 和 $(n,n-1)$. 现在求出从 $(1,0)$ 到 $(n,n-1)$ 的非法非降路径数目.

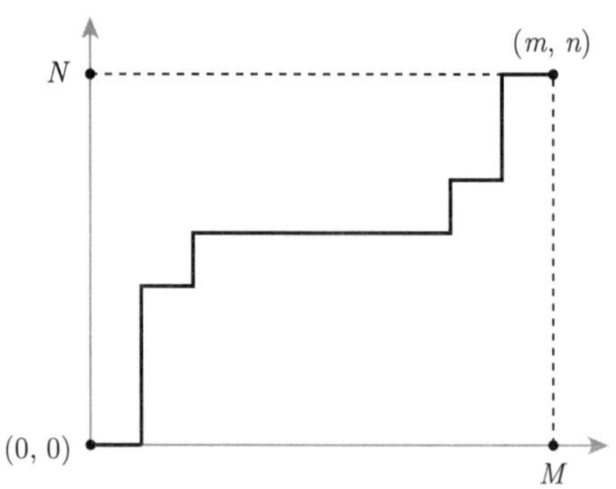

图 11.1　非降路径问题

如图 11.2 所示，对每个非法的非降路径，设其和 $y = x$ 的最后一个交点是 P，我们把路径 $(1,0) \longrightarrow P$ 以 $y = x$ 为对称轴反映（图中虚线），得到 $(0,1) \longrightarrow (n, n-1)$ 的非降路径. 另一方面，对每条 $(0,1) \longrightarrow (n, n-1)$ 的非降路径，可以进行类似的反映得到非法的非降路径，而且这是一一对应，所求合法路径数为

$$2\left[\binom{(n-1)+n-1}{n-1} - \binom{(n-1-1)+n}{n}\right] = \frac{1}{2n-1}\binom{2n}{n}.$$

◇

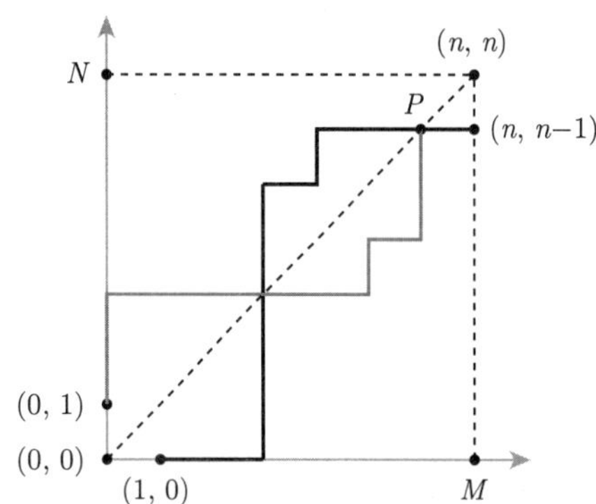

图 11.2　带约束的非降路径问题 A

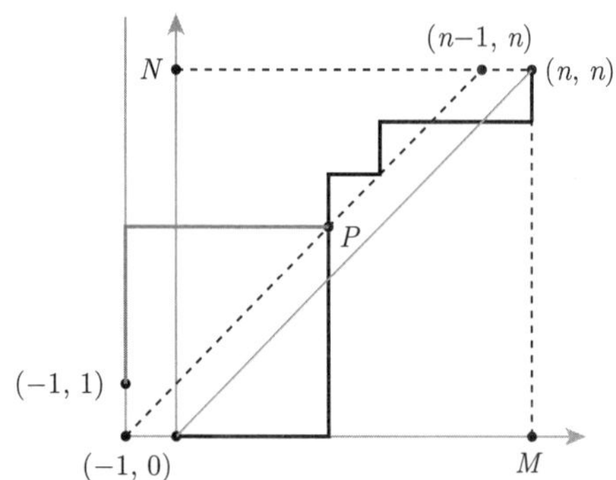

图 11.3　带约束的非降路径问题 B

11.1.9 例题　对 $[n]$ 作进出栈操作，进栈顺序按照 $1, \ldots, n$ 顺序，试求可能的出栈序列数. 例如，321 是可能的出栈序列，而 312 则是不可能的.

解　每个出栈序列恰对应一个进栈出栈方案. 用 x 表示进栈，y 表示出栈，则方案合法当且仅当 xy 字符串的任意前缀中，x 的数目不少于 y 的数目，这就是 $(0,0) \longrightarrow (n,n)$ 不击穿 $y = x$ 的非降路径的数目.

如图 11.3 所示，同样利用一一对应法，击穿 $y = x$ 即触碰 $y = x + 1$. 对每个非法的非降路径，设其第一次接触 $y = x + 1$ 的点是 P，并将 $(0,0) \longrightarrow P$ 的路径按 $y = x + 1$ 反映，得到 $(-1,1) \longrightarrow (n,n)$ 的非降路径，容易验证这是一一对应. 所以结果为

$$\binom{2n}{n} - \binom{2n}{n-1} = \frac{1}{n+1}\binom{2n}{n}.$$

□

这一结果称为 **Catalan 数**,记为 C_n. 后面还会提到.

有些时候,我们建立的映射可能是"一对多"的. 具体地说,f 实际上并非映射,但它把每个 s 中元素所在的等价类 $[s]$ 同 T 中的元素对应起来;若对于这些等价类而言 f 是双射,那么 $|S|=\dfrac{|T|}{|t|}$. 这一思想在求解 $\binom{n}{k}$ 的表达式时早就已经用到. 下例中的 (i) 将其推广到多项式系数,(ii) 则进一步考虑集合的划分问题.

11.1.10 例 (i) 考虑将 r_i 个颜色为 $i\,(1\leqslant i\leqslant k)$ 的球排成长度为 $n=r_1+\cdots+r_k$ 的一列,相同颜色的球不可区分. 假如这些球可以区分,暗含一个序号,那么每个方案都对应着一个排列. 反过来,对每个有序号的排列,撤去序号并把相同颜色的球随意打乱都得到同一个方案,所以每个方案对应 $r_1!r_2!\cdots r_k!$ 个排列,放法种数为

$$\frac{n!}{r_1!\cdots r_k!}\overset{\text{def}}{=}\binom{n}{r_1,\ldots,r_k}.$$

上式就是**多项式系数**. 显然它就是相应 n 元多重集的 n 排列数.

(ii) 又如,考虑把 n 个不同的球划分为大小为 $1,2,\ldots,n$ 的子集,要求大小为 i 的集合有 b_i 个($\sum_{i=1}^n ib_i=n$). 同样不难发现这相当于在全排列的基础上使相同大小的集合不可区分,且集合内元素也不可区分,因此分法种数为

$$S(n;b_1,\ldots,b_n)\overset{\text{def}}{=}\frac{1}{(1!)^{b_1}(2!)^{b_2}\cdots(n!)^{b_n}}\binom{n}{b_1,\ldots,b_n}.$$ ◇

11.1.11 例题 设有 n 个不同的男孩和 m 个不同的女孩排队,求下述情形下排法的数目:

(1) 排成一个圆圈;

(2) 排成一条直线,且女孩不相邻;

(3) 排成一个圆圈,且女孩不相邻.

解 此题 (1) 的结果称为**圆排列**.

(1) 由于圆上首尾不分,故 $m+n$ 个排列在圆上是等效的;换言之,一个圆排列"剪一刀"得到一种排列,剪的方式有 $m+n$ 种. 所以一个圆排列对应 $m+n$ 个排列,圆排列的种数为 $\dfrac{(m+n)!}{m+n}=(m+n-1)!$.

(2) 考虑将女孩作为隔板放入男孩的空隙中,每个空隙最多有一个女孩. 取定男孩的排列后,空隙有 $n+1$ 个,于是种数为 $n!m!\binom{n+1}{m}$.

(3) 此时只不过是在圆排列的基础上插入女孩. 取定男孩的排列后,空隙有 n 个,留意男孩排列确定后,女孩的位置将不再是圆排列(因为男孩是可以区分的). 于是种数为 $(n-1)!m!\binom{n}{m}$.

□

有时在建立双射时,易错把一对多的映射当成一对一的,导致结果相差一个因子. 在处理问题时要比较谨慎地考虑这种情况.

11.1.12 例题 有一副没有大小王的扑克牌(有 4 种花色,每种花色各有 13 种点数),其中任意五张牌的组合称为"牌型".

(1) “四条”表示五张牌中有四张点数一样的牌，所有不同的“四条”牌型有多少种？

(2) “葫芦”表示三张同一点数的牌加一对其他点数的牌，所有不同的“葫芦”牌型有多少种？

(3) “两对”表示五张牌中有两对相同点数牌（且不是“四条”或“葫芦”），所有不同的“两对”牌型有多少种？

(4) 所有不同的恰包含四种花色的牌型有多少种？

解 “四条”中，同点数的牌必然包含所有四种花色，因此决定它需要三个因素，即相同的点数、那张点数不同的牌的点数及其花色，但点数不能全相同. 下面图示的方法是一一对应，因此有 $13 \times 12 \times 4 = 624$ 种.

$$(8, Q, \heartsuit) \quad \longleftrightarrow \quad \boxed{8\spadesuit}, \boxed{8\heartsuit}, \boxed{8\diamondsuit}, \boxed{8\clubsuit}, \boxed{Q\heartsuit}.$$

决定“葫芦”需要四个因素，即两种点数和两种花色，但点数不能全相同，因此有 $13 \times 12 \times \binom{4}{3} \times \binom{4}{2} = 3744$ 种.

$$(2, \{\spadesuit, \clubsuit, \diamondsuit\}, J, \{\clubsuit, \diamondsuit\}) \quad \longleftrightarrow \quad \boxed{2\spadesuit}, \boxed{2\clubsuit}, \boxed{2\diamondsuit}, \boxed{J\spadesuit}, \boxed{J\diamondsuit}.$$

对于“两对”，如法炮制，需要三种点数和三种花色，但注意因为两对同点数的牌是“不可区分的”，地位平等（看下式），所以是“一对二”，答案为 $13 \times 12 \times 11 \times \binom{4}{2}^2 \times 4 \times \frac{1}{2} = 123552$ 种.

$$\begin{array}{ll} (3, \{\diamondsuit, \spadesuit\}, Q, \{\diamondsuit, \heartsuit\}, A, \clubsuit) & \searrow \\ (Q, \{\diamondsuit, \heartsuit\}, 3, \{\diamondsuit, \spadesuit\}, A, \clubsuit) & \nearrow \end{array} \quad \boxed{3\diamondsuit}, \boxed{3\spadesuit}, \boxed{Q\diamondsuit}, \boxed{Q\heartsuit}, \boxed{A\clubsuit}$$

同理，对于包含四种不同花色的牌型，我们只需确定四种不同花色的牌对应的点数，以及第五张牌. 留意第五张牌和四种不同花色牌型中的一张地位是平等的，因此也是“一对二”，答案为 $\frac{1}{2} \times 13^4 \times 12 \times 4 = 685464$ 种.

$$\begin{array}{ll} (7, K, A, 2, \diamondsuit, 3) & \searrow \\ (3, K, A, 2, \diamondsuit, 7) & \nearrow \end{array} \quad \boxed{7\diamondsuit}, \boxed{K\clubsuit}, \boxed{A\heartsuit}, \boxed{2\spadesuit}, \boxed{3\diamondsuit}$$

有关更多的基本计数模型的讨论，可以参看 [1].

习题 11.1

1. 在一副没有大小王的扑克牌中，求所有没有“对子”的牌型（即点数互不相同的五张牌）的个数.

2. 离散数学课堂上有大一、大二、大三学生各 n 位，教师要求他们组成 n 个小组，每个小组中恰有大一、大二、大三学生各 1 位，求这样做的方案数.

3. 从 $\mathscr{P}([n]) \times \mathscr{P}([n])$ 中选出有序对 (A, B)，满足 $A \cap B = \varnothing$，求这样的有序对个数.

4. (Quine, [2]) 考虑 n 个不同的球放到 m 个不同的桶中去，这些桶可以漆成红桶、蓝桶或者白桶. 是否存在一种给桶进行油漆的方法，使得红桶和蓝桶中都没有球的放法数等于红桶和蓝桶中都有球的放法数？说明理由.

5. 设 n 阶 0, 1 矩阵满足每行和每列的元素和都是偶数,求这样的矩阵的个数.

6. 有 m 个不可区分的红球和 n 个可区分的蓝球,从这 $m+n$ 个球中选出 r 个球有多少选择方法? 对下面几种情况计算结果:(1) $r \leqslant m, r \leqslant n$;(2) $n \leqslant r \leqslant m$;(3) $m \leqslant r \leqslant n$.

7. 宴会上有 13 位可区分的客人,菜品中有 5 份龙虾和 8 份蜗牛(都不可区分). 设想厨师在上菜时用一张纸记录过程:把龙虾送给 1 号客人;把蜗牛送给 1 号客人;把蜗牛送给 5 号客人;……求下列情况下上菜记录的可能种数:(1) 没有限制;(2) 要求每位客人至少吃到一道菜.

8. 某人有一套 n 卷本的百科全书,编号为第 $1,2,\dots,n$ 卷. 现在他想要将它们打乱排列,使得序列中任意相邻两卷的卷号都不相邻. 求排列方法的种数.

9. n 个学习离散数学的同学坐成一圈讨论作业,现从中选出 r 个成为小天才,要求这 r 个同学中没有两个是在圆周上相邻的,求选法的种数.

10. 把 $1,2,\dots,n$ 排列在圆上,要求任意相邻的两个数之差的绝对值不超过 2,求方案个数.

11. 某同学用周一至周六 6 天来复习离散数学期末考试, 总共需要学习 26 小时, 每天学习的小时数是正整数.

(1) 若他希望每天学习 4 小时、5 小时或者 6 小时,有多少这样的安排方式?

(2) 若他希望周四学习的小时数比周五严格多,有多少这样的安排方式?

12. Bell 数 B_n 定义为把 n 元集合进行任意的划分的方案总数,规定 $B_0=1$,证明递归式:

$$B_{n+1}=\sum_{i=0}^{n}\binom{n}{i}B_i.$$

13. 李雷和韩梅梅竞选学生会主席,韩梅梅获得选票 p 张,李雷获得选票 q 张,$p>q$. 将总共 $p+q$ 张选票一张一张地点数,有多少种选票的排序方式使得在整个点票过程中韩梅梅的票数一直高于李雷的票数?

14. 考虑非降路径 $(1,1)\longrightarrow(n,m)$,称路径的无序对 $\{A,B\}$ 是不相交的,如果 A 和 B 除 $(1,1),(n,m)$ 外不同时经过其他格点. 试求不相交的 $\{A,B\}$ 的个数.

15. $m+n$ 个人排队买冰激凌,m 个人持 5 元,n 个人持 10 元. 小贩在售卖前只有足够多的冰激凌但没有钱,每个冰激凌售价 5 元. 试问有多少种排队方式能让这些购买交易均顺利进行?

16. 对于 $1,2,\dots,2024$ 的一个排列 π,若集合 $\{\pi(k)-k : k=1,2,\dots,2024\}$ 中恰含有两个元素,则称其为"一致排列". 试求出"一致排列"的总数. 进一步地,推广你的结论到 n 元排列的情形.

11.2 组合恒等式

在基本计数中,我们时常看到组合数 $\binom{n}{k}$ 的身影,此时常常要计算和它相关的恒等式和和式,或者对难以计算的作出合适的估计. 本节就是要介绍一些有关组合数的简单性质以便于应对这些问题.

首先回顾组合数 $\binom{n}{k}$ 的定义:

$$\binom{n}{k}=\frac{n!}{(n-k)!k!}.$$

为简单起见,我们要求 n,k 都是非负整数,且 $n\geqslant k$(当 $n<k$ 或者 $k<0$ 时一般定义 $\binom{n}{k}=0$).

由定义式立刻看出组合数的**对称性**:

$$\binom{n}{k} = \binom{n}{n-k}.$$

这说明固定 n,则 $\binom{n}{k}$ 对 k 是一个先增后减的函数,在 $k = \left\lceil \frac{n}{2} \right\rceil$ 或者 $\left\lfloor \frac{n}{2} \right\rfloor$ 时取到最大值.

$\binom{n}{k}$ 又称为**二项式系数**,其原因就是它是熟知的二项展开式中的系数,以下二项式定理在一千年前就为我国和印度的数学家所知,Newton 则将其推广到实数中的情形:

11.2.1 定理 (二项式定理) 设 n 为正整数,则有展开式

$$(x+y)^n = \sum_{k=0}^{n} \binom{n}{k} x^k y^{n-k}.$$

(Newton)更一般地,设 $r \in \mathbb{R}$ 而 $\left|\frac{x}{y}\right| < 1$,并推广记号:

$$\binom{r}{k} \overset{\text{def}}{=} \begin{cases} 0 & (k<0), \\ 1 & (k=0), \\ \dfrac{r(r-1)\cdots(r-k+1)}{k!} & (k>0). \end{cases}$$

那么

$$(x+y)^r = \sum_{k=0}^{\infty} \binom{r}{k} x^k y^{r-k}.$$

证明 我们只证组合形式的二项式定理,Newton 二项式定理可通过数学分析中的幂级数方法证明. 根据多项式的展开方法,要得到一个单项式 $x^k y^{n-k}$,需要从 n 个 $x+y$ 的括号中选出 k 个 x,剩下均选 y. 这样的选法恰有 $\binom{n}{k}$ 个,所以展开式中该项的系数恰为 $\binom{n}{k}$. □

在二项式定理中代入合适的数字,或者先求导再代入,将得到一系列恒等式. 比如,在二项式定理中取 $x=1, y=-1$ 得到

$$\sum_{k=0}^{n} (-1)^k \binom{n}{k} = 0,$$

取 $x = y = 1$ 得到

$$\sum_{k=0}^{n} \binom{n}{k} = 2^n.$$

从组合意义上看,上式两边都是 n 元集合的子集个数:式左的代表的挑选方法是按子集元素的个数分类进行加和;而式右代表的选法是按照每个元素是否选入子集进行加和,因此二者必然相等. 这一证明组合恒等式的方法就是算两次,或者称为**组合证明**. 有时候会比直接用代数方法证明要简单.

在二项式定理中先取 $y=1$,所得式两边对 x 求一次导数得

$$\sum_{k=0}^{n} k\binom{n}{k}x^{k-1}=n(x+1)^{n-1}\xrightarrow{x\leftarrow 1}\sum_{k=0}^{n}k\binom{n}{k}=n\cdot 2^{n-1}.$$

此式是否有组合证明？假定有一个 n 个同学的班级要选班委，班委中有一人是班长，考虑选法种数. 式左代表的是先选出一个 k 人的委员会，然后在这 k 人中选一个作为班长；而式右代表的是先从 n 个人中选出班长，再从剩下 $n-1$ 人中选出除班长之外的班委. 所以二者也必然相等.

为了证明和求解更多的恒等式，先讨论组合数的几个简单性质.

首先极易验证**吸收律**

$$\binom{n}{k}=\frac{n}{k}\binom{n-1}{k-1}\quad 或者\quad k\binom{n}{k}=n\binom{n-1}{k-1}.$$

此式可以用于消除和式中的变系数（左式消除分母中的 k,右式消除分子中的 k），比如我们用代数方法重新导出前面的一个式子：

$$\sum_{k=0}^{n}k\binom{n}{k}\xlongequal{吸收\ k}n\sum_{k=1}^{n}\binom{n-1}{k-1}=n\cdot 2^{n-1}.$$

另一个极为常用的性质是**加法公式**：

$$\binom{n}{k}=\binom{n-1}{k}+\binom{n-1}{k-1}.$$

事实上，考虑从 n 元集合中选取一个 k 元子集，式左代表直接选取；式右中，对 1 号元素有两种选择，如果不选，则要在剩下 $n-1$ 个元素中选取 k 个，否则只需选择 $k-1$ 个，由加法原理即得. 当然，直接计算也可以完成证明的任务.

把加法公式放到杨辉三角（图 11.4）中观看，其含义就是每一个数都是它上一行中与它距离最近的两个数的和，它是刻画组合数的递归式. 所以加法公式也是组合数归纳证明的根本工具之一.

利用加法公式，每个组合数都可沿着杨辉三角层层上溯递归求和. 这有两种做法，其一是反复对新得到的 $\binom{n-1}{k-1}$ 用加法公式展开，其二则是反复对新得到的 $\binom{n-1}{k}$ 用加法公式展开. 对于 $\binom{m+n+1}{n}$ 用前一种方法得

$$\begin{aligned}\binom{m+n+1}{n}&=\underline{\binom{m+n}{n-1}}+\binom{m+n}{n}=\underline{\binom{m+n-1}{n-2}}+\binom{m+n-1}{n-1}+\binom{m+n}{n}\\&=\underline{\binom{m+n-2}{n-3}}+\binom{m+n-2}{n-2}+\binom{m+n-1}{n-1}+\binom{m+n}{n}\\&=\cdots=\sum_{k=0}^{n}\binom{m+k}{k}.\end{aligned}$$

此结果称为**平行求和**.

$$\binom{1}{0}$$
$$\binom{1}{0}\quad\binom{1}{1}$$
$$\binom{2}{0}\quad\binom{2}{1}\quad\binom{2}{2}$$
$$\binom{3}{0}\quad\binom{3}{1}\quad\binom{3}{2}\quad\binom{3}{3}$$
$$\binom{4}{0}\quad\binom{4}{1}\quad\binom{4}{2}\quad\binom{4}{3}\quad\binom{4}{4}$$

图 11.4 杨辉三角

注:杨辉三角是二项式系数的一种写法,它因在我国首现于南宋杨辉的《详解九章算法》得名,其在书中说明是引自贾宪的《释锁算书》,故又名贾宪三角.

对于 $\binom{m+1}{n+1}$ 用后一种方法则得到

$$\begin{aligned}\binom{m+1}{n+1} &= \binom{m}{n} + \underline{\binom{m}{n+1}} = \binom{m}{n} + \binom{m-1}{n} + \underline{\binom{m-1}{n+1}} \\ &= \binom{m}{n} + \binom{m-1}{n} + \binom{m-2}{n} + \underline{\binom{m-2}{n+1}} \\ &= \cdots = \sum_{k=0}^{m} \binom{k}{n}.\end{aligned}$$

注意式中认为当 $k < n$ 时 $\binom{k}{n} = 0$. 此结果称为**上指标求和**. 它也有简单的组合证明:考虑从 $m+1$ 元集合 $\{a_0, \ldots, a_m\}$ 中选取一个 $n+1$ 元子集,将选出的集合分为 $m+1$ 种,在第 k 种中,它必须包含 a_k,但不包含所有 $a_i\,(0 \leqslant i < k)$,这样的集合恰有 $\binom{n-k+1}{m}$ 种,所以二者必然相等.

最后一个重要的简单性质是所谓**三项式定理**:设 $0 \leqslant k \leqslant m \leqslant n$ 都是非负整数,则

$$\binom{n}{m}\binom{m}{k} = \binom{n}{k}\binom{n-k}{m-k},$$

它可直接计算得到(组合证明:从 n 个同学中选出 m 个班委,m 个班委中选出 k 个班长/副班长(二者也算作班委),那么式左表示先选班委再内部选举,式右表示先选班长再在余下同学中选出非班长的班委). 这一式的用处之一是处理那些含有二项式系数乘积的和式. 而含有二项式乘积的和式当属 **Vandermonde 等式**最为著名:

$$\sum_{k=0}^{r} \binom{m}{k}\binom{n}{r-k} = \binom{m+n}{r}.$$

在进行计算之前,不难发现 Vandermonde 等式有简单的组合证明:从 m 个男生和 n 个女生中选择

r 人,方案数可以按 r 个人中的男、女生数分类.

若要计算证明,可考虑用两种方式展开 $(1+x)^{m+n}$,第一种为二项式定理

$$(1+x)^{m+n}=\sum_{r=0}^{m+n}\binom{m+n}{r}x^r. \tag{11.2.1}$$

第二种是先计算 $(1+x)^m,(1+x)^n$,然后展开:

$$(1+x)^m(1+x)^n=\left(\sum_{i=0}^{m}\binom{m}{i}x^i\right)\left(\sum_{j=0}^{n}\binom{n}{j}x^j\right)=\sum_{r=0}^{m+n}\left(\sum_{k=0}^{r}\binom{m}{k}\binom{n}{r-k}\right)x^r. \tag{11.2.2}$$

比较式 (11.2.1)、(11.2.2) 中 x^r 项的系数即得 Vandermonde 等式.

有了基本技术后,让我们来看若干例题.

11.2.2 例题 设 n 为非负整数,求和:

$$\sum_{k=0}^{n}\binom{n}{k}\frac{k!}{(n+1+k)!}.$$

解 按二项式系数的定义展开可得

$$\begin{aligned}\sum_{k=0}^{n}\binom{n}{k}\frac{k!}{(n+1+k)!}&=n!\sum_{k=0}^{n}\frac{1}{(n-k)!(n+1+k)!}=n!\sum_{k=n+1}^{2n+1}\frac{1}{k!(2n+1-k)!}\\&=\frac{n!}{(2n+1)!}\sum_{k=n+1}^{2n+1}\binom{2n+1}{k}.\end{aligned}$$

处理后一项时,观察下标知道需要运用对称性,即

$$\begin{aligned}2\sum_{k=n+1}^{2n+1}\binom{2n+1}{k}&=\sum_{k=n+1}^{2n+1}\binom{2n+1}{2n+1-k}+\sum_{k=n+1}^{2n+1}\binom{2n+1}{k}\\&=\sum_{k=0}^{2n+1}\binom{2n+1}{k}=2^{2n+1},\end{aligned}$$

所以答案为 $\dfrac{n!}{(2n+1)!}2^{2n}$. □

11.2.3 例题 设 $n\geqslant m$ 均为非负整数,求和:

$$\sum_{k=0}^{m}\frac{\binom{m}{k}}{\binom{n}{k}}.$$

解　首要的麻烦在于分母，因此我们可以先设法使分母一致化，对每一项直接按定义写开

$$\frac{\binom{m}{k}}{\binom{n}{k}}=\frac{\frac{m!}{(m-k)!k!}}{\frac{n!}{(n-k)!k!}}=\frac{m!(n-m)!}{n!}\frac{(n-k)!}{(m-k)!(n-m)!}=\frac{\binom{n-k}{m-k}}{\binom{n}{m}},$$

于是问题简化很多了，我们只需要处理 $\sum_{k=0}^{m}\binom{n-k}{m-k}$ $(\star)$，这和平行求和/上指标求和非常相近，只需要用一次对称性即可，故问题迎刃而解：

$$\begin{aligned}\star&=\sum_{k=0}^{m}\binom{n-k}{n-m}=\sum_{k=n-m}^{n}\binom{k}{n-m}=\sum_{0\leqslant k\leqslant n}\binom{k}{n-m}-\sum_{0\leqslant k<n-m}\binom{k}{n-m}\\&\overset{\text{上指标求和}}{=\!=\!=}\binom{n+1}{n-m+1}-\underbrace{\binom{n-m}{n-m+1}}_{=0}=\binom{n+1}{m}.\end{aligned}$$

□

11.2.4 例题　设 $n\geqslant m$ 均为非负整数，求和：

$$\sum_{k=0}^{m}k\binom{m}{k}\binom{n}{k}.$$

解　此题相当容易. 立刻想到直接运用吸收技术，然后考虑用 Vandermonde 等式，所以要用对称性改写，计算如下：

$$\sum_{k=0}^{m}k\binom{m}{k}\binom{n}{k}=m\sum_{k=1}^{m}\binom{n}{k}\binom{m-1}{k-1}=m\sum_{k=1}^{m}\binom{n}{k}\binom{m-1}{m-k}=m\binom{n+m-1}{m}.$$

□

11.2.5 例题　设 m,n 为非负整数，满足 $m\geqslant n+1$，求和：

$$S=\sum_{k=0}^{n}k\binom{m-k-1}{m-n-1}.$$

解　看到原式便想要利用吸收律将二项式系数外部的 k 除去，但对 $\binom{m-k-1}{m-n-1}$ 作简单变换不能无法得到 $\binom{\star}{k-1}$ 形式的表达式，所以我们考虑凑出 $m-k$，

$$\begin{aligned}S&=\sum_{k=0}^{n}(m-(m-k))\binom{m-k-1}{m-n-1}=m\sum_{k=0}^{n}\binom{m-k-1}{m-n-1}-\sum_{k=0}^{n}(m-k)\binom{m-k-1}{m-n-1}\\&=m\sum_{k=0}^{n}\binom{m-k-1}{m-n-1}-(m-n)\sum_{k=0}^{n}\binom{m-k}{m-n}.\end{aligned}$$

后面两个求和是熟悉的东西,计算如下:

$$\sum_{k=0}^{n}\binom{m-k-1}{m-n-1}=\sum_{k=m-n-1}^{m-1}\binom{k}{m-n-1}\xlongequal{\text{上指标求和}}\binom{m}{m-n}=\binom{m}{n},$$

$$\sum_{k=0}^{n}\binom{m-k}{m-n}=\sum_{k=m-n}^{m}\binom{k}{m-n}=\binom{m+1}{m-n+1}=\binom{m+1}{n}.$$

于是结果为 $m\binom{m}{n}-(m-n)\binom{m+1}{n}=\dfrac{n}{m-n+1}\binom{m}{n}$. □

当 n,k 比较大或者遇到比较难处理的和式时,我们需要对二项式系数作出估计,对此我们有下面非常有用的不等式. 这两个不等式在概率方法的章节中会得到充分的使用.

11.2.6 引理 设正整数 $n\geqslant k\geqslant 1$,那么

$$\left(\frac{n}{k}\right)^k\leqslant\binom{n}{k}\leqslant\left(\frac{\mathrm{e}n}{k}\right)^k.$$

证明 对于下界,利用类似糖水不等式的估计得

$$\left(\frac{n}{k}\right)^k=\frac{n}{k}\cdot\frac{n}{k}\cdots\frac{n}{k}\leqslant\frac{n}{k}\cdot\frac{n-1}{k-1}\cdots\frac{n-k+1}{1}=\binom{n}{k}.$$

对于上界,我们证明更强的命题:利用二项式定理,对任意的 x 有

$$\binom{n}{k}\leqslant\sum_{i=0}^{k}\binom{n}{i}\leqslant\sum_{i=0}^{k}\binom{n}{i}\frac{x^i}{x^k}\leqslant\frac{(1+x)^n}{x^k}\leqslant\mathrm{e}^{nx}x^{-k}.$$

特别地,取 $x=\dfrac{k}{n}$,即得. □

习题 11.2

1. 求出 $(\sqrt{11}+\sqrt{10})^{2024}$ 的个位数字和十分位数字.

2. 设 n 是非负整数,求和:

$$\sum_{k=0}^{n}\binom{n}{k}^2.$$

3. 设正整数 $n\geqslant 3$,求和:

$$\sum_{k=2}^{n-1}(n-k)^2\binom{n-1}{k-1}.$$

4. 设 n 是非负整数,求和:

$$\sum_{k=0}^{n}\binom{n}{k}\min(k,n-k).$$

解释该式的组合意义.

5. 设 n 是非负整数,求和:

$$\sum_{k=0}^{n} \frac{2^{k+1}}{k+1}\binom{n}{k}.$$

6. 设 n 是非负整数,求和:

$$\sum_{k=0}^{n} k^2\binom{n}{k},$$

并尝试给出一个组合证明.

7. 设正整数 $1 \leqslant k < n$,证明:

$$\sum_{i=k}^{n} \binom{n}{i}\binom{i}{k} = 2^{n-k}\binom{n}{k}.$$

8. 设 n 为非负整数,求和:

$$\sum_{k=0}^{n} \binom{\binom{k}{2}}{2}\binom{2n-k}{n}.$$

9. 设 $n \geqslant p$ 均为非负整数,求和:

$$\sum_{k=0}^{2n-2p} \binom{2n+1}{2p+2k+1}\binom{p+k}{k}.$$

10. 设非负整数 m, n 满足 $m \geqslant 2n$,求和:

$$\sum_{k=0}^{n} \binom{2n+1}{2k}\binom{m+k}{2n}.$$

11. 设非负整数 n, p, q 满足 $n \geqslant p+q$,证明:

$$\sum_{k=0}^{\min\{p,q\}} \binom{p}{k}\binom{q}{k}\binom{n+k}{p+q} = \binom{n}{p}\binom{n}{q}.$$

12. 证明关于二项式系数的渐近估计:

$$\binom{n}{k} = \frac{n^k \mathrm{e}^{-\frac{k^2}{2n}-\frac{k^3}{6n^2}}}{k!}(1+o(1)) \quad (n \to \infty).$$

提示 可以用 Stirling 公式(定理 A.1.5).

13. 设 n, k 是正整数,证明:对 $k \leqslant \dfrac{n}{2}$ 有以下两式成立:

$$\sum_{i=0}^{k} \binom{n}{i} \leqslant \binom{n}{k}\left(1+\frac{k}{n-2k+1}\right),$$

$$\binom{n}{k} \geqslant \gamma \cdot \left(\frac{n\mathrm{e}}{k}\right)^k \quad 其中 \quad \gamma = \frac{1}{\sqrt{2\pi k}}\mathrm{e}^{-\frac{k^2}{n}-\frac{1}{6k}}.$$

14. 设 n 为正整数,证明:

$$\frac{1}{2^n}\sum_{i=1}^{\lceil n/4\rceil}(n-4(i-1))\binom{n+1}{2i-1}=\Omega(\sqrt{n}).$$

11.3 容斥原理

容斥原理是我们在小学时候就已经有所了解的,我们对它的最初印象通常是图 11.5 中的 Venn 图所表达的特殊情形. 容斥原理的基本思想是:去掉被多计数的元素,添加被少计数的元素,从而将集合的并的元素计数转化为有时更易计算的集合的交的元素的计数. 对于下面关于 A, B, C 三个集合的特殊情形论证如下:在 $|A|+|B|+|C|$ 的计数中,每个 $A\cap B, B\cap C, C\cap A$ 中的元素都被多计数一次,需要减去,但这样 $A\cap B\cap C$ 中的元素就被少计数一次,还需要补上. 而对于 n 个集合,反复做这样的修补就能推广上面的 Venn 图之情况. 下面我们描述这种一般的容斥原理的公式.

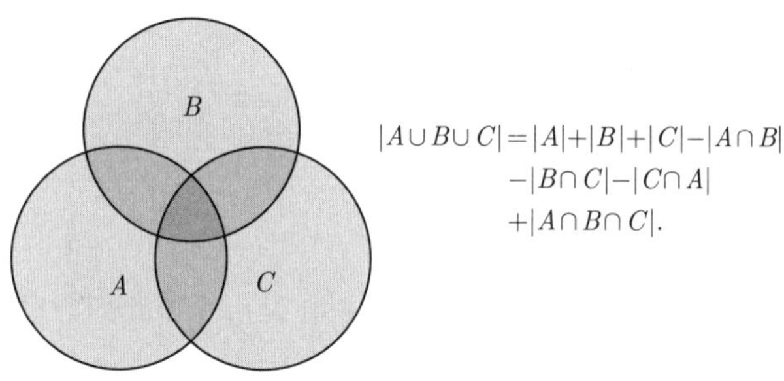

图 11.5 三元容斥原理与 Venn 图

11.3.1 定理 (容斥原理) 设 $A_1,\ldots,A_n$ 是有限集,则

$$\left|\bigcup_{i=1}^{n}A_i\right|=\sum_{\varnothing\neq I\subseteq[n]}(-1)^{|I|-1}\left|\bigcap_{i\in I}A_i\right|.$$

证明 只需要计算某个 $x\in\bigcup_{i=1}^{n}A_i$ 在右侧被计数的次数. 实际上,令 $S=\{i : x\in A_i\}$,则 x 被计数当且仅当 $I\subseteq S$. 又 I 取遍所有 $[n]$ 的子集,所以计数次数为

$$\sum_{i=1}^{|S|}\binom{|S|}{i}(-1)^{i-1}=1+(-1)\sum_{i=0}^{|S|}\binom{|S|}{i}(-1)^{i}1^{n-i}=1+(-1)(1-1)^{|S|}=1.$$

□

11.3.2 推论 设 $A_1,\ldots,A_n$ 都是有限集 U 的子集,则

$$\left|\bigcap_{i=1}^{n}A_i\right|=|U|-\left|\bigcup_{i=1}^{n}A_i^c\right|=|U|-\sum_{\varnothing\neq I\subseteq[n]}(-1)^{|I|-1}\left|\bigcap_{i=1}^{n}A_i^c\right|.$$

虽然简单,容斥原理有不少有趣的应用,表达式中遇到交错求和就可能和其有关. 此外,当满

足某个性质的组合结构的数目不容易求出时,可以先算出不满足该性质的结构之数目,然后从总数目中减去之即得答案. 这种方法称为**正难则反**,有时候会用到容斥原理.

11.3.3 例 考虑 $[n] \longrightarrow [m]$ 的满射个数. 设 U 为一切 $[n] \longrightarrow [m]$ 的映射集合, A_i $(1 \leqslant i \leqslant m)$ 表示 $[n] \longrightarrow [m] \setminus \{i\}$ 映射的全体,我们只需要计算 $|U| - |A_1 \cup \cdots \cup A_m|$. 依据容斥原理,

$$|A_1 \cup \cdots \cup A_m| = \sum_{\varnothing \neq I \subseteq [m]} (-1)^{|I|-1} \left| \bigcap_{i \in I} A_i \right| = \sum_{j=1}^{m} (-1)^{j-1} \sum_{i_1, \ldots, i_j} |A_{i_1} \cap \cdots \cap A_{i_j}|.$$

式中第二个等号是按 $|I|$ 重新改写求和. 显然 $|A_{i_1} \cap \cdots \cap A_{i_j}| = (m-j)^n$,于是

$$|U| - |A_1 \cup \cdots \cup A_m| = m^n - \sum_{i=1}^{m} (-1)^{i-1} \binom{m}{i} (m-i)^n = \sum_{i=0}^{m} (-1)^i \binom{m}{i} (m-i)^n.$$

◇

11.3.4 注 (i) 在上例中我们看到,当 j 给定时, $|A_{i_1} \cap \cdots \cap A_{i_j}|$ 皆相同,记为 $f(j)$. 此时容斥原理简化为

$$\sum_{j=1}^{n} (-1)^{j-1} \binom{n}{j} f(j),$$

这就是容斥原理的对称版本.

(ii) 上例的结果若乘以 $\dfrac{1}{m!}$,则得到将 n 元集合划分为 m 个子集的方案数(为什么?),这一数字称为**第二类 Stirling 数**,记为 $\left\{ {n \atop m} \right\}$. ♤

利用容斥原理还可简单导出不少其他已经讨论过的式子.

11.3.5 例 (Euler ϕ 的计算) 重新导出式 (8.4.1),设 $n = p_1^{e_1} \cdots p_r^{e_r}$. 令 $A_i = \{1 \leqslant a \leqslant n : p_i \mid a\}$,则

$$\bigcap_{\varnothing \neq I \subseteq [r], i \in I} A_i = \frac{n}{\prod_{i \in I} p_i}.$$

于是

$$\begin{aligned}
\phi(n) = n - \left| \bigcup_{i=1}^{r} A_i \right| &= n - \sum_{\varnothing \neq I \subseteq [n]} (-1)^{|I|-1} \frac{n}{\prod_{i \in I} p_i} = n \sum_{k=0}^{r} \sum_{I \subseteq [n], |I|=k} \frac{(-1)^k}{\prod_{i \in I} p_i} \\
&= n \left(1 - \left(\frac{1}{p_1} + \cdots + \frac{1}{p_r} \right) + \left(\frac{1}{p_1 p_2} + \cdots + \frac{1}{p_{r-1} p_r} \right) + \cdots + (-1)^r \frac{1}{p_1 \cdots p_r} \right) \\
&= n \prod_{i=1}^{r} \left(1 - \frac{1}{p_i} \right).
\end{aligned}$$

容斥原理的另一个名字——筛法,就和上面对和 n 互素的数的确定方式有关. 古希腊的 Eratosthenes 发明了求取素数的筛法:要找出素数,可以通过去掉合数来完成,所以只需要划去是别的数的倍数的那些数,这个过程就好像让数表通过了一个筛子. ◇

和容斥原理相关的一个组合数学中的古老例子是**错排**问题. 1708 年它由 Pierre Raymond de Montmort 在《随机博弈的分析》(*Essay d'analyse sur les jeux de hazard*)一文中提出. 原文是说:有两堆牌,一堆按顺序排列,一堆随机排列;两堆牌从上到下依次形成牌对,求不存在两张牌都相同的牌对的概率. 这可归结为求没有不动点的置换 $n \in S_n$ 的个数,所谓不动点就是满足 $\sigma(i) = i$ 的 $i \in [n]$.

考虑用容斥原理求解这一问题. 记 $A_i\ (1 \leqslant i \leqslant n)$ 表示 i 作为不动点的 n 元置换,那么只需计算 $|S_n| - |A_1 \cup \cdots \cup A_n|$. 因为 $|A_{i_1} \cap \cdots \cap A_{i_j}| = (n-j)!$,由容斥原理的对称版本得错排数

$$\begin{aligned} D_n &= n! - \sum_{i=1}^{n}(-1)^{i-1}\binom{n}{i}(n-i)! = n!\left(1 - \sum_{i=1}^{n}(-1)^{i-1}\frac{1}{i!}\right) \\ &= n!\left(1 - 1 + \frac{1}{2!} - \frac{1}{3!} + \cdots + (-1)^n\frac{1}{n!}\right). \end{aligned}$$

用 e^{-x} 的展开式立刻看出 $\lim_{n\to\infty}\dfrac{D_n}{n!} = \dfrac{1}{e}$,因此 de Montmort 所求的概率大约为 $\dfrac{1}{e}$.

习题 11.3

1. (Stanley, 十二重计数法) 考虑把 n 个球放到 m 个盒子里的方法数目. 在不同的设定下,这样的方法种数不同:球是否可以区分,盒子是否可以区分,每个盒子中要求至少放一个球或者至多放一个球. 在表 11.1 的空格中填写计数:

表 11.1 常见计数模型之十二重计数法

球数限制 / 可区分性	无限制	$\leqslant 1$	$\geqslant 1$
球、盒都可区分			
球不可区分,盒可区分			
球可区分,盒不可区分			
球、盒都不可区分	/		/

其中标有"/"的空格不必填写(这些空格的值和整数拆分有关,参看习题 13.2.5). 思考:这些放球模型分别对应的更具体的计数问题的例子有哪些?

2. 小于 10^6 的正整数中,有多少个数既不是平方数,也不是立方数,也不是四次方数?

3. 设 $A_1, \ldots, A_n$ 是有限集,$I \subseteq [n]$ 为给定的非空指标集,证明:

$$\left|\bigcup_{i\in I} A_i\right| = \sum_{J \supseteq I}(-1)^{|J\setminus I|}\left|\bigcap_{j\in J} A_j\right|.$$

4. (Bonferroni) 设 $A_1, \ldots, A_n$ 是有限集，q 为偶数，证明：

$$\left|\bigcup_{i=1}^{n} A_i\right| \geqslant \sum_{\varnothing \neq I \subseteq [n], |I| \leqslant q} (-1)^{|I|-1} \left|\bigcap_{i \in I} A_i\right|,$$

进一步证明：若 q 为奇数，则不等号反向.

5. 用字母 E、H、I、R、S、W 组成序列，每个字母恰使用一次，要求不包含 WIR、IHR、SIE（即德语我们、你们、他们）作为子序列（子序列不一定是连续的，例如 RSWIHE 非法），请问这样的序列有多少个？

6. 设 n, k, ℓ 是满足 $k \geqslant \ell$ 的正整数，用筛法求出方程 $x_1 + \cdots + x_n = k$ 满足 $0 \leqslant x_i < \ell\,(1 \leqslant i \leqslant n)$ 的解的组数.

7. 考虑用 k 个字母组成的字符串集合 Ω. 设 $w \in \Omega$ 是给定的长度为 m 的字符串，满足其任意真前缀和任意真后缀都不相同. 求 Ω 中，长度为 n 且不包含 w 作为子串的字符串的数目.

8. 有多少个分解式中恰有 r 个 k 元轮换的 n 元置换？有多少个恰有 r 个不动点的 n 元置换？

9. 设 $\sigma \in S_n\,(n \geqslant 3)$，称 i 是超过点，如果 $\sigma(i) > i$. 试问有多少个 $\sigma \in S_n$ 满足其超过点包含 $n-1, n-2$ 中至少一个？

10. 设 $\sigma \in S_n\,(n \geqslant 3)$，称 j 是极大点，如果对所有 $i < j$ 有 $\sigma(i) < \sigma(j)$. 试问有多少个 $\sigma \in S_n$ 满足它恰有 k 个极大点？

11. 一个有 n 位员工的跨国公司中，任意两位员工 A, B 都满足存在一种语言 A 会说而 B 不会，也存在一种语言 B 会说而 A 不会. 试问公司中员工掌握的所有不同语言数至少有多少种？

12. (Ménage 问题, [3]) 假设 $n\,(n \geqslant 3)$ 对夫妇围绕着一个圆桌就座用餐，要求男女相邻且同一对夫妇不能相邻，证明：可行的就座方式的种数为（通过旋转能够重合的方式算作一种）：

$$(n-1)! \sum_{k=0}^{n} (-1)^k \frac{2n}{2n-k} \binom{2n-k}{k} (n-k)!.$$

13. 回忆 11.3.3 例中顺便导出的第二类 Stirling 数 $\left\{ {n \atop k} \right\}$，它是将 n 元集合划分为 k 个子集的方案数. 证明递归式：

$$\left\{ {n+1 \atop k} \right\} = k\left\{ {n \atop k} \right\} + \left\{ {n \atop k-1} \right\}.$$

其中 n, k 为正整数.

11.4　抽屉原理

抽屉原理又称鸽笼原理，是历史最悠久的存在性证明方法之一：把 $n+1$ 个苹果放到 n 个抽屉中，必有一个抽屉装有不少于两个苹果. 另一个非常简单的使用例子是：在 800 人的团队中，至少有 $\lceil 800/366 \rceil = 3$ 个人的生日是相同的.

以上是抽屉原理的最简单形式，其一个重要的特征是没有指明如何具体找到满足条件的组合结构. 这样的证明方法称为**非构造性**的. 当然，这样的证明我们之前已经见过不少，例如 Schröder–Bernstein 定理的证明. 显见，非构造性证明的缺点就正如其名字所言，但其优点在于其威力有时比构造性的证明强，我们将在下面对抽屉原理的应用讨论中来表现这一点. 另外，通过理解和改造非构造性的证明来设计构造性的算法现今也是常常见到的情况.

我们先叙述抽屉原理的两个比较广泛的形式.

11.4.1 定理 (抽屉原理) (i) 设映射 $f:[n]\longrightarrow R$, $|R|=r<n$, 则必存在 $a\in R$ 使得 $|f^{-1}(a)|\geqslant\left\lfloor\frac{n-1}{r}\right\rfloor+1$. (这里 R 就是抽屉.)

(ii) (平均值原理) 设 $x_1,x_2,\ldots,x_n\in\mathbb{R}$, 均值 $\overline{x}\stackrel{\text{def}}{=}\frac{1}{n}(x_1+\cdots+x_n)$, 则存在 x_i 使得 $x_i\geqslant\overline{x}$, 也存在 x_j 使得 $x_j\leqslant\overline{x}$.

证明 使用反证法即可. 对于 (i), 假设每个 $a\in R$ 都有 $f^{-1}(a)\leqslant\left\lfloor\frac{n-1}{r}\right\rfloor$, 因为每个 $[n]$ 中元素必为原像, 这要求 $n\leqslant r\left\lfloor\frac{n-1}{r}\right\rfloor\leqslant n-1$, 矛盾. 对于 (ii), 如果全部的 x_i 都严格小于 $\overline{x}$, 那么平均值就不可能为 $\overline{x}$, 同理可考虑大于 $\overline{x}$ 的情形. □

不难看出, 以上两个断言的结论都不能加以改进 (构造出相应紧实例即可).

尽管抽屉原理的形式简单, 但使用它能达成的效果是深远的, 特别是利用抽屉原理的思想可以导出一整套 Ramsey 理论 (不仅仅是 Ramsey 数本身, §15.1 节), 它们对组合数学的发展起到了极大的推动作用. 不过引入它们最好以图论及概率方法为载体, 因此我们先来看若干其他例子.

11.4.2 例题 设 $A=[2n]$, 从 A 中任取 $n+1$ 个数组成集合 B.

(1) 证明: B 中一定存在两个数, 二者互素.

(2) 证明: B 中一定存在两个数, 其中一个数是另一个数的倍数.

(3) 举例说明若将 $n+1$ 改成 n, 则 (2) 的结论不成立.

证明 把 $[2n]$ 分为 $\{1,2\},\{3,4\},\ldots,\{2n-1,2n\}$ 共 n 组, 则由抽屉原理, 任意 $n+1$ 个数必有一对落在某一组中, 那么这两个数必然互素.

对于 (2), 把 $[2n]$ 分为 $A_1,\ldots,A_n$, 其中 $A_k=\{2^m(2k-1): m\in\mathbb{Z}_{\geqslant 0}, 2^m(2k-1)\leqslant 2n\}$. 显然这些集合两两不交且 $\bigcup_{k=1}^n A_k=A$, 则由抽屉原理, 任意 $n+1$ 个数必有一对落在某一组中, 那么这两个数必然一个是另一个的倍数.

(3) 的反例可以是 $\{n+1,\ldots,2n\}$. □

下述 Dirichlet 定理是利用抽屉原理证明的丢番图逼近问题中的一个基本结果.

11.4.3 定理 (Dirichlet) 给定 $x\in\mathbb{R}\setminus\mathbb{Q}$, 对任意 $n\in\mathbb{Z}_{\geqslant 0}$, 都存在整数 $p,q\,(1\leqslant q\leqslant n)$ 使得

$$\left|x-\frac{p}{q}\right|<\frac{1}{nq}.$$

证明 考虑 $n+1$ 个元素构成的集合 $\{\{kx\}:1\leqslant k\leqslant n+1\}$, 其中 $\{x\}\stackrel{\text{def}}{=}x-\lfloor x\rfloor$ 表示 x 的小数部分, 以及 n 个抽屉 $\left\{\left(\frac{k}{n},\frac{k+1}{n}\right):0\leqslant k\leqslant n-1\right\}$.

于是由抽屉原理, 必存在 $1\leqslant a<b\leqslant n+1$, 满足 $|\{bx\}-\{ax\}|=|(b-a)x-(\lfloor bx\rfloor-\lfloor ax\rfloor)|<\frac{1}{n}$. 令 $q=b-a\leqslant n$, $p=\lfloor bx\rfloor-\lfloor ax\rfloor$, 则

$$|qx-p|<\frac{1}{n}\implies\left|x-\frac{p}{q}\right|<\frac{1}{nq}.$$

□

11.4.4 定理 (Erdős–Szekeres, [4]) 长度超过 rs 的实数序列中或者存在 $r+1$ 长的上升子序列, 或者存在 $s+1$ 长的下降子序列.

证明 设序列长度为 $N > rs$,序列写为 $a_1, \ldots, a_N$. 对每个 a_i $(1 \leqslant i \leqslant N)$,令 x_i 表示以 a_i 为结尾的最长上升子序列的长度,y_i 表示以 a_i 为结尾的最长下降子序列的长度. 我们断言若 $i \neq j$,则 $(x_i, y_i) \neq (x_j, y_j)$. 实际上,不妨设 $i < j$,

- 若 $a_i \leqslant a_j$,则以 a_i 为结尾的最长上升子序列可添一项 a_j,所以 $x_i < x_j$;
- 若 $a_i \geqslant a_j$,则以 a_i 为结尾的最长下降子序列可添一项 a_j,所以 $y_i < y_j$.

现在注意 $a_i \mapsto (x_i, y_i)$ 诱导了 N 个元素放到 N^2 个抽屉中,且上面论证表明每个抽屉不能有多于 1 个元素. 因为 $N > rs$,所以由抽屉原理,必存在一个 $(x_t, y_t) \notin [r] \times [s]$,即或者以 a_t 结尾的最长下降子序列长度超过 r,或者以 a_t 结尾的最长上升子序列长度超过 s. □

习题 11.4

1. 用抽屉原理(非构造性地)证明中国剩余定理.

2. 将 8 种颜色的弹珠(每种颜色恰有 20 个弹珠)放到 6 个罐子中,证明:存在一个罐子,其中有两对弹珠,每一对中的两个弹珠的颜色不同.

3. 证明:在一个边长为 1 的等边三角形内部随意地放置 5 个点,一定存在两个点,二者之间的欧氏距离不超过 $\frac{1}{2}$.

4. 将 $4n$ 个球放到 $2n$ 个盒子中,每个盒子中至少有一个球,且没有盒子放入超过 $2n$ 个球. 证明:存在一些盒子,其中共有 $2n$ 个球.

5. (1) 用 6 种颜色对 $\mathbb{Z}^2$ 进行染色,证明:必存在一个矩形,其四个顶点的颜色是相同的;进一步请回答,保证存在的矩形最小可以有多小?

(2) 用 2 种颜色对 $\mathbb{R}^2$ 进行染色,证明:必存在长度为一的线段,其两个端点的颜色相同. 如果把 2 种颜色改成 3 种呢?

(3) 用 2 种颜色对 $\mathbb{R}^2$ 进行染色,设 T 是任意给定的一个三角形,证明:必存在一个和 T 全等的顶点同色的三角形. 如果把 2 种颜色改成 3 种呢?

6. 证明以下命题:

(1) 任取 9 个素因子皆不超过 6 的正整数,其中必有两个数的乘积是一个完全平方;

(2) 任取 $n+1$ 个素因子皆不超过 p_n 的正整数(p_n 表示第 n 个素数),其中必有一些数的乘积是一个完全平方;

(3) 任取 2024 个素因子皆不超过 24 的正整数,其中必有四个数的乘积是一个完全四次方.

7. 邓老师和同学们做游戏,他拿来了一副没有大小王的扑克牌. 邓老师请一位同学把这些牌打乱并随意均分成 13 堆,每堆 4 张牌. 邓老师说,无论这位同学怎么分,他都可以从每一堆中抽出一张牌,然后组成 A、2、3、…、J、Q、K 的顺子(允许花色不同). 请问邓老师说得对吗? 给出证明或反例.

8. 亚瑟王有 15 颗红宝石和 15 颗蓝宝石,他随意地把这 30 颗宝石排成一列,梅林说,他总是能从这列宝石中找到连续的 10 颗,其中红宝石和蓝宝石各占一半. 请问梅林说得对吗? 给出证明或反例.

9. 设正整数 $k < n$,是否存在 n 个无理数,使得其中的任意 k 个之和都是有理数? 证明你的结论.

10. 给定 $x \in \mathbb{R} \setminus \mathbb{Q}$,证明:对任意 $\varepsilon > 0$,都存在 $n \in \mathbb{Z}_{\geqslant 0}$,使得 $\{nx\} < \varepsilon$. 进一步证明:集合 $A = \{\{nx\} : n \in \mathbb{Z}_{\geqslant 0}\}$ 在 $[0,1]$ 稠密.(稠密是指任意一个开区间 $I \subseteq [0,1]$ 都满足 $A \cap I \neq \varnothing$.)

11. 证明:长度超过 rst 的实数序列中或者存在 $r+1$ 长的上升子序列,或者存在 $s+1$ 长的下降子序列,或者存在 $t+1$ 长的常数子序列.

12. (1) 设 n 是给定的正整数,证明:可以将 $1, 2, \ldots, n$ 适当地排成一列,使得其中没有长度为 3 的等差数列.

(2) 将正整数随意地排成一列,证明:其中必有一个长度为 3 的递增的等差数列.

13. 假设有 n 枚硬币,其中若干枚是次品,重量是 m',剩下是正品,重量是 $m\,(m > m')$. 现有一台精度十分高的秤,问至少要称量几次才能确定其中的次品?

问题可以作如下转化:称集族 $S_1, \ldots, S_k \subseteq [n]$ 是有完全分辨能力的,如果对于任意的 $T \subseteq [n]$,T 由元素个数 $|S_i \cap T|\,(1 \leqslant i \leqslant k)$ 完全决定.

(1) 证明:如果有一个具有完全分辨能力的集族 $S_1, \ldots, S_k$,那么称 k 次就能找出全部的次品.

(2) 利用抽屉原理证明下界:$m \geqslant \dfrac{n}{\log_2(n+1)}$.(此题来源于美国数学月刊每月问题 #1399,见 [5]. 对构造性的算法有很多研究,例如 [6].)

注解

本章提及的各种基本计数方法大致都是读者在中学都已经学过的,不过具体的问题和例子或许有所不同.

有关组合计数的最著名之材料可能是 Stanley 的《计数组合学》[1],其 §1.4 节总结了十二个常见的基本计数模型,称为"十二重计数法",很有总结意义,推荐读者了解. 我们录之于习题 11.3.1 中. 有关格点路径的更多问题和求解方法亦可参见该书的第二卷以及习题 13.2.7、13.2.8.

作为算法分析的鼻祖,高德纳(Knuth)在二项式系数、求和和递归的技术上深有造诣,这些方法和许多精巧的例子总结在 [7] 一书中. 不同于我们的讲述方法,他们统一采用了推广的二项式系数的定义. 在本课程中我们没有太多时间论述各种特殊数,而仅仅是在有机会时顺带提及其性质,关于两类 Stirling 数、Bell 数以及更多有趣的特殊数的内容亦可参阅该书.

抽屉原理首次在比较严肃的数学中使用就是 11.4.3 定理(大约是 1840 年). Dirichlet 利用这一结果进一步研究了 Pell 方程的解,因此也有人把抽屉原理称为 Dirichlet 原理. Erdős–Szekeres 定理也可以很容易地用 Dilworth 定理(定理 19.3.15)来证明.

参考文献

[1] STANLEY R P, ROTA G C. Enumerative Combinatorics: Volume 1[M]. Cambridge: Cambridge University Press, 1997.

[2] QUINE W V. Fermat's last theorem in combinatorial form[J]. American Mathematical Monthly, 1988, 95(7): 636-636.

[3] KAPLANSKY I. Solution of the Probleme des ménages[J]. Bulletin of the American Mathematical Society, 1943, 49(10): 784-785.

[4] ERDŐS P, SZEKERES G. A combinatorial problem in geometry[J]. Compositio Mathematica, 1935, 2: 463-470.

[5] SÖDERBERG S, SHAPIRO H S. A combinatory detection problem[J]. The American Mathematical Monthly, 1963, 70(10): 1066-1070.

[6] BSHOUTY N H. Optimal Algorithms for the Coin Weighing Problem with a Spring Scale[C]//COLT: vol. 2009. 2009: 82.

[7] GRAHAM R L, KNUTH D E, PATASHNIK O. Concrete Mathematics: A Foundation for Computer Science[M]. Reading, Massachusetts: Addison-Wesley, 1994.

12 离散概率

阅读提示

本章对组合数学中要用到的基础概率论作简单的介绍，主要内容是概率空间的定义（§12.1 节）、条件概率（§12.2 节）、随机变量的期望和方差（§12.3 节）等. 这些内容虽然很简单，但是在今后的学习科研中是极为常用的工具（例如机器学习、随机算法等等）. 如果读者已经学过概率统计等课程，则对将要讲到的内容自然是十分熟稔，大体都可以跳过，但是仍然要注意对于独立性、期望的线性性和集中不等式的评论，例如 12.2.11 引理、12.3.10 例和 12.3.12 定理前后的叙述等. 如果之前未接触过严格的概率论，则需注意本章内容大多仅限于离散概率，专为应用，因此严格性也有所受限，学习时主要是掌握计算的技巧和相关概率论工具的用法，便于在后续第 15 章中使用.

我们所处在的世界充满了随机性，而概率论是集中研究概率及随机现象的数学分支，它最早起源于赌博活动的分析之中：早在中世纪，意大利和法国的数学家就对这些靠运气的游戏进行过分析. 后来，概率论的方法逐渐渗透到各个其他学科中，而且，除研究随机性本身之外，向系统中引入随机性或利用随机性也是非常常见的. 比如，在计算机科学中，随机算法就是一种人为引入的不确定性，它们的分析依赖于概率的理论.

本章讨论的就是基础的概率论，但仅限于至多可数的概率空间，因此使用求和的方法就能进行处理，这称为**离散概率**.

12.1 概率空间

我们在生活中已经有对概率的一些模糊的感受. 对于概率的理解，存在主观概率（Bayes 学派）和客观概率（频率学派）两类. 前者认为，概率表示人因为信息不完备而导致信念的高低；后者则认为概率刻画的是一种客观的事件发生频率的极限. 但不论使用何种理解，采用何种直观，我们都必须抽离这些经验，对概率和"随机"给予纯粹数学上的定义. 这就引出概率空间.

12.1.1 定义 设 Ω 是一集合（**样本空间**），$\mathscr{F} \subseteq \mathscr{P}(\Omega)$ 为一集合系. 假如 $\mathscr{F}$ 满足

(i) $\Omega \in \mathscr{F}$,

(ii) $A \in \mathscr{F} \implies A^c \in \mathscr{F}$,

(iii) $A_1, \ldots, A_n \in \mathscr{F} \implies \bigcup_{i=1}^{n} A_i \in \mathscr{F}$,

那么称 $\mathscr{F}$ 为 Ω 的一个 **σ-代数**. 满足 $A \in \mathscr{F}$ 的集合 A 称关于 $\mathscr{F}$ **可测**,它们均称为(可测)**事件**.

形象地说,样本空间就是待考察的世界可能的状态的集合. 但是,有一些状态我们并不能区分. 例如,投掷两枚完全一样的硬币,那么一正一反实际上对应于两种状态,但我们无法区分是哪枚硬币处于正面,这一直观对应于 σ-代数中"甲正乙反、乙正甲反"是一个整体,不存在二者之一作为单点集. 因此 σ-代数代表的是在样本空间中的观测能力或区分能力. 虽然如此,在离散概率中,$\mathscr{F}$ 经常是样本空间全部子集的集合 $\mathscr{P}(\Omega)$.

概率现在便可定义为在可测事件的集合上"分配权重".

12.1.2 定义 设 $\mathscr{F}$ 是 Ω 上的 σ-代数,可测事件的函数 $\Pr : \mathscr{F} \longrightarrow \mathbb{R}$ 如果满足

▷ **非负性** $\Pr[A] \geqslant 0 \, (\forall A \in \mathscr{F})$,

▷ **归一化** $\Pr[\Omega] = 1$,

▷ **可列可加性** 设可数个集合 $\{A_i : i \in I\}$ 两两不交,则 $\Pr\left[\bigcup_{i\in I} A_i\right] = \sum_{i\in I} \Pr[A_i]$,

就称为**概率**. 元组 $(\Omega, \mathscr{F}, \Pr)$ 称为**概率空间**.

由于概率的可列可加性,容斥原理可以直接用于概率的计算中.

12.1.3 命题 对于任意事件 $A_1, \ldots, A_n$,

$$\Pr\left[\bigcup_{i=1}^{n} A_i\right] = \sum_{\varnothing \neq I \subseteq [n]} (-1)^{|I|-1} \Pr\left[\bigcap_{i\in I} A_i\right].$$

在比较复杂的概率的计算中,以上命题一般不太好用,常用的是如下次可加性或**并集上界**(union bound,又称 Boole 不等式):

12.1.4 定理 (Boole) 对于任意事件 $A_1, \ldots, A_n$,

$$\Pr\left[\bigcup_{i=1}^{n} A_i\right] \leqslant \sum_{i=1}^{n} \Pr[A_i].$$

证明 这实际上是容斥原理的直接推论. 此处用归纳法再证. 对于 $n = 2$,我们有

$$\Pr[A_1 \cup A_2] = \Pr[A_1] + \Pr[A_2] - \Pr[A_1 \cap A_2],$$

鉴于概率的非负性,命题成立. 而当 $\Pr\left[\bigcup_{i=1}^{n-1} A_i\right] \leqslant \sum_{i=1}^{n-1} \Pr[A_i]$ 时,利用同样套路

$$\Pr\left[\bigcup_{i=1}^{n} A_i\right] = \Pr\left[A_n \cup \bigcup_{i=1}^{n-1} A_i\right] \leqslant \Pr[A_n] + \sum_{i=1}^{n-1} \Pr[A_i],$$

即得等式成立. □

在概率空间中,有一类空间是经常被用来解决问题的,它也是 Laplace 最初对概率的定义,这就是**古典概型**. 古典概型是指样本空间为 n 元集合 $\{\omega_1, \ldots, \omega_n\}$,对应的 σ-代数为 $\mathscr{P}(\Omega)$,分权为均匀的 $\Pr[\omega_i] = \dfrac{1}{n} \, (1 \leqslant i \leqslant n)$(每个"基本事件"发生的可能性相同). 这时,概率的计算就变成了

计数,因为概率等于导致事件发生的样本点总数除以 n.

12.1.5 例题 (生日攻击) 离散数学课上有 53 个学生,假设每位同学的生日都是均匀分布在一年中的每一天的(并设无人出生在 2 月 29 日),存在同一天生日的两位同学的概率有多大?

解 设一年有 d 天,学生有 n 个,则所有的样本点相当于把 n 个球随机地放到 d 个盒子里得到的全部结果. 这些结果一共有 d^n 种. 而没有同一天生日的两位同学就是每个盒子里至多有一个球,这等价于从 d 个盒子里选出 n 个并予以排列,即为 $\binom{d}{n}n!$,从而根据古典概型,所说概率是

$$\begin{aligned}\Pr[\text{出现生日重合}] &= 1-\frac{d(d-1)\cdots(d-n+1)}{d^n}\\ &= 1-\left(1-\frac{0}{d}\right)\left(1-\frac{1}{d}\right)\left(1-\frac{2}{d}\right)\cdots\left(1-\frac{n-1}{d}\right)\\ &\approx 1-\mathrm{e}^0\cdot\mathrm{e}^{-1/d}\cdot\mathrm{e}^{-2/d}\cdots\mathrm{e}^{-(n-1)/d}\\ &= 1-\mathrm{e}^{-(n(n-1)/(2d))}\approx 0.977.\end{aligned}$$

可以看出,只要学生数达到 $\sqrt{d}$ 的级别,发生生日"碰撞"的概率就是 $\Omega(1)$ 的. 譬如有一个 64 位 Hash 函数,要产生 Hash 碰撞,那这里的估计是说 2^{32} 次攻击就有一定信心成功. 这在密码学中有一定的意义. □

12.1.6 例题 设口袋中有 a 个白球,b 个黑球,现在从口袋中每次随机地拿出一个球(不放回),求第 $k\ (1\leqslant k\leqslant a+b)$ 次摸出的球是白球的概率.

解 若将拿出球的顺序看成 $a+b$ 个球的全排列,则只需求出第 k 个球是白色的排列的数目. 做这件事只需先选出一个白球,然后对剩余的球作全排列,因此结果为

$$\frac{a(a+b-1)!}{(a+b)!}=\frac{a}{a+b}.$$

引人注目的事实是,这一结果与 k 无关. 实际上,这和我们生活中的经验相符,就是一个一个轮流抽签和同时抽签是同样公平的. □

习题 12.1

1. 设 σ-代数 $\mathscr{F}$ 中包含集合 A,B,证明:$A\cap B, A\setminus B, A\triangle B$ 都在 $\mathscr{F}$ 中.

2. 设 $\mathscr{F}$ 为 Ω 上 σ-代数,给定 $B\in\mathscr{F}$,证明:$\{A\cap B\mid A\in\mathscr{F}\}$ 也是 Ω 上 σ-代数.

3. 设事件 A,B 满足 $\Pr[A]=\frac{3}{4}$,$\Pr[B]=\frac{1}{3}$,证明:$\frac{1}{12}\leqslant\Pr[A\cap B]\leqslant\frac{1}{3}$ 并举出紧实例. 给 $\Pr[A\cup B]$ 也做一个类似的估计.

4. 设有 n 个事件 $A_1,\dots,A_n$ 和给定的常数 p,q,满足对于任意的互不相同的下标 $i,j,k\in[n]$

$$\Pr[A_i]=p,\quad \Pr[A_i]\cap\Pr[A_j]=q,\quad \Pr[A_i\cap A_j\cap A_k]=0,$$

而且所有这些事件中至少有一个必然发生,证明:$p\geqslant\frac{1}{n}$,$q\leqslant\frac{2}{n}$.

5. 宫廷里的贵族玩掷骰子游戏,问:一颗骰子掷 4 次至少得到一个六点,和两个骰子投 24 次至少得到一个对六,哪一种遇到的机会更大?(这问题现在看来十分简单,但它的解决导致了古典概率论的诞生.)

6. 甲、乙两人进行赌博,每人分别出赌资一百元,规定先胜三局者赢得全部赌资. 现在已经进行了三局,甲两胜一负,但因故赌局不能再进行,请问二人应该如何瓜分赌资才算公平? 假设对局都是公平的,两人赌技相同.

7. 某班有 N 个士兵,每人各有一支枪,这些枪外形完全一样. 在一次夜间紧急集合中,若每个士兵随机地取走一支枪,求恰有 $k\,(0 \leqslant k \leqslant N)$ 个人拿到自己的枪的概率.

8. 在联欢会的抽奖环节中有 N 种奖品(数量均十分多),每种奖品恰对应一张奖券. 现在把这些奖券放到抽奖箱中,$n\,(n \geqslant N)$ 位同学轮流抽签领奖. 若抽过的奖券立刻放回,求最后有奖品没有被抽到的概率.

9. (不传递的骰子, [1-2]) 梅林和亚瑟王打赌. 梅林拿出了三个骰子 A, B, C,这些骰子都是均匀的立方体,其中 A 的六个面印有 2、6、7 各两个,B 为 1、5、9 各两个,C 则为 3、4、8 各两个. 现在两人先后挑选一个骰子,然后各自用这两个骰子做充分多次比大小的赌局,胜率高的人获胜. 请问亚瑟王先选还是后选有利,还是无所谓? 证明你的结论.

12.2 条件概率与独立性

对概率的讨论总是在给定概率空间下进行的. 不过,有时候我们可能已知某个事件 B 发生,希望求出此时 A 事件发生的概率. 从直观上讲,通过已知事件发生,我们可从概率空间中排除对应 B^c 的全部事件,然后在剩余的事件中,看看 A 发生的“比例”有多高.

这导出条件概率的概念,它是一种“重新归一化”的方法. 除了刻画直觉外,它也可以帮助简化概率的计算. 以下用 $\Pr[AB]$ 简记 $\Pr[A \cap B]$,等等.

12.2.1 定义 设 $\Pr[A] > 0$, 称 $\dfrac{\Pr[AB]}{\Pr[A]}$ 为已知 A 发生的条件下, B 发生的概率, 记为**条件概率** $\Pr[B \mid A]$.

12.2.2 注 (i) 不难验证条件概率也符合概率的公理化定义,特别地,若取 $A = \Omega$,那么概率本身也可以视为条件概率.

(ii) 依定义立刻可以导出**乘法公式**

$$\Pr[A_1 A_2 \cdots A_n] = \Pr[A_1] \Pr[A_2 \mid A_1] \cdots \Pr[A_n \mid A_1 \cdots A_{n-1}].$$ ♤

下面是两个乘法公式的应用.

12.2.3 例 将一副没有大小王的扑克牌(有 4 种花色,每种花色各有 13 种点数)随机均分为四堆(每堆 13 张),我们来计算每堆牌都有 A 的概率.

直接计算比较困难, 让我们依次考虑事件 A_1 = {红心 A 和黑桃 A 不在一组}, A_2 = {梅花、红心和黑桃 A 都不在一组}, A_3 = {方块 A 和其他 A 都不在一组}. 条件概率 $\Pr[A_1]$, $\Pr[A_2 \mid A_1]$, $\Pr[A_3 A_2 \mid A_1]$ 都特别容易得出,所以答案为

$$\Pr[A_1 A_2 A_3] = \Pr[A_1] \Pr[A_2 \mid A_1] \Pr[A_3 \mid A_2 A_1] = \frac{3 \times 13}{51} \cdot \frac{2 \times 13}{50} \cdot \frac{1 \times 13}{49}.$$ ◇

下面的例子需要一些图论的前置知识,没有学过的读者可以参考图论部分或者先跳过.

12.2.4 例 我们来看一个简单的针对最小割的**随机算法**[3]，这里考虑的是无向图，每条边的边权都是 1.

(i) 每次随机选一条边，收缩之. 这里，收缩边后产生的重边我们都保留.

(ii) 当收缩得到的图只有两个点时，输出这两个顶点之间的全部边作为最小割.

这一算法是 Karger 提出的，图 12.1 给出了一个其执行过程的例子.

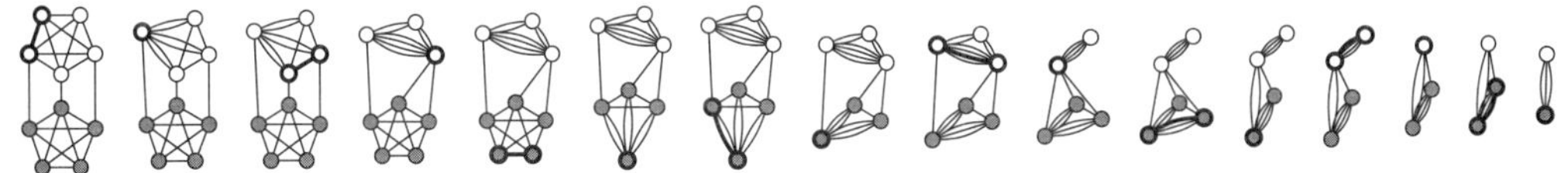

图 12.1 Karger 算法的一次成功执行过程

注：图片来源：Wikimedia Commons，使用许可：CC BY-SA 3.0

设所说的图 G 有 n 个顶点，上面"极简"算法至多执行 $n-2$ 步. 它输出割是得到保证的，因为收缩边得到的新图中的割仍然是原图中的割.

让我们来分析这个算法真的输出最小割的概率. 设 k 是最小割的大小. 一条边被收缩意味着它被排除在最后的输出之外，我们用 A_i 表示事件：在算法的第 i 步没有扔掉最小割中的一条边. 根据握手定理我们知道图中至少有 $\frac{kn}{2}$ 条边，否则存在一个点的度小于 k，所以 $\Pr[A_1] \geqslant 1-\frac{k}{\frac{kn}{2}}=1-\frac{2}{n}$. 进一步，

$$\Pr[A_2 \mid A_1] \geqslant 1-\frac{2}{n-1}, \quad \ldots, \quad \Pr\left[A_i \,\middle|\, \bigcap_{j=1}^{i-1} A_j\right] \geqslant 1-\frac{2}{n-i+1}.$$

根据条件概率的乘法公式我们有

$$\Pr[A_1 A_2 \cdots A_{n-2}] \geqslant \prod_{i=1}^{n-2}\left(1-\frac{2}{n-i+1}\right)=\frac{2}{n(n-1)}=\Omega(n^{-2}).$$

当我们重复执行该算法 $\Omega(n^2)$ 次，选择得到的割中最小的，答案错误的概率就不超过 $\left(1-\frac{2}{n(n-1)}\right)^{n^2}<\frac{1}{\mathrm{e}}$；再进一步执行，则错误概率可以任意小.

这种通过随机化运行，有可能输出错误答案，但出错概率是有理论保证的上界的算法称为 **Monte-Carlo** 型随机算法. 作为对比，像在快速排序中随机地找基准（pivot），这样一定给出正确答案，只是运行时间是随机变量的随机算法称为 **Las-Vegas** 型随机算法. ◇

具体计算概率时，常常需要通过一些较简单事件的概率来计算复杂事件的概率. 这种情况下会有分类讨论的情况，就是把复杂事件进行分解，这种方法的基石是**全概公式**，它是可列可加性和条件概率定义的直接推论.

12.2.5 命题 设 $A_1, \ldots, A_n$ 构成样本空间 Ω 的划分，那么对任意的事件 A

$$\Pr[A]=\sum_{i=1}^{n} \Pr[A \mid A_i] \Pr[A_i].$$

证明 注意到 $\Pr[A \mid A_i]\Pr[A_i] = \Pr[AA_i]$，而 $A_1, \ldots, A_n$ 是样本空间的划分，所以 $\sum_{i=1}^n \Pr[AA_i] = \Pr[A]\sum_{i=1}^n \Pr[A_i] = \Pr[A]$. □

同样，也可以适当地选择事件来分解样本空间，使得运用全概公式的概率计算变得简单. 我们再利用扑克牌的例子展示之.

12.2.6 例 假设将一副没有大小王的扑克牌（有 4 种花色，每种花色各有 13 种点数）随机分为两堆后，从其中一堆中抽出了一张 A. 现在将这张旧牌 A 放入另一堆中，再从这堆中随机取出一张，我们求新牌还是 A（记为事件 A）的概率.

一个聪明的分类是考虑事件 $B = \{$新牌就是旧牌$\}$. 那么 $\Pr[B] = \dfrac{1}{26+1}$，$\Pr[A \mid B] = 1$. 而 $\Pr[A \mid B^c] = \dfrac{3}{52-1}$，所以所求概率是

$$\Pr[A] = \Pr[A \mid B]\Pr[B] + \Pr[A \mid B^c]\Pr[B^c] = \frac{1}{27} + \frac{1}{17}\cdot\frac{26}{27}.$$ ◇

一个类似全概公式的命题是著名的 Bayes 公式（**逆概公式**）. 下面命题中，$\Pr[A_i]$ 是一组选好的事件之概率，可称为**先验概率**，而 $\Pr[A_i \mid A]$ 为观测到 A 之后 A_i 的概率，为**后验概率**. 后验概率反映了观测到的事件对已有知识的影响，这是 Bayes 统计学进行统计推断的逻辑基础之一.

12.2.7 命题 设 $A_1, \ldots, A_n$ 构成样本空间 Ω 的划分，那么对任意的事件 A

$$\Pr[A_i \mid A] = \frac{\Pr[A \mid A_i]\Pr[A_i]}{\sum_{j=1}^n \Pr[A \mid A_j]\Pr[A_j]}.$$

证明 根据全概公式，上式右边的分母即是 $\Pr[A]$，而根据条件概率的定义分子为 $\Pr[AA_i]$，最后再次使用定义即得等式. □

Bayes 公式的应用则可以采用医学上的检测准确度来举例. 某 COVID-19 检验法的功效如下：假阴性率（感染个体检验阴性的概率）0.05，假阳性率（健康个体检验阳性的概率）0.01. 已知某地区有 0.001 比例的人感染了 COVID-19，李雷经该方法检测后得阳性. 我们计算李雷确实得了 COVID-19 的后验概率. 设 A 表示检测阳性，B 表示确实感染，则

$$\Pr[B \mid A] = \frac{\Pr[B]\Pr[A \mid B]}{\Pr[B]\Pr[A \mid B] + \Pr[B^c]\Pr[A \mid B^c]} \approx 0.087.$$

为什么此检验法是比较可靠，但 8.7% 看上去仍然是一个较小的数字呢？主要原因是它的假阳性率实际上是很高的. 不过，8.7% 这个数字相比于 0.001 已经高很多了，表明此时需要进一步筛查.

和条件概率紧密相关的是**独立性**的概念，其基本意义是多个事件是否发生，对彼此没有丝毫的相互影响.

12.2.8 定义 一列可数个事件 $\{A_i : i \in I\}$ **相互独立**是指对任意 $J \subseteq I$ 都有

$$\Pr\left[\bigcap_{j\in J} A_j\right] = \prod_{j\in J}\Pr[A_j].$$

请注意相互独立和**两两独立**是不同的，两两独立限制 J 均为二元集合，前者比后者强.

12.2.9 例 甲乙两人玩石头剪子布，都采用均匀随机的策略. 设 $A = \{$甲出剪刀$\}$, $B = \{$乙出布$\}$, $C = \{$甲赢$\}$. 那么可以计算出 $\Pr[A] = \Pr[B] = \Pr[C] = \frac{1}{3}$, $\Pr[AB] = \Pr[AC] = \Pr[BC] = \frac{1}{9}$，所以 A, B, C 两两独立. 但是 $\Pr[C \mid AB] = 1$，说明三者并非相互独立. ◇

12.2.10 例 在 COVID-19 筛检时，常常使用混检的方法以提高效率并降低成本. 假设每个人核酸阳性的概率是 0.5% 而且这些事件 $A_1, A_2, \ldots$ 相互独立，则混检 10 人发现阳性的概率是

$$\Pr[A_1 \cup \cdots \cup A_{10}] = 1 - \Pr[A_1^c \cdots A_{10}^c] \xlongequal{\text{独立性}} 1 - 0.995^{10} \approx 5\%,$$

而混检 100 人发现阳性的概率则上升到 39%. 可见混检人数不能太多，否则要再重新检测的比例就会比较高. ◇

在概率论的各种应用中，经常假设一些事件之间是相互独立的. 一方面，相互独立给分析带来了数学上的便利（上面的例子如果不假定独立性就无法计算）；另一方面，相互独立的事件提供的信息量也是最大的，可以得到比较好的结果. 不过，这些假设都是实际情况的一种近似，是建立数学模型时要考虑的问题.

以下是一个可以用于判定相互独立的形象条件，它的意思是说，若某族事件是否发生完全取决于另外一族已知相互独立的事件，而这种决定关系是不交的，则它们相互独立.

12.2.11 引理 给定相互独立的事件 $\mathscr{X} = \{X_1, \ldots, X_n\}$，若另外的事件 $\mathscr{Y} = \{Y_1, \ldots, Y_m\}$ 满足对每个 $Y_i \in \mathscr{Y}$ 都存在某个 $S_i = A_i \sqcup B_i \subseteq \mathscr{X}$，使得 $Y_i = \bigcap_{j \in A_i} X_j \cap \bigcap_{j \in B_i} X_j^c$. 若 S_i 和 S_j $(j = j_1, \ldots, j_k)$ 分别不交，那么

$$\Pr[Y_i] = \Pr\left[Y_i \,\middle|\, \bigcap_{j \in \{j_1, \ldots, j_k\}} Y_j \right].$$

特别地，如果 $S_1, \ldots, S_m$ 两两不交，则 $\mathscr{Y}$ 中事件相互独立.

证明 由于 $Y_i = \cap_{j \in A_i} X_j \cap \bigcap_{j \in B_i} X_j^c$ 而 $\mathscr{X}$ 中事件相互独立，因此直接代入后利用条件概率的定义即得到结论. □

基于条件概率，我们可以还可进一步定义条件独立性的概念.

12.2.12 定义 给定事件 A，一列可数个事件 $\{A_i : i \in I\}$ 在 A 下**条件独立**是指对任意 $J \subseteq I$ 都有

$$\Pr\left[\bigcap_{j \in J} A_j \,\middle|\, A \right] = \prod_{j \in J} \Pr[A_j \mid A].$$

需要注意的是，条件独立性和独立性互相既不为充分条件，也不为必要条件. 请看下例：

12.2.13 例 (i) 独立地投掷一枚公平硬币两次，用 H_1, H_2 分别表示第一次和第二次正面朝上，则二者相互独立. 考虑事件 $T = \{$至少有一次反面朝上$\}$，那么 $\Pr[H_1 \mid T] = \Pr[H_2 \mid T] = \frac{1}{3}$，但 $\Pr[H_1 H_2 \mid T] = 0$，二者并不条件独立. 所以独立推不出条件独立.

(ii) 考虑两枚不公平的硬币，第一枚投掷时正面朝上的概率为 0.99，而第二枚则只有 0.01. 现

在随机地从两枚硬币中选取一枚并投掷两次,用 H_1, H_2 分别表示第一次和第二次正面朝上,那么 H_1, H_2 不独立,因为

$$\Pr[H_1] = \Pr[H_2] = \frac{1}{2}, \quad \Pr[H_1 H_2] = \frac{1}{2}0.99^2 + \frac{1}{2}0.01^2 \neq \frac{1}{4}.$$

但若给出 $T = \{$选出了第一枚硬币$\}$,则二者当然独立. 所以条件独立无法推出独立. ◇

习题 12.2

1. 在袋子中放有 b 个黑球和 w 个白球,有放回地抽取一个球,然后再放入和这个球同色的新球 c 个. 如此反复 $n = n_1 + n_2$ 次. 求前 n_1 次都抽到黑球,后 n_2 次都抽到白球的概率.

2. 某人有 5 枚硬币,其中两枚正反面都是数字,一枚正反面都是花,一枚则是正常的一面数字一面花. 他闭上眼睛随机选一枚投掷.

(1) 他睁开眼睛,发现数字朝上,求该朝下的一面也是数字的概率.

(2) 接上题,他再次投掷这枚硬币,该次投掷的结果使得朝下的一面为数字的概率.

(3) 接上题,实际上他发现正面还是数字,求此时朝下的一面也是数字的概率.

(4) 接上题,他从余下的硬币中再取出一枚投掷,求结果是数字朝上的概率.

3. 把单词 mathematics 的字母随机地排成一列,恰好得到正确拼写的“数学”一词的概率是多少?

4. (Monty Hall 问题) 在电视节目的抽奖环节中有 $n\,(n \geqslant 3)$ 扇门,其中 $m\,(1 \leqslant m \leqslant n-2)$ 扇门后面有奖,其他则没有. 李雷参与该活动,选择了一扇门. 主持人打开了除这扇门之外的一扇空门. 此时,李雷采用下列两个策略哪一个更好? 说明选择理由.

(1) 坚持最初猜的旧门.

(2) 在最初猜的旧门和主持人打开的空门之外,再随机地选一扇门.

5. 设有 n 个袋子,每个袋中都有 b 个黑球和 w 个白球. 从第一个袋子中抽出一个球放到第二个袋子中,再从第二个袋子中抽出一个球放到第三个袋子中,以此类推,求结束以后在最后一个袋子中随机抽到黑球的概率.

6. 设 p 为素数,样本空间为 $\Omega = \{1, 2, \ldots, p\}$, $\mathscr{F} = \mathscr{P}(\Omega)$,概率为 $\Pr[A] = \dfrac{|A|}{p}$. 设 A, B 独立,证明:A, B 中至少有一个是 $\varnothing$ 或者 Ω.

7. 投掷某公平硬币 m 次,证明每次试验的结果相互独立和以下条件等价:对每个可能出现的试验结果序列,其出现的概率均为 2^{-m}.

8. 某人有三个孩子, 并设每个孩子为男孩或者女孩与其他孩子的情况都是相互独立的. 设事件 $A = \{$所有孩子都是同样性别$\}$、$B = \{$至多有一个男孩$\}$、$C = \{$至少有一个男孩和女孩$\}$.

(1) 问 A 和 B、B 和 C、A 和 C 是否分别独立?

(2) 对四个孩子的家庭做和上一问同样的事情.

9. 一道选择题有 4 个答案,不会做的同学从中均匀随机猜一个,会做的同学一定做对. 假设会做和不会做的同学各占一半,某同学做对了此题,求其真的会做本题的概率.

10. (Eddington, [4-5]) 某事件有 A, B, C, D 四位目击者,他们都知道事情的真相如何. 不过在法庭上,他们相互独立地以 $\dfrac{1}{3}$ 的概率撒谎. 他们作证的情况如下:D 发表证词后,C 说他在撒谎,紧接着 B 说 C 在撒谎,最后 A 说 B 说的是对的. 问:D 发表的证词真实的概率有多大?

11. 剧场中有 n 个座位，n 个人持票一个个对号入座. 然而第一个人因故坐错了位置，后来的人如果看到自己的座位被占了，就均匀随机选一个位置坐下，否则就坐自己的位置. 求最后一个人可以坐上自己的位置的概率.

12.3 随机变量及其数字特征

对于随机性问题，在事件的基础上，我们有时候可能关心更多东西，特别是数值问题，这样可以简明地反映问题的性质.

比如，投掷 100 次一枚公平硬币，正面朝上的次数是多少? 这个数量有随机性，它可以视为样本点的函数. 在这里，这个函数就是对每个样本点清点其中朝上硬币的个数. 即便是没有明显的数值性质的随机现象，我们也可以把事件发生记为 1，不发生记为 0. 总之，这说明这种数是很重要的，把这一直观总结为随机变量的概念.

12.3.1 定义 设 $(\Omega, \mathscr{F}, \Pr)$ 是概率空间，映射 $X: \Omega \longrightarrow \mathbb{R}$ 如果满足对任意的 $x \in \mathbb{R}$ 都有 $\{\omega : X(\omega) \leqslant x\} \in \mathscr{F}$，就称 X 是**随机变量**.

请注意随机变量是样本点（而不是事件）的函数.

因为对每个 x，$\{X(\omega) \leqslant x\}$ 均为可测事件，所以我们可以计算出随机变量 X 落在各种区间和区间之交、并、补之内的概率. 这样一来，函数

$$F_X(x) \overset{\text{def}}{=} \Pr[X \leqslant x] = \sum_{x_i \leqslant x} \Pr[X = x_i]$$

是良定义的，称为 X 的**分布函数**. 若设 $\mathscr{D}$ 是一个给定的分布，X 为随机变量，那么记号 $X \sim \mathscr{D}$ 表示 X 服从该分布.

严格叙述随机变量的一般性理论需要测度的知识，本课程中我们通常只关心**离散型随机变量**. 这是指 X 只可能取可数个值 x_i（这些 x_i 的全体称为 X 的**支撑**（support）），给出全部 $p_i \overset{\text{def}}{=} \Pr[X = x_i] > 0$ 的数值就给出了 X 的**分布列**. 可以看出，离散型随机变量的分布函数是阶梯函数.

12.3.2 例 我们举出几个特别重要的离散型随机变量的例子.

(i) **两点分布**. 其支撑为 $\{0, 1\}$，分布列为 $\Pr[X = 0] = p, \Pr[X = 1] = 1 - p$. 它可以用于刻画一个二元事件，例如明天下雨与否可建模为服从两点分布的随机变量.

(ii) **二项分布**. $B(n, p)$. 其支撑为 $\{0, 1, \ldots, n\}$，分布列为 $\Pr[X = k] = \binom{n}{k} p^k (1-p)^{n-k}$. 它可刻画 n 个独立的两结果试验中成功的次数的分布，例如本节开头讲的投掷硬币正面朝上的次数便可建模为服从 $B\left(100, \dfrac{1}{2}\right)$.

(iii) **Poisson 分布**. $\mathscr{P}(\lambda)$. 其支撑为 $\mathbb{Z}_{\geqslant 0}$，分布列为 $\Pr[X = k] = \dfrac{\lambda^k}{k!} \mathrm{e}^{-\lambda}$. 它可视为二项分布在 $n \to \infty$ 的极限，一般用于建模小概率事件的计数（例如单位时间内放射性粒子的衰变个数）.

(iv) **几何分布**. $G(p)$. 其支撑为 $\mathbb{Z}_{>0}$，分布列为 $\Pr[X = k] = p(1-p)^{k-1}$. 它可刻画为 n 次独立的两结果试验中，试验 k 次才得到第一次成功的概率. ◇

对于多个随机变量也有条件分布、独立性等概念. 我们把两个（定义在同一个概率空间上

的）离散随机变量 X,Y 的**联合分布列**和**联合分布函数**分别定义为

$$p_{ij} = \Pr[X = x_i, Y = y_j], \quad F_{X,Y}(x,y) = \Pr[X \leqslant x, Y \leqslant y].$$

条件分布 $p(Y \mid X)$ 类似写为

$$\Pr[X = x \mid Y = y] = \frac{\Pr[X = x, Y = y]}{\Pr[Y = y]}.$$

在联合分布的设定下，我们把 $\Pr[X = x]$ 和 $\Pr[Y = y]$ 分别称为 X,Y 的**边缘分布**. 显然 $\Pr[X = x] = \sum_y \Pr[X = x, Y = y]$，这是全概公式的类似物. 如果 $\Pr[X = x, Y = y]$ 能分离变量成为边缘分布 $\Pr[X = x]\Pr[Y = y]$ 的乘积，就称它们**相互独立**.

12.3.3 例题 设两个随机变量 X,Y 的联合分布列如表 12.1 所示：

表 12.1 两个随机变量 X,Y 的联合分布列，部分数值未知

Y	X		
	-1	0	1
-1	a	0	0.2
0	0.1	b	0.1
1	0	0.2	c

已知 $\Pr[XY \neq 0] = 0.4, \Pr[Y \leqslant 0 \mid X \leqslant 0] = \dfrac{2}{3}$，求：

(1) a,b,c 的值；

(2) X,Y 的边缘分布；

(3) $X+Y$ 的概率分布.

解 根据归一化原则有 $a+b+c+0.6=1$，再依条件 $a+c+0.2=0.4, \dfrac{a+b+0.1}{a+b+0.3}=\dfrac{2}{3}$. 解出 $a=0.1, b=0.2, c=0.1$. 边缘分布在分布列表中按行列求和即可，以下写在表 12.2 的边缘（这也是其得名的原因）：

表 12.2 两个随机变量 X,Y 的联合分布列和边缘分布列

Y	X			
	-1	0	1	Y 的边缘分布列
-1	0.1	0	0.2	0.3
0	0.1	0.2	0.1	0.4
1	0	0.2	0.1	0.3
X 的边缘分布列	0.2	0.4	0.4	

即是 $\Pr[X = -1] = 0.2, \Pr[X = 0] = 0.4, \Pr[X = 1] = 0.4$，等等. 既然有联合分布列，计算

$X+Y$ 的和的分布只需要对着表格数出 $\Pr[X+Y=-2]=\Pr[X+Y=2]=\Pr[X+Y=-1]=0.1, \Pr[X+Y=1]=0.3, \Pr[X+Y=0]=0.4$.（如果已知 X,Y 相互独立的话则可以从边缘分布出发作卷积.）

□

当然,单纯用给出分布列或者联合分布来刻画随机变量的方法虽然全面,但是不够直观. 我们有必要使用一些更加集中和形象的概念来刻画随机变量的一些特别重要的性质. 这就是随机变量的数字特征. 下面要介绍的两个数字特征都在统计上有比较清晰的含义,期望刻画了随机变量的"平均值",而方差则刻画它偏离平均值的程度.

12.3.4 定义 设 X 为离散型随机变量,如果级数 $\sum_i x_i p_i$ 绝对收敛,我们就称 X 的**期望**存在,此时记其为 $\mathbb{E}[X]=\sum_i x_i p_i$.

在下例中,我们来计算常见离散型分布的数学期望.

12.3.5 例 (i) 两点分布的数学期望为 p.

(ii) 二项分布的数学期望为

$$\sum_{k=0}^{n} k\binom{n}{k}p^k(1-p)^{n-k}=np\sum_{k=1}^{n}\binom{n-1}{k-1}p^{k-1}(1-p)^{n-k}=np.$$

计算时用到了前面讲到的二项式系数的性质.

(iii) Poisson 分布的数学期望为

$$\sum_{k=0}^{\infty} k\frac{\lambda^k}{k!}\mathrm{e}^{-\lambda}=\lambda\sum_{k=1}^{\infty}\frac{\lambda^{k-1}}{(k-1)!}\mathrm{e}^{-\lambda}=\lambda.$$

(iv) 几何分布的数学期望为

$$\sum_{k=1}^{\infty} kp(1-p)^{k-1}=p\left(\frac{1}{1-x}\right)'\Big|_{1-p}=\frac{1}{p}.$$

◇

数学期望是对随机变量取值的预期. 更深入的概率论理论（大数定律）表明,数学期望就如直观一样刻画了随机变量在大量重复试验、采样下的平均值,因此可以用于决策.

12.3.6 例 Quick Draw 是流行于西方酒吧中的一种彩票游戏,其中一种为"4 spot". 参与者在 $1,2,\ldots,80$ 中随机选择 4 个下注,每次下注消耗 1 元. 开奖时屏幕上随机出现 20 个数字,根据参与者猜中的个数给予奖励. 假设某酒吧中,猜中 2、3、4 个的奖励分别为 2、10、110 元,其他情形则无奖.

对于这种情况,我们知道猜中 k 个的概率为 $\binom{20}{k}\binom{60}{4-k}\Big/\binom{80}{4}$,计算得 $k=2,3,4$ 时的数值约为 0.213、0.0432、0.00306. 于是,玩一次获得钱数的数学期望为 $0.213\times2+0.0432\times10+0.00306\times110\approx1.19$ 元. 这是一个大于 1 的数,因此应当不断地玩这个游戏. 据说[6] 这一情况是真实发生的,有两人利用这一机制,在酒吧中不断下注,赢得了数十万美元. 这也成为概率论成功应用的一件轶事. 当然,这是稀有的事情,稍知一些概率论的人都不会参与彩票和赌博活动.

◇

回到数学期望的一些基本性质上来.

12.3.7 定理 设(离散型)随机变量 $X_1, \ldots, X_n$ 的期望都存在.

(i) 线性性:对任意线性函数 h

$$\mathbb{E}[h(X_1, \ldots, X_n)] = h(\mathbb{E}[X_1], \ldots, \mathbb{E}[X_n]).$$

(ii) 如果 $X_1, \ldots, X_n$ 相互独立,那么 $\mathbb{E}[X_1 \cdots X_n] = \mathbb{E}[X_1] \cdots \mathbb{E}[X_n]$.

(iii) 若 X_1 的支撑只能取非负整数,则

$$\mathbb{E}[X_1] = \sum_{x=0}^{\infty} \Pr[X_1 \geqslant x].$$

(iv) 设 f 是任意下凸函数,则 $f(\mathbb{E}[X]) \leqslant \mathbb{E}[f(X)]$.

证明 (i)、(ii) 都是无穷级数性质的简单应用,需要指出 (i) 不要求独立性而 (ii) 则要求. 对于 (iii) 我们计算如下:

$$\mathbb{E}[X] = \sum_{j=1}^{\infty} j \Pr[X = j] = \sum_{j=1}^{\infty} \sum_{k=1}^{j} \Pr[X = j]$$

$$\xlongequal{\text{求和换序}} \sum_{k=1}^{\infty} \sum_{j=k}^{\infty} \Pr[X = j] = \sum_{k=1}^{\infty} \Pr[X \geqslant k].$$

(iv) 就是 Jensen 不等式. □

因为不要求独立性,期望的线性性常常可以明显简化问题,省去很多繁冗的计算.

12.3.8 例题 袋中有 b 个黑球和 w 个白球,从中无放回地抽出 c 个($c \leqslant b + w$),求抽出白球个数的期望.

解 若用 X_i 表示第 i 次抽出白球的个数,根据抽签与顺序无关(12.1.6 例题)知 $\mathbb{E}[X_i] = \dfrac{w}{b+w}$,因此由期望的线性性,

$$\mathbb{E}[X_1 + \cdots + X_c] = \mathbb{E}[X_1] + \cdots + \mathbb{E}[X_c] = \frac{wc}{b+w}.$$ □

12.3.9 例 回忆快速排序算法的过程:(1) 从数列中挑出一个元素称为基准(pivot);(2) 重新排序数列,将所有比基准小的元素放在基准前面,其他放在基准后面;(3) 递归排序基准前后的子序列. 假设我们均匀随机地挑选基准,那么这个 Las-Vegas 算法的期望运行时间为多少?

(i) 若设 $T(n)$ 表示用上述算法排序 n 元数组的时间,那么这组随机变量应该满足

$$T(n) = (n-1) + \frac{1}{n} \sum_{i=0}^{n-1} (T(i) + T(n-i-1)) \quad (T(1) = 0).$$

其中 $n-1$ 表示每次递归的 (1)、(2) 步需要的比较次数，剩下为递归所需时间. 根据期望的线性性可化简得到

$$t_n = (n-1) + \frac{2}{n}\sum_{i=0}^{n-1} t_i,$$

式中记 $t_n = \mathbb{E}[T(n)]$. 该递归式是可以精确求解的，先差消得到 $nt_n = 2(n-1) + (n+1)t_{n-1}$，换元求得

$$t_n = 2(n+1)\left(1 + \frac{1}{2} + \cdots + \frac{1}{n}\right) - 4n = O(n\log n).$$

(ii) 也可以更巧妙地进行估计. 设待排序的数最后为 $a_1 < \cdots < a_n$，注意到任何两个数至多比较一次（只和基准比较，基准比较后便不动），令 X_{ij} $(i<j)$ 表示 a_i, a_j 是否发生比较. 设 E_{ij} 表示事件：$\{a_i, \ldots, a_j\}$ 中头尾两个元素被选为基准，那么 E_{ij} 发生蕴涵 $X_{ij} = 1$. 又基准均匀选择，所以 $\Pr[E_{ij}] = \dfrac{1}{j-i+1}$，从而由期望的线性性

$$t_n \leqslant \sum_{1\leqslant i<j\leqslant n} \frac{1}{j-i+1} = O(n\log n).$$

◇

但另一方面，使用期望的线性性时也要小心，比如下例：

12.3.10 例 金融界有一种交易策略，称为亏损加仓. 假设某赌徒参与一公平赌博，每次投入的钱有 $\frac{1}{2}$ 概率全部损失，也有 $\frac{1}{2}$ 概率赢回双倍的钱（每一轮的结局相互独立）. 他计划采用该策略，即

(i) 第一轮投入 10 元钱；

(ii) 若在第 i 轮中赢了，则见好就收，否则继续第 $i+1$ 轮，投入此轮亏掉钱的两倍.

假设赌博可以进行无穷多轮.

李雷说，这种策略以概率 1 赢得 10 元：因为第 i 轮离开时的净盈亏是 $-10(2^{i-1}-1)+10\cdot 2^{i-1} = 10$，而 i 轮内无法离开的概率为 $\left(\frac{1}{2}\right)^i \to 0$. 韩梅梅则说：注意到每一轮的收益期望都是 0，因而由期望的线性性知不可能赢钱. 请问谁对？

我们说李雷是对的. 韩梅梅的错误在于没有注意到在处理无穷多个随机变量时，应当验证收敛性条件：若 $\sum_{i\geqslant 1}\mathbb{E}[|X_i|]$ 收敛，则期望的线性性仍然成立. 而这里，若设 X_i 为第 i 轮的收益，则 $\mathbb{E}[|X_i|]$ 的求和是发散的（当然，任意有限多轮内的收益期望确实是 0）. 关心收敛性问题细节的同学可进一步参看 [7]. ◇

除了期望之外，方差和矩也是有用的数字特征. 其中**方差**定义为 $\mathrm{Var}[X] \stackrel{\text{def}}{=} \mathbb{E}[(X-\mathbb{E}[X])^2]$（如果所说的期望存在的话），***k* 阶矩**为 $\mathbb{E}[X^k]$.

12.3.11 命题 设随机变量 $X_1, \ldots, X_n$ 的方差都存在，那么

(i) $\mathrm{Var}[X_1] = \mathbb{E}[X_1^2] - (\mathbb{E}[X_1])^2$;

(ii) $\mathrm{Var}[aX_1 + b] = a^2\,\mathrm{Var}[X_1]$;

(iii) 如果 $X_1, \ldots, X_n$ 相互独立，那么 $\mathrm{Var}[X_1 + \cdots + X_n] = \mathrm{Var}[X_1] + \cdots + \mathrm{Var}[X_n]$.

证明 先计算 (i)：

$$\begin{aligned}\mathrm{Var}[X] &= \mathbb{E}[(X-\mathbb{E}[X])^2] = \mathbb{E}[X^2-(2\,\mathbb{E}[X])X+\mathbb{E}[X]^2] \\ &= \mathbb{E}[X^2]-(2\,\mathbb{E}[X])\,\mathbb{E}[X]+\mathbb{E}[X]^2 = \mathbb{E}[X^2]-\mathbb{E}[X]^2.\end{aligned}$$

进一步由期望的线性性 $\mathrm{Var}[aX_1+b]=\mathbb{E}[(aX_1+b)^2]-(\mathbb{E}[aX_1+b])^2=a^2(\mathbb{E}[X^2]-\mathbb{E}[X]^2)$ 得到 (ii). 类似地，

$$\begin{aligned}\mathrm{Var}[X_1+\cdots+X_n] &= \mathbb{E}[(X_1+\cdots+X_n)^2]-\mathbb{E}[X_1+\cdots+X_n]^2 \\ &= \sum_{i=1}^{n}\mathbb{E}[X_i^2]-\mathbb{E}[X_i]^2+2\sum_{i<j}\underbrace{\mathbb{E}[X_iX_j]-\mathbb{E}[X_i]\,\mathbb{E}[X_j]}_{\text{由独立性为零}} \\ &= \mathrm{Var}[X_1]+\cdots+\mathrm{Var}[X_n].\end{aligned}$$

□

期望、方差或是更高阶的矩可以帮助我们估计随机变量偏离期望的程度，这是集中不等式的研究对象. 这里我们只介绍两个比较简单的不等式，对于更深入的不等式则可参看习题 12.3.19.

12.3.12 定理 (Markov 不等式) 设随机变量 X 的支撑非负，期望存在，那么对任意实数 $\varepsilon>0$ 有

$$\Pr[X\geqslant\varepsilon]\leqslant\frac{\mathbb{E}[X]}{\varepsilon}.$$

通常会用直接计算的方法来证明 Markov 不等式及其变种，这里讲一个较一般的办法. 记 $A=\{X\geqslant\varepsilon\}$. 示性函数 $\mathbf{1}_A$ 是一个随机变量，而且 $\mathbb{E}[\mathbf{1}_A]=\Pr[A]$. 我们希望找一个随机变量 B，使得 $B\geqslant\mathbf{1}_A$，或等价地说 $B\geqslant 0, B|_A\geqslant 1$，这样就有 $\Pr[A]\leqslant\mathbb{E}[B]$.

我们取 $A=\{X\geqslant\varepsilon\}$ 和 $B=\dfrac{X}{\varepsilon}$，立刻就导出 Markov 不等式. 而当 $A=\{|X-\mathbb{E}[X]|\geqslant\varepsilon\}$ 和 $B=\dfrac{|X-\mathbb{E}[X]|^{2k}}{\varepsilon^{2k}}$ 时，所获得的是 **Chebyshev 不等式**（$k=1$）.

12.3.13 推论 设随机变量 X 的 $2k$ 阶**中心矩** $\mathbb{E}[(X-\mathbb{E}[X])^{2k}]$ 存在，那么对任意实数 $\varepsilon>0$ 有

$$\Pr[|X-\mathbb{E}[X]|\geqslant\varepsilon]\leqslant\frac{\mathbb{E}[(X-\mathbb{E}[X])^{2k}]}{\varepsilon^{2k}}.$$

习题 12.3

1. 对于以下分布列，求出常数 C 的值.

(1) $\Pr[X=k]=C2^{-x}/x\,(k=1,2,\dots)$；

(2) $\Pr[X=k]=Cx^{-2}\,(k=1,2,\dots)$；

(3) $\Pr[X=k]=C2^{x}/x!\,(k=1,2,\dots)$.

2. 对于二项分布和 Poisson 分布的分布列，证明：$\Pr[X=k-1]\Pr[X=k+1]\leqslant\Pr[X=k]^2$.

3. (123 定理) 设随机变量 X, Y 的支撑为整数,相互独立而且分布相同,证明:

$$\Pr[|X - Y| \leqslant 2] \leqslant 3 \Pr[|X - Y| \leqslant 1].$$

(实际上去掉支撑为整数的条件命题也成立,参看 [8].)

4. (互信息) 记 $p_X(x) = \Pr[X = x]$. 设随机变量 X, Y 的联合分布和边缘分布分别为 $p_{X,Y}(x, y)$ 和 $p_X(x), p_Y(y)$,令

$$I(X, Y) \stackrel{\text{def}}{=} \mathbb{E}\left[\log \frac{p_{X,Y}(x, y)}{p_X(x) p_Y(y)}\right],$$

证明:$I(X, Y) \geqslant 0$,且当且仅当 X, Y 相互独立时取等号.

5. 求出课文中提到的四种离散型分布的方差.

6. 设 X, Y 分别服从参数为 λ, μ 的 Poisson 分布.

(1) 证明:$X + Y$ 服从参数为 $\lambda + \mu$ 的 Poisson 分布. 这称为该分布的**再生性**.

(2) 证明:给定 n,在 $X + Y = n$ 的条件下,X 的条件分布为二项分布.

7. 设随机变量 X 的支撑为正整数,且 $\Pr[X = k + 1 \mid X > k]$ 是与 k 无关的常数,证明:X 服从几何分布. 这称为几何分布的**无记忆性**.

8. 设离散型随机变量 X_1, X_2, X_3 的分布列为 $\Pr[X_i = k] = (1 - p_i)p_i^{k-1}$ $(k = 1, 2, \ldots; i = 1, 2, 3)$. 计算概率 $\Pr[X_1 < X_2 < X_3]$ 和 $\Pr[X_1 \leqslant X_2 \leqslant X_3]$.

9. (姚引理, [9]) 假设一个问题的可能输入为 $x \in \mathscr{X}$,其上的随机输入 X 服从分布 $\mathscr{D}$. 可解决问题的确定性算法有 $a \in \mathscr{A}$,用 $c(a, x)$ 表示确定的算法 a 在确定的输入 x 下执行完成需要消耗的代价(时间、空间等等). 用 A 表示支撑在 $\mathscr{A}$ 上的随机算法,分布为 $\mathscr{F}$. 证明:

$$\max_{x \in \mathscr{X}} \mathop{\mathbb{E}}_{A \sim \mathscr{F}}[c(A, x)] \geqslant \min_{a \in \mathscr{A}} \mathop{\mathbb{E}}_{X \sim \mathscr{D}}[c(a, X)].$$

这就是说,随机算法在最坏情况下的期望代价的下界可以用最好的确定性算法在平均情况下的代价来估计.

10. 在口袋中有标有 $1, 2, \ldots, N$ 的纸签各 1 张,现在有放回地从中抽出 n 张,其中签上数字的最大值为随机变量 X,求出 $\mathbb{E}[X]$.

11. 甲乙两人玩如下游戏:在一个口袋中,放入写有 i 的纸签 i 张($i = 1, 2, \ldots, n$). 甲随机从中抽一张,让乙猜上面写的数字. 若乙希望最小化所猜数字和抽出数字之差的 (1) 平方;(2) 绝对值. 问他的最佳策略分别是什么?

12. 某人参与连续的投骰子的游戏. 规定:如果投出 1,则游戏结束;也可以选择在任何其他时候直接结束游戏.

(1) 若规定他的得分为最后投出的点数,应采取什么策略?

(2) 若规定他的得分为最后投出的点数的平方,应采取什么策略?

(3) 假设每次投骰子会产生 c 的得分损失,对于 $c = \dfrac{1}{3}$ 和 $c = 1$ 重做前两问.

13. 下面两个问题都由 Bernoulli 提出,请求解它们.

(1) 假设 n 对情侣在海上遇到了海盗,海盗在这 $2n$ 个人中随机选择 n 个人丢到海里淹死,剩下的则送回岸上. 问:活下来的情侣对数的期望是多少?

(2) 设两个袋子中分别有 n 个黑球和白球. 每次从两个袋子中各抽取一个球,然后交换到另一个袋子里. 问:这样进行 n 次后,原来装黑球的袋子中黑球个数的期望是多少?

14. 数学家 Banach 出门喜欢带两盒火柴，每盒中一开始都有 n 根火柴，分别放在左右口袋中. 每次他需要火柴时，就等概率地从一个口袋中拿出一根火柴，直到两个火柴盒空为止.

(1) 求以下事件发生的概率：当他摸了摸某个口袋，发现其中没有火柴后，再一看另一边口袋里也没有了.

(2) 求以下事件发生的概率：当他摸了摸某个口袋，发现其中没有火柴后，再一看另一边口袋中恰有 k 根火柴. 并求此时另一边口袋中火柴根数的期望.

15. 投一枚正面概率为 p 的有偏硬币若干次（每次的结果相互独立），设恰好观察到第一次连续两次正面朝上需要 X 次试验，求 X 的期望和方差.

16. n 块条形磁铁被随机地首尾相接固定在一维直线上，现在松开它们，但它们只能平移而不能发生旋转，所以有一些会相吸形成块，有一些则不会. 设 X 代表最后形成的至少有两块磁铁相吸的磁铁块的数目，求 $\mathbb{E}[X]$, $\mathrm{Var}[X]$.

17. 甘迪·克劳喜欢抽卡. 现在卡池中共有 n 种卡，每种卡都有无限张，每抽一次会以 $\frac{1}{n}$ 的概率得到其中的一种卡一张，这次他想集齐所有的 n 种卡（至少各一张），假设每次抽卡需要氪金 10 元，求他达到目标时期望花费的钱数.

18. 乒乓球比赛曾经有过多种赛制. 一种赛制称为“大局”，采五局三胜制. 每局 21 分，先得 21 分且对方的分不超过 19 分则拿下这一局；但是如若两人都拿到了赛点（即打成 20 平），则必须连取两分才能算赢，因此最后得分可能是 24:22，等等. 另一种赛制是“小局”，改用七局四胜制，每局 11 分，先得 11 分就拿下本局；没有赛点打平的规定. 如果两位选手水平相当，每个回合的消耗时间和得分机会都相等，那么平均而言，大局的比赛时间长还是小局的时间长？给出计算过程.

19. (Hoeffding 不等式, [10]) 本题我们通过加强条件来给出比 Markov 不等式更好的结论. 假设随机变量 X 的任意阶矩都存在，而且对于任意的 $t > 0$,

$$\mathbb{E}[\mathrm{e}^{tX}] \stackrel{\text{def}}{=} \sum_{i=0}^{\infty} \frac{t^i\,\mathbb{E}[X^i]}{i!}$$

都有意义.

(1) 证明：对任意的 $t > 0$ 有

$$\Pr[|X - \mathbb{E}[X]| \geqslant \varepsilon] \leqslant \frac{\mathbb{E}\left[\mathrm{e}^{t|X-\mathbb{E}[X]|}\right]}{\mathrm{e}^{t\varepsilon}}.$$

(2) 设 X 期望为 0，而且 $a \leqslant X \leqslant b$. 证明：对任意的 $t > 0$

$$\mathbb{E}[\mathrm{e}^{tX}] \leqslant \mathrm{e}^{\frac{t^2(b-a)^2}{8}}.$$

(3) 由前两问的结论证明：设 $X_1, \ldots, X_n$ 是独立随机变量序列，满足 $a_i \leqslant X_i \leqslant b_i$ 和 $\mathbb{E}[X_i] = \mu_i$（$1 \leqslant i \leqslant n$）. 记 $\mu = \frac{1}{n}\sum_{i=1}^{n} \mu_i$，那么以至少 $1 - \delta$ 概率有

$$\left|\frac{1}{n}\sum_{i=1}^{n} X_i - \mu\right| \leqslant \sqrt{\frac{\log\frac{2}{\delta}\sum_{i=1}^{n}(b_i - a_i)^2}{2n^2}}.$$

20. 设现在已经将 n 个不同的元素组织成散列表的数据结构. 设散列函数的值域为 m，每一个元素等概率地映射到某一个散列值；散列冲突用列表法解决（即散列值相同的元素用链表顺序存储）. 今需要在散列表中搜索一个新元素.

(1) 若该元素未出现在表中，计算平均需要探测的次数及其方差. 利用 Chebyshev 不等式你能得出什么结

论?

(2) 若该元素出现在表中,重做上一个问题.

注解

现代概率论建立在测度论的基础之上,诸如前述的概率空间三元组等概念始于苏联数学家 Kolmogorov (1933). 关心更多这种严格基础的读者可以参考 [11],而不太关心者则不妨阅读 [12]. 样本空间一词是源于统计学的.

生日攻击的问题在密码学中有一定的意义,对此的进一步讨论可以参考 [13]. 习题 12.1.9 中的结果是李舒辰同学在课程中介绍的;题干中的编造的事情如果换成 Warren Buffett 和 Bill Gates 就变成了真实的故事.

随机算法的分析是计算机科学中极为重要的话题之一. 课文中选用了比较简单的 Karger 算法以及随机算法分析中的姚极大–极小原理. 这些内容以及随机算法的理论和应用在 [14] 都有丰富的分析和介绍. 关于独立性的 12.2.11 引理则取自 [15].

利用期望、方差以及更高阶的矩来控制错误概率、泛化误差等的方法在机器学习和随机算法中有着广泛的应用. 相较于 Markov、Chebyshev 不等式,效果更好 (但条件要求也更高) 的 Hoeffding 不等式则经常被使用 (习题 12.3.19). 对于这类有趣的集中不等式的讨论也可以参考 [14].

另外,以上集中不等式其实反映了大数定律的结论:随机变量在大量重复试验、采样下的平均值是以很大概率接近其期望的. 大数定律和中心极限定理 (这些平均值的分布很接近正态分布) 是近代概率论发展的重大里程碑之一. 鉴于计算机科学家更关心具体收敛速度,所以我们未在课文中予以叙述. 但是这些性质以及证明时用的方法却是很重要的,详见 [12].

参考文献

[1] BUHLER J, GRAHAM R, HALES A. Maximally nontransitive dice[J]. The American Mathematical Monthly, 2018, 125(5): 387-399.

[2] MOON J, MOSER L. Generating oriented graphs by means of team comparisons[J]. Pacific Journal of Mathematics, 1967, 21(3): 531-535.

[3] KARGER D R. Global Min-Cuts in RNC, and Other Ramifications of a Simple Min-Cut Algorithm[C]// SODA'93: Proceedings of the Fourth Annual ACM-SIAM Symposium on Discrete Algorithms. Austin, Texas, USA: Society for Industrial and Applied Mathematics, 1993: 21-30.

[4] EDDINGTON A S. The Problem of A, B, C and D[J]. The Mathematical Gazette, 1935, 19(235): 256-257.

[5] DEAKIN M A B. A new look at Eddington's liar problem[J]. The Mathematical Gazette, 2009, 93(526): 1-9.

[6] LOCK K. Mixing a Night out with Probability···. & Making a Fortune[J]. Math Horizons, 2007, 14(3): 8-9.

[7] GRIMMETT G, STIRZAKER D. Probability and Random Processes[M]. Oxford: OUP Oxford, 2020.

[8] ALON N, YUSTER R. The 123 theorem and its extensions[J]. Journal of Combinatorial Theory, Series A, 1995, 72(2): 322-331.

[9] YAO A C C. Probabilistic computations: Toward a unified measure of complexity[C]//18th Annual Symposium on Foundations of Computer Science. 1977: 222-227.

[10] HOEFFDING W. Probability Inequalities for Sums of Bounded Random Variables[J]. Journal of the American Statistical Association, 1963, 58(301): 13-30.

[11] DURRETT R. Probability: Theory and Examples[M]. Cambridge: Cambridge University Press, 2010.

[12] 李贤平. 概率论基础（第三版）[M]. 北京：高等教育出版社, 2010.

[13] KATZ J, LINDELL Y. Introduction to Modern Cryptography[M]. Boca Raton, Florida: CRC press, 2020.

[14] MOTWANI R, RAGHAVAN P. Randomized Algorithms[M]. Cambridge: Cambridge University Press, 1995.

[15] SINCLAIR A. Randomness and Computation[EB/OL]. 2020[2022-11-09]. https://people.eecs.berkeley.edu/~sinclair/cs271/n22.pdf.

13 生成函数

阅读提示

生成函数将离散数学和连续数学联系在一起,可以把许许多多看上去比较困难的计数问题转换为机械的计算操作. 对于这套广博精深的方法,本章只能作出基本的介绍,其脉络是先讲生成函数解递归式的方法,然后引入两类生成函数并讨论其运算性质——其中尤其重要的运算是卷积,最后提及若干例子,顺带讲一些特殊数. 这些例子一般也归结为建立递归式,然后用合适的操作进行变换,再求出生成函数,一些其他风格的例子会在习题中出现. 需要注意的是虽然生成函数的计算是比较机械的,对于问题先进行建立递归式之类的分析则读者需要自己练习. 本章是下一章带权 Pólya 定理的前置基础.

本章介绍组合计数中最为有用、最为强大的工具之一:**生成函数**.

在组合计数问题中,我们要求的往往是一个序列 $a_0, a_1, a_2 \ldots$ 的通项公式(注意 a_0 常常不重要). 而生成函数就好比一个"晾衣架"[1],它是以 $a_0, a_1, a_2, \ldots$ 为系数的形式级数,设法求出它便在原则上知道了关于原序列的全部信息——之后的计算全部在生成函数上进行. 正如 Pólya 所说:"生成函数就像一个储物袋. 如果单独处理一个一个零散的小物件,那么将会琐碎而尴尬,相反,我们将它们全部放在一个袋子里,然后我们就只有一个物体——袋子."

13.0.1 定义 设 $\{a_n\}_{n=0}^{\infty}$ 为实数序列,其**一般生成函数**和**指数生成函数**分别为形式级数

$$A(z) = \sum_{n=0}^{\infty} a_n z^n \quad \text{和} \quad B(z) = \sum_{n=0}^{\infty} \frac{a_n}{n!} z^n.$$

对于幂级数 $F(z)$,我们用 $[z^n]F(z)$ 来表示其 n 次项的系数.

13.0.2 注 生成函数是形式级数,在绝大多数情况下不需要考虑收敛性问题. 实际上我们在前面的章节中已经发现,可以从纯代数的角度定义这些形式级数,参看习题 10.1.3 或者 [2]. ♤

生成函数是进行算法分析时的有用工具,我们在本章中会介绍生成函数的性质并应用于一些有趣的结果,另外还会比较系统地解决多重集的排列组合问题,并处理一些特殊数.

13.1 用生成函数求解递归式

生成函数的方法首先由 de Moivre 于 1730 年左右发明，他使用该方法最初是为了求解线性递归式. 这套方法后来则由 Stirling 和 Euler 扩展到更加复杂的情形. 沿着数学发展的进路，我们首先讨论一下如何使用生成函数的方法求解递归式.

13.1.1 例 求解递归式 $a_{n+1} = 2a_n + n, a_0 = 1$ 有很多方法，现在考虑 a_n 的（一般）生成函数 $A(x)$. 一般情况下，求出生成函数的封闭形式会比较机械、简易. 通过先求出生成函数的封闭形式再以幂级数展开，就可得到 a_n 的通项公式. 为此，在递归式两边乘以 x^n 并求和

$$\sum_{n=0}^{\infty} a_{n+1} x^n = \sum_{n=0}^{\infty} 2a_n x^n + \sum_{n=0}^{\infty} nx^n,$$

通过增补项的方式尽量改写为 $A(x)$ 的形式得到

$$\frac{A(x) - a_0}{x} = 2A(x) + \frac{x}{(1-x)^2},$$

式中计算了 $\sum_{n=0}^{\infty} nx^n = x\left(\sum_{n=0}^{\infty} x^n\right)' = \dfrac{x}{(1-x)^2}$. 由此解得

$$A(x) = \frac{1 - 2x + 2x^2}{(1-x)^2(1-2x)}.$$

这就是要求的生成函数. 进一步求出 a_n 只需对 $A(x)$ 进行幂级数展开，具体办法是数学分析中的标准技术，先用待定系数法进行部分分式分解

$$\frac{1 - 2x + 2x^2}{(1-x)^2(1-2x)} = \frac{A}{(1-x)^2} + \frac{B}{1-x} + \frac{C}{1-2x} \implies A = -1, B = 0, C = 2,$$

于是

$$A(x) = \frac{-1}{(1-x)^2} + \frac{2}{1-2x} = \sum_{n=0}^{\infty}(-n-1)x^n + 2\sum_{n=0}^{\infty} 2^n x^n \implies a_n = 2^{n+1} - n - 1.$$

◇

13.1.2 例 用生成函数法处理 **Fibonacci 数** $F_{n+2} = F_{n+1} + F_n, F_0 = 0, F_1 = 1$，设 $F(x) = \sum_{n=0}^{\infty} F_n x^n$，递归式两边乘以 x^n 并求和

$$\sum_{n=0}^{\infty} F_{n+2} x^n = \sum_{n=0}^{\infty} F_{n+1} x^n + \sum_{n=0}^{\infty} F_n x^n,$$

同样改写为 $F(x)$ 的形式得

$$\frac{F(x) - x}{x^2} = \frac{F(x)}{x} + F(x) \implies F(x) = \frac{x}{1 - x - x^2}.$$

再次用部分分式展开为幂级数,记 $1-x-x^2$ 的两个根 $\varphi_+=\frac{1+\sqrt{5}}{2}$,$\varphi_-=\frac{1-\sqrt{5}}{2}$,则

$$F(x)=\frac{1}{(\varphi_+-\varphi_-)}\left(\frac{1}{1-x\varphi_+}-\frac{1}{1-x\varphi_-}\right)=\frac{1}{\sqrt{5}}\sum_{n=0}^{\infty}(\varphi_+^n-\varphi_-^n)x^n,$$

这表明 $F_n=\frac{1}{\sqrt{5}}(\varphi_+^n-\varphi_-^n)$. ◇

总结起来,用生成函数法求解递归式的办法如下:

(i) 选择合适的生成函数 $A(x)$,例如一般生成函数 $\sum_{n=0}^{\infty}a_nx^n$ 等.

(ii) 在递归式两边乘以 x^n 并求和,把得到的等式改写为关于 $A(x)$ 的方程.

(iii) 得到 $A(x)$ 后进行各种操作,例如进行合适的展开以确定 a_n 的表达式.

按照相同的思想和套路,我们也可以解决有多个变量的递归问题,但此时可能需要选择合适的变量作生成函数,也可以用多重生成函数的方法进行处理. 例如考虑如下递归式

$$a_{n,k}=a_{n-1,k}+a_{n-1,k-1}\quad(a_{n,0}=1,a_{0,k}=\mathbf{1}_{k=0}).$$

显然,这是二项式系数,但我们现在假装并没有看出来. 作生成函数

$$B_n(x)=\sum_{k=0}^{\infty}a_{n,k}x^k,$$

代入原递归式立刻得到 $B_n(x)=(1+x)B_{n-1}(x),B_0(x)=1$,于是 $B_n(x)=(1+x)^n$,故 $a_{n,k}=\binom{n}{k}$.

另外作**二重生成函数**

$$C(x,y)=\sum_{n=0}^{\infty}\sum_{k=0}^{\infty}a_{n,k}x^ky^n,$$

它直接包含了 $a_{n,k}$ 全部信息. 使用已经得到的结果,

$$C(x,y)=\sum_{n=0}^{\infty}B_n(x)y^n=\sum_{n=0}^{\infty}\sum_{k=0}^{n}\binom{n}{k}x^ky^n=\sum_{n=0}^{\infty}(1+x)^ny^n=\frac{1}{1-(1+x)y},$$

从而 $\binom{n}{k}=[x^ky^n]\frac{1}{1-(1+x)y}$. 在此基础上还可算出关于 k 的生成函数

$$B_k(y)=\sum_{n=0}^{\infty}\binom{n}{k}y^n=[x^k]C(x,y)=[x^k]\frac{1}{1-y(1+x)}=\frac{1}{1-y}[x^k]\frac{1}{1-\left(\frac{y}{1-y}\right)x}$$
$$=\frac{1}{1-y}\left(\frac{y}{1-y}\right)^k=\frac{y^k}{(1-y)^{k+1}}.$$

13.1.3 例 求第二类 Stirling 数的生成函数,先回忆习题 11.3.13 中导出的如下递归式:

$$\left\{ {n \atop k} \right\} = \left\{ {n-1 \atop k-1} \right\} + k\left\{ {n-1 \atop k} \right\}.$$

在计算生成函数之前还需要作一些补充定义，我们令 $\left\{ {n \atop 0} \right\} = \mathbf{1}_{n=0}$，并规定 $n < k$ 时 $\left\{ {n \atop k} \right\} = 0$. 现在在我们面前有多种生成函数可供选择：

$$A_n(y) = \sum_{k=0}^{\infty} \left\{ {n \atop k} \right\} y^k, \quad B_k(x) = \sum_{n=0}^{\infty} \left\{ {n \atop k} \right\} x^n, \quad C(x,y) = \sum_{n,k\geqslant 0} \left\{ {n \atop k} \right\} x^n y^k.$$

应该选择哪一个？稍作思考可以发现，使用 $A_n(y)$ 可能是愚蠢的，因为这样就要处理 $\sum_{k=0}^{\infty} k\left\{ {n \atop k} \right\} y^k$，不太容易（当然不是不能处理，之后会看到）. 故选择 $B_k(x)$，计算得

$$B_k(x) = xB_{k-1}(x) + kxB_k(x) \quad (B_0(x) = 1),$$

进一步迭代得

$$B_k(x) = \sum_{n=0}^{\infty} \left\{ {n \atop k} \right\} x^n = \frac{x^k}{(1-x)(1-2x)\cdots(1-kx)}.$$

接下来仍然是标准操作，作部分分式分解

$$\frac{1}{(1-x)(1-2x)\cdots(1-kx)} = \sum_{j=1}^{k} \frac{\alpha_j}{1-jx},$$

要求出 α_r，两边乘以 $1-rx$ 再令 $x = \frac{1}{r}$，得

$$\alpha_r = \frac{1}{\prod_{1\leqslant i\leqslant k, i\neq r}\left(1-\frac{i}{r}\right)} = (-1)^{k-r}\frac{r^{k-1}}{(r-1)!(k-r)!}.$$

于是得解

$$\left\{ {n \atop k} \right\} = [x^{n-k}]\sum_{r=1}^{k} \frac{\alpha_r}{1-rx} = \sum_{r=1}^{k} \alpha_r r^{n-k} = \sum_{r=1}^{k} (-1)^{k-r}\frac{r^n}{r!(k-r)!}.$$

我们再一次导出了 11.3.3 例中的结果. ◇

回忆习题 11.1.12，我们知道 Bell 数 B_n 是把 n 元集合进行任意的划分的方案总数（$B_0 = 1$），那么它可用第二类 Stirling 数表出：注意当 $k > n$ 时 $\left\{ {n \atop k} \right\} = 0$，所以对任何充分大的 M：

$$\begin{aligned} B_n &= \sum_{k=1}^{M}\sum_{r=1}^{k}(-1)^{k-r}\frac{r^{n-1}}{(r-1)!(k-r)!} \xlongequal{\text{换序}} \sum_{r=1}^{M}\frac{r^{n-1}}{(r-1)!}\sum_{k=r}^{M}\frac{(-1)^{k-r}}{(k-r)!} \\ &= \sum_{r=1}^{M}\frac{r^{n-1}}{(r-1)!}\underline{\sum_{k=0}^{M-r}\frac{(-1)^k}{k!}} \xlongequal{M\to\infty} \frac{1}{\mathrm{e}}\sum_{r=0}^{\infty}\frac{r^n}{r!}. \end{aligned}$$

下面我们用上面的结果求出 Bell 数的指数生成函数. 在该式两侧乘以 $\dfrac{x^n}{n!}$ 并对 $n \geqslant 1$ 求和(留意 $B_0 = 1$)得

$$
\begin{aligned}
B(x) - 1 &= \frac{1}{\mathrm{e}} \sum_{n=1}^{\infty} \frac{x^n}{n!} \sum_{r=1}^{\infty} \frac{r^{n-1}}{(r-1)!} = \frac{1}{\mathrm{e}} \sum_{r=1}^{\infty} \frac{1}{r!} \sum_{n=1}^{\infty} \frac{(rx)^n}{n!} \\
&= \frac{1}{\mathrm{e}} \sum_{r=1}^{\infty} \frac{1}{r!} (\mathrm{e}^{rx} - 1) = \frac{1}{\mathrm{e}} (\mathrm{e}^{\mathrm{e}^x} - \mathrm{e}) = \mathrm{e}^{\mathrm{e}^x - 1} - 1,
\end{aligned}
$$

所以指数生成函数 $B(x) = \mathrm{e}^{\mathrm{e}^x - 1}$: 虽然 Bell 数本身很复杂,但是其指数生成函数十分简洁.

我们保证过,使用生成函数工具时,一系列操作和运算都只在生成函数上进行. Bell 数的指数生成函数不是由其递归式算出的,怎样反过来用生成函数找出递归式呢?

从生成函数的封闭形式出发找出相应递归式的标准方法是使用算子 $x\dfrac{\mathrm{d}}{\mathrm{d}x}\log$.

对于 $B(x)$,依次取对数、求导数并乘以 x 得到

$$
\sum_{n=0}^{\infty} \frac{B_n}{n!} x^n = \mathrm{e}^{\mathrm{e}^x - 1} \xRightarrow{\log} \log \sum_{n=0}^{\infty} \frac{B_n}{n!} x^n = \mathrm{e}^x - 1 \xRightarrow{x\frac{\mathrm{d}}{\mathrm{d}x}} \sum_{n=0}^{\infty} \frac{nB_n}{n!} x^n = x\mathrm{e}^x \sum_{n=0}^{\infty} \frac{B_n}{n!} x^n.
$$

Taylor 展开 e^x 并作级数乘法,比较两边 x^n 项的系数可以算出递归式

$$
B_n = \sum_{k=0}^{n-1} \binom{n-1}{k} B_k.
$$

我们再一次地导出了习题 11.1.12 中的结果.

可以看出,使用这种方法的合理性在于,$\mathrm{e}^{\mathrm{e}^x - 1}$ 的 Taylor 展开是较难求出的,所以两边最好先取对数. 这样的副作用是出现了 $\log \sum$ 形式的式子,而求导能够顺利消除对数.

这一方法对一般生成函数也可以尝试使用,以后会经常用到. 请留意,从上面的合理性论证中可以看出,它并不是保证有效的,只是往往顺利导出结果.

习题 13.1

1. 小红吃惊地发现,$\dfrac{1}{9899} = 0.00\,\underline{01}\,\underline{01}\,\underline{02}\,\underline{03}\,\underline{05}\,\underline{08}\,\underline{13}\,\underline{21}\,\underline{34}\,\underline{55}\cdots$,其小数部分出现了部分 Fibonacci 数. 为什么会出现这种现象? 你能对任意序列制造这样的神奇数字吗?

2. 设 $a_0, a_1, \ldots, a_{k-1}$ 都已给定,用生成函数的方法求解常系数线性递归式

$$
a_n = c_1 a_{n-1} + c_2 a_{n-2} + \cdots + c_k a_{n-k} \quad (c_k \neq 0).
$$

3. 让我们用生成函数的观点重新审视之前在基本计数的章节中已经做过的几个问题(参看 11.1.7 例题和习题 11.1.9).

(1) 用 a_n 表示集合 $[n]$ 的没有相邻数字的子集的数目,先求出其递归式,然后算出其生成函数.

(2) 用 $a_{n,k}$ 表示集合 $[n]$ 的没有相邻数字的 k 元子集的数目,先求出其递归式,然后算出其生成函数.

(3) 假如把集合放在圈上,就是进一步规定 1, n 也是相邻的. 重做以上两问.

4. 用生成函数法重做习题 11.3.8.

5. 设 $f(n): \mathbb{Z}_{>0} \longrightarrow \mathbb{Z}$,满足 $f(1)=1, f(2n)=f(n), f(2n+1)=f(n)+f(n+1)$,求 $f(n)$ 的生成函数 $F(z)$.

6. 第一类 Stirling 数 $\left[{n \atop k}\right]$ 定义为 $[x^k]x(x-1)\cdots(x-n+1)$.

(1) 求混合生成函数 $\sum_{k=0}^{\infty}\sum_{n=0}^{\infty}\left[{n \atop k}\right]\dfrac{x^n}{n!}y^k$.

(2) 用代数和组合两种证明方法验证递归式:

$$\begin{bmatrix} n \\ k \end{bmatrix} = (n-1)\begin{bmatrix} n-1 \\ k \end{bmatrix} + \begin{bmatrix} n-1 \\ k-1 \end{bmatrix}.$$

7. (概率生成函数) 如果一个离散型随机变量 X 的支撑仅取非负整数,则可以用生成函数的方法把握整个概率分布. 此情形下,**概率生成函数**是如下幂级数

$$G(z) = \sum_{k=0}^{\infty} \Pr[X=k]z^k.$$

(1) 求出 12.3.2 例中的离散型随机变量的概率生成函数.

(2) 证明概率生成函数在 $|z|<1$ 时绝对收敛. 由此,当期望和方差都存在时,证明:

$$\mathbb{E}[X] = \sum_{k=0}^{\infty} k\Pr[X=k] = G'(1),$$

$$\mathrm{Var}[X] = \mathbb{E}[X(X-1)] - (\mathbb{E}[X])^2 + \mathbb{E}[X] = G''(1) - G'(1)^2 + G'(1).$$

(3) 利用概率生成函数求解如下问题:某采用简单多数决的委员会有 4 人,其中主任委员 1 一人两票,其他委员 2、3、4 一人一票. 今有一提案须经投票审查,已知委员 i 投赞成票的概率为 p_i 且相互独立,求提案获得通过的概率.

8. 用指数生成函数法求解以下递推式:

$$a_n = -2na_{n-1} + \sum_{k=0}^{n}\binom{n}{k}a_k a_{n-k} \quad (a_0=0, a_1=1).$$

9. 考虑错排数 D_n (§11.3 节).

(1) 证明递归式:

$$D_n = (n-1)(D_{n-1}+D_{n-2}) \quad (D_1=0, D_2=1).$$

(2) 用指数生成函数法求出 D_n 的表达式.

10. 研究一下 $\mathrm{e}^{\mathrm{e}^x}$ 的 n 次导数,你能否用一些特殊数表达出其 n 次导数中的常数?

11. (万金油方法, [1]) 本题中我们用生成函数法来证明组合恒等式. 设 $n \geqslant m$ 都是正整数,考虑证明:

$$(\star) \quad \sum_{k=0}^{\infty}\binom{m}{k}\binom{n+k}{m} \stackrel{?}{=} \sum_{k=0}^{\infty}\binom{m}{k}\binom{n}{k}2^k \quad (*).$$

规定当 $n<k$ 时 $\binom{n}{k}=0$. 思路如下:不必求出两边的封闭形式,在两边乘以 x^n 分别求和,若相等,那么原式

必然恒等. 请补全这一论证.

13.2 一般生成函数

有了用生成函数解决问题的基本流程后,我们接下来讨论一般生成函数的性质,提供更多计算技巧. 本节的典型应用为多重集的组合问题.

首先要引入几条很简单的规则,它能帮助我们对生成函数的基本性质进行组合.

13.2.1 命题 (i)(线性性)设 $\{a_n\}_{n=0}^\infty, \{b_n\}_{n=0}^\infty$ 的生成函数分别为 f, g,则 $\{a_n+b_n\}_{n=0}^\infty$ 的生成函数为 $f+g$. 特别地,$\{\alpha a_n\}_{n=0}^\infty$ 的生成函数为 αf.

(ii)(平移)设 f 是 $\{a_n\}_{n=0}^\infty$ 的生成函数,则 $\{a_{n+h}\}_{n=0}^\infty$ 的生成函数是

$$\frac{f-a_0-\cdots-a_{h-1}x^{h-1}}{x^h},$$

而 $\{a_{n-m}\}_{n=m}^\infty$ 的生成函数是 $x^m f$.

证明 这两个性质我们在前一节中就反复运用过了,直接计算即可验证. □

13.2.2 定理 (导数) 设 f 是 $\{a_n\}_{n=0}^\infty$ 的生成函数,则 $\{na_n\}_{n=0}^\infty$ 的生成函数是 xf'. 一般地,设 P 为多项式,则 $\{P(n)a_n\}_{n=0}^\infty$ 的生成函数为 $P\left(x\frac{\mathrm{d}}{\mathrm{d}x}\right)f$.

证明 先对 k 归纳得 $\{n^k a_n\}_{n=0}^\infty$ 的生成函数为 $\left(x\frac{\mathrm{d}}{\mathrm{d}x}\right)^k f$,然后利用线性性即可. □

13.2.3 例 (i) 设 $\{a_n\}_{n=0}^\infty$ 满足 $(n+1)a_{n+1}=3a_n+1$,其生成函数为 f,则根据以上两个性质知道 f 满足方程

$$f'=3f+\frac{1}{1-x}.$$

(ii) 又如,用生成函数法求 $\sum_{n=0}^N n^2$,取 $\underbrace{1,1,\ldots,1}_{N+1\text{个}},0,\ldots$,其生成函数是 $\sum_{n=0}^N x^n=\frac{x^{N+1}-1}{x-1}$,利用导数法则

$$\sum_{n=0}^N n^2=\left(x\frac{\mathrm{d}}{\mathrm{d}x}\right)^2\frac{x^{N+1}-1}{x-1}\bigg|_{x=1}=\frac{N(N+1)(2N+1)}{6},$$

由于这里是有限和,没有收敛性问题,所以代入 $x=1$ 是合法的. ◇

有关生成函数的最重要性质可能是如下卷积公式:

13.2.4 定理 (卷积) 设 $\{a_n\}_{n=0}^\infty, \{b_n\}_{n=0}^\infty$ 的生成函数分别为 f, g,则卷积

$$\left\{\sum_{r=0}^n a_r b_{n-r}\right\}_{n=0}^\infty$$

的生成函数是 fg. 进一步,

$$\left\{\sum_{n_1+n_2+\cdots+n_k=n} a_{n_1}a_{n_2}\cdots a_{n_k}\right\}_{n=0}^{\infty}$$

的生成函数是 f^k.

证明 只需要注意到形式幂级数的乘法法则

$$\left(\sum_{n=0}^{\infty} a_n x^n\right)\left(\sum_{n=0}^{\infty} b_n x^n\right) = \sum_{n=0}^{\infty}\left(\sum_{k=0}^{n} a_k b_{n-k}\right)x^n$$

即可,而 f^k 的结果对 k 归纳可得. □

卷积公式有极高的重要性,必须详细讨论一些例子.

13.2.5 例 若以 $a_{n,k}$ 表示 $x_1+\cdots+x_k=n$ 的非负整数解组数,注意 $\{1\}_{n=0}^{\infty}$ 的生成函数是 $\dfrac{1}{1-x}$,故由卷积公式得 $\sum_{n_1+n_2+\cdots+n_k=n} 1$ 的生成函数是 $\dfrac{1}{(1-x)^k}$,所以

$$a_{n,k} = [x^n]\frac{1}{(1-x)^k} = [x^n]\sum_{j=0}^{\infty}\binom{j}{k-1}x^{j-k+1} = \binom{n+k-1}{k-1}.$$

◇

推广上例可以解决多重集的 r 组合问题. 回忆 11.1.6 例的论证,多重集的 r 组合问题就是求(可能带限制的)$x_1+\cdots+x_k=r$ 的非负整数解数目.

13.2.6 推论 设多重集 $M=\{m_1\cdot a_1,\ldots,m_k\cdot a_k\}$ $(1\leqslant m_i\leqslant\infty, 1\leqslant i\leqslant k)$,记 $\{a_r\}_{r=0}^{\infty}$ 为 M 的 r 组合数序列,其一般生成函数为 $R(x)$,则

$$R(x) = \prod_{i=1}^{k}\sum_{j=0}^{m_k} x^j.$$

证明 令序列 $\{a_n^{(i)}\}_{n=0}^{\infty}$ $(1\leqslant i\leqslant k)$ 的第 $0,1,\ldots,m_i$ 项为 1,剩余项皆为 0(若 $m_i=\infty$ 则全为 1),则其一般生成函数 $A^{(i)}(x)$ 恰为

$$A^{(i)}(x) = \sum_{n=0}^{\infty} a_n^{(i)} x^n = \sum_{j=0}^{m_k} x^j.$$

由卷积公式得以 $A^{(1)}(x)\cdots A^{(k)}(x)$ 为一般生成函数的序列是

$$\left\{\sum_{n_1+n_2+\cdots+n_k=r} [n_1\leqslant m_1]\cdots[n_k\leqslant m_k]\right\}_{r=0}^{\infty},$$

上式对所有 $n_1+n_2+\cdots+n_k=r$ 且满足 $n_i\leqslant m_i$ $(1\leqslant i\leqslant k)$ 的 $(n_1,\ldots,n_k)$ 求和,故此序列就是

$\{a_r\}_{r=0}^{\infty}$. □

13.2.7 例 求出方程 $x_1+2x_2+3x_3=21$ 且满足 $x_3 \geqslant 1$ 的非负整数解的组数. 记 $x_1+2x_2+3x_3=r$ 满足要求的解数为 $\{a_r\}_{r=0}^{\infty}$,生成函数为 $R(x)$. 可令 $\tilde{x}_2=2x_2, \tilde{x}_3=3x_3$,找 $x_1+\tilde{x}_2+\tilde{x}_3=r$ 的解. 仿照上面证明的思想,$A^{(2)}(x)$ 只有偶次项,$A^{(3)}(x)$ 只有次数为 3 的倍数的项且无常数项. 所以

$$R(x)=(1+x+x^2+\cdots)(1+x^2+x^4+\cdots)(x^3+x^6+\cdots)=\frac{x^3}{(1-x)^3(1+x)(1+x+x^2)}.$$

展开得 $[x^{21}]R(x)=37$. ◇

回到一般生成函数的运算,在卷积公式的运用中我们可额外总结一条性质:

13.2.8 推论 (部分和) 设 f 是 $\{a_n\}_{n=0}^{\infty}$ 的生成函数,则部分和序列

$$\left\{\sum_{j=0}^{n} a_j\right\}_{n=0}^{\infty}$$

的生成函数是 $\dfrac{f}{1-x}$.

证明 这是卷积公式的推论. 设 $f=\sum_{n=0}^{\infty} a_n x^n$,直接计算得

$$\begin{aligned}\frac{f}{1-x}&=(a_0+a_1x+a_2x^2+\cdots)(1+x+x^2+\cdots)\\&=a_0+(a_0+a_1)x+(a_0+a_1+a_2)x^2+(a_0+a_1+a_2+a_3)x^3+\cdots,\end{aligned}$$

故命题成立. □

利用部分和公式,我们引入另一个重要的特殊数.

13.2.9 例 考虑**调和数** H_n 的生成函数,前者是序列 $\left\{\dfrac{1}{n}\right\}_{n=1}^{\infty}$ 的部分和,即 $H_n \overset{\text{def}}{=} 1+\dfrac{1}{2}+\cdots+\dfrac{1}{n}$. 我们在分析快速排序等算法时经常遇到它,数学分析的知识告诉我们 $H_n=\Theta(\log n)$.

序列 $\left\{\dfrac{1}{n}\right\}_{n=1}^{\infty}$ 的生成函数(不妨设第 0 项为 0)是 $\sum_{n=1}^{\infty}\dfrac{x^n}{n}$,其导数为 $\sum_{n=0}^{\infty} x^n=\dfrac{1}{1-x}$,从而

$$\sum_{n=1}^{\infty} H_n x^n=\frac{1}{1-x}\int\frac{1}{1-x}\,\mathrm{d}x=\frac{1}{1-x}\log\frac{1}{1-x}.$$

◇

13.2.10 例题 某人把若干相同的硬币(备用硬币足够多)在桌面上排列成若干行,要求

(i) 每行硬币皆紧密接触形成单个连续的块;

(ii) 除第一行外,每行每个硬币都要恰好和前一行的两个硬币紧密接触.

例如,图 13.1 示出了三种放法中,只有 13.1(a) 是允许的,13.1(b) 违反了 (i),13.1(c) 违反了 (ii).

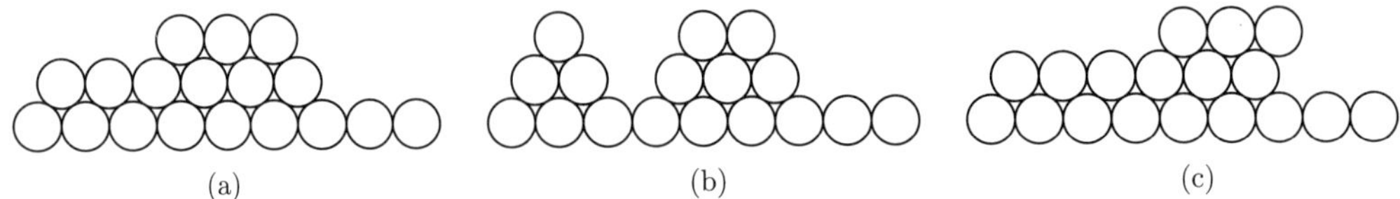

图 13.1　13.2.10 例题图

设第一行恰有 k 枚硬币的放置方案数为 a_k，求 $\{a_k\}_{k=0}^{\infty}$.

解　对于每一个第一行恰有 k 枚硬币的方案，将第一行撤去得到一个第一行有 $j\,(j=0,1,\dots,k-1)$ 枚硬币的方案；而在第一行有 $j\,(j=1,1,\dots,k-1)$ 枚硬币的方案中添加一个 k 枚硬币的行作为第一行，有 $k-j$ 种方法，$j=0$ 时只有一种添法. 递归式为

$$a_k=\sum_{j=1}^{k-1}(k-j)a_j+1=\sum_{j=1}^{k}(k-j)a_j+1\quad(k\geqslant 1;a_0=1).$$

设生成函数 $f(x)=\sum_{n=0}^{\infty}a_nx^n$，在递归式中两边求和得

$$\sum_{k=1}^{\infty}a_kx^k=\sum_{k=1}^{\infty}\sum_{j=1}^{k}(k-j)a_jx^k+\sum_{k=1}^{\infty}x^k,$$

然后逐项处理. 左侧为 $f(x)-1$，右侧 $\sum_{k=1}^{\infty}x^k$ 显然为 $\dfrac{x}{1-x}$，双重求和项分解为

$$\sum_{k=1}^{\infty}\sum_{j=1}^{k}(k-j)a_jx^k\overset{b_i=i}{=\!=\!=}\sum_{k=1}^{\infty}\sum_{j=1}^{k}b_{k-j}a_jx^k\;\frac{\text{1. 平移公式}}{\text{2. 卷积公式}}\;\frac{x}{(1-x)^2}(f(x)-1),$$

式中用到了 $\{i\}_{i=0}^{\infty}$ 的一般生成函数为 $\dfrac{x}{(1-x)^2}$. 据此

$$f(x)-1=\frac{x}{(1-x)^2}(f(x)-1)+\frac{x}{1-x}\implies f(x)=\frac{1-2x}{1-3x+x^2}.$$

作部分分式分解得

$$f(x)=\frac{1}{10}\left(\frac{5-\sqrt{5}}{1-\alpha_+x}+\frac{5+\sqrt{5}}{1-\alpha_-x}\right)\implies a_k=\frac{5-\sqrt{5}}{10}\alpha_+^k+\frac{5+\sqrt{5}}{10}\alpha_-^k,$$

其中 $\alpha_\pm=\dfrac{3\pm\sqrt{5}}{2}$. □

在上例中，序列 $a_0,a_1,\dots$ 前几项分别为 1、1、2、5、13、34、89，猜想 $a_k=F_{2k-1}\,(k\geqslant 1)$，其中 F_i 表示第 i 个 Fibonacci 数（$F_0=1$）. 这一观察总结在下述命题中：

13.2.11 命题　(i)（交错）设 $f(x)$ 是 $\{a_n\}_{n=0}^{\infty}$ 的生成函数，则 $\{c^na_n\}_{n=0}^{\infty}$ 的生成函数是 $f(cx)$. 特别地，交错序列 $\{(-1)^na_n\}_{n=0}^{\infty}$ 的生成函数为 $f(-x)$.

(ii)(提取)设 $f(x)$ 是 $\{a_n\}_{n=0}^{\infty}$ 的生成函数,则偶数项 $\{a_{2n}\}_{n=0}^{\infty}$ 的生成函数为 $\dfrac{f(x)+f(-x)}{2}$;奇数项 $\{a_{2n+1}\}_{n=0}^{\infty}$ 的生成函数为 $\dfrac{f(x)-f(-x)}{2}$.

习题 13.2

1. 设 f 是 $\{a_n\}_{n=0}^{\infty}$ 的生成函数,求 $\{a_{n+1}-a_n\}_{n=0}^{\infty}$ 的生成函数.

2. 某人携带 A, B, C, D, E, F 六种零食外出旅行,设想每种零食的储备都足够多,但要求

(1) 最多带 4 包 A,最多带 3 包 C,最多带 1 包 E;

(2) B 的数量必须是 4 的倍数,D 的数量必须是偶数,F 的数量必须是 5 的倍数.

设 a_n 表示刚好带 n 包零食的方案数,$a_0=1$,根据题意选用合适的生成函数,并将生成函数的封闭形式求出.

3. 考虑一个由 $n\times n$ 个正方形组成的平面网格,挑选其中一部分正方形得到的子网格称为**棋盘**. 给定棋盘 R,用 $r_k(R)$ 表示 k 个车放在棋盘 R 中位置上,且互不攻击(两个车不能在同一行或者同一列)的放法种数. 规定 $r_0(R)=1$ 并令 $r(R)$ 为 $\{r_k(R)\}_{k=0}^{\infty}$ 的生成函数 $\sum_{k=0}^{\infty} r_k(R)x^k$.

(1) 证明如下命题:

a) 用 $|R|$ 表示 R 中方格数,则 $r_1(R)=|R|$;若 $k>|R|$,则 $r_k(R)=0$.

b) 对一个棋盘 R,设其中有一个格子 $g\in R$,用 R_1 表示去掉这个格子得到的棋盘,R_2 表示去掉这个格子所在行和所在列得到的棋盘,那么

$$r_k(R)=r_k(R_1)+r_{k-1}(R_2),\quad r(R)=r(R_1)+xr(R_2).$$

c) 设棋盘 R 由两个不相交的棋盘 R_1, R_2 构成,且对任意的格子 $g_1\in R_1, g_2\in R_2$, g_1, g_2 都不在 R 中的同一行或同一列,那么

$$r_k(R)=\sum_{i=0}^{k} r_i(R_1)r_{k-i}(R_2),\quad r(R)=r(R_1)r(R_2).$$

(2) 求棋盘 [棋盘图] 的棋盘多项式.

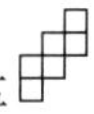

4. 设 $a_1, a_2, \dots, a_k$ 是非负整数,n 是正整数.

(1) 将 n 有序划分为 k 个数 $p_1, p_2, \dots, p_k$ 的和,要求 $p_i\leqslant a_i\ (1\leqslant i\leqslant k)$. 设方法数有 a_n 种,求一般生成函数 $\sum_{n=0}^{\infty} a_n x^n$.

(2) 将 n 有序划分为 $k+1$ 个数 $p_1, p_2, \dots, p_k, p_{k+1}$ 的和,要求 $p_i\leqslant a_i\ (1\leqslant i\leqslant k)$,但对 p_{k+1} 无要求. 设方法数有 b_n 种,求一般生成函数 $\sum_{n=0}^{\infty} b_n x^n$.

5. (整数分拆, Hardy & Ramanujan) 对给定的 n,考虑方程 $x_1+x_2+\cdots+x_n=n$ 满足 $n\geqslant x_1\geqslant x_2\geqslant\cdots\geqslant x_n\geqslant 0$ 的整数解数目 $p(n)$.

(1) 证明:它和方程 $y_1+2y_2+\cdots+ny_n=n$ 的非负整数解个数相同,所以可看成把 n 分拆成各个部分的方法的种数.

(2) 验证生成函数关系:

$$p(n)=[x^n]\frac{1}{\prod_{i=1}^{n}(1-x^i)}=[x^n]\frac{1}{\prod_{i=1}^{\infty}(1-x^i)}.$$

(3) 证明：$\frac{1}{e^5 n^2}\exp\left(2\sqrt{n}\right) \leqslant p(n) \leqslant \exp\left(\pi\sqrt{\frac{2}{3}n}\right)$.

6. 求方程 $x_1 + x_2 + x_3 + x_4 = 30$ 在下列限制条件下的整数解数：

(1) $0 \leqslant x_i \leqslant 10\,(1 \leqslant i \leqslant 4)$；

(2) $-10 \leqslant x_i \leqslant 20\,(1 \leqslant i \leqslant 4)$；

(3) $x_i \geqslant 0\,(1 \leqslant i \leqslant 4), x_1 \leqslant 5, x_2 \leqslant 10, x_3 \leqslant 15, x_4 \leqslant 21$；

(4) $x_1 \geqslant x_2 \geqslant x_3 \geqslant x_4 \geqslant 1$；

(5) $x_1 \geqslant x_2 \geqslant x_3 > x_4 \geqslant 1$.

7. (Motzkin, [3]) 某人从 $(0,0)$ 开始向 $(n,0)$ 走，每次的位移只能是 $(1,0),(1,1),(1,-1)$ 中的一种，且保持在 x 轴及其上方. 用 M_n 表示这样走法的数目，求一般生成函数 $\sum_{n=0}^{\infty} M_n x^n$.

8. (Schröder, [4]) 某人从 $(0,0)$ 开始向 (n,n) 走，每次的位移只能是 $(1,0),(1,1),(0,1)$ 中的一种，且不击穿 $y=x$. 用 s_n 表示这样走法的数目，求一般生成函数 $\sum_{n=0}^{\infty} s_n x^n$.

9. 对于置换 $\sigma \in S_n$，称 $i<j$ 是逆序对，如果 $\sigma(i) > \sigma(j)$. 用 $a_{n,k}$ 表示恰有 k 个逆序的 n 元置换的数目，用合适的生成函数计算之.

10. 用 2×1 的完全相同的方砖（可以旋转）填满 $3\times n$ 的墙面，请问有多少种方法？

11. 用 1×1 的红色和蓝色方砖，1×2 的绿色、黄色和白色方砖填满 $1\times n$ 的墙面，请问有多少种方法？

12. 有 n 个球排成一行，用 k 种颜色给每一个球染色，相邻两个球颜色不可相同，且每种颜色至少使用一次，求染色方案数.

13. 某星球上的遗传物质和地球上一样，由 A、G、C、T、U 组成，但它们只是这些核苷酸的线性序列（不允许作任何对称操作，如 AG 和 GA 是不同的）. 科学观察发现 (C, T)、(C, U)、(U, T)、(U, U) 四对核苷酸从不连续出现（例如 GGCTA 不存在，但 GGTCA 存在）. 求该星球上长度为 n 的遗传物质序列的个数.

14. 称一个 $1,2,\ldots,n$ 的排列是"快速排序的某阶段"，如果它可以被拆成两部分，前一部分中的所有数都比后面小. 例如 4132 不符合条件，而 2143 则符合条件. 用 a_n 表示不符合条件的这样的排列的个数，求一般生成函数 $\sum_{n=0}^{\infty} a_n x^n$.

15. 设想有 n 张牌，上面的数字分别为 $1,2,\ldots,n$. 某同学将它们随机摞成一堆，每次从牌堆顶部拿出一张牌，看上面的点数 k，然后将其放回原位，把最上面 k 张牌逆序放置. 如此反复，直到整个牌堆从上到下是 $1,2,\ldots,n$.

$$32514 \longrightarrow 52314 \longrightarrow 41325 \longrightarrow 23145 \longrightarrow 32145 \longrightarrow 12345.$$

上式示出了一个可能的操作序列. 证明：在 $F_{n+1}-1$ 步内该过程一定能结束，其中 F_n 是 Fibonacci 数，$F_0=0$.

13.3 指数生成函数

和一般生成函数的讨论一样，我们亦给出和一般生成函数类似的操作方法. 指数生成函数的典型应用是多重集的排列问题.

13.3.1 定理 (平移) 设 f 是 $\{a_n\}_{n=0}^{\infty}$ 的指数生成函数，则 $\{a_{n+h}\}_{n=0}^{\infty}$ 的指数生成函数是 $f^{(h)}$.

证明 注意下式并对 h 归纳即可.

$$f' = \sum_{n=1}^{\infty} \frac{na_n x^{n-1}}{n!} = \sum_{n=0}^{\infty} \frac{a_{n+1} x^n}{n!}.$$

□

13.3.2 例 平移操作给指数生成函数使用的方便性提供一个例证. 重新考虑 Fibonacci 数 $F_{n+2} = F_{n+1} + F_n, F_0 = 0, F_1 = 1$,设其指数生成函数为 f,由平移公式

$$f'' = f' + f \implies f = c_1 \mathrm{e}^{\varphi_+ x} + c_2 \mathrm{e}^{\varphi_- x} \quad \left(\varphi_\pm = \frac{1 \pm \sqrt{5}}{2}\right),$$

接下来的计算相比一般生成函数简洁:定出 $c_1 = c_2 = \dfrac{1}{\sqrt{5}}$ 后就不再需要进行部分分式分解了,因为 e^x 的 Taylor 展开可直接写出. ◇

13.3.3 定理 (导数) 设 f 是 $\{a_n\}_{n=0}^{\infty}$ 的指数生成函数,P 为多项式,则 $\{P(n)a_n\}_{n=0}^{\infty}$ 的指数生成函数为 $P\left(x\dfrac{\mathrm{d}}{\mathrm{d}x}\right) f$.

13.3.4 定理 (二项卷积) 设 $\{a_n\}_{n=0}^{\infty}, \{b_n\}_{n=0}^{\infty}$ 的指数生成函数分别为 f, g,则二项卷积

$$\left\{\sum_{r=0}^{n} \binom{n}{r} a_r b_{n-r}\right\}_{n=0}^{\infty}$$

的指数生成函数是 fg. 进一步,

$$\left\{\sum_{n_1+n_2+\cdots+n_k=n} \binom{n}{n_1, \ldots, n_k} a_{n_1} a_{n_2} \cdots a_{n_k}\right\}_{n=0}^{\infty}$$

的指数生成函数是 f^k.

证明 计算可知

$$\left[\frac{x^n}{n!}\right] fg = \left[\frac{x^n}{n!}\right] \left(\sum_{r=0}^{\infty} \frac{a_r x^r}{r!}\right) \left(\sum_{s=0}^{\infty} \frac{a_s x^s}{s!}\right) = \left[\frac{x^n}{n!}\right] \sum_{n=0}^{\infty} x^n \left(\sum_{r+s=n} \frac{a_r b_s}{r!s!}\right)$$

$$= \sum_{r+s=n} \frac{n! a_r b_s}{r!s!} = \sum_{r=0}^{\infty} \binom{n}{r} a_r b_{n-r}.$$

对 f^k 的情形亦可计算得出. □

指数生成函数的卷积公式中的二项式系数和多项式系数是有用的. 比如乘以 e^x 就是和 $\{1\}_{n=0}^{\infty}$ 卷积,即得到对应于一般生成函数中的**部分和**的公式.

类似于用一般生成函数求多重集的组合数,指数生成函数可求多重集的排列数.

13.3.5 推论 设多重集 $M = \{m_1 \cdot a_1, \dots, m_k \cdot a_k\}$ $(1 \leqslant n_i \leqslant \infty, 1 \leqslant i \leqslant k)$, 记 $\{a_r\}_{r=0}^{\infty}$ 为 M 的 r 排列数序列, 其指数生成函数为 $R(x)$, 则

$$R(x) = \prod_{i=1}^{k} \sum_{j=0}^{m_k} \frac{x^j}{j!}.$$

证明 证明和 13.2.6 推论完全一样. 令序列 $\{a_n^{(i)}\}_{n=0}^{\infty}$ $(1 \leqslant i \leqslant k)$ 的第 $0, 1, \dots, m_i$ 项为 1, 剩余项皆为 0 (若 $m_i = \infty$ 则全为 1), 则其指数生成函数 $A^{(i)}(x)$ 恰为

$$A^{(i)}(x) = \sum_{n=0}^{\infty} a_n^{(i)} \frac{x^n}{n!} = \sum_{j=0}^{m_k} \frac{x^j}{j!}.$$

由二项卷积公式得以 $A^{(1)}(x) \cdots A^{(k)}(x)$ 为指数生成函数的序列是

$$\left\{ \sum_{n_1+n_2+\cdots+n_k=r} \binom{r}{n_1, \dots, n_k} [n_1 \leqslant m_1] \cdots [n_k \leqslant m_k] \right\}_{r=0}^{\infty},$$

根据 11.1.10 例, $\binom{r}{n_1,\dots,n_k}$ 是 r 元子集的 r 排列数, 而上式对所有 $n_1 + n_2 + \cdots + n_k = r$ 且满足 $n_i \leqslant m_i$ $(1 \leqslant i \leqslant k)$ 的 $(n_1, \dots, n_k)$ 求和, 相当于先选出满足要求的 r 元子集, 然后进行排列, 故此序列就是 $\{a_r\}_{r=0}^{\infty}$. □

13.3.6 例 求多重集 $\{a, a, b, b, b\}$ 的 4-排列数. 按上面方法, r 排列数的生成函数为

$$\begin{aligned} A(x) &= \left(1 + x + \frac{x^2}{2!}\right)\left(1 + x + \frac{x^2}{2!} + \frac{x^3}{3!}\right) \\ &= 1 + 2x + 4 \cdot \frac{x^2}{2!} + 7 \cdot \frac{x^3}{3!} + 10 \cdot \frac{x^4}{4!} + 10 \cdot \frac{x^5}{5!}, \end{aligned}$$

所以答案为 10 种. ◇

13.3.7 例题 用红、黄、蓝三种颜色对 $1 \times n$ 的格子进行染色, 要求有偶数个格子涂成红色, 求涂色方案的种数.

解 这是要求出现偶数个红色的 n 排列数, 生成函数为

$$\begin{aligned} A(x) &= \left(1 + \frac{x^2}{2!} + \frac{x^4}{4!} + \cdots\right)\left(1 + x + \frac{x^2}{2!} + \frac{x^3}{3!} + \cdots\right)^2 \\ &= \frac{1}{2}(\mathrm{e}^x + \mathrm{e}^{-x})\mathrm{e}^{2x} = \frac{1}{2}\sum_{n=0}^{\infty} 3^n \frac{x^n}{n!} + \sum_{n=0}^{\infty} \frac{1}{2}\frac{x^n}{n!}, \end{aligned}$$

所以答案为 $\dfrac{3^n + 1}{2}$.

此题也可用递归式方法求解, 请读者自己尝试一下. □

我们再用两个特殊数例子来对比一般生成函数和指数生成函数之卷积公式的选用.

13.3.8 例 已经知道 Bell 数满足的递归式为:

$$B_{n+1}=\sum_{k=0}^{n}\binom{n}{k}B_k$$

我们再次计算其指数生成函数. 设其为 $B(x)$,用平移公式和部分和公式(和 $\{1\}_{n=0}^{\infty}$ 卷积,即乘以 e^x)知 $B'=\mathrm{e}^xB$,解此方程并结合 $B(0)=1$ 即有 $B(x)=\mathrm{e}^{\mathrm{e}^x-1}$. ◇

13.3.9 例 (Catalan 数) 考虑将 n 对括号写成一列,欲求出其中左、右括号匹配的排列数,规定 $C_0=1$. 例如 $C_3=5$,因为合法加 3 对括号的方法数有

((())); (()()); (())(); ()()(); ()(()).

如何建立递归式? 我们可以把合法括号序列进行划分,使得它成为两个更小的序列. 对每个合法括号序列,令 k 表示使得前 $2k$ 个字符恰为 k 对括号组成的合法序列的最小正整数,例如上式中 5 个序列的 k 分别为 3、3、2、1、1. 称 $k=n$ 时的括号序列为**原子**的,比如上式中前两个是原子的.

断言由 $k\,(k\geqslant 1)$ 对括号组成的原子序列有 C_{k-1} 个. 事实上,将 $k-1$ 对括号的合法序列用一对括号包裹即得 k 对括号的原子序列;反之亦然,而且这是一一映射. 故每个合法序列都由 k 对括号的原子序列和 $n-k$ 对括号的合法序列组成,得

$$C_n=\sum_{k=1}^{n}C_{k-1}C_{n-k}\quad(n\geqslant 1).$$

显然处理这式子要用一般生成函数,设 $f(x)=\sum_{n=0}^{\infty}C_nx^n$,递归式左边对应 $f(x)-1$,右边由平移和卷积公式则对应于 $xf(x)^2$,于是

$$f(x)-1=xf(x)^2\implies f(x)=\frac{1\pm\sqrt{1-4x}}{2},$$

由于 $f(0)=0$,所以取负号. 最后计算得

$$f(x)=\frac{1-\sum_{k=0}^{\infty}\binom{-\frac12}{k}(-4x)^k}{2x}=\frac{\sum_{k=1}^{\infty}\binom{-\frac12}{k}(-4x)^k}{2x}=2\sum_{k=0}^{\infty}\binom{-\frac12}{k+1}(-4x)^k.$$

$$\begin{aligned}C_n&=2\binom{-\frac12}{k+1}(-4)^n=2\left(\frac12\cdot\frac{-3}{2}\cdots\frac{-(2n-1)}{2}\right)(-1)^n4^n=\frac{2^n}{(n+1)!}\prod_{k=1}^{n}(2k-1)\\&=\frac{1}{n!(n+1)!}\prod_{k=1}^{n}2k(2k-1)=\frac{(2n)!}{n!(n+1)!}=\frac{1}{n+1}\binom{2n}{n}.\end{aligned}$$

计算时我们用到了数学分析中的 Newton 二项式定理.

这就是著名的 **Catalan 数**的表达式. 回忆 11.1.9 例题,Catalan 数也是栈排列数的结果,这是因为合法出栈序列很容易就对应一个合法括号序列. 我们还可证明,恰有 $n+1$ 片叶子的带标号的满二叉树有 C_n 个. ◇

习题 13.3

1. 设 $f(n,k)$ 表示轮换分解中长度最长的轮换为 k 的 n 元置换的数目,求指数生成函数 $\sum_{n=0}^{\infty} f(n,k)\frac{x^n}{n!}$,并尝试给出 $f(n,k)$ 的一个递归式.

2. 求第二类 Stirling 数的指数生成函数.

3. Bernoulli 数 b_n 满足递归式

$$\sum_{k=0}^{n}\binom{n}{k}b_k = b_n + \mathbf{1}_{n=1} \quad \left(b_0 = 1, b_1 = -\frac{1}{2}\right),$$

求其指数生成函数.

4. 用 $D_k(n)$ 表示恰有 k 个不动点的置换 $\sigma \in S_n$ 的个数,求混合生成函数 $\sum_{k=0}^{\infty}\sum_{n=0}^{\infty}\left[{n \atop k}\right]\frac{x^n}{n!}y^k$.

5. 一个长度为 n 的上下排列是 $[n]$ 的一个交替增加和减少的排列: $a_1 < a_2 > a_3 < a_4 > \cdots$. 设 t_n 表示 n 元上下排列的个数,证明: t_n 的指数生成函数为 $\dfrac{1+\sin x}{\cos x}$.

6. (Euler) 用 a_n 表示将凸 n 边形三角化的方法种数. 例如,图 13.2 表明 $a_6 = 14$.

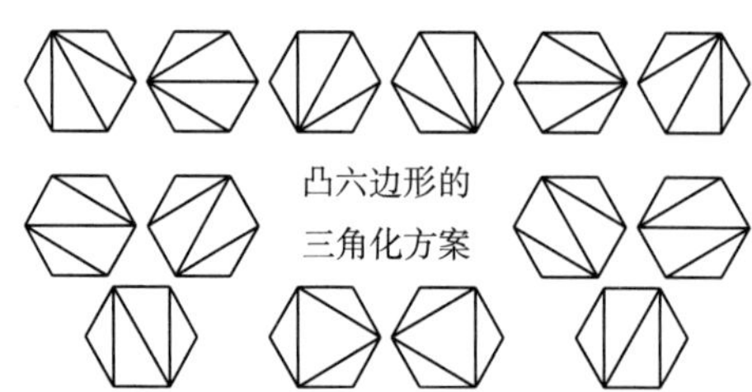

图 13.2　凸六边形的三角化方案

求 a_n 的表达式.

7. 仿照习题 13.1.11 的方法求和:

$$\sum_{k=0}^{n-m}\binom{n+k}{m+2k}\binom{2k}{k}\frac{(-1)^k}{k+1}.$$

其中 $n \geqslant m$ 均为正整数.

8. (指数公式, [5-6]) 设序列 $\{d_n\}_{n=0}^{\infty}$ 的指数生成函数为 $D(x)$, $d_0 = 0$.

(1) 设序列 $\{h_n\}_{n=0}^{\infty}$ 满足 $h_0 = 1$,

$$h_n = \sum_{\substack{k,\{S_1,\ldots,S_k\} \\ \text{是集合 } [n] \text{ 的无序划分}}} d_{|S_1|}\cdots d_{|S_k|},$$

证明: $H(x) = e^{D(x)}$.

(2) 设序列 $\{h_n\}_{n=0}^{\infty}$ 满足 $h_0 = 1$,

$$h_n = \sum_{\sigma \in S_n} d_{|C_1|} \cdots d_{|C_k|},$$

式中 S_n 为置换群,σ 的不相交轮换分解为 $C_1, \ldots, C_k$,$|C|$ 表示轮换 C 的长度. 证明:

$$H(x) = \exp \sum_{n=1}^{\infty} d_n \frac{x^n}{n}.$$

(3) 利用前一问的结果求出置换群 S_n 中满足 $\sigma^r = (1)$ 的置换的个数 $e_r(n)$ 的指数生成函数.

9. 将 n 个人分为若干组(非空),然后让每一组同学都形成一个圆圈,所有的小组再形成一个大圆圈,求这样做的方法个数 h_n 的指数生成函数.

注解

Fibonacci 数列是 1202 年由同名的意大利数学家提出的. 正如课文中所说,其通项公式由 de Moivre 发现,不过在这之前的 1728 年,Bernoulli 也独立地发现了这个通项公式,但 Bernoulli 不是使用生成函数的方法得到它的. 把求解线性递归式的方法倒过来,Kronecker 后来又证明了任何一个有理函数的幂级数展开中的系数都满足某个递归式[7].

[1] 是生成函数方法的经典教材,习题 13.1.11 取自于其中. 生成函数的方法将离散的组合数学问题和连续的分析问题联系在一起,利用复变函数的方法研究所得的幂级数可以得到非常多重要的结论. 这在组合计数中形成了一整套技术,对排列、字符串、格点路径、树等组合结构进行统一的处理,可称为符号方法或者分析组合学,更深入地介绍详参 [8].

对离散概率分布使用概率生成函数处理的方法在高德纳的书[9] 中有比较详细的介绍. 此书也包含生成函数的各种内容.

指数公式是指数生成函数的一个重要性质,有趣的是它最早是由统计物理学家发现的. 我们将其归入了习题 13.3.8 中,而 [10] 中还有和图论等结构有关的丰富例子.

参考文献

[1] WILF H S. Generating Functionology[M]. Boca Raton, Florida: CRC press, 2005.

[2] NIVEN I. Formal power series[J]. The American Mathematical Monthly, 1969, 76(8): 871-889.

[3] MOTZKIN T. Relations between hypersurface cross ratios, and a combinatorial formula for partitions of a polygon, for permanent preponderance, and for non-associative products[J]. Bulletin of the American Mathematical Society, 1948, 54(4): 352-360.

[4] SCHRÖDER E. Vier combinatorische probleme[J]. Z. Math. Phys, 1870, 15: 361-376.

[5] RIDDELL JR. R J, UHLENBECK G E. On the theory of the virial development of the equation of state of monoatomic gases[J]. The Journal of Chemical Physics, 1953, 21(11): 2056-2064.

[6] BENDER E A, GOLDMAN J R, ROTA G C. Enumerative uses of generating functions[J]. Indiana University Mathematics Journal, 1971, 20(8): 753-765.

[7] KRONECKER L. Zur Theorie der Elimination einer Variabeln aus zwei algebraischen Gleichungen[M]. Berlin: Buchdruckerei der Königl. Akademie der Wissenschaften (G. Vogt), 1881.

[8] FLAJOLET P, SEDGEWICK R. Analytic Combinatorics[M]. Cambridge: Cambridge University Press, 2009.

[9] GRAHAM R L, KNUTH D E, PATASHNIK O. Concrete Mathematics: A Foundation for Computer Science[M]. Reading, Massachusetts: Addison-Wesley, 1994.

[10] STANLEY R P, ROTA G C. Enumerative Combinatorics: Volume 1[M]. Cambridge: Cambridge University Press, 1997.

14 Pólya 方法*

阅读提示

本章讲述一种相对复杂的计数方法，它主要是用于具有变换对称性的组合结构的等价类计数，其中的技巧结合了群和生成函数两部分的内容，而我们引入的例子也相对比较困难，因此初学起来可能感觉不太容易. 对于比较抽象的定理叙述，群作用部分可以结合一些具体实例来理解，而后续具体计数定理的直观就是算两次，其使用则推荐读者跟着课文计算. §14.1 节是证明 Burnside 定理的前置基础，其中的群论技巧是非常本质的，有余力的读者可以读证明并做该节习题，否则也可以跳过之并不读 Burnside 引理的证明. 另外阅读时可根据自身情况选择跳过带权 Pólya 定理（§14.3 节的后半部分）.

对称性是组合结构常常具有的性质：它有好处，也有坏处. 其好处在于利用对称性有时候可以减少工作量. 而所谓坏处便是在进行计数的时候，看起来不同的结构在对称变换下实际上是等价的，导致出现重复，而这些重复的结构又相对比较复杂（无法直接通过简单的映射来分析），需要额外处理. 试看下面的项链问题.

14.0.1 例 某公司设计了镶有 n 块珠子的项链，这些珠子均匀地分布在圆形的项链上. 珠子的颜色有 c 种. 假如通过旋转能重合的项链算作一种，这样的项链有多少种款式?

我们要计数的就是长度为 n 的由 $1,2,\ldots,c$ 中的一些组成的字符串. 如果不允许旋转，那么总共有的项链的个数就是 c^n. 但这次要计算的是旋转（循环移位）下的等价类的个数 N_n.

对于一个等价类，如果它能通过循环移位得到一个形如 $ww\cdots w$ 的字符串，且 w 至少重复两次，就称 w 是它的非平凡的循环节. 由此可知，若令 $M(d)$ 表示长度为 d，且无非平凡循环节的字符串的等价类个数，则 $N_n=\sum_{d|n}M(d)$. 又，无非平凡循环节的字符串等价类中都包含 d 个字符串，故

$$c^n=\sum_{d|n}dM(d).$$

对上式作 Möbius 反演[①]得到

$$M(n)=\frac{1}{n}\sum_{d|n}\mu(d)c^{\frac{n}{d}},$$

① 这里主要是展示直接计算的技巧性，未学过的读者可直接承认此步的结果.

进一步用前一式求和,答案为:

$$N_n = \sum_{d|n} M(d) = \sum_{d|n} \frac{1}{d} \sum_{\ell|d} \mu\left(\frac{d}{\ell}\right) c^{\ell} = \sum_{\ell|n} \frac{c^{\ell}}{\ell} \sum_{k|\frac{n}{\ell}} \frac{\mu(k)}{k} = \frac{1}{n} \sum_{\ell|n} \phi\left(\frac{n}{\ell}\right) c^{\ell}.$$

◇

上面解法技巧性较强. 是否有通用的办法来处理等价类计数的问题呢? 我们想要问的是旋转变换(或者其他图形的对称变换)作用在全部这些方案中所得的等价类个数. 因为群是用来描写变换和对称性的极好工具,所以我们可以用群来刻画这种变换和变换下的等价类.

利用群作为代数工具,生成函数作为基本思想,匈牙利数学家 Pólya 在 Burnside 引理的基础上推广了计数定理,这就是 Pólya 方法.

14.1 群作用和计数原理

我们首先抽象地考虑(置换)群在集合上的作用,并研究作用得到的等价类的性质.

在代数部分(§9.5 节),我们指出过 D_n 可以自然地嵌入 S_n,这是因为我们给正 n 边形的顶点标号,D_n 中的每个元素就对应了这 n 个点的一个置换,这是一个很自然的嵌入. 由此,对于一个群 G,如果规定它的元素对应在某个集合 M 上变换,可能会让群的结构显现得更清楚. 这引出群作用的思想.

14.1.1 定义 设 G 是群,M 是一个集合,映射

$$\rho:\ G \times M \longrightarrow M$$
$$(g, m) \mapsto \rho(g, m) \stackrel{\text{def}}{=} gm$$

如果满足 $\rho(1, m) = m$ 和 $\rho(g_1, \rho(g_2, m)) = \rho(g_1 g_2, m)$,就称它是 G 在 M 上的**群作用**.

如果不致混淆,群作用就如上所示写为群中元素和集合元素的乘法.

14.1.2 例 (i) 对于任何集合 X,其上的全变换群 S_X 自然地作用在 X 上,其中的元素对应于进行双射变换.

(ii) 规定一般线性群在 $\mathbb{R}^n$ 上的作用为,矩阵 $A \in \mathsf{GL}_n(\mathbb{R})$ 将 $\boldsymbol{v} \in \mathbb{R}^n$ 映到 $A\boldsymbol{v}$,则这是一个群作用,代表线性变换.

(iii) 全体行列式为 1 的 3 阶正交方阵(此群称为 $\mathsf{SO}(3)$)同 (ii) 一样作用在欧氏空间 $\mathbb{R}^3$ 上也得到群作用,代表三维空间中的旋转. ◇

我们看到,如果 G 在集合 X 上有一个作用,则每个 $g \in G$ 都对应了 X 上的一个变换,即群作用诱导了 G 到 S_X 的一个自然的同态. 特别地,群 G 在自身上的作用诱导了 $G \longrightarrow \mathsf{Aut}(G)$ 的同态.

这样一来,群作用就指出了一般的抽象群和变换群的联系,给出了一个群的**表示**. 抽象群比较难直接处理,而变换群作为群的“样板”则更加形象,也有比较多的方法可以研究.

14.1.3 例 (i) 设 $H \leqslant G$,则 H 在 G 上可以有**左乘作用** $h(g) \stackrel{\text{def}}{=} hg$,特别地,当 $H = G$ 时即 G 在自身上的左乘作用.

(ii) 设 $H \leqslant G$, 再设 X 是 H 的全体左陪集组成的集合, 则 G 在 X 上也可以有左乘作用 $g(aH) \stackrel{\text{def}}{=} gaH$.

(iii) 设 $H \leqslant G, H$ 中元素在 G 上有**共轭作用**: $g \mapsto hgh^{-1}\,(g \in G, h \in H)$, 可以验证它是一个群作用. 若 $H \lhd G$, 则 G 在 H 上也有相应的共轭作用 (H 是正规子群保证了群作用良定义). ◇

上面展示的左乘、共轭等作用在论证中都是比较常见的, 接下来给出一个使用例子, 它深刻地指出了变换群的根本性地位.

14.1.4 定理 (Cayley) 任何一个群都同构于某一集合上的变换群, 特别地, 有限群都同构于置换群 S_n 的某个子群.

证明 我们考虑 G 在自身上的左乘作用, 它诱导的映射是

$$
\begin{aligned}
G &\xrightarrow{\phi} S_G \\
a \mapsto \sigma_a:\ G &\longrightarrow G \\
g &\mapsto ag
\end{aligned}
$$

因为群中有消去律, 故容易验证对每个 a, σ_a 都是双射, 其逆是 $\sigma_{a^{-1}}$, 所以 ϕ 的像确实是 S_G 的子集, 映射良定义. 又由 $\sigma_a(\sigma_b)^{-1} = \sigma_a\sigma_{b^{-1}} = \sigma_{ab^{-1}}$ 知道 ϕ 是同态. 最后由 $\sigma_a(1) = a$ 得到 $\sigma_a = \sigma_b$ 能推出 $a = b$, 所以 ϕ 是嵌入. □

设 H 是群 G 的子群, 考虑 H 中元素在 G 上的右乘作用, 给定 $a \in G$ 被 H 中元素逐一作用一次, 得集合

$$O_a = \{ah^{-1} : h \in H\} = aH^{-1} = aH.$$

这正是左陪集, 所以用群作用的语言表述, 左 (右) 陪集就是子群 H 中元素被某个 $a \in G$ 右 (左) 乘能得到的全部元素. 回忆 Lagrange 定理, 这些陪集给 G 做了一个好的划分. 推而广之, 给出一个群作用就能构造一个陪集空间, 并对群作一个划分.

14.1.5 命题 设群 G 作用在集合 M 上, 则

$$a \sim b \iff \exists g \in G(ga = b)$$

是一个等价关系.

证明 逐一验证. 因为 $1 \in G$, 所以 $1a = a$, 自反性成立; 设 $x \sim y$, 即 $gx = y$, 那么 $x = g^{-1}y$, 对称性成立; $x \sim y, y \sim z$, 即 $x = g_1 y, y = g_2 z$, 则 $x = (g_1 g_2)z$, 传递性成立. 所以 $\sim$ 是等价关系. □

我们把群作用下这个等价关系的等价类

$$O_x \stackrel{\text{def}}{=} \{gx : g \in G\}$$

称为过 x 的**轨道**. 轨道对 M 进行了划分; 如果这样的轨道只有一个, 即 $M = O_x$, 这时说这个作用是**传递**的. 图 14.1 给出了轨道的一个形象例子.

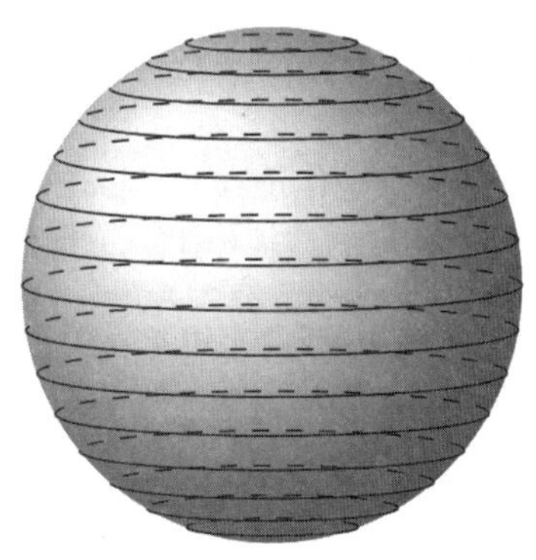

图 14.1 沿着地球南北极连线的所有转动构成一个无限群

注:它在地球表面上的作用将点划分为等价类,这个等价类就是纬度

进一步描述这个划分的细节还需要另一个概念.

14.1.6 定义 设 G 作用在 M 上,对 $x \in M$,那些保持 x 不动的群中元素的集合

$$\mathrm{Stab}_x \overset{\text{def}}{=} \{g \in G : gx = x\}$$

称为 x 的**稳定化子**.

可以验证,稳定化子 Stab_x 也是 G 的子群,所以也称为**稳定子群**.

14.1.7 例 二面体群 D_4 作用在正方形的四个顶点上. 因为对每对顶点 a, b,都存在一个变换使得 $\sigma(a) = b$,所以该作用是传递的. 一个顶点的稳定子群是 2 阶循环群 $\langle s\rangle$,其中 s 代表沿穿过这个顶点的对角线反映. ◇

利用稳定化子便可以给出类似 Lagrange 定理的命题.

14.1.8 定理 (轨道–稳定子) 设有限群 G 作用在 M 上,则过 $x \in M$ 的轨道的长度满足

$$|O_x| = [G : \mathrm{Stab}_x].$$

证明 我们把 $gx \in O_x$ 映到 $g\mathrm{Stab}_x$. 首先验证映射良定义,事实上 $g_1x = g_2x$ 导出 $g_2^{-1}g_1 \in \mathrm{Stab}_x$,从而 $g_1\mathrm{Stab}_x = g_2\mathrm{Stab}_x$. 映射是单射由良定义性的证明即可看出. 因为 g 取遍 G,所以该映射也是满的. 由此便给出了 $|O_x|$ 到 Stab_x 全部陪集的一一映射,所以命题成立, □

14.1.9 推论 设 G 传递地作用在 M 上,则对任意的 $x \in M$,$|M| = [G : \mathrm{Stab}_x]$.

习题 14.1

1. 设群 G 作用在集合 M 上,集合 S 是 $M \longrightarrow \mathbb{R}$ 的一些映射组成的.

(1) 设 $\sigma \in G$,它对 $f \in S$ 的作用为 $\sigma(f)(x) = f(\sigma(x))$,指出这是否是群作用并说明理由.

(2) 设 $\sigma \in G$,它对 $f \in S$ 的作用为 $\sigma(f)(x) = f(\sigma^{-1}(x))$,指出这是否是群作用并说明理由.

2. 假设 S_4 以如下规定的方式作用在集合 $\{(i,j):1\leqslant i,j\leqslant 4\}$ 上:$\sigma((i,j))=(\sigma(i),\sigma(j))$,计算这个作用的全部轨道.

3. 设群 G 作用在集合 M 上,$x,y\in M$ 在同一轨道上. 设 x,y 的稳定化子群分别为 $\mathrm{Stab}_x,\mathrm{Stab}_y$,证明:存在 $g\in G$ 使得 $g\mathrm{Stab}_x g^{-1}=\mathrm{Stab}_y$.

4. 本题从群作用的角度看置换的轮换分解. 任取 $\sigma\in S_n$,让它自然地作用在集合 $[n]$ 上. 设 O_x 为其中一个轨道,轨道中的一个元素为 x. 令 $d=\min\{i\in\mathbb{Z}_{>0}:\sigma^i\in\mathrm{Stab}_x\}$.

(1) 证明:G 分解为陪集 $\mathrm{Stab}_x,\sigma\mathrm{Stab}_x,\dots,\sigma^{d-1}\mathrm{Stab}_x$.

(2) 证明:$O_x=\{x,\sigma(x),\dots,\sigma^{d-1}(x)\}$. 这就是说,在一个长度为 d 的轨道上,σ 相当于一个长度为 d 的轮换.

5. 给定群 G,令 G 共轭作用在自身上,即给定元素 $g\in G$,g 在 G 上有映射 $(g,a)\mapsto gag^{-1}$.

(1) 验证这些映射都是群 G 的自同构,称为**内自同构**;若将所有内自同构的集合记为 $\mathsf{Inn}(G)$,证明:$\mathsf{Inn}(G)\leqslant\mathsf{Aut}(G)$.

(2) G 在自身的共轭作用诱导了 $G\longrightarrow\mathsf{Inn}(G)$ 的一个满同态,利用同态基本定理给出一个同构关系.

6. 设群 G 的阶是素数 p 的正方幂,其作用在有限集合 X 上,令 $\psi(G)\overset{\text{def}}{=}\{x\in M:\forall g\in G(gx=x)\}$,证明:$|\psi(G)|\equiv|X|\pmod p$.

7. 设 H 是有限群 G 的子群,定义 $N_G(H)=\{g\in G:gH=Hg\}$ 为 H 的**正规化子**.

(1) 考虑 G 在 H 的全体共轭子群上的共轭作用,求出这些共轭子群的个数.

(2) 上面的群作用也自然诱导了一个同态,利用同态基本定理给出一个嵌入关系.

8. 假设有限群 G 传递的作用在集合 M 上,N 是 G 的正规子群,证明:G 在 M 上的作用限制到 N 上,所得的全部轨道长度都相等.

9. 设有限群 G 的阶为 $4n+2$(n 为正整数),证明:G 有指数为 2 的正规子群. 提示 考虑 G 在自身上的左乘作用并利用习题 9.5.11 的结论.

14.2 Burnside 引理

在上一节中,轨道–稳定子引理确定了轨道长度的计算方法,而下面的 Burnside 引理则指明了如何计算轨道个数. 它是本章的重要计数工具之一.

14.2.1 定理 (Burnside) 设有限群 G 作用在 M 上,用 $\psi(g)$ 表示集合 $\{x\in M:gx=x\}$(g 作用下的不动点). 则 G 作用的轨道个数为

$$\frac{1}{|G|}\sum_{g\in G}\psi(g).$$

证明 对满足 $gx=x$ 的有序对 $(g,x)\in G\times M$ 算两次.

▷ **按 g 计数** 对每个 g,这样的 x 有 $|\psi(g)|$ 个.

▷ **按 x 计数** 对每个 x,这样的 g 有 $|\mathrm{Stab}_x|$ 个.

这两种计算方法得到的结果必相等,于是由轨道–稳定子引理得

$$\sum_{g\in G}|\psi(g)|=\sum_{x\in M}|\mathrm{Stab}_x|=\sum_{x\in M}\frac{|G|}{|O_x|}.$$

因为 O_x 划分了 M，所以 $\sum_{x\in M}\dfrac{1}{|O_x|}$ 就是轨道个数，稍作整理就得到引理叙述中的等式. □

具体使用 Burnside 引理解决问题时需要将 G 取为各种图形的对称群，所以先让我们对典型的图形对称群作简要复习.

C_n　C_n 是正 n 边形的旋转操作构成的群，也对应了前面项链的循环移位操作. 将正多边形的顶点依次标记为 $1,2,\ldots,n$，则 C_n 是 n 阶循环群，生成元为轮换 $\sigma=(1\ 2\ \cdots\ n)$. 更具体地说，$\sigma(i)=i+1$（在 $\mathbb{Z}_n$ 中做加法，0 与 n 等同，下同）.

D_n　D_n 是正 n 边形的旋转和反映操作构成的群，其由式 (9.3.2) 唯一决定，由一个反射和一个旋转生成，是 $2n$ 阶群. 更具体地说，它由旋转 $r(i)=i+1$ 和反映 $s(i)=n-i+1$ 生成.

S_n 和 A_n　$A_n \lhd S_n$ 是一般的对称群. 对于一般的置换，它们都能唯一分解为轮换的乘积（引理 9.2.4）. 置换的型是指其轮换分解中，长度为 i 的轮换的个数 b_i 所组成的元组 $(b_1,\ldots,b_n)$.

下面我们用 Burnside 引理重新计算 14.0.1 例的结果.

14.2.2 例　设 $C_n=\langle\sigma\rangle$，则 $\sigma^k\ (k=1,\ldots,n)$ 阶为 $\dfrac{n}{\gcd(k,n)}$.

假设对珠子的一个染色在 σ^k 作用下是不动的，考察一次作用下珠子的变化情况. 鉴于 σ^k 相当于 $i+k$，结合其阶知其轮换分解中有 $\gcd(k,n)$ 个不相交的等长轮换，即在它的作用下珠子划分为 $\gcd(k,n)$ 个轨道（参看习题 14.1.4）. 又，染色方案是不动点等价于同一轨道上的珠子颜色相同. 从而这样的不动点有 $c^{\gcd(k,n)}$ 个，根据 Burnside 引理得到结果为

$$\frac{1}{n}\sum_{k=1}^{n} c^{\gcd(k,n)}.$$

验证 $\sum_{k=1}^{n} c^{\gcd(k,n)}=\sum_{d|n}\phi\left(\dfrac{n}{d}\right)c^d$ 是不困难的；事实上，注意到同 n 的最大公因数为 d 的 k 有 $\phi\left(\dfrac{n}{d}\right)$ 个即可. ◇

14.2.3 例题　用 6 种颜色给立方体上色，要求每个面的颜色各不相同，试求在旋转等价意义下的涂法种数.

解　由于每个面的颜色都不相同，所以只有恒等置换是染色方案的不动点，只需要再定出立方体的旋转对称群的阶数. 有一个恒等置换. 以过一对面中心的直线旋转 $\dfrac{\pi}{2},\pi,\dfrac{3\pi}{2}$ 各有 3 个，共 9 个. 以过每一对棱的中点的直线旋转 π 有 6 个. 以过体对角线的直线旋转 $\dfrac{2\pi}{3},\dfrac{4\pi}{3}$ 各有 4 个，共 8 个. 一共 24 个①. 由 Burnside 引理得结果为 $\dfrac{1}{24}6!=30$ 种. □

14.2.4 例题　求所有互不同构的有 3 个顶点的简单图的个数.

解　对称群应为 $S_3\cong D_3$，再决定它在 8 种固定位置的方案上的作用（如图 14.2 所示）.

计算得到

$$\sigma_1=(1),\quad \sigma_2=(1)(2)(345)(678)\quad (r),$$

① 实际上，由于旋转群作用在立方体上是传递的，再考虑一个顶点，其稳定子群是一个三阶循环群（沿体对角线旋转），故由轨道–稳定子定理，群的阶是 $8\times3=24$. 再考虑旋转群在四条体对角线上的作用诱导得到 S_4 的同态，可看出同态核平凡，所以立方体的旋转群是 S_4. 取对偶多面体知道正八面体的旋转群也是 S_4.

$$\sigma_3 = (1)(2)(354)(687) \quad (r^2), \quad \sigma_4 = (1)(2)(35)(4)(67)(8) \quad (s),$$
$$\sigma_5 = (1)(2)(45)(3)(68)(7) \quad (sr), \quad \sigma_6 = (1)(2)(34)(5)(78)(6) \quad (sr^2). \qquad \square$$

数出各置换在方案上的不动点数目后代入 Burnside 引理,得到结果为 $\frac{1}{6}(8+2+2+4+4+4) = 4$.

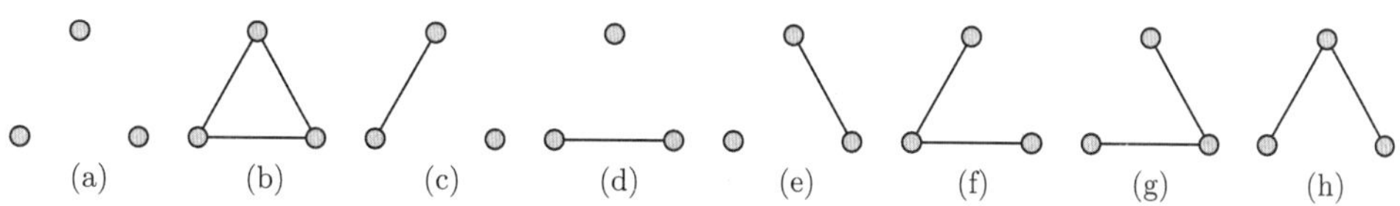

图 14.2　三阶简单图

作为本节的结束,我们做一个计算量稍大的问题.

14.2.5 例　在 $n \times n$ 棋盘上放置 n 个车,要求这些车相互不攻击(两个车不能在同一行或者同一列). 这等价于一个 $\sigma \in S_n$(对于不规则棋盘的情况,参看习题 13.2.3). 现在要做的事情是使用 Burnside 引理决定在棋盘旋转和翻转等价意义下的放置方法个数. 比如,如图 14.3 所示,放置方式虽然对应于不同的 S_4 中的置换,但它们都是等价的:

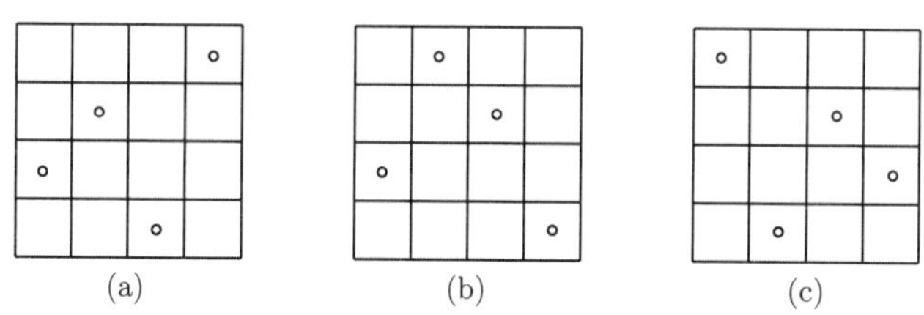

图 14.3　可通过旋转或翻转等价的摆放方案

用坐标表示 $n \times n\,(n \geqslant 2)$ 棋盘上的位置,原点 $(1,1)$ 在棋盘左下角,x 方向水平向右. 在上面放置 n 个互不攻击的车的方案即 $\{(i,\pi(i)) : \pi \in S_n\}$,考虑 D_4 在方案上的作用. 设 $D_4 = \langle r, s\rangle$,$r$ 表示顺时针旋转 $\frac{\pi}{2}$,s 表示沿着棋盘上下底边的中点的连线反映.

首先计算点 (i,j) 在 D_4 作用下的结果:

$$\begin{aligned}
(i,j) &\xrightarrow{r^0} (i,j) & (i,j) &\xrightarrow{sr^0} (i,n+1-j)\\
&\xrightarrow{r} (j,n+1-i) & &\xrightarrow{sr} (j,i)\\
&\xrightarrow{r^2} (n+1-i,n+1-j) & &\xrightarrow{sr^2} (n+1-i,j)\\
&\xrightarrow{r^3} (n+1-j,i) & &\xrightarrow{sr^3} (n+1-j,n+1-i)
\end{aligned} \tag{14.2.1}$$

因此 D_4 确实作用在方案的集合上(把置换映到置换),只需再算出不动点的个数.

先处理 $\psi(r)$. 设 $\pi \in \psi(r)$,根据式 (14.2.1),若 $\pi(i) = j$,则

$$(i,j) \xrightarrow{r} (j,n+1-i) \xrightarrow{r} (n+1-i,n+1-j) \xrightarrow{r} (n+1-j,i) \xrightarrow{r} (i,j).$$

因此如要不动，π 必分解为形如 $(i\ j\ n+1-i\ n+1-j)$ 的轮换的乘积（即只有这样才能让棋盘在 r 的作用下保持上式四个位置都有棋子），当然对某些 i, j，这轮换长度可能更小，下面决定是否可能有更小的轮换：

▷ **1-轮换** 于是 $i = j, j = n+1-i$，则 $i = j = \dfrac{n+1}{2}$. n 为奇数时，π 分解中有 1-轮换.

▷ **2-轮换** 于是 $i = j = \dfrac{n+1}{2}$，但这就导出 1-轮换，矛盾，所以不存在 2-轮换.

▷ **3-轮换** 同理可算出 $i = j = \dfrac{n+1}{2}$，矛盾，所以也不存在 3-轮换.

综上所述，对于 $\pi \in \psi(r)$，若 n 为奇数，则它分解为 1 个不动点和 $\dfrac{n-1}{4}$ 个 4-轮换的乘积；否则它分解为 $\dfrac{n}{4}$ 个 4-轮换的乘积. 由此可见，$\psi(r) \neq \varnothing$ 当且仅当 $n = 4t, 4t+1$. 进一步只要决定了把 $[n]$ 划分为形如 $\{i, j, n+1-i, n+1-j\}$ 的 4 元集合的方法的种数，就算出了 $|\psi(r)|$.

按顺序做这件事，不妨设 $i, j < \dfrac{n+1}{2}$，逐一确定 $[n]$ 中元素所在的 4 元集合.

▷ **若 $n = 4t+1$** 设 $i = 1$，则 j 有 $\dfrac{n-1}{2} - 1 = \dfrac{n-3}{2}$ 种选法，这时 $n+1-i, n+1-j$ 皆已经确定；再从 $\leqslant \dfrac{n-1}{2}$ 的数中选取最小的作为 i 并选出 j，由于 $n+1-i, n+1-j > \dfrac{n-1}{2}$，所以 j 有 $\dfrac{n-1}{2} - 2 - 1 = \dfrac{n-7}{2}$ 种选法. 以此类推，方法总数为

$$\frac{n-3}{2} \cdot \frac{n-7}{2} \cdot \frac{n-11}{2} \cdots 3 \cdot 1 \quad (n = 4t+1).$$

▷ **若 $n = 4t$** 同理可算出划分方法种数为

$$\frac{n-2}{2} \cdot \frac{n-6}{2} \cdot \frac{n-10}{2} \cdots 3 \cdot 1 \quad (n = 4t).$$

注意到每个选出的 4 元集合对应两个 4-轮换（“不妨设”句），我们得到了

$$|\psi(r)| = \begin{cases} (n-3)(n-7)(n-11) \cdots 6 \cdot 2, & (n = 4t+1), \\ (n-2)(n-6)(n-10) \cdots 6 \cdot 2, & (n = 4t). \end{cases}$$

由对称性 $\psi(r^3) = \psi(r)$. 用类似的过程可以算出

$$|\psi(r^2)| = \begin{cases} (n-1)(n-3)(n-5) \cdots 4 \cdot 2 & (2 \nmid n), \\ n(n-2)(n-4) \cdots 4 \cdot 2 & (2 \mid n). \end{cases}$$

另外，显然 $\psi(r^0) = n!$.

其次处理反映，这算起来稍比旋转简单些. 由对称性 $\psi(sr^0) = \psi(sr^2), \psi(sr) = \psi(sr^3)$. 设 $\pi \in \psi(sr^0), \pi(i) = j$，则按式 (14.2.1)，它被 s 作用后 $i \mapsto n+1-j$，故只有 $j = \dfrac{n+1}{2}$ 才不动，不能保证 π 的每个轮换都不动，因此 sr^0, sr^2 都没有不动点. 再设 $\pi \in \psi(sr), \pi(i) = j$，则它被 sr 作用后成为 $j \mapsto i$，再作用一次回到 $i \mapsto j$，所以 $\psi(sr), \psi(sr^3)$ 恰包含全部分解为不动点和对换乘积的置换，设这个数目为 i_n.

恰分解为不动点和对换乘积的置换称为**对合置换**[①],最后来计算 i_n. 令 a_k 表示恰为 k 个对换乘积的置换的个数:挑选 $2k$ 个数字,将它们排成一列,然后使 k 组对换和对换内部皆不可区分,则

$$a_k = \binom{n}{2k}\frac{(2k)!}{k!2^k} \implies i_n = \sum_{k=0}^{\left\lfloor \frac{n}{2} \right\rfloor}\binom{n}{2k}\frac{(2k)!}{k!2^k}.$$

亦可用递推式的方法处理 i_n. 考虑 n 这个数码,若它是不动点,对应的对合置换有 i_{n-1} 个;否则,选择一个与其形成对换的元素,有 $n-1$ 种选法,剩余元素构成对合置换有 i_{n-2} 种,从而

$$i_n = i_{n-1} + (n-1)i_{n-2}, \quad i_0 = i_1 = 1.$$

总结上面的结论,我们算出方案的个数 $\mathsf{H}(n)$ 为

$$\mathsf{H}(n) = \begin{cases} \dfrac{1}{8}(n! + 2(n-2)(n-6)\cdots 2 + n(n-2)\cdots 2 + 2i_n) & (n = 4t), \\ \dfrac{1}{8}(n! + 2(n-3)(n-7)\cdots 2 + (n-1)(n-3)\cdots 2 + 2i_n) & (n = 4t+1), \\ \dfrac{1}{8}(n! + n(n-2)\cdots 2 + 2i_n) & (n = 4t+2), \\ \dfrac{1}{8}(n! + (n-1)(n-3)\cdots 2 + 2i_n) & (m = 4t+3). \end{cases}$$

不难计算几个较小 n 的结果验证答案,例如 $\mathsf{H}(3) = 2, \mathsf{H}(4) = 7$,和枚举得到的结果一致. ◇

习题 14.2

1. 求所有互不同构的有 4 个顶点的简单图的个数.

2. 用红、黄、蓝三种颜色给一个立方体染色,求在旋转等价的意义下的染色方案数目.

3. 用四种卤素对甲烷(正四面体结构)进行取代,求这样的卤代甲烷的种数(不考虑立体异构).

4. (1) 决定五种正凸多面体(正四面体、立方体、正八面体、正十二面体和正二十面体,参看表 20.1)的对称群(由全体旋转变换组成).

(2) 用三种颜色分别给这些正凸多面体染色,求在旋转等价的意义下的染色方案数目.

5. 考虑 $\mathbb{F}_2 = \{0, 1\}$ 上二元运算的数目,显然这样二元运算构成的运算表有 $2^4 = 16$ 个. 但有一些是等价的,即对运算 $\star, *$,存在双射 $\varphi: \mathbb{F}_2 \longrightarrow \mathbb{F}_2$ 满足 $\varphi(x * y) = \varphi(x) \star \varphi(y)$. 求在这样等价的意义下二元运算的个数.

6. 我们知道 $(0,0) \longrightarrow (n,n)$ 的非降路径的数目. 设想这些非降路径可以通过旋转和翻转划分为等价类,求在这样的等价意义下的非降路径数目.

7. 某旅馆的锁是特制的,打开门的钥匙是一个 3×3 的网格(如图 14.4 所示),其中有两个格子上打孔,涂为黑色的额外边表示在插入锁中时,这一边必须对准锁的特定位置,除此之外钥匙可以随意翻转和旋转. 求不同钥匙的个数.

① 对合置换数目的指数生成函数求解参看习题 13.3.8 的 (3). 另外,对合置换英文为 involution,和社会学名词“内卷”是同一个词.

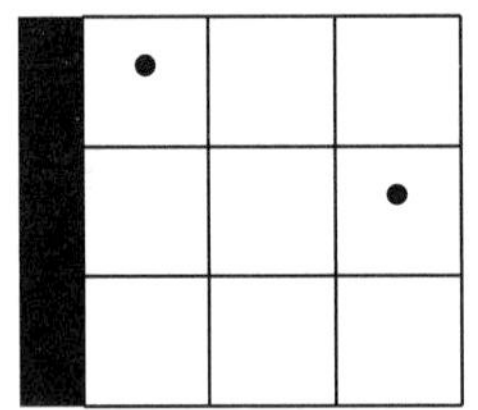

图 14.4　旅馆的钥匙

8. 假设上题的旅馆取消了额外的边,而且钥匙的大小增大到 $n \times n$,每个格子上都可以打孔,除此之外钥匙仍然可以随意翻转和旋转. 求不同钥匙的个数.

9. (音乐与数学, [1]) 十二平均律,亦称“十二等程律”,是世界上通用的把一组音(八度)分成十二个半音音程的律制,各相邻两律之间的振动数之比完全相等,如图 14.5 所示.

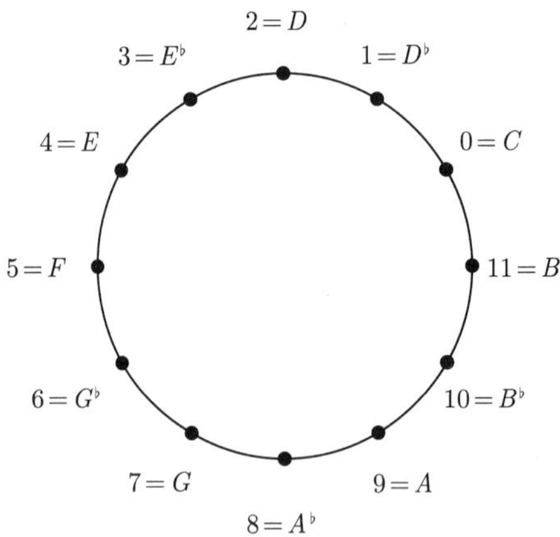

图 14.5　十二平均律

因此,一些和弦的旋律是相同的,例如 $[C, E, G]$ 和 $[F, A, C]$,它们之间相差了 5 个半音. 两个和弦两个三元组不同当且仅当 (1) 组成它们的元素不同,而且 (2) 其中一个无法通过增加或降低音高得到另一个. 求所有不同的和弦三元组的个数.

14.3　Pólya 定理

Burnside 引理使用起来比较简明,但是当方案数非常多时,计算每个置换的不动点就可能比较繁琐:甚至还不如列出所有方案后直接分类(比如 14.2.4 例). Pólya 在此基础上扩展和封装了 Burnside 引理,他的理论将为我们提供另外一个视角.

设 A, B 是有限集,其中 $|A| = n$. 我们把 A 称为**元素**,把 B 称为**色盘**,以下考虑用 B 中的颜色给 A 中元素染色方案的等价类个数. 映射 $f: A \longrightarrow B$ 就是**染色方案**. 再设置换群 G 作用在 A 上,对每一个染色方案 $f \in B^A$,令

$$\sigma(f)(x) = f(\sigma^{-1}(x))^{①}, \tag{14.3.1}$$

① 从含义上看,定义为 $f(\sigma(x))$ 也是可以的, 但请注意群作用的定义, 因此 $\sigma\tau(f)(x) = f(\tau^{-1}\sigma^{-1}(x)) = \sigma(\tau(f))(x)$ 才合法. 可回顾习题 14.1.1.

则不难看出，只要算出 G 在 B^A 中如上定义的群作用的轨道个数就能找到对称等价意义下的染色方案个数，请看下面定理.

14.3.1 定理 (Pólya) 设 A, B, G 如上文所述，$c(\sigma)$ 表示 $\sigma \in G$（作用于 A 上）的轮换分解中轮换的个数，则 G 按式 (14.3.1) 作用在 B^A 上的轨道个数为

$$\frac{1}{|G|}\sum_{\sigma\in G}|B|^{c(\sigma)}.$$

证明 根据 Burnside 引理只需求不动点，即 $f(\sigma^{-1}(x)) \equiv f(x)$. 设 σ 分解为轮换 $C_1 \cdots C_{c(\sigma)}$ 的乘积. 断言 f 若是 σ 的不动点，则 f 必将每个轮换中的元素涂上相同的颜色. 事实上，如果 f 满足该条件，则 f 是不动点；而若 f 是不动点但某轮换 C_i 中的元素有不同颜色，则 C_i 中存在相邻元素涂上不同颜色，那么作用一次 σ 后 f 并非不动. 所以这样的 f 恰有 $|B|^{c(\sigma)}$ 个. 代入 Burnside 引理即得. □

设 σ 的型为 $(b_1(\sigma), \ldots, b_n(\sigma))$，则 $c(\sigma) = b_1(\sigma) + \cdots + b_n(\sigma)$. 令 σ 的**轮换指数**为文字 $x_1, \ldots, x_n$ 的多项式

$$Z_G(x_1, \ldots, x_n) = \frac{1}{|G|}\sum_{\sigma\in G}\prod_{i=1}^{n} x_i^{b_i(\sigma)}, \tag{14.3.2}$$

轮换指数就是用单项式来表达每个置换的型，然后对每个置换求和. 根据 Pólya 定理，在相应对称群 G 的作用下，轨道个数为 $Z_G(|B|, \ldots, |B|)$.

轮换指数的计算是应用的和核心之一，现在先来计算几个典型对称群的轮换指数.

14.3.2 例 (C_n) 在 14.2.2 例中，我们实际上已经隐形地使用了 Pólya 方法，轨长都相等，所谓珠子轨道的个数就是轮换的个数，由此旋转群 C_n 的轮换指数为

$$Z_{C_n}(x_1, \ldots, x_n) = \frac{1}{n}\sum_{d|n}\phi(d)x_d^{\frac{n}{d}}.$$

当然也可以进行直接的论证. 利用代数部分的理论我们注意到循环群中阶 d 的元素恰有 $\phi(d)$ 个，而这些阶 d 的元素分解为 $\frac{n}{d}$ 个长度为 d 的轮换，它们对应的单项式的和是 $\phi(d)x^{\frac{n}{d}}$，求和即可.

在 Pólya 定理中取 $Z_{C_n}(c, \ldots, c)$ 即得和 14.0.1 例中的答案相同的结果. ◇

14.3.3 例 (D_n) 首先 $C_n \leqslant D_n$，故只需考虑额外的反映元素那部分的贡献，这时需要对 n 的奇偶性分情况讨论.

对 $1, 2, \ldots, n$ 顶点的多边形，若 n 为奇数，则反映一次将保持一个顶点不动，剩余 $\frac{n-1}{2}$ 对顶点各自对换，因此这 n 个反映对轮换指数的贡献为 $nx_1x_2^{\frac{n-1}{2}}$；若 n 为偶数，则有两种反映：一种是穿过对边中点的镜面，所有点都参与一对对换，对轮换指数的贡献为 $\frac{n}{2}x_2^{\frac{n}{2}}$；一种是主对角线镜面，一对点不动，另外 $\frac{n-2}{2}$ 对顶点参与对换，对轮换指数的贡献为 $\frac{n}{2}x_1^2x_2^{\frac{n-2}{2}}$.

所以，D_n 的轮换指数为

$$Z_{D_n}(x_1,\dots,x_n)=\begin{cases}\dfrac{1}{2n}\left(\sum\limits_{d|n}\phi(d)x_d^{\frac{n}{d}}+nx_1x_2^{\frac{n-1}{2}}\right) & (n\text{ 为奇数}),\\ \dfrac{1}{2n}\left(\sum\limits_{d|n}\phi(d)x_d^{\frac{n}{d}}+\dfrac{n}{2}x_1^2x_2^{\frac{n}{2}-1}+\dfrac{n}{2}x_2^{\frac{n}{2}}\right) & (n\text{ 为偶数}).\end{cases}$$

在 Pólya 定理中取 $Z_{D_n}(c,\dots,c)$ 即得在 14.0.1 例的基础上允许翻转（更加符合实际）时的项链款式数目. ◇

14.3.4 例 (立方体的旋转) 决定立方体 (顶点) 旋转群的轮换指数. 恒等置换贡献 x_1^8；以过一对面中心的直线旋转 $\frac{\pi}{2},\frac{3\pi}{2}$ 皆分解为 2 个 4-轮换，贡献 $6x_4^2$；以过一对面中心的直线旋转 π 分解为 4 个对换，贡献 $3x_2^4$；以过每一对棱的中点的直线旋转 π 也分解为 4 个对换，贡献为 $6x_2^4$；以过体对角线的直线旋转 $\frac{2\pi}{3},\frac{4\pi}{3}$ 皆分解为 2 个 3-轮换和 2 个不动点，贡献为 $8x_1^2x_3^2$. 所以其轮换指数为

$$Z_{\text{cube}}(x_1,\dots,x_n)=\frac{1}{24}(x_1^8+8x_1^2x_3^2+9x_2^4+6x_4^2).$$

在 Pólya 定理中取 $Z_{\text{cube}}(n,\dots,n)$ 即得给立方体的顶点染 n 种颜色的方案数（旋转等价意义下）. ◇

计算上例时我们不难发现，解决 14.2.3 例题使用 Burnside 引理更方便.

14.3.5 例 (S_n) 用置换的型的计数公式 (9.2.1) 可写出 S_n 的轮换指数表达式

$$Z_{S_n}=\sum_{b_1+2b_2+\cdots+nb_n=n}\frac{1}{1^{b_1}2^{b_2}\cdots n^{b_n}b_1!b_2!\cdots b_n!}x_1^{b_1}x_2^{b_2}\cdots x_n^{b_n}.$$

一些小阶置换群的轮换指数如下：

$$\begin{aligned}Z_{S_2}&=\frac{1}{2!}(x_1^2+x_2),\\ Z_{S_3}&=\frac{1}{3!}(x_1^3+3x_1x_2+2x_3),\\ Z_{S_4}&=\frac{1}{4!}(x_1^4+6x_1^2x_2+3x_2^2+8x_1x_3+6x_4),\\ Z_{S_5}&=\frac{1}{5!}(x_1^5+10x_1^3x_2+15x_1x_2^2+20x_1^2x_3+20x_2x_3,\\ &\quad+30x_1x_4+24x_5),\\ Z_{S_6}&=\frac{1}{6!}(x_1^6+15x_1^4x_2+45x_1^2x_2^2+40x_3^2+40x_1^3x_3+15x_2^3\\ &\quad+120x_1x_2x_3+90x_1^2x_4+90x_2x_4+144x_1x_5+120x_6).\end{aligned}\tag{14.3.3}$$

◇

现在再次回到 14.0.1 例中的问题，假如要求项链中恰有 k 个蓝色珠子，那么这样的款式又有

多少种? 解决这问题需要将前述 Pólya 定理扩展到带权的情形,这里会用到生成函数的思想.

设 A, B, G 的意义同 14.3.1 定理条件的叙述. 令权函数 $w:\ B \longrightarrow R$, R 为一交换环且有 r 个元素. 对每个方案 $f:\ A \longrightarrow B$,记权值

$$W(f) \stackrel{\text{def}}{=} \prod_{a \in A} w(f(a)),$$

可以看出,在 σ 作用下相同轨道上的染色方案 f 有相同的权. 现在希望求出每个等价类代表元 f_0 的权值和(每个等价类只算一次,称作 pattern inventory),我们有以下定理:

14.3.6 定理 (带权 Pólya 定理) 各符号如前文,则所有等价类代表元 f_0 的权值和可写作

$$\mathsf{PI} = \sum_{\mathcal{O}} \sum_{\substack{f_0\ \text{是轨道} \\ \mathcal{O}\ \text{的代表元}}} W(f_0) = Z_G\left(\sum_{b \in B} w(b), \sum_{b \in B}[w(b)]^2, \dots, \sum_{b \in B}[w(b)]^n\right).$$

注意当 $w(b) \equiv 1$ 时,定理退化为前面无权的 Pólya 定理.

证明　类似于 Burnside 引理的证明, 对满足 $\sigma(f) = f$ 的有序对 $(\sigma, f) \in G \times B^A$ 算两次 $N = \sum_{\sigma \in G} \sum_{f, \sigma(f)=f} W(f)$,则二者必然相等.

注意到对每个 f,这样的 σ 有 $|\mathrm{Stab}_f|$ 个,再按轨道求和得

$$\begin{aligned} N &= \sum_{f \in B^A} W(f)|\mathrm{Stab}_f| = \sum_{\mathcal{O}} \sum_{f \in \mathcal{O}} W(f)|\mathrm{Stab}_f| \\ &\xlongequal{\text{轨道–稳定子}} \sum_{\mathcal{O}} \sum_{\substack{f_0\ \text{是轨道} \\ \mathcal{O}\ \text{的代表元}}} W(f_0)\frac{|G|}{|\mathcal{O}|} = |G| \sum_{\mathcal{O}} \frac{1}{|\mathcal{O}|} \sum_{\substack{f_0\ \text{是轨道} \\ \mathcal{O}\ \text{的代表元}}} W(f_0) \\ &= |G| \times \mathsf{PI}. \end{aligned}$$

所以

$$\mathsf{PI} = \frac{1}{|G|} \sum_{\sigma \in G} \sum_{\sigma(f)=f} W(f),$$

断言

$$\sum_{\sigma(f)=f} W(f) = \left(\sum_{b \in B} w(b)\right)^{b_1} \left(\sum_{b \in B}[w(b)]^2\right)^{b_2} \cdots \left(\sum_{b \in B}[w(b)]^n\right)^{b_n},$$

其中 $(b_1, \dots, b_n)$ 是 σ 的型,则依照 Z_G 的定义(式 (14.3.2))即知定理成立.

实际上,从之前 Pólya 定理的证明中我们知道,σ 使 f 不动当且仅当 f 把 σ 的每个轮换因子都染成相同的颜色,所以对给定的 σ,若其分解为 $C_1, \dots, C_k$,型为 $(b_1, \dots, b_n)(k = b_1 + \cdots + b_n)$,则可行的 f 要在 B 中选取 $c_1, \dots, c_k$ k 种颜色,此时

$$W(f) = \prod_{i=1}^{k} w(c_i)^{|C_i|},$$

进一步

$$\sum_{\sigma(f)=f} W(f) = \sum_{c_1,\ldots,c_k} [w(c_1)]^{|C_1|}[w(c_2)]^{|C_2|}\cdots[w(c_k)]^{|C_k|}$$
$$= \prod_{i=1}^{k}\left(\sum_{c_i\in B}[w(c_i)]^{|C_i|}\right) \xlongequal{\text{按型求和}} \prod_{i=1}^{n}\left(\sum_{b\in B}[w(b)]^i\right)^{b_i},$$

就证明了想要的断言. □

14.3.7 注 需要指出,定理中的 PI 实际上可视为生成函数,式右侧称为**格局计数级数**,它可以是关于 R 中文字的多项式,因此称为级数. 参看下面的各种使用例子. ♤

一个奇怪的地方是我们设权函数是到一个交换环的映射,而不是数域. 这是因为求出权值和本身意义不大,我们要找出的是符合条件的方案的权值被算了几次,因此将权值设为一些无关未定元才是有用的.

14.3.8 例 考虑要求项链中恰有 k 个蓝色珠子后款式的种数,取 $w(\text{蓝色}) = x$,其他颜色的权皆为 1,则 PI 为 x 的多项式,欲求的方法种数是 x^k 的系数. 由带权 Pólya 定理得

$$\mathrm{PI} = Z_{C_n}(1+x, 1+x^2, \ldots, 1+x^n) = \frac{1}{n}\sum_{d|n}\phi(d)(1+x^d)^{\frac{n}{d}} = \frac{1}{n}\sum_{d|n}\phi(d)\sum_{r=0}^{\frac{n}{d}}\binom{\frac{n}{d}}{r}x^{rd},$$

于是 x^k 的系数为

$$[x^k]\mathrm{PI} = \frac{1}{n}\sum_{d|n}\phi(d)\binom{\frac{n}{d}}{\frac{k}{d}} = \frac{1}{n}\sum_{d|\gcd(k,n)}\phi(d)\binom{\frac{n}{d}}{\frac{k}{d}}.$$

◇

14.3.9 例题 用四个珠子串项链,要求恰有 1 个红色,1 个黄色和 2 个蓝色珠子,求(在旋转和翻转等价的意义下)方法的种数.

解 令权函数为 $w(\text{蓝色}) = b, w(\text{红色}) = r, w(\text{黄色}) = y$,只要找出 $[b^2ry]\mathrm{PI}$. 计算得到

$$\begin{aligned}\mathrm{PI} &= Z_{D_4}(b+r+y, b^2+r^2+y^2, b^3+r^3+y^3, b^4+r^4+y^4)\\ &= b^4+r^4+y^4+b^3r+b^3y+br^3+r^3y+by^3+ry^3\\ &\quad+2b^2r^2+2b^2y^2+2r^2y^2+2\boldsymbol{b^2ry}+2br^2y+2bry^2.\end{aligned}$$

故答案为 2 种. 实际上一眼即可看出,2 个蓝色珠子的相对位置唯一决定了项链的款式. □

以上用例中,我们通过考虑一些文字的单项式辨识想要的方案,并读出其前面的系数来确定方案的数目,这当然是生成函数的思想. 所以定理带权 Pólya 定理有时也称为生成函数形式的 Pólya 定理. 下例更充分地结合了 Pólya 方法和生成函数.

14.3.10 例 (饱和醇同分异构体计数, [2]) 一元饱和醇是用一个羟基取代烷烃得到的醇,考虑含有 n 个碳的一元饱和醇的同分异构体(不考虑立体异构)的数目.(如果你不熟悉这种说法,则可以

将一元饱和醇理解为有根三叉树的同构等价类,如图 14.6 所示.)

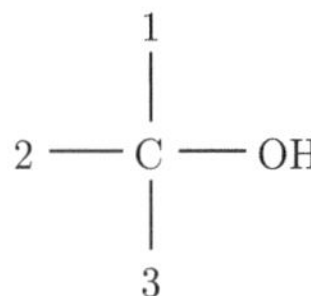

图 14.6　一元饱和醇就是有根三叉树的同构等价类

图 14.6 所说的醇可视 –OH 为根,1、2、3 三个位置各挂有一个"子醇"(这些子醇可视为以图中的 C 为根). 于是,递归地看,对于 1、2、3 中挂上更少碳数的醇的所有方案,只需要定出它们在 S_3 作用下的等价类个数,就能完成任务了.

设 A 表示所有(不同的)一元饱和醇的集合,t_n 表示 n 元醇同分异构体的数目,并令 $T(x)$ 为其一般生成函数. 对含有 n 个碳的醇 a,设置其权函数为 $w(a)=x^n$,其中 x 是一个无关未定元. 我们有极重要的观察

$$T(x)=\sum_{a\in A}w(a),\quad T(x^k)=\sum_{a\in A}w(a)^k. \tag{14.3.4}$$

另一方面,在 $N=\{1,2,3\}$ 三个位置中选择挂上的醇,就是决定了 $N\longrightarrow A$ 的一个映射,同时也决定了一个新醇. 由带权 Pólya 定理,等式

$$Z_{S_3}\left(\sum_{a\in A}w(a),\sum_{a\in A}w(a)^2,\sum_{a\in A}w(a)^3\right)\xlongequal{\text{式 (14.3.4)}}Z_{S_3}(T(x),T(x^2),T(x^3))$$

计算了新醇在 S_3 作用下的等价类的权值和,同时也是生成函数. 回忆每个新醇的权是 1、2、3 三个位置的子醇的权重之积,因此上式 x^n 项的系数就是 1、2、3 处共有 n 个碳的等价类的个数,故上式确实是生成函数. 注意不要忘记补上连接根节点的碳,需要对所得的生成函数作一次平移. 不妨令 $t_0=1$,再代入轮换指数公式 Z_{S_3}(式 (14.3.3))得方程

$$T(x)=1+\frac{x}{6}(T(x)^3+3T(x)T(x^2)+2T(x^3)). \tag{14.3.5}$$

现在比较方程两边 x^n $(n\geqslant 1)$ 项的系数,立刻看出

$$t_n=\frac{1}{6}\left(\sum_{i+j+k=n-1}t_it_jt_k+3\sum_{i+2j=n-1}t_it_j+t_{\frac{n-1}{3}}[3\mid n-1]\right),$$

运用该递归式可在多项式时间内算出 t_n,譬如一元辛、壬、癸醇分别有 89、211、507 种,等等.　◇

习题 14.3

1. 用 Pólya 定理重做习题 14.2.2~14.2.4,但把所有的颜色都改成 n 种.

2. 用 n 种颜色给立方体的边上色,试求在旋转等价意义下的涂法种数. 并求所有满足下面条件的正整数 n:

$120 \mid n^8 + 41n^4 + 6n^2$.

3. 萘环可被视为两个平面正六边形共用一条边，共用边上的顶点不能放置取代基，其他 8 个位置可连接取代基. 求四甲基萘的同分异构体总数.

4. 苯环可以视为一个平面正六边形，每个顶点上恰好可以连接一个取代基. 假设现在有 n 种取代基，求在这些取代方法下所有的不同取代苯的数目.

5. 给立方体的面染色，要求恰有 1 个面为红色，2 个面为蓝色，剩下的面为绿色，求出旋转等价意义下的染色方案数目，并比较你的答案：

(1) 不使用本节定理，直接计算；

(2) 使用 Pólya 方法.

6. 给一个 5×5 的棋盘的格子染色，要求恰有 11 个格子为红色，11 个格子为黄色，剩下为蓝色，求在形状的旋转和反映等价意义下的染色方案数目.

7. 小明设计了一个由 12 条等长线段组成的十字星标志. 现在用红，黄，蓝对这些线段进行着色，要求考虑在形状的旋转和反映等价意义下的染色方案，如图 14.7 所示.

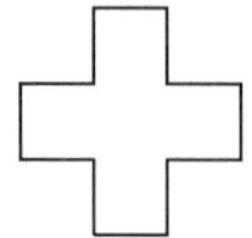

图 14.7　十字星标志的染色

(1) 决定该图形的对称群 G.

(2) 写出 G 的轮换指数，决定有多少种染色方案.

(3) 若要求染为红、黄、蓝线段的个数皆为 4，求染色方案数.

8. Möbius 带是将一个纸带旋转半圈再把两端粘上之后得到的几何结构. 如图 14.8 所示，把 Möbius 带沿着垂直边界（图中深灰色线）划成 n 个相等的方块.

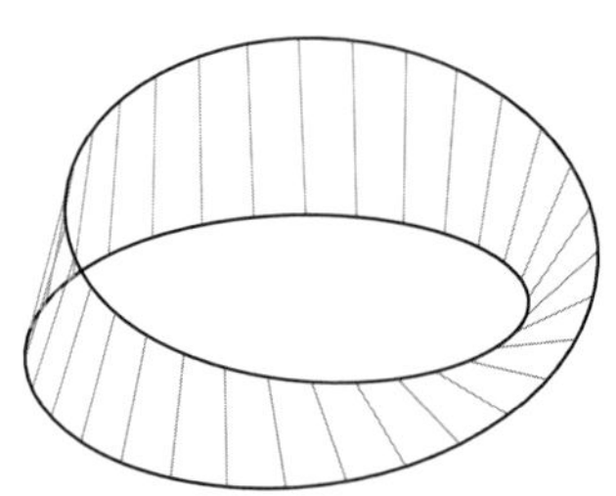

图 14.8　Möbius 带的染色

接着用 k 种颜色给这 n 个小方块染色，求在旋转等价意义下的染色方案种数.

9. 考虑对正八面体的八个面进行染色. 如果两个染色方案在某个旋转变换后是一样的，那么我们认为这两个染色方案是同一种.

(1) 请画出一个正八面体，对其八个面进行标号，并写出其所有旋转变换的不相交轮换表示.

(2) 假如一共有 m 种剩余量无限的染料，求不同的染色方案数.

(3) 现在我们假设有红，绿，蓝三种染料.

a) 若红色染料只够染三个面，其余两种颜料的剩余量无限，求不同的染色方案数.

b) 若红色和蓝色染料分别只够染三个面,绿色染料的剩余量无限,求不同的染色方案数.

c) 若三种染料分别都只够染三个面,求不同的染色方案数.

d) 若每种染料的剩余量都是无限的. 助教们希望某种颜色的面的数量是另外一种颜色的面的数量的两倍,求不同的染色方案数.

10. 设 n, k 为正整数且 $k \mid n$,记 $a_{n,k}$ 为 S_n 中满足如下条件的置换的数目:其轮换分解中所有轮换的长度都是 k 的倍数(注意不动点不出现在轮换分解中,或者说长度为 0). 利用 Pólya 定理给出 $a_{n,k}$ 的表达式.

11. 本题考虑带权 Pólya 定理的一个修改版本. 设 A, B, G, R, f, w 的意义同带权 Pólya 定理条件的叙述. 但现在只考虑 f 为单射的情况,不难看出单射的等价类中均为单射. 我们用 PI/INJ 表示单射的等价类的权值和.

(1) 设 $R = \{x_1, \ldots, x_r\}$,证明:

$$\mathrm{PI/INJ} = \frac{n!}{|G|} e_n(x_1, \ldots, x_r),$$

其中 $e_n(x_1, \ldots, x_r)$ 是第 n 个 r 元初等对称多项式

$$\sum_{1 \leqslant i_1 < \cdots < i_n \leqslant r} x_{i_1} \cdots x_{i_n}.$$

(2) 用 Pólya 定理证明:

$$e_n(x_1, \ldots, x_r) = Z_{S_n}\left(\sum_{i=1}^{r} x_i, -\sum_{i=1}^{r} x_i^2, \ldots, (-1)^{n-1}\sum_{i=1}^{r} x_i^n\right).$$

12. (Pólya, [2]) 式 (14.3.5) 实际上给出了有 n 个碳的烷基的数目的生成函数. 基于此和 Pólya 定理,考虑如下三种物质:饱和酮、饱和酯和烷基苯(如图 14.9). 图中带标号的位置均可连接烷基.

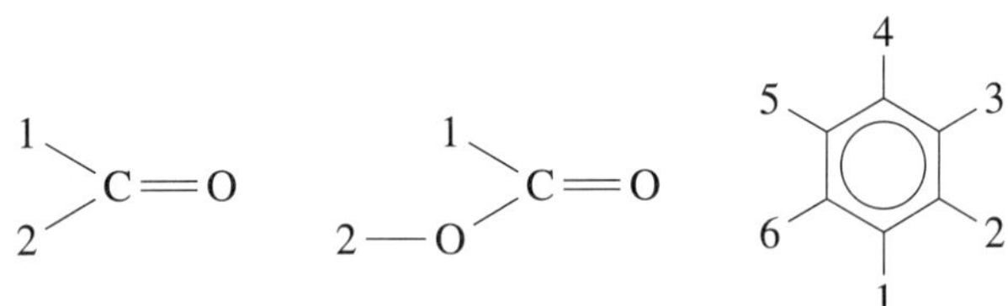

图 14.9 饱和酮、饱和酯和烷基苯的骨架和同分异构体计数

设 $A(x), B(x), C(x)$ 分别为含有 n 个碳的该种物质的数目(不考虑立体异构)的一般生成函数,证明:

$$A(x) = \frac{x}{2}(T^2(x) + T(x^2)),$$
$$B(x) = xT(x)(T(x) - 1),$$
$$C(x) = \frac{1}{12}(T^6(x) + 4T^3(x^2) + 2T^2(x^3) + 3T^2(x)T^2(x^2) + 2T(x^6)).$$

注解

在本章中我们只是介绍了引出计数原理的几个有关群作用的必要的性质,但群作用在群论的研究中还有很多精彩的应用,可以参阅 [3].

Burnside 引理不是由冠名者最早发现的. 它只是出现在 Burnside 1897 年的《有限群理论》中，Burnside 引述这一命题时将其归于 Frobenius. 而实际上早在 1845 年这一引理就为 Cauchy 所知. 因此人们也会把 Burnside 引理称为“那个不属于 Burnside 的引理”[4]. 课文中应用 Burnside 的引理的最长的例子（14.2.5 例）源于 [5].

类似地，Pólya 定理最早是在 1927 被 Redfield 发现. 十年之后，Pólya 也独立地发现了它，而且将这个方法应用到了各种图论结构（例如有机化合物同分异构体）的计数中去. 除了这一定理之外，Pólya 的还因为《怎样解题》这本著名的解题方法书而知名.

带权 Pólya 定理显示该定理的基本思想是生成函数，这一点在 [6] 中有比较详细的介绍. 在 Pólya 定理的应用中我们一直回避了无根树的计数（例如烷烃的同分异构体计数），但这一问题直接使用 Pólya 定理是有困难的，该问题直到 1948 年才解决[7]. 但无根树的计数问题和有根树的相应问题有着密切的联系.

参考文献

[1] REINER D L. Enumeration in music theory[J]. The American Mathematical Monthly, 1985, 92(1): 51-54.

[2] PÓLYA G. Algebraische Berechnung der Anzahl der Isomeren einiger organischer Verbindun-gen[J]. Zeitschrift für Kristallographie, 1936, 93(1-6): 415-443.

[3] DUMMIT D S, FOOTE R M. Abstract Algebra[M]. 3rd ed. Hoboken, New Jersey: Wiley, 2004.

[4] WRIGHT E M. Burnside's lemma: A historical note[J]. Journal of Combinatorial Theory, Series B, 1981, 30(1): 89-90.

[5] AIGNER M. Discrete Mathematics[M]. Providence, Rhode Island: American Mathematical Society, 2007.

[6] WILF H S. Generating Functionology[M]. Boca Raton, Florida: CRC press, 2005.

[7] OTTER R. The number of trees[J]. Annals of Mathematics, 1948: 583-599.

15 概率方法

阅读提示

概率方法是十分重要的，本章中我们专门探讨这个证明组合存在性的方法. 其内容是概率方法最简单、最基础的一瞥（§15.1 节是引例），包括基本的想法（§15.2 节）、期望的线性性（§15.3 节）、删除法/改造法（§15.4 节）以及局部引理（§15.5 节）；其学习是解题导向的，所以读者应当通过做课文中的例题和课后的习题来熟悉这一方法. 各习题和例题难度不一，可以根据自身情况挑选. 在做习题的时候，可能会有渐近估计和不等式放缩上的困难，读者可以参考附录 A（特别是命题 A.1.7）来解决. 最后，读者需要特别留意的是这方法的应用不限于单纯的组合数学，它在理论计算机科学中有着重要的地位，因为它和复杂性理论、计算几何、随机算法和统计物理都有着密切的联系. 而且这个领域在今天仍然是日新月异的，所以对概率方法感兴趣的读者在读完后可参考所引的论文和专著进一步学习.

概率方法是一种强有力的非构造性的证明技巧，可以用来证明一些较难处理的组合存在性问题. 它和随机算法的设计和分析也有着极为紧密的联系. 本章比较重视问题求解，例子中会有一些涉及图论的内容，相关概念参看图论部分.

15.1 Ramsey 数

任何一个充分大的结构中必定包含一个给定大小的规则子结构，"混乱普遍存在，而绝对的混乱是不存在的"（Theodore Motzkin）. 这富有哲理的格言是所谓 Ramsey 理论的主导精神. 对 Ramsey 数的估计，可以用**概率方法**改进.

为了引出概率方法的例子，我们先简单介绍抽屉原理的一个推广——Ramsey 定理，它的特例是一个极为著名的命题：地球上任意 6 个人中，必有 3 个人相互认识或相互不认识.

15.1.1 例 用红蓝两种颜色对完全图 K_6 的边进行着色，则图中要么存在红色三角形，要么存在蓝色三角形（如图 15.1 所示，粗实线表示红色，粗虚线表示蓝色）：

事实上，任取一个顶点 v_1，则由抽屉原理知 v_1 连出的边至少有 3 条为同色，不妨设 $(v_1, v_i)\,(i = 2, 3, 4)$ 皆为红色，现在考虑 $\triangle v_2v_3v_4$. 若该三角形有红色边，则该边和 v_1 出发的红色边构成红色三角形；否则该三角形本身为蓝色三角形.

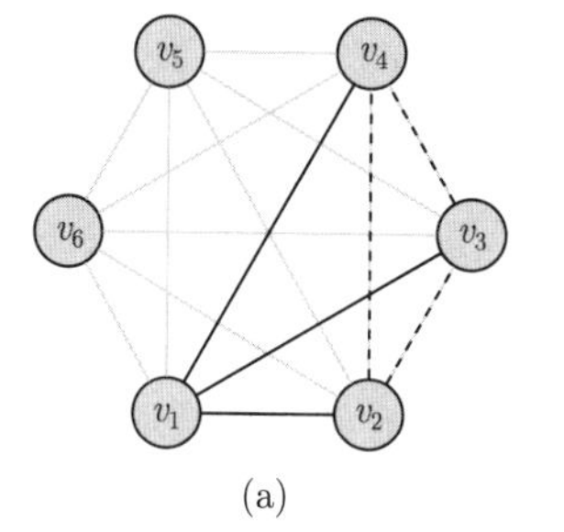

(a)

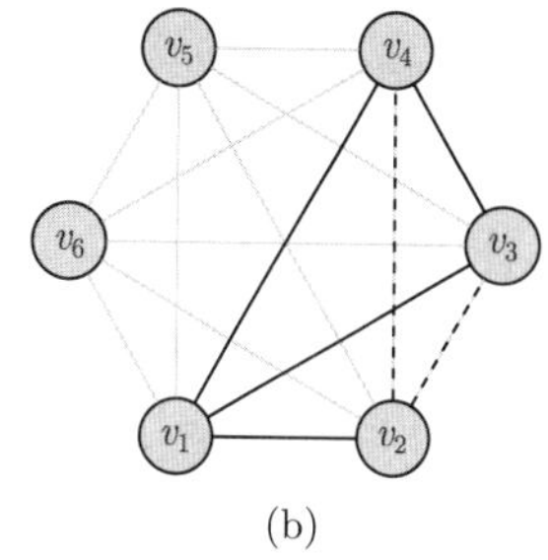

(b)

图 15.1 地球上任意 6 个人中,必有 3 个人相互认识或相互不认识

上述例子是英国逻辑学家 Ramsey 于 1930 年在论文 *On a Problem in Formal Logic* 中证明的,他提出和部分解决的问题最终成了组合数学中一个影响极为深远的分支:Ramsey 理论. 下面的定理指出,对于充分大的 K_n,其任意的红蓝边染色将包含大量的同色子完全图.

15.1.2 定理 (Ramsey) 设 $k,\ell \geqslant 2$ 是正整数,总是存在一个最小的整数 $R(k,\ell)$(称为 **Ramsey 数**),使得当 $n \geqslant R(k,\ell)$ 时,完全图 K_n 的任意红蓝边染色或者包含一个边全为红色的 K_k,或者包含一个边全为蓝色的 K_ℓ.

证明 照良序原理,只需要证明满足所说性质的数存在即可,然后将其中最小的记为 Ramsey 数 $R(k,\ell)$. 对 (k,ℓ) 用二重归纳.

显然 K_k 的红蓝染色或者将所有边都染成红色,或者存在一条蓝色边,且 K_{k-1} 可以全染为红色却无红色 K_k 和蓝色边,所以 $R(k,2)=k$, $R(2,\ell)=\ell$.

假设 $R(k-1,\ell), R(k,\ell-1)$ 都存在,来证明 $R(k,\ell)$ 存在,为此只需证明

$$R(k,\ell) \leqslant R(k-1,\ell)+R(k,\ell-1). \tag{15.1.1}$$

接下来的论证和 15.1.1 例如出一辙. 考虑有 $R(k-1,\ell)+R(k,\ell-1)$ 个顶点的完全图的某个顶点 v_1,依据抽屉原理,不妨设它或者连出 $R(k-1,\ell)$ 条红边,或者连出 $R(k,\ell-1)$ 条蓝边. 若它连出 $R(k-1,\ell)$ 条红边,则照 Ramsey 数的定义,这些边的末端顶点或者有一个红色 K_{k-1},或者有一个蓝色 K_ℓ. 如果后者成立则命题已经证完,如果前者成立,补上 v_1 及相应红边,即为红色 K_k. 对连出 $R(k,\ell-1)$ 条蓝边的情形同理可证. □

虽然存在性的结果如此优美,具体决定 $R(k,\ell)$(甚至其精细的上下界)却是极为困难的事情,现今已知的 Ramsey 数是极少的. Erdős 曾经说:"想象有队外星人军队在地球降落,要求取得 $R(5,5)$ 的值,否则便会毁灭地球. 在这个情况,我们应该集中所有计算机和数学家尝试去找这个数值. 若他们要求的是 $R(6,6)$ 的值,我们就要尝试毁灭这帮外星人了."

尽管如此,我们还是讨论一个数值比较小的 Ramsey 数的确定.

15.1.3 命题 $R(4,3)=R(3,4)=9$.

证明 对于 K_9 的红蓝染色,必有一个顶点连出至少 6 条红边或者至少 4 条蓝边,否则每个顶点连出的红边数一定是 5,于是所有红边导出的子图的度和是 $9\times 5=45$,为奇数,矛盾.

若某个顶点 v_1 连出至少 6 条红边,由 $R(3,3)=6$ 得这些边的末端顶点中或者有一个蓝 K_3,或者有一个红 K_3. 若是前者,则已经找到了一个蓝 K_3,而后者和 v_1 连出的红边组成红 K_4. 若某

个顶点 v_1 连出至少 4 条蓝边，考虑这些边的末端顶点组成的 K_4. 如果它的边全红，则得到一个红色 K_4，否则一条蓝边和 v_1 连出的蓝边组成蓝 K_3.

综上所述，$R(4,3) = R(3,4) \leqslant 9$.

最后，考虑 K_8 的染色. 将 8 个顶点按逆时针方向标记为 $1,\ldots,8$，令边 (i,j) 为蓝色当且仅当 $|i-j| = 1,4,7$（图 15.2）. 假如图中有蓝 K_3，设其中编号最小的顶点为 i，则剩余两个顶点为 $\{i+1, i+4, i+7\}$ 中的两个，而后者中任意两个顶点之间都有红边. 同理可证不存在红色 K_4.

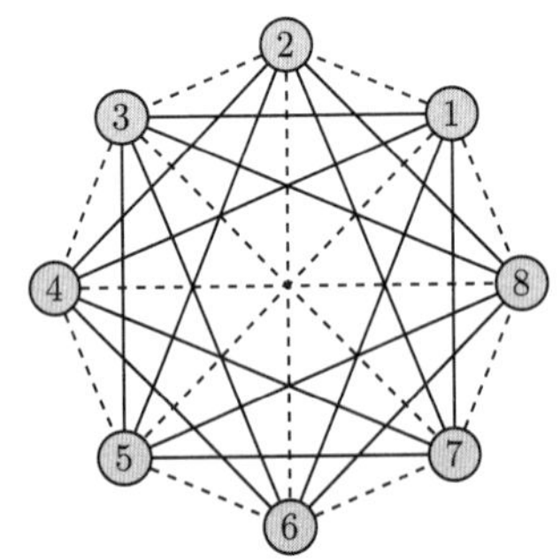

图 15.2 $R(4,3) > 8$ **的证明，粗实线表示红色，粗虚线表示蓝色**

于是 $R(4,3) > 8$，从而 $R(4,3) = R(3,4) = 9$. □

习题 15.1

1. 利用式 (15.1.1) 验证上界

$$R(k,\ell) \leqslant \binom{k+\ell-2}{k-1}.$$

2. 证明：对于任意的整数 $k,\ell \geqslant 2$ 有 $R(k,\ell) = R(\ell,k)$.

3. 令

$$n_k = k!\left(1 + \frac{1}{1!} + \frac{1}{2!} + \cdots + \frac{1}{k!}\right) + 1,$$

用 k 种颜色给 K_{n_k} 的边染色，证明：必存在同色的 K_3.

4. 本题考虑 $R(4,4)$ 的值.

(1) 证明：$R(4,4) \leqslant 18$.

(2) 对 K_{17}，将顶点按顺时针方向标记为 $0,1,\ldots,16$，我们令 (i,j) 为红色当且仅当存在 $x \in \{0,\ldots,16\}$ 使得 $x^2 \equiv |i-j| \pmod{17}$（$|i-j|$ 为模 17 的**二次剩余**），即 $|i-j| = 1,2,4,8,9,13,15,16$. 证明：此种构造下图中没有同色的 K_4，这样便说明 $R(4,4) = 18$.

5. 设正整数 $n \geqslant 2$，证明：$R(n+2,3) > 3n$.

6. (Schur, [1]) 给定正整数 $r \geqslant 2$ 和 $n \geqslant \lceil \mathrm{e}r! \rceil$，把 $[n]$ 中的元素任意染上 r 种颜色.

(1) 证明：必存在同色的 $x,y,z \in [n]$ 使得 $x+y=z$.

(2) 我们把最小的这样的 $n = S(r)$ 称为 **Schur 数**，证明：$S(3) > 13$.（实际上 $S(3) = 14$.）

7. (1) 用红色和蓝色给 K_9 的边染色，证明：图中至少有 12 个同色的 K_3.

(2) 用红色和蓝色给 K_7 的边染色，证明：图中至少有 3 个同色的 K_4.

15.2 基本方法

对 Ramsey 数作出一般的估计的困难在概率方法发明之后便有了一些突破,我们现在介绍这个方法的基本思想.

概率方法的思想如下:如果从一个黑箱中摸出一个蓝色球的概率大于零,则黑箱中必然存在蓝色球. 具体地说,如果想要验证某组合结构的存在性,可以通过构造一个合适的概率空间,证明在这空间中随机选择得到相应组合结构的概率为正. 此时,概率论中的各种武器均可派上用场.

通常来说,处理组合问题时所遇到的概率空间都是有限的,因而原则上计数方法也可完成目标. 不过使用概率空间的某些性质可以避开复杂的计数,这是概率方法的精彩之处;而包括 Lovász 局部引理在内的一部分办法也是直接计数较难取代的.

为了理解概率方法,我们来展示一个基本的例子. 先回忆一下,Ramsey 数 $R(k,k)$ 是指最小的满足如下条件的数:只要 $n \geqslant R(k,k)$,完全图 K_n 的任意红蓝边染色或者包含一个边全为红色的 K_k,或者包含一个边全为蓝色的 K_k.

15.2.1 命题 对 $k \geqslant 3$,Ramsey 数 $R(k,k) > \lfloor 2^{k/3} \rfloor$.

证明 对 K_n,我们均匀、独立、随机地给每条边染上红色或者蓝色(概率空间中 $\Omega = \mathscr{F} = \{$所有的染色方案$\}$,恰好染成某个方案的概率是 $1/|\Omega|$). 对于选定的 K_n 的子图 K_k,它碰巧是一个同色完全图的概率是 $2^{1-\binom{k}{2}}$. 图中有 $\binom{n}{k}$ 个这样的子图,由并集上界,我们知道

$$\Pr[\text{存在一个同色 } K_k] \leqslant \binom{n}{k} 2^{1-\binom{k}{2}}. \tag{15.2.1}$$

如果 n,k 的选择满足 $\binom{n}{k}2^{1-\binom{k}{2}} < 1$,那么我们断定,一定存在一个染色方案,使得图中既没有红色 K_k,也没有蓝色 K_k(因为 $\Pr[\text{没有同色 } K_k] = \dfrac{\text{所说的方案数}}{|\Omega|} > 0$). 因此,如果 n,k 满足这样的条件,则 n 一定小于 $R(k,k)$.

最后基于这个不等式粗略估计一下此时的 n. 我们加强要求 $\binom{n}{k}2^{1-\binom{k}{2}} \leqslant n^k 2^{1-\binom{k}{2}} < 1$. 当 $k \geqslant 3$ 时这只要 $n^k \leqslant 2^{\frac{k^2}{3}}$ 就可以了,比如取 $n = 2^{k/3}$,所以 $R(k,k) > \lfloor 2^{k/3} \rfloor$. □

请注意,我们是可以直接把上面的证明翻译成基于计数的论证的[①]:一方面,每一个 K_k 子图都有 $2^{\binom{k}{2}}$ 种着色方式;另一方面,对给定完全子图,其中出现同色 K_k 的着色方式只有两种,因此这样糟糕的方案不会超过 $2\binom{n}{k}$ 种. 如果对每个 K_k,都有 $2^{\binom{k}{2}} > 2\binom{n}{k}$,则 n 一定小于 $R(k,k)$.

还有一个技术性问题. 我们在估计 $R(k,k)$ 时使用的放缩非常粗略,导致给出的界的很松. 下面用更精细的分析来证明:

$$R(k,k) > \left(\frac{1}{\mathrm{e}\sqrt{2}} + o(1)\right) k \cdot 2^{\frac{k}{2}}.$$

我们经常用到下面几个不等式(其中有关二项式系数的不等式我们在 11.2.6 引理中已经分析过;

① 但是后续的一些例子翻译成计数是不太可能的,这里提出的用意是讲一下概率方法和计数方法之间的联系.

其他均可用 Stirling 公式证明,请读者回忆数学分析).

$$\left(\frac{n}{\mathrm{e}}\right)^n \leqslant n! \leqslant n\mathrm{e}\left(\frac{n}{\mathrm{e}}\right)^n, \tag{15.2.2a}$$

$$\left(\frac{n}{k}\right)^k \leqslant \binom{n}{k} \leqslant \left(\frac{\mathrm{e}n}{k}\right)^k \text{ (或者 } n^k), \tag{15.2.2b}$$

$$\frac{2^{2n}}{2\sqrt{n}} \leqslant \binom{2n}{n} \leqslant \frac{2^{2n}}{\sqrt{2n}}, \tag{15.2.2c}$$

$$(1-p)^n \leqslant \mathrm{e}^{-np} \text{ 或者 } \log(1-x) \leqslant -x. \tag{15.2.2d}$$

利用式 (15.2.2b) 可将 (15.2.1) 比较仔细地加强到

$$\left(\frac{\mathrm{e}n}{k}\right)^k < 2^{\frac{(k+1)(k-2)}{2}},$$

即是只要

$$n < \frac{k}{\mathrm{e}} 2^{\frac{k}{2}-\frac{1}{2}-\frac{1}{k}} = \left(\frac{1}{\sqrt{2}} + o(1)\right)\frac{k\cdot 2^{\frac{k}{2}}}{\mathrm{e}} \quad (k\to\infty).$$

总结起来,最基本的方法如下:适当地随机选择组合结构,证明想要的结构出现的概率 >0(或者出现不想要的情形的概率小于 1),则该结构确实存在. 下面我们再看一个例题.

15.2.2 例题 任取一个有 n 个顶点和 m 条边的图 G,证明:K_n 可被 $O(n^2\log n/m)$ 个 G 的"副本"覆盖. 这里用一个副本覆盖的含义是一个双射 $f: V(G)\longrightarrow V(K_n)$,若 $v_1, v_2\in V(G)$ 有连边,则我们说 K_n 中的边 $f(v_1)f(v_2)$ 被覆盖. 形象地说,就是把若干 G 叠放在 K_n 上,把边都挡住.

证明 首先,G 有 $n!$ 个"副本",我们从中均匀、随机地挑选 k 个. 选定 K_n 中一条边,计算它没有被这个随机出来的方案覆盖的概率. 正难则反,考虑一个副本覆盖这条边的事件,其概率是

$$2\times m\times\frac{(n-2)!}{n!},$$

其中系数 2 是因为这条边的两个顶点可以区分,m 来源于可以在副本中任挑一条边,剩下顶点可随意排列得 $(n-2)!$. 所以,这条边没被覆盖的概率是

$$\left(1-\frac{2m(n-2)!}{n!}\right)^k,$$

进一步由并集上界,存在一条边没有被覆盖的概率不高于下式:

$$\left(1-\frac{2m}{n(n-1)}\right)^k\binom{n}{2}. \tag{15.2.3}$$

如果我们能选合适的 k,让式 (15.2.3) <1,那肯定有一个选择副本的方案满足要求. 最后还是估计这样的 k,取对数并利用 $\log(1-x)\leqslant -x$,只需要

$$-k\frac{2m}{n(n-1)}+2\log n<0 \implies k \geqslant O(n^2\log n/m)$$

就可以了. □

习题 15.2

1. 证明不等式 (15.2.2a)~(15.2.2d). 提示 可以用 Stirling 公式(定理 A.1.5):

$$n! = \sqrt{2\pi n}\left(\frac{n}{\mathrm{e}}\right)^n \mathrm{e}^{\lambda_n}, \quad \frac{1}{12n+1} < \lambda_n < \frac{1}{12n}.$$

2. 证明:如果存在 $p \in [0,1]$ 使得

$$\binom{n}{k}p^{\binom{k}{2}} + \binom{n}{t}(1-p)^{\binom{t}{2}} < 1,$$

则 $R(k,t) > n$. 由此导出 $R(4,t) \geqslant \Omega\left(\left(\frac{t}{\log t}\right)^{\frac{3}{2}}\right)$. 这里 $R(k,\ell)$ 仍表示 Ramsey 数,下同.

3. 证明:存在一个 2024 阶的竞赛图,满足对任何两个不同顶点 u,v,均存在不同于这两点的第三个点 w,使得 $u \longrightarrow w \longrightarrow v$(即是存在从 u 到 v 的长度为 2 的有向路径).

4. (Sauer–Spencer, [2]) 设图 G,H 均包含 n 个顶点,满足 $|E(G)||E(H)| < \binom{n}{2}$,证明:$K_n$ 中存在 G,H 各自的"副本",而且边不相交.

5. (Winkler, [3-4]) 任给平面上 k 个点.

(1) 证明:若 $k=10$,那么总是可以用若干不相交的单位圆(相切算作不相交,下同)覆盖它们.

(2) 若 $k=12$,能否保证用若干不相交的单位圆覆盖它们? 给出证明.

(3) 尝试推广一下——对于三维的情况,能保证覆盖几个点? 尽量给出非平凡的结论.

6. 设 M 是由互不相同的实数构成的 $n\times n$ 矩阵,证明:存在一个常数 c,使得总是有一种方法,将 M 的行适当置换后,每列中最长上升子序列的长度都不超过 $c\sqrt{n}$. 注意子序列不一定是连续的,例如 1,2,3 是 1,5,2,4,3 的子序列.

7. 设集合系 $\mathscr{F} \subseteq 2^{[n]}$,它在 $A \subseteq [n]$ 上的**投影**定义为 $\mathscr{F}|_A \overset{\text{def}}{=} \{S\cap A : S \in \mathscr{F}\}$. 证明:存在一个大小 $O(k\cdot 2^k\log n)$ 的集合系 $\mathscr{F}$,使得对每个 k 个元素的 $[n]$ 的子集 A 都有 $\mathscr{P}(A) \subseteq \mathscr{F}|_A$.(这种情形称为 $\mathscr{F}$ **打散**(shatter)了 A.)

8. (Kleitman–Spencer, [5]) 称一个长度为 n 的 0, 1 字符串的集合 Ω 是 **(n,k)-万有集**,如果对每个指标集 $I=\{i_1,\dots,i_k\}\subseteq[n]$,都有集合

$$\Omega|_I = \{x_{i_1}\cdots x_{i_k} : x_1\cdots x_n \in \Omega\}$$

恰包含了全部 2^k 个长度为 k 的 0, 1 字符串. 证明:如果 $\binom{n}{k}2^k(1-2^{-k})^r < 1$,则存在一个大小为 r 的 (n,k)-万有集. 据此给出 r 的一个渐近估计.

15.3 期望的线性性

在上一节中,我们关注的主要是形如"存在一个"的问题的证明. 实际上,概率方法也可以轻松应对"至少/至多有 x 个"的问题,其想法是利用数学期望,即是如下显见的事实:设 X 是随机变

量,那么

$$\Pr[X \geqslant \mathbb{E}[X]] > 0, \quad \Pr[X \leqslant \mathbb{E}[X]] > 0.$$

正如我们在概率章节所看到的,利用期望的线性性可以大大简化计算. 前面引言中的结果可能均可以翻译成计数的语言,但接下来这些使用概率技巧的证明就比较难改写了.

我们从最早应用概率方法证明的命题开始讲起.

15.3.1 命题 (Szele)　存在一个有 n 个顶点的竞赛图,其中至少有 $n!2^{-(n-1)}$ 条 Hamilton 路径.

证明　给定一个置换 $\sigma \in S_n$,我们均匀、随机地选择一个竞赛图,那么 $\sigma(1) \longrightarrow \sigma(2) \longrightarrow \cdots \longrightarrow \sigma(n)$ 恰为 Hamilton 路径的概率为 $2^{-(n-1)}$. 取遍所有的置换,由期望的线性性,任取一个竞赛图,其中回路数目的期望为 $n!2^{-(n-1)}$. 于是存在一个竞赛图,其中至少有这么多 Hamilton 路径. □

在极值图论中,概率方法很有用. 我们来看一例关于独立集的不等式,它可以用来导出稍弱的 Turán 定理(参看习题 21.1.8).

15.3.2 定理 (Caro–Wei, [6-7])　对任意的图 $G(V,E)$,其中一定有一个大小不小于

$$\sum_{v\in V}\frac{1}{d(v)+1}$$

的独立集.

证明　我们均匀、随机地对顶点进行一次置换,得到一个顶点序列 $v_{\sigma(1)},\dots,v_{\sigma(n)}$. 现考虑集合 $I = \{v \in V : \{v,w\} \in E \implies v$ 在序列中出现在 w 前面$\}$. 我们断言这一定是一个独立集. 如果 I 是空集或者只有一个顶点,则自然如此. 否则,假设 $v_1, v_2 \in I$ 之间有连边,那么根据 I 的定义,v_1 排在 v_2 前面,且 v_2 排在 v_1 前面,矛盾.

然后计算 I 的期望大小. 任取 $v \in V$,在 I 中意思就是它排在所有邻居的前面,这概率应该是 $\dfrac{(d(v))!}{(d(v)+1)!} = \dfrac{1}{d(v)+1}$,故由期望的线性性得 $\mathbb{E}[|I|] = \sum_{v\in V}\dfrac{1}{d(v)+1}$. □

15.3.3 推论　图 $G(V,E)$ 中一定有一个大小不小于

$$\sum_{v\in V}\frac{1}{n-d(v)}$$

的团,其中 $n = |V|$.

15.3.4 推论　满足不存在 $r+1$ 大小的团的 n 个顶点的图的边数至多为 $\left(1-\dfrac{1}{r}\right)\dfrac{n^2}{2}$.

证明　设所说的图是 G,有 n 个顶点,m 条边,则 $r \geqslant \omega(G)$,结合 Caro–Wei 不等式得

$$r \geqslant \omega(G) \geqslant \sum_{v\in V}\frac{1}{n-d(v)}.$$

再由均值不等式得

$$\sum_{v\in V}\frac{1}{n-d(v)} \geqslant \frac{n^2}{\sum_{v\in V} n-d(v)} = \frac{n^2}{n^2-2m},$$

整理得到 $m \leqslant \left(1-\frac{1}{r}\right)\frac{n^2}{2}$. □

下面是两个有意思的例题.

15.3.5 例题 ([8]) 开灯问题：有一个 $n \times n$ 的灯泡矩阵，初始的状态已经给定；矩阵有 $2n$ 个开关，每行每列各一个，按下之后会将该行（列）的全部灯的明暗状态翻转. 试问通过适当的操作，无论初始状态如何，能够保证亮的灯数的数目至少为多少？你只需要给出渐近意义（$n \to \infty$）下尽量好的解.

解 我们用 $+1$ 记亮，用 -1 记暗，则初始状态就是给定 $a_{ij} \in \{\pm 1\}\ (1 \leqslant i, j \leqslant n)$. 注意，每个开关无须按超过一次，否则和按 0 次或 1 次是等效的. 用 $x_i, y_j \in \{\pm 1\}\ (1 \leqslant i, j \leqslant n)$ 来分别表示对第 i 行开关和第 j 列开关的操作，$+1$ 表示不按，-1 表示按. 再令

$$R = \sum_{i=1}^{n}\sum_{j=1}^{n} a_{ij} x_i y_j,$$

那么最后亮的灯数应该是 $\frac{n^2+R}{2}$ 盏.

下面用概率方法估计如何让 R 最大. 均匀、独立、随机地选择 $y_1, \dots, y_n$，设

$$R_i = \sum_{j=1}^{n} a_{ij} y_j,$$

并取 x_i 使得 $x_i R_i > 0$，则 $R = \sum_{i=1}^{n} |R_i|$. 留意 R_i 实际上是 n 个 Bernoulli 变量的独立和，故由中心极限定理得

$$\mathbb{E}\left[\frac{|R_i|}{\sqrt{n}}\right] = \mathbb{E}[|Z|] + o(1) = \sqrt{\frac{2}{\pi}} + o(1),$$

其中 Z 服从标准正态分布. 于是 $\mathbb{E}[R] = n\,\mathbb{E}[|R_i|] = Cn^{\frac{3}{2}} + o(n^{\frac{3}{2}})$，即一定存在一个方案使得 $R \geqslant Cn^{\frac{3}{2}} + o(n^{\frac{3}{2}})$，操作结束后所亮灯的盏数大致至少 $0.5n^2 + 0.399n^{\frac{3}{2}} + o(n^{\frac{3}{2}})$. □

15.3.6 例题 集合 S 称为**无和的**，如果不存在 $x, y, z \in S$ 满足 $x + y = z$. 设 $S \subseteq \mathbb{Z} \setminus \{0\}$ 且 $|S| = n$，证明：S 中一定含有一个至少有 $\frac{n}{3}$ 个元素的无和子集.

此问题属于 Erdős，实际上要求严格大于 $\frac{n}{3}$ 的结论也是成立的，但是需要更加细致的方法.

证明 取 $u \sim U[0,1]$（$[0,1]$ 上的均匀分布），考虑 $S_u = \left\{s \in S : \{su\} \in \left(\frac{1}{3}, \frac{2}{3}\right)\right\}$，其中 $\{x\}$ 表示 x 的小数部分. 那么 S_u 是无和的. 事实上，假如 $x+y=z$，那么 $xu+yu=zu$. 如果 $\{xu\}+\{yu\}<1$，则 $\{zu\} > \frac{2}{3}$，与 $z \in S_u$ 矛盾；否则，$\{zu\} = \{xu\} + \{yu\} - 1 < \frac{1}{3}$，也导出矛盾.

因为 $\{su\} \sim U[0,1]$，故 $\Pr[s \in S_u] = \frac{1}{3}$，期望的线性性表明 $\mathbb{E}[|S_u|] = \frac{n}{3}$，于是存在一个 u 使得 S_u 为至少有 $\frac{n}{3}$ 个元素的无和子集. □

习题 15.3

1. 证明：任何图 $G(V,E)$ 中都包含一个至少有 $\frac{|E|}{2}$ 条边的二部图.

2. 用两种颜色给 K_n 的边染色. 设正整数 k 满足 $2 \leqslant k \leqslant n$.

(1) 证明：对于每个 k 都存在一种染色方法，使得图中同色 K_k 的数目不超过 $\binom{n}{k}2^{1-\binom{k}{2}}$.

(2) 如果 $n \geqslant R(k,k)$，那么任何染色方案中的同色 K_k 数目至少为 $\binom{n}{k}\Big/\binom{R(k,k)}{k}$ 个.

3. 设 $\boldsymbol{v}_1,\dots,\boldsymbol{v}_n \in \mathbb{R}^m$ 满足 $\|\boldsymbol{v}_i\|_2 \leqslant 1$，证明：存在 $\varepsilon_i \in \{\pm 1\}$ 使得

$$\left\|\sum_{i=1}^{n} \varepsilon_i \boldsymbol{v}_i\right\|_2 \leqslant \sqrt{n}.$$

能否给出一个构造性的算法？

4. 任给 $\boldsymbol{v}_1,\dots,\boldsymbol{v}_n \in \mathbb{R}^m$ 和 $p_1,\dots,p_n \in [0,1]$，满足 $\|\boldsymbol{v}_i\|_2 \leqslant 1\ (1 \leqslant i \leqslant n)$. 令 $\boldsymbol{w} = p_1\boldsymbol{v}_1 + \cdots + p_n\boldsymbol{v}_n$. 证明：存在 $\varepsilon_1,\dots,\varepsilon_n \in \{0,1\}$，使得 $\boldsymbol{v} = \varepsilon_1\boldsymbol{v}_1 + \cdots + \varepsilon_n\boldsymbol{v}_n$ 满足

$$\|\boldsymbol{w} - \boldsymbol{v}\|_2 \leqslant \frac{\sqrt{n}}{2}.$$

能否给出一个构造性的算法？

5. 科研委员会有 1600 位同学，这些同学共有 16000 个研究方向，每个方向恰有 80 人.

(1) 不使用概率方法，证明：有至少 4 位同学同时研究某两个方向.

(2) 使用概率方法，证明：有至少 4 位同学同时研究某两个方向.

(3) 对比概率方法和一般方法的区别和结果的强弱.

6. 在一个 $n \times n$ 的整数矩阵中，$1,2,\dots,n$ 中的每个数都恰好出现 n 次，证明：有某一行或者某一列，其中的数都互不相同.

7. 设 n 元集合 $S \subseteq \mathbb{Z} \setminus \{0\}$，证明：$S$ 中含有两个不交的无和子集，二者元素个数和至少为 $\frac{2n}{3}$.

8. 证明：存在一个正常数 c，使得任何一个有 n 个非零元素的实数集合 A 都有一个大小至少为 cn 的子集 B，满足：不存在 $b_1,b_2,b_3,b_4 \in B$ 使得 $b_1 + 2b_2 = b_3 + 2b_4$.

9. 回忆一下合取范式（CNF）的概念. 我们称一个 CNF 是 k-可满足的，如果其任何 k 个子句的合取都是可满足的. 设 3-可满足的 CNF φ 中有 m 个子句和 n 个变量 $x_1,\dots,x_n$，用 $v_i\ (1 \leqslant i \leqslant n) \in \{\mathrm{T},\mathrm{F}\}$ 表示对 x_i 的指派. 考虑如下随机指派，

$$\Pr[v_i = \mathrm{T}] = \begin{cases} \dfrac{2}{3} & (\text{如果存在一个 } \varphi \text{ 的子句为 } (x_i)), \\[2ex] \dfrac{1}{3} & (\text{如果存在一个 } \varphi \text{ 的子句为 } (\neg x_i)), \\[2ex] \dfrac{1}{2} & (\text{其他情形}). \end{cases}$$

验证这个随机指派是良定义，再利用它证明：φ 中至少有某 $2m/3$ 个子句之合取是可满足的. 进一步，请考虑 2-可满足的情形，证明存在某个常数 $\gamma \in \left(\frac{1}{2},1\right)$，2-可满足的 CNF 至少有 γ 比例的子句之合取是可满足的.

10. 黑板上有 n 对非零整数（不必互不相同），对于正整数 k，(k,k) 和 $(-k,-k)$ 最多有一个出现. 某人擦去

一些数,要求擦去的数中任意两个的和都不为 0. 假设如果一对数中至少有一个被擦去,则他得 1 分(若一对都被擦去仍只得 1 分). 证明:无论一开始情况怎样糟,他至少能得 $0.6n$ 分.

11. (二部图覆盖) 给定图 G,如果其每条边至少属于完全二部的子图 $H_1, \ldots, H_t$ 中的一个,就称 $H_1, \ldots, H_t$ 为其二部图覆盖. 二部图覆盖中总顶点数 $\sum_{i=1}^{t} |V(H_i)|$ 的最小值称为 G 的二部维数 $d(G)$. 假设 $n = 2^k$,证明:$d(K_n) = k \cdot 2^k$.(此问题在通信和信息安全中有重要地位. 已经知道计算二部图覆盖是 NP-难的[9].)

12. 设 X 是单位球面 $\{(x, y, z) \in \mathbb{R}^3 : x^2 + y^2 + z^2 = 1\}$ 的子集,其中任意两个点对应的向量两两不正交,证明:X 的面积不超过单位球面面积的 $\frac{1}{3}$.(这里我们对面积不考虑特别严格的定义,采用形象理解即可.)

13. 任给平面上 m 个三角形,证明:存在一个与 m 无关的正实数 c,使得总是可以从中选出 $cm^{\frac{4}{5}}$ 个三角形,满足:不存在六个不同的点 A, B, C, D, E, F,使得 $\triangle ABC$, $\triangle BCD$, $\triangle CDE$, $\triangle DEF$, $\triangle EFA$, $\triangle FAB$ 都被选入.

15.4 删除法

删除法(alteration,或译为改造法、调整法)是另一个常用技巧,使用的动机有二:(1) 有些时候直接随机得到的组合结构可能并不满足条件,需要通过适当的"删除"并结合期望的线性性来得到想要的东西;(2) 对于能用直接的随机化处理的问题,这种方法一般来说会稍微精细一些.

我们先以 Ramsey 数的估计为例说明 (2) 以及删除法的基本思想.

15.4.1 例 对于 $R(k, k)$ 的下界,首先还是均匀、独立、随机地给 K_n 的边染上红蓝两色. 这时可能存在同色 K_k. 之前我们采用的方法是估计出现这种情况的概率,使其小于 1 即可. 接下来换一种方法:对于每个同色的 K_k,我们都扔掉其中一个顶点(直接从完全图中删除).

这样得到的 $K_{n'}$ 中就存在一种染色方案使得没有同色 K_k,所以 n' 一定小于 $R_{k,k}$(注意 n' 是随机变量). 设 X 为前面染色结束后 K_k 的数目,则 $\mathbb{E}[n'] = n - \mathbb{E}[X]$. 而 $\mathbb{E}[X]$ 由期望的线性性立刻得到为 $\binom{n}{k}2^{1-\binom{k}{2}}$. 所以一定有

$$R_{k,k} > n - \binom{n}{k}2^{1-\binom{k}{2}}.$$

下面用式 (15.2.2b) 来估计合适的 n,将不等式放松到 $n - \left(\frac{\mathrm{e}n}{k}\right)^k 2^{1-\binom{k}{2}}$ 并对 n 求导数得优化的 n^*

$$n^* = \frac{k2^{\frac{k}{2}}}{\mathrm{e}^{1+\frac{1}{k-1}}2^{\frac{1}{k-1}}} = \left(\frac{1}{\mathrm{e}} + o(1)\right) k \cdot 2^{\frac{k}{2}},$$

回代计算

$$\left(\frac{\mathrm{e}n^*}{k}\right)^k 2^{1-\frac{k}{2}} = \frac{2^{\frac{k}{2}}}{\mathrm{e}^{1+\frac{1}{k-1}}2^{\frac{1}{k-1}}} = O(2^{\frac{k}{2}}) = o(1)k \cdot 2^{\frac{k}{2}} \quad (k \to \infty).$$

所以我们有

$$R(k, k) > \left(\frac{1}{\mathrm{e}} + o(1)\right) k \cdot 2^{\frac{k}{2}},$$

这和用最直接的方法没有本质差异,但是常数得到了优化. ◇

以下讨论 (1),即用删除的方法得到想要的结构. 在下面的例子中,删除的方法乍一看来是很直接的,但对于更加复杂的问题则需要细细考虑.

15.4.2 例题 (Kővári–Sós–Turán, [10]) 证明:对每个正整数 $k \geqslant 2$ 和 n,存在矩阵 $M \in \{0,1\}^{n\times n}$,满足 M 中有 $\Omega(n^{2-\frac{2}{k+1}})$ 个 1,且不存在全 1 的 $k\times k$ 子矩阵(注意:根据定义,子矩阵不一定是连续的一个分块矩阵).

证明 如法炮制删除法的套路,我们以 p 的概率独立,随机地在每个格子中填上 1,然后检查每个 $k\times k$ 子矩阵,如果其中全是 1 则将其中一个 1 改为 0,这样得到的结构中就没有全 1 的子矩阵了. 于是

$$\mathbb{E}[\#1] \geqslant n^2 p - \binom{n}{k}^2 p^{k^2} \geqslant n^2 p - n^{2k} p^{k^2}.$$

求导调节 p,得优化的 $p^* = \left(\dfrac{n^2}{k^2 n^{2k}}\right)^{\frac{1}{k^2-1}}$,回代到不等式中即得到想要的结论. □

再来看一个组合几何问题:在正方形 $[0,1]^2$ 中放 n 个点的点集 S,问

$$\Delta(n) = \sup_{\substack{S\subseteq[0,1]^2\\ |S|=n}} \min_{\substack{\text{互不相同的}\\ P,Q,R\in S}} A(\triangle PQR)$$

最大可以是多少? 这里 $A(\cdot)$ 表示面积. Heilbronn 猜测 $\Delta(n) = O(n^{-2})$, 但现在已经知道 $\Delta(n) = \Omega(n^{-2}\log n)$[11]. 一个弱化的下界可以用比较粗糙的概率方法得到.

15.4.3 定理 *存在一个满足上述条件的 S 的构造使得 $\Delta(n) \geqslant \Omega(n^{-2})$.*

证明 首先在单位正方形上赋予均匀概率分布,然后随机地抽取 $2n$ 个点. 接下来的任务是估计 $\Pr[A(\triangle PQR) \leqslant cn^{-2}]$,方法是用条件概率的乘法公式,逐一定点.

设 $|PQ| = x$. 如果 $\triangle PQR$ 面积很小,那么 R 到 PQ 的距离应该不超过 $2cn^{-2}/x$. 这样一个可选区域被一个长方形覆盖,其宽不超过单位正方形的对角线长度 $\sqrt{2}$,高不超过 $4cn^{-2}/x$. 为了进一步计算,需要计算选定 P 后,$|PQ|$ 的概率密度,它是

$$\Pr[a \leqslant x \leqslant a + \mathrm{d}a] \leqslant 2\pi a\,\mathrm{d}a.$$

尽管 a 取值不同导致 $|PQ|$ 的可选支撑不同,但是利用 $0 \leqslant a \leqslant \sqrt{2}$ 可以简单给出上界为

$$\begin{aligned}\Pr[A(\triangle PQR \leqslant cn^{-2})] &\leqslant \int_0^{\sqrt{2}} 2\pi a\,\mathrm{d}a \cdot \Pr[R\ \text{满足条件} \mid a \leqslant x \leqslant a + \mathrm{d}a]\\ &= \int_0^{\sqrt{2}} 2\pi a \cdot \frac{4\sqrt{2}cn^{-2}}{a}\,\mathrm{d}a = 8\sqrt{2}\pi cn^{-2}.\end{aligned}$$

得到以上估计之后,下面就是标准的删除法,我们把这些面积很小的“糟糕的”三角形中的点

都删掉一个,删掉点数的期望估计为

$$\leqslant \binom{2n}{3} 8\sqrt{2}\pi c n^{-2} = O(n),$$

因此存在一种方案,删除结束后剩下有 $\Omega(n)$ 个点满足条件. □

习题 15.4

1. 加强习题 15.2.2 的结论,证明:$R(4,k) \geqslant \Omega\left(\left(\frac{k}{\log k}\right)^2\right)$.

2. (Arnautov–Payan) 设图 G 有 n 个顶点且 $\delta(G)=k$,则图中有一个大小不超过

$$n\frac{1+\log(k+1)}{k+1}$$

的支配集.(支配集是指图 G 中点集 $S \subseteq V(G)$,满足所有顶点都是某一个 S 中点的邻居.)

3. 证明:若 $|V| \leqslant 2|E|$,则图 $G(V,E)$ 满足 $\alpha(G) \geqslant \Omega\left(\frac{|V|^2}{|E|}\right)$.

4. 考虑如下问题:在 $\mathbb{R}^n$ 中放置若干个点,使得任何三个点都形成锐角三角形,这样的点集可以有多大? 以下我们重复 [12] 中的论证.

(1) 证明:有某个正常数 c,存在 $c\left(\frac{2}{\sqrt{3}}\right)^n$ 个 $[n]$ 的子集构成的集合系 $\mathscr{F}$,满足不存在不同的 $A,B,C \in \mathscr{F}$ 使得 $A \cap B \subseteq C \subseteq A \cup B$;

(2) 由前一问结论导出:存在 $\Theta\left(\left(\frac{2}{\sqrt{3}}\right)^n\right)$ 个 $\mathbb{R}^n$ 中的点,任意三个点都形成锐角三角形.

15.5 Lovász 局部引理

顺着 Ramsey 数的讨论,我们现在来展示一种更精密的技术(但对 Ramsey 数的例子也只能增加下界前面的常数[13]).

在前面 Ramsey 数的估计中,我们大体上是先通过估计“糟糕事件”出现的概率,然后证明它们至少发生一个的概率严格小于 1. 现在考虑用反过来的办法证明:如果 n 个“好事件”发生的概率都是 p,那么它们都发生的概率大概会是 $p^n>0$——前提是它们相互独立. 然而,在 Ramsey 数问题中我们不能直接这么简单地论证. 具体地说,设 A_S 表示以 S 的顶点构成了同色完全子图这一事件,我们想要证明 $\Pr\left[\bigcap_S A_S^c\right]>0$,然而 A_S 或者 A_S^c 之间不是相互独立的,这个概率不能简单地计算出来. 尽管如此,我们可以尝试更准确地运用不独立事件之间的相互联系,将完全独立情况下的概率计算推广到独立性较弱的时候,这就是 **Lovász 局部引理**(<u>L</u>ovász <u>L</u>ocal <u>L</u>emma, LLL).

15.5.1 定理 (Lovász–Spencer, [13]) 设 $A_1,\ldots,A_n$ 是同一概率空间上的事件. 再设存在一个简单

(有向)图 $([n], E)$(称为**依赖图**),满足对每个 A_i,它和 $\{A_j : j \neq i, (i,j) \notin E\}$ 都相互独立,即指

$$\Pr[A_i] = \Pr\left[A_i \,\middle|\, \bigcap_{j\neq i,(i,j)\notin E} A_j\right]. \tag{15.5.1}$$

如果存在实数 $0 \leqslant x_i < 1$ 使得 $\Pr[A_i] \leqslant x_i \prod_{(i,j)\in E}(1-x_j)\,(1 \leqslant i \leqslant n)$,那么

$$\Pr\left[\bigcap_{i=1}^{n} A_i^c\right] \geqslant \prod_{i=1}^{n}\left(1-x_i\right) > 0.$$

15.5.2 注 (i) 这里的相互独立是指某个事件相对于非邻居事件独立(...independent of ...),其定义为式 (15.5.1),而不要求非邻居的那些事件都相互独立.

(ii) 一般而言我们可以认为依赖图是无向图来思考问题. 另外,满足定义的依赖图可能不是唯一的,但我们只关心其度数的上界,因此选择一个较好的就可以. ♤

证明 我们先用乘法公式展开待计算的概率为条件概率的形式:

$$\begin{aligned}\Pr\left[\bigcap_{i=1}^{n} A_i^c\right] &= \Pr[A_1^c]\Pr[A_2^c \mid A_1^c]\cdots\Pr[A_n^c \mid A_1^c, A_2^c, \ldots, A_{n-1}^c]\\ &= (1-\Pr[A_1])(1-\Pr[A_2 \mid A_1^c])\cdots(1-\Pr[A_n \mid A_1^c, A_2^c, \ldots, A_{n-1}^c]).\end{aligned}$$

接下来如若能证明,对于任意的 A_i 和 $S \subseteq [n] \setminus \{i\}$ 都有

$$\Pr\left[A_i \,\middle|\, \bigcap_{j\in S} A_j^c\right] \leqslant x_i, \tag{15.5.2}$$

则命题就能成立. 这一式的直观含义是在一定的牺牲下,事件 A_i 的条件概率可以换成独立的 x_i,以下证明时,我们将条件概率中与 A_i 独立的部分 S_2 和不独立的 S_1 分开处理来达成这一目标.

为此对 $|S| = s$ 归纳,$s = 0$ 的情形是显然的. 假设对于 $s' < s$ 命题都已经成立,令 $S_1 = \{j : j \in S, (i,j) \in E\}$ 和 $S_2 = S \setminus S_1$,由条件概率之定义

$$\Pr\left[A_i \,\middle|\, \bigcap_{j\in S} A_j^c\right] = \frac{\Pr\left[A_i \cap \left(\bigcap_{j\in S_1} A_j^c\right) \,\middle|\, \bigcap_{k\in S_2} A_k^c\right]}{\Pr\left[\bigcap_{j\in S_1} A_j^c \,\middle|\, \bigcap_{k\in S_2} A_k^c\right]}.$$

对于分子估计如下

$$分子 \leqslant \Pr\left[A_i \,\middle|\, \bigcap_{k\in S_2} A_k^c\right] \xlongequal{独立性、式 (15.5.1)} \Pr[A_i] \leqslant x_i \prod_{(i,j)\in E}(1-x_j).$$

而对于分母,如果 $S_1 = \varnothing$,则分母为 1,命题自动成立. 否则,设 $S_1 = \{j_1, \ldots, j_r\}$,记

$B=\bigcap_{k\in S_2} A_k^c$,用乘法公式兼以归纳假设

$$\Pr\left[\bigcap_{j\in S_1} A_j^c \,\middle|\, \bigcap_{k\in S_2} A_k^c\right] = (1-\Pr[A_{j_1}\mid B])(1-\Pr[A_{j_2}\mid A_{j_1}^c, B]$$
$$\cdots(1-\Pr[A_{j_r}\mid A_{j_1}^c,\dots,A_{j_{r-1}}^c, B]) \overset{\text{归纳假设}}{\geqslant} \prod_{j\in S_1}(1-x_j).$$

结合两个估计即知式 (15.5.2) 成立,定理证毕. □

经常使用的 Lovász 引理通常是下面这个版本①.

15.5.3 推论 (对称 Lovász 引理) 设 $A_1,\dots,A_n$ 是满足 $\Pr[A_i]\leqslant p<1\,(1\leqslant i\leqslant n)$ 的事件. 假设对每个 A_i,它都和除了至多 d 个事件外的其他全部事件相互独立. 如果还有 $\mathrm{e}p(d+1)\leqslant 1$,那么 $\Pr[A_1^c\cdots A_n^c]>0$.(这里 e 是自然对数的底.)

证明 不妨设 $d\geqslant 1$($d=0$ 的情形是平凡的). 在定理中取 $x_i=\dfrac{1}{d+1}$,则条件转为 $p\leqslant \dfrac{1}{d+1}\left(1-\dfrac{1}{d+1}\right)^d$,由 $\left(1-\dfrac{1}{d+1}\right)^d>\dfrac{1}{\mathrm{e}}$ 加强得到上述条件. □

更仔细的分析[15] 表明,上面的条件减弱为 $\mathrm{e}pd\leqslant 1\,(d\geqslant 1)$,定理也成立;且常数 e 是最优的.

15.5.4 例 对于 Ramsey 数估计中的式 (15.2.1),我们改用局部引理. 首先利用 12.2.11 引理,取 $\mathscr{X}$ 为边的染色,考虑同色事件 A_S:以 S 的顶点构成了同色完全子图,往证 $\Pr\left[\bigcap_S A_S^c\right]>0$.

如果两个 K_k 完全子图的公共点只有 1 个或者 0 个,即它们没有公共边,那么它们所对应的同色事件是相互独立的. 于是可以取 $d=\binom{k}{2}\binom{n-2}{k-2}$. 利用局部引理,估计满足

$$\mathrm{e}\binom{k}{2}\binom{n-2}{k-2}2^{1-\binom{k}{2}}<1$$

的 n 就可以. 具体计算得到(计算方法和之前是类似的)

$$R(k,k)>\left(\frac{\sqrt{2}}{\mathrm{e}}+o(1)\right)k\cdot 2^{\frac{k}{2}}.$$

这结果只比并集上界所得在常数上大了一倍. 实际上,因为这个 d 很大,而局部引理应该在独立性比较强(但并非全部相互独立)的情况下效果较好,所以以上结果从直观上也符合预期. ◇

以下是 Lovász 局部引理的两个简单用例.

15.5.5 例题 考虑圆周上 $11n$ 个点,它们被染上了 n 种颜色,其中每种颜色恰染了 11 个点. 现在要从中选择 n 个不同颜色的点,证明:一定存在一种方案,满足选出的元素在圆周中两两不相邻.

证明 将点顺时针编号为 $0,1,\dots,11n-1$,所有编号均按模 $11n$ 理解. 我们随机地选出 n 个点,记事件 A_i 所有方案中 $i,i+1$ 点同时被选中的情况. 一方面 $\Pr[A_i]\leqslant\dfrac{1}{121}$;另一方面,$A_i$ 最多与

① 非对称版本的引理则比对称版本更加灵活,其用例可参看 [14].

A_{i-1}, A_{i+1} 相关（在 12.2.11 引理中取 $\mathscr{X}$ 为顶点是否选入），与第 i 个点颜色相同的点有 10 个，与第 $i+1$ 个点相同颜色的点还有 10 个，所以 $d \leqslant 2 \times 2 \times 10 + 2 = 42$. 由于 $(42+1)\mathrm{e}\dfrac{1}{121} < 1$，故由 LLL 得存在一种方案使得每个 A_i 都不发生，命题成立. □

15.5.6 例题 证明：可以用 $O(\sqrt{n})$ 种颜色对 K_n 的边进行染色，使得图中不存在同色的 K_3.

证明 用 k 种颜色均匀、独立、随机地染色，某个 K_3 同色的概率为 $k\dfrac{1}{k^3}$. 和前面的论证一样，固定一个 K_3，其同色事件和只有 0 个或者 1 个公共点的 K_3 的事件是相互独立的，故可取 $d = 3(n-3)$，结合 LLL 只要 $\mathrm{e}\dfrac{1}{k^2}(3(n-3)+1) \leqslant 1$，此时 $k = O(\sqrt{n})$. □

应用局部引理时需要合理选择并分析依赖图. 选择了不好的依赖图可能导致结果比较弱，或者依赖图根本不符合独立性条件，证明甚至错了. 下面这个例子展示这种选择的重要性，它推广了 15.5.5 例题的结论.

15.5.7 例题 设图 G 的顶点集划分为 $V_1, \ldots, V_r$，满足 $|V_i| \geqslant 2\mathrm{e}\Delta(G)$，这里 e 是自然对数的底. 证明：存在一个大小为 r 的独立集，其中每一个顶点分别取自一个 V_i.

证明 首先可不妨设 $k = |V_i| = \lceil 2\mathrm{e}\Delta(G) \rceil$，不然把多余的顶点都扔去，命题只会变强.

接下来先用最直接的方法尝试：均匀，独立，随机地从 V_i 中各抽一个点，考虑事件 $A_{ij} = \{\{v_i, v_j\} \in E\}$. 一方面，$\Pr[A_{ij}] \leqslant \dfrac{\Delta}{k}$；另一方面，依赖图中 A_{ij} 和 $A_{k\ell}$ 相关，就是指 $\{i,j\}, \{k,\ell\}$ 相交. 依赖图的度至多为 $2k\Delta$. 于是要用局部引理就要求

$$\frac{\Delta}{k}(2k\Delta)\mathrm{e} \sim \Delta^2\mathrm{e} \leqslant 1.$$

遗憾的是这不太可能. 此证明方法失败了.

其实稍微改动一下就可以完成任务，合适的事件应该是

$$A_e = \{e\text{ 的两个端点都被选进来了}\}.$$

此时 $\Pr[A_e] = \dfrac{1}{k^2}$，而依赖图的度上界不变，仍为 $2k\Delta$. 这样一来，局部引理要求的条件

$$\mathrm{e}\frac{1}{k^2}(2k\Delta) \leqslant 1$$

就成立了. □

习题 15.5

1. 考虑圆周上 $4n$ 个点，它们被染上了 n 种颜色，其中每种颜色恰染了 4 个点. 现在要从中选择 n 个不同颜色的点，问：是否存在一种方案，满足选出的元素在圆周中两两不相邻？

2. 证明：可以用 $O(n^{\frac{2}{3}})$ 种颜色对 K_n 的边进行染色，使得图中不存在同色的四边形.

3. (Erdős–Lovász, [16]) 用 r 种不同的颜色给实数染色. 若 $T \subseteq \mathbb{R}$ 中数的颜色有不同的 r 种，则称 T 是“多

彩的". 现给定有限集 $X \subseteq \mathbb{R}$ 和整数 m 满足

$$\mathrm{e}r(m^2 - m + 1)\left(1 - \frac{1}{r}\right)^m < 1.$$

证明:对于任意的有 m 个实数的子集 S,都存在一个染色方案,使得下面的全部集合都是多彩的:

$$S_x = \{x + s : s \in S\}, \quad \forall x \in X.$$

4. 设 $m = 10^5, n = 10m$. 再设 $x_1, \ldots, x_n$ 是命题变元,$\sigma_1, \ldots, \sigma_{30}$ 分别是 $[n] = \{1, \ldots, n\}$ 的一个排列. 对每个 $i \in [30]$ 和 $0 \leqslant t < m$,令 $C_{it} = (y_1 \vee \cdots \vee y_{10})$,其中 y_l 或者是 $x_{\sigma_i(10t+l)}$,或者是它的否定. 设 $C = \bigwedge_{i,t} C_{it}$,证明:存在一种 $x_1, \ldots, x_n$ 的真值指派,使得 C 的真值为 T.

5. van der Waerden 曾经证明:任给正整数 $k \geqslant 2$,存在一个正整数 n 使得用 2 种颜色给 $1, \ldots, n$ 中的数染色,其中一定有一个每项的颜色都相同的 k 项等差数列(证明可看 [17]). 现在把所有这些 n 中最小的记为 $W(2, k)$,证明:$W(2, k) \geqslant \dfrac{2^{k-1}}{k\mathrm{e}}$.

6. 设图 G 的最大度为 Δ,证明:可以用 $O(\Delta)$ 种颜色给 G 的边染色,使得 G 种的每个圈都包含至少 3 种颜色,而且邻接的边都不同色.

7. (Alon–Linial, [18]) 设有向图 D 的最小出度为 δ,最大入度为 Δ,整数 k 满足

$$k \leqslant \frac{\delta}{1 + \log(1 + \delta\Delta)},$$

证明:D 中存在一个(有向)圈,其长度是 k 的倍数.

8. 设有向图 D 中每个顶点的出度都为 k,证明:该图中存在 $\Omega\left(\dfrac{k}{\log k}\right)$ 个顶点互不相交的(有向)圈.

9. (*不平衡的 Lovász 局部引理*, [19]) 设事件 $A_1, \ldots, A_n$ 满足 $\Pr[A_i] \leqslant p$. 如果对每个事件 A_i 都存在至多 d 个事件组成的集合 $\mathcal{N}(i)$,使得对于每个 $S \subseteq [n] \setminus (\mathcal{N}(i) \cup \{i\})$ 都有

$$\Pr\left[A_i \,\middle|\, \bigcap_{j \in S} A_j^c\right] \leqslant \Pr[A_i].$$

且 $\mathrm{e}p(d + 1) \leqslant 1$,证明:

$$\Pr\left[\bigcap_{i=1}^{n} A_i^c\right] > 0.$$

10. 证明:存在正常数 c,使得对每个有 n 个点,m 条边,最大度不超过 $\dfrac{cn^2}{m}$ 的图 H,我们都能在 K_n 中找到两个 H 的边不交的"副本". 这里副本之含义同 15.2.2 例题.

11. (Razborov, [20]) 以下命题承局部引理之思想,即每 k 个事件都几乎相互独立,那么事件中某一个发生的概率可以得到保证. 设非负整数 $n > 2k$,实数 $p, \delta \in [0, 1)$,事件 $A_1, \ldots, A_n$ 满足 $\Pr[A_i] = p < 1\ (1 \leqslant i \leqslant n)$,而且对任何指标集 $I \subseteq [n]$ 都有

$$\left|\Pr\left[\bigcap_{i \in I} A_i\right] - p^{|I|}\right| \leqslant \delta,$$

证明:

$$\Pr\left[\bigcup_{i=1}^{n} A_i\right] \geqslant 1 - \mathrm{e}^{-pn} - \binom{n}{k+1}(\delta k + p^k).$$

注解

在 Ramsey 数发现之后，人们还发现了很多类似的结果，比如习题 15.1.6 中提到的 Schur 数，还有著名的 van der Waerdden 数（参看习题 15.5.5 中的引文）等等. 它们都是 Ramsey 理论的一部分. 这些结果除了像本章开头那样总是断言一个充分大的结构之中有一个性质类似的子结构之外，还都具有很有意思的特征："充分大"通常意味着问题规模极为庞大，以至于很难确定至少要多大. 举例来说，第五个 Schur 数 $S(5)$ 直到 2018 年才得到确定[21]，而验证的计算机程序消耗了 4096 TB 的内存. 有关 Ramsey 理论的讨论可以参考 [22]. 就应用而言，Ramsey 定理还可以推广到集合上去（或者说推广到超图上去），此时它在数据结构和通信复杂度等领域有着丰富的用途，例如 [23].

概率方法可以追溯到 1943 年 Szele 对竞赛图性质的一个证明，就是我们在 15.3.1 命题中叙述的. 真正意识到这把锋利武器用处的人是匈牙利数学家 Paul Erdős. 1947 年他对 $R(k,k)$ 下界的估计使得这一方法正式登上了组合数学的舞台，之后它得到充分使用，因而使用概率方法的组合数学常被称为"Hungarian style combinatorics". 我们在概率方法的讨论中省略了对矩法、随机图和其他利用概率空间的定义来完成证明的例子的讨论，这些内容都可以在概率方法领域标准材料 [8] 中找到，这本书的作者之一还写过一个更短小册子《概率方法十讲》[24]，也可以参考.

Lovász 局部引理有构造性地证明，这是近十年的新结果[25]，它获得了 2020 年的 Gödel 奖，可以看 https://eatcs.org/index.php/component/content/article/1-news/2850-2020-03-31-12-11-16 中的介绍[8].

参考文献

[1] SCHUR I. Über Kongruenz $x^m + y^m = z^m$ (mod p)[J]. Jahresbericht der Deutschen Mathematiker-Vereinigung, 1917, 25: 114-116.

[2] SAUER N, SPENCER J. Edge disjoint placement of graphs[J]. Journal of Combinatorial Theory, Series B, 1978, 25(3): 295-302.

[3] WINKLER P. Puzzled: Figures on a plane[J]. Communications of the ACM, 2010, 53(8): 128-128.

[4] ALOUPIS G, HEARN R A, IWASAWA H, et al. Covering points with disjoint unit disks[C]//CCCG. 2012: 41-46.

[5] KLEITMAN D J, SPENCER J. Families of □-independent sets[J]. Discrete mathematics, 1973, 6(3): 255-262.

[6] CARO Y. New results on the independence number[R]. Technical Report, Tel-Aviv University, 1979.

[7] WEI V K. A lower bound on the stability number of a simple graph[R]. Bell Laboratories Technical Memorandum, 1981.

[8] ALON N, SPENCER J H. The Probabilistic Method[M]. 4th ed. Hoboken, New Jersey: Wiley, 2016.

[9] ORLIN J. Contentment in graph theory: covering graphs with cliques[C]//Indagationes Mathematicae: vol. 80: 5. 1977: 406-424.

[10] KŐVÁRI P, T. SÓS V, TURÁN P. On a problem of Zarankiewicz[C]//Colloquium Mathematicum: vol. 3. 1954: 50-57.

[11] KOMLÓS J, PINTZ J, SZEMERÉDI E. A lower bound for Heilbronn's problem[J]. Journal of the London Mathematical Society, 1982, 2(1): 13-24.

[12] ERDŐS P, FÜREDI Z. The greatest angle among n points in the d-dimensional Euclidean space[J]. Annals of Discrete Mathematics, 1983, 17: 275-283.

[13] SPENCER J. Asymptotic lower bounds for Ramsey functions[J]. Discrete Mathematics, 1977, 20: 69-76.

[14] HIND H, MOLLOY M, REED B. Colouring a graph frugally[J]. Combinatorica, 1997, 17(4): 469-482.

[15] SHEARER J B. On a problem of Spencer[J]. Combinatorica, 1985, 5(3): 241-245.

[16] ERDŐS P, LOVÁSZ L. Problems and results on 3-chromatic hypergraphs and some related questions[C]// Colloquia Mathematica Societatis Janos Bolyai 10. Infinite and Finite Sets, Keszthely (Hungary). 1973.

[17] GRAHAM R L, ROTHSCHILD B L. A short proof of van der Waerden's theorem on arithmetic progressions[J]. Proceedings of the American Mathematical Society, 1974, 42(2): 385-386.

[18] ALON N, LINIAL N. Cycles of length 0 modulo k in directed graphs[J]. Journal of Combinatorial Theory, Series B, 1989, 47(1): 114-119.

[19]] ERDŐS P, SPENCER J. Lopsided Lovász local lemma and Latin transversals[J]. Discrete Applied Mathematics, 1991, 30(2-3): 151-154.

[20] RAZBOROV A. Bounded-depth formulae over the basis AND, XOR and some combinatorial problems (in Russian)[J]. Problems of Cybernetics, Complexity Theory and Applied Mathematical Logic, 1988: 149-166.

[21] HEULE M. Schur number five[C]//Proceedings of the AAAI Conference on Artificial Intelligence: vol. 32: 1. 2018.

[22] KATZ M, REIMANN J. An Introduction to Ramsey Theory[M]. Providence, Rhode Island. American Mathematical Society, 2018.

[23] YAO A C C. Should tables be sorted?[J]. Journal of the ACM, 1981, 28(3): 615-628.

[24] SPENCER J. Ten Lectures on the Probabilistic Method[M]. Philodelphia: Pennsylvania Society for Industrial and Applied Mathematics, 1994.

[25] MOSER R A, TARDOS G. A constructive proof of the general Lovász local lemma[J]. Journal of the ACM (JACM), 2010, 57(2): 1-15.

第五部分

图论初步

16 图的概念

阅读提示

本章介绍图论的基本概念,是图论部分后续所有章节的前置基础(相比之下,后面全部章节互相之间没有明显的依赖关系). 由于图论的概念繁多,本章在介绍时未免琐碎以及前后粘连,只能尽量将有关的基本概念收集起来,并选择适当的例子和次序集中展示这些概念. 一般来说这些概念都是很形象的,读者很容易就能理解,因此读者的首要目标是掌握图论证明的一些基础技巧:归纳法、极值法等等,另外需要注意一下一些容易混淆的概念.

让我们从**七桥问题**开始说起. 如图 16.1(a) 所示,十八世纪东普鲁士的 Königsberg(今属俄罗斯 Калининград)的市区横跨 Преголя 河,河中心有两个小岛,小岛与河的两岸有七座桥连接. 假如游客从某一点出发,他想进行环游,即把所有桥都走一遍而且只走一遍,同时并回到原来的位置,是否有这样一种方案?

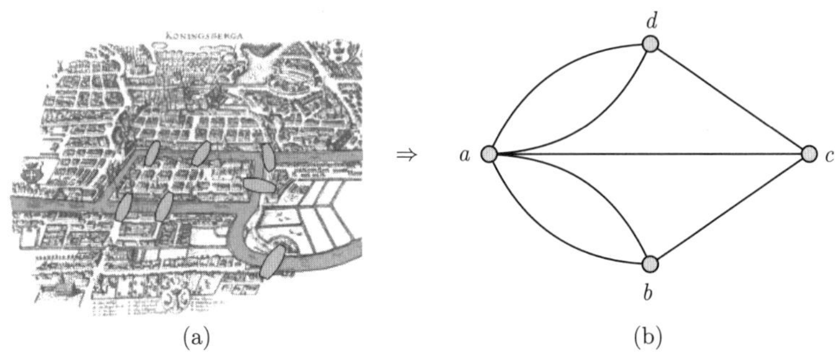

图 16.1　七桥问题注

注:图片来源:Wikimedia Commons,使用许可:CC BY-SA 3.0

把由河流隔开的地面抽象成点,七座桥抽象成连接这些点的边,则问题等价于如何在纸上一笔画(笔尖不离开纸面,一条边只画一次)出图 16.1(b) 的图形,而且起笔和收笔在同一个点. Euler 通过作这样的抽象解决了这一问题,他证明了七桥问题是无解的(§18.1 节);而这种模型就是**图**. 这一结果也使得 Euler 成为了图论以及拓扑学的创始人.

毋庸置疑的是,图论广泛渗透在计算机科学的各种领域中,因此以下六章我们对它作一个简单的介绍.

16.1 图的定义

图是由若干结点和连接它们的线段所构成的图形,这种图形通常用来描述某些事物之间的某种特定关系:结点就是事物,线就是两个结点之间的关系.

16.1.1 定义 (无向)图 G 由二元组 (V, E) 构成,其中 V 是一个集合,称为**顶点**,E 是 V 中元素无序对构成的(多重)集合,称为**边**.

今后将用 $V(G), E(G)$ 分别表示图 G 的顶点集和边集,而且只讨论 V 为有限集的情形(G 为**有限图**). 这时 $|V(G)|$ 称为 G 的**阶**,也可记为 $|G|$ 或 $n(G)$;有 n 个顶点的图称为 **n 阶图**. 再用 $e(G)$ 表示边数 $|E(G)|$.

根据 V, E 的信息,在纸上用圆点表示顶点,用圆点之间的连线表示边,就用绘制的方式表示出了图. 例如图 16.1 的右侧就画出了一个图,对应的点 $V = \{a,b,c,d\}$,边 $E = \{2\cdot\{a,b\}, 2\cdot\{a,d\}, \{c,b\}, \{c,d\}, \{c,a\}\}$. 注意,图中有 4 个顶点和 7 条边,尤其是 a,b 和 a,d 之间都有两条边连接;有时候,我们还允许图中顶点有边连结同一个点,或者两个点之间有多条边,它们分别称为**自环**和**重边**(图 16.2).

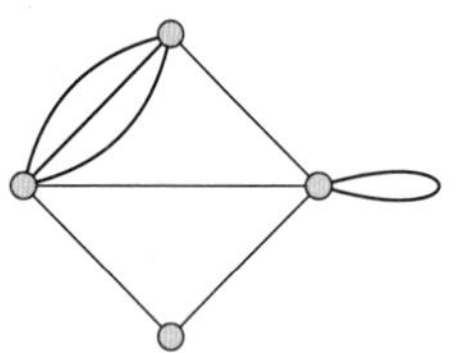

图 16.2 自环与重边

没有自环和重边的图谓**简单图**.

16.1.2 约定 若不加另外说明,我们要讨论的图是简单无向图.

图中的一个最基本关系是邻接关系. 如果存在边 $e = \{x, y\}$,就称顶点 x, y **邻接**,x, e 和 y, e 分别相互**关联**. 如果 $x \in X, y \in Y$,我们就说 e 是一条 **XY 边**,全部这样的边记为 $E(X, Y)$.

如果两条边有一个公共顶点,则也称它们**相邻**. 令 $\mathcal{N}(x) \overset{\text{def}}{=} \{y \in V : \{x, y\} \in E\}$ 表示和 x 邻接的点的集合,称为 x 的**邻居**(或**邻域**).

除了用绘制的方法表示图,也可以直接用(点或边的)邻接关系来表示之.

设 G 的顶点集 $V = \{v_1, \ldots, v_n\}$,边集 $E = \{e_1, \ldots, e_m\}$. 其**邻接矩阵** $A(G)$ 是一个 $n \times n$ 的 0, 1 方阵,其中

$$A(G)_{ij} = \begin{cases} 1 & (\{v_i, v_j\} \in E), \\ 0 & (\text{否则}). \end{cases}$$

关联矩阵 $M(G)$ 是一个 $n \times m$ 的 0, 1 矩阵,其中

$$M(G)_{ij} = \begin{cases} 1 & (v_i \text{ 是边 } m_j \text{ 的端点}), \\ 0 & (\text{否则}). \end{cases}$$

可以看出无向图的邻接矩阵是对称矩阵,其关联矩阵的列和为 2.

需要注意的是,在使用邻接矩阵和关联矩阵表示图时,必须给顶点指明标号,而且给顶点指明不同的标号得到的邻接矩阵是不同的(尽管这样的图其实是"一样"的).

16.1.3 例 图 16.3 给出了一张图的邻接矩阵和关联矩阵的例子.

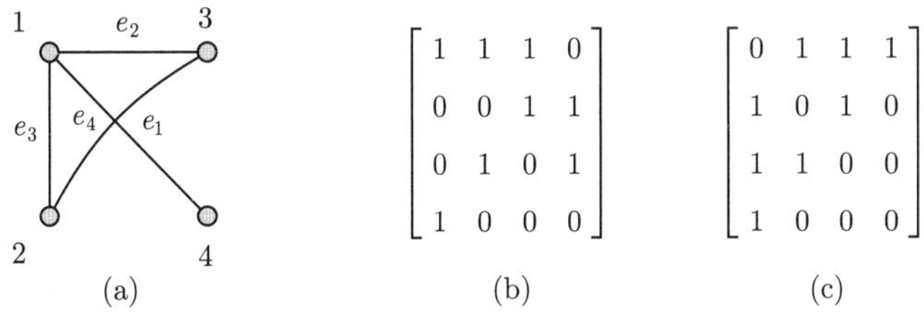

图 16.3 关联矩阵和邻接矩阵

前面已经说到,对称的二元关系皆可用无向图来表示. 所以,一些具有实际背景的问题的建模和解决就成为图论的重要研究对象,我们借这些例子引出一些比较重要的特殊图.

16.1.4 例 对于人来说,"相互认识"是一个对称的关系,所以人的社交网络可以用图来表示. 图 16.4 给出了一个简单的社交网络.

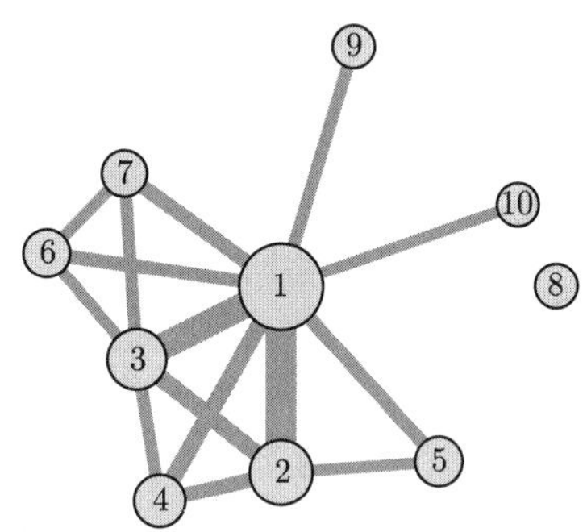

图 16.4 一个简单的社交网络

在上图中,对于 $\{1,3,6,7\}$ 和 $\{1,2,3,4\}$ 两组人,组内任何两个人都相互认识,这样的任意两个顶点之间都有边相连的顶点集称为**团**. 特别地,如果某张有 n 个顶点的图本身是一个团,就称它是**完全图** K_n. 图 16.5 给出了几个完全图,其中 K_3 也根据其形状称为**三角形**.

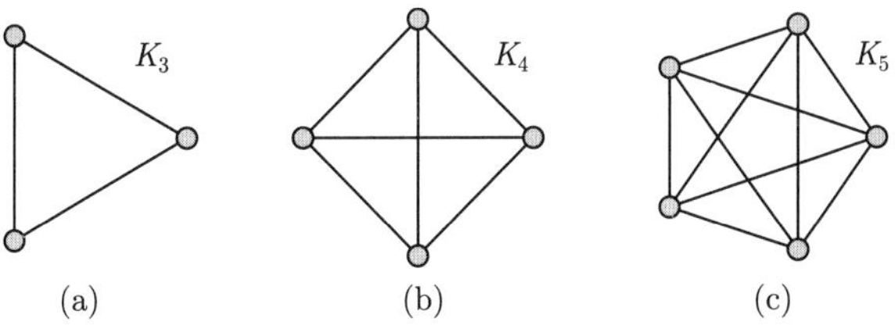

图 16.5 完全图 K_3, K_4, K_5

而 $\{7,8,9,10\}$ 这四个人则两两互不认识，这样的任意两个顶点之间都没有边相连的顶点集称为**独立集**. 此外，8 一个人也不认识，称其为**孤立点**.

在社交网络中，人与人之间的关系有好坏之分，这在图中反映为边的粗细. 在图的基础上，我们还可以给出一个映射 $w: E \longrightarrow Y$，即给每条边 e 一个**权** $w(e)$，所得的图称为**带权图**，在组合优化问题中常常见到. ◇

在诸如图 16.4 的社交网络中，我们可以很自然地把相互认识这个关系改为相互不认识，所得的图是原来图的补：

16.1.5 定义 设 $G(V,E)$ 是图，其**补图** $\overline{G}$ 恰包含 G 的全部顶点，但 $\{u,v\} \in E(\overline{G})$ 当且仅当 $\{u,v\} \notin E(G)$.

例如一个简单但有用的观察是：某点集是独立集当且仅当其在补图中是团.

16.1.6 例 假设有 n 个人和 m 项作业，$n \geqslant m$. 对于一项工作，有一些人能做它，有一些人则不能做. 用图来表述：考虑两组顶点，第一组 n 个顶点代表人，第二组 m 个顶点代表作业；如果人 p 能完成某个作业 a，就在它们代表的顶点之间连一条边. 比如，图 16.6(a) 就代表一种可能的情形.

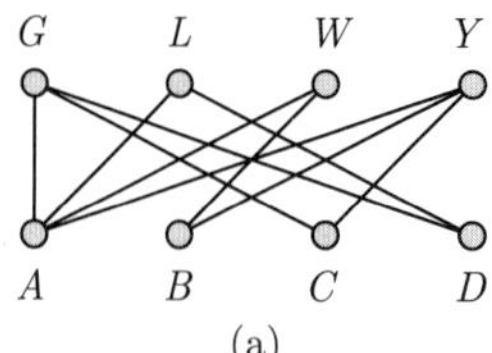

(a)

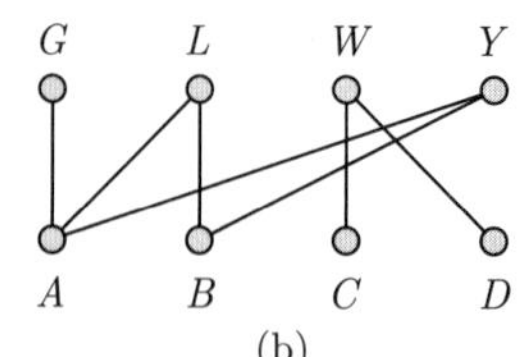

(b)

图 16.6 作业分配与二部图

图示出来的这种图都可写成两个独立集的并，称为**二部图**. 而想要求出的任务分配方案就是二部图中 m 条互不相邻的边，这不一定能做到，比如图 16.6(b) 代表的问题就无解.

在二部图中，如果所有可能的边都出现，就称它是**完全二部图**，根据两个独立集的顶点个数记为 $K_{n,m}$（图 16.7 给出了两个例子）.

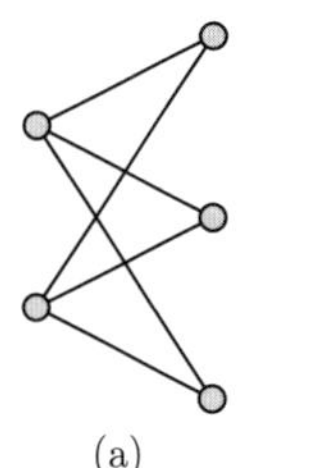
(a)

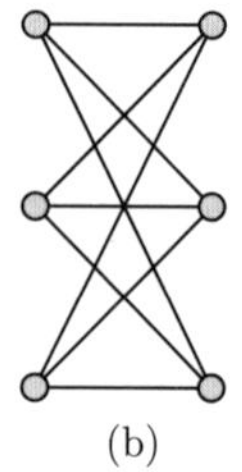
(b)

图 16.7 $K_{2,3}$ 和 $K_{3,3}$

更广泛地，可写成 k 个独立集的并的图称为 ***k* 部图**，注意，完全 k 部图的任意两个分属不同独立集的顶点都有连边. ◇

习题 16.1

1. 求出完全二部图 $K_{n,m}$ 和完全图 K_n 中的总边数. 完全二部图什么时候也是完全图?

2. 图 16.8 称为 **Peterson** 图.

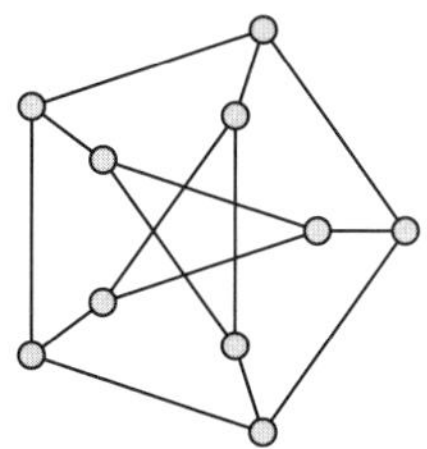

图 16.8 Peterson 图(它常常见于证明中的例子或反例)

(1) 证明:在 Peterson 图中,两个顶点不相邻当且仅当它们有一个公共的邻居.

(2) Peterson 图是不是二部图? 说明理由.

(3) 给出 Peterson 图中顶点个数最多的一个独立集.

3. 设图 G 的关联矩阵是 M,问:$MM^{\top}$ 的 (i,j) 元有何直观含义?

16.2 顶点度

图中顶点的邻接关系可以用顶点度的方式定量. 我们把顶点 v 邻居的个数 $|\mathcal{N}(v)|$ 称为这个顶点的**度**,记为 $d(v)$.

我们用 $\Delta(G), \delta(G)$ 分别表示图 G 中顶点的**最大度**和**最小度**,并以 $\overline{d}(G)$ 记图中所有点度的平均值 $\dfrac{1}{|V|}\sum_{v\in V} d(v)$.

对顶点度的描写从下面这个著名的命题开始.

16.2.1 定理 (握手定理) 对图 $G(V,E)$ 有

$$2|E| = \sum_{v\in V} d(v).$$

证明 对 $|\{(v,e) : v \in V, e \in E, v, e \text{ 相关联}\}|$ 算两次. 式左是先按边求和,每条边对应两个点;式右是先按点求和,每个点对应 $d(v)$ 条边. 因此二者必然相等. □

16.2.2 推论 任何图中奇数度的顶点个数是偶数.

16.2.3 例 考虑以 $\{0,1\}^n$ 中每个向量作为一个顶点,同时令图中两个顶点有边相连当且仅当 0, 1 向量 $\boldsymbol{u}, \boldsymbol{v}$ 只相差一个分量. 这样的图称为 ***n* 维立方体** Q_n(图 16.9 中给出了一个例子). 若一个图 G 中所有顶点的度皆为 r,就说它是 ***r*-正则**的. 对于 r-正则图,握手定理导出 $r|V| = 2|E|$,譬如 Q_n 是 n-正则的,所以它有 $n \cdot 2^{n-1}$ 条边.

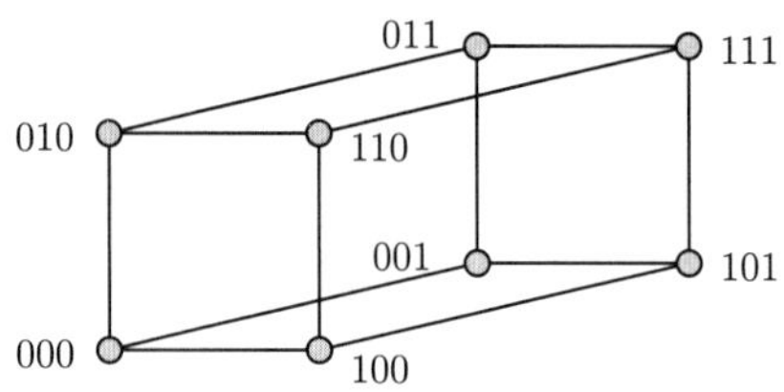

图 16.9　三维立方体 Q_3

Q_n 还是一个二部图,因为相邻的顶点对应的向量的分量和一定不同,所以它分解为两个大小为 2^{n-1} 的独立集. 对于 r-正则二部图,若根据 X 中的顶点计数得 $|E| = r|X|$,同理 $|E| = r|Y|$,所以必定有 $|X| = |Y|$. ◇

利用度数可以刻画很多有关图的性质,下面是一个著名的定理.

16.2.4 定理 (Mantel, [1])　设图 G 有 n 个顶点,若其中不存在三个点,使得三者两两相邻(即图中有 K_3),则它至多有 $\left\lfloor \frac{n^2}{4} \right\rfloor$ 条边.

证明　设 x 是图中度最大的点,记 $\Delta = d(x)$. 因为图中没有 K_3,所以 $\mathcal{N}(x)$ 是个独立集,因而将 x 和其邻居之外的所有顶点的度相加至少将图 G 中每条边算了一次:

$$\sum_{v \notin \mathcal{N}(x)} d(v) \geqslant e(G).$$

另一方面,上式左侧遍历 $n - \Delta$ 个顶点,每个顶点的度至多为 Δ,故

$$(n - \Delta)\Delta \geqslant \sum_{v \notin \mathcal{N}(x)} d(v) \geqslant e(G).$$

对于所有可能的 Δ, 左侧的上界在 $\Delta^* = \left\lfloor \frac{n}{2} \right\rfloor$ 时最大, 因此结论成立. 结论的等号在完全二部图 $K_{\lfloor \frac{n}{2} \rfloor, \lceil \frac{n}{2} \rceil}$ 中是可以取到的, 它恰有 $\left\lfloor \frac{n^2}{4} \right\rfloor$ 条边(而且可以证明, 只有 $K_{\lfloor \frac{n}{2} \rfloor, \lceil \frac{n}{2} \rceil}$ 才能取到等号). □

习题 16.2

1. 证明:一个至少有两个顶点的简单图中,至少有两个顶点的度数是相同的.

2. 设 G 是一个至少有两个顶点的简单图,判断以下两个命题的正确性并说明理由:

(1) 在 G 中去掉一个度为 $\Delta(G)$ 的顶点(相关联的边也删去),那么平均度 $\overline{d}(G)$ 不会增加;

(2) 在 G 中去掉一个度为 $\delta(G)$ 的顶点(相关联的边也删去),那么平均度 $\overline{d}(G)$ 不会减少.

3. 设 $n \equiv 0, 1 \pmod 4$,构造一个有 $\frac{n(n-1)}{4}$ 条边的简单图,使得其满足 $\Delta(G) - \delta(G) \leqslant 1$.

4. 假设同学之间总是相互认识或者相互不认识,而且没有人一个同学也不认识. 给定一群同学,如果某同学所认识的同学平均认识的人数不低于全体同学平均认识的人数,就称该同学是“追星族”. 证明:总是有一

个追星族.(改编自 [2].)

5. 设图 G 中有两个相邻顶点 u, v,证明:存在至少 $d(u) + d(v) - |G|$ 个其他顶点,这些顶点中的每个都和 u, v 分别相邻.

6. 给定正整数 k,问:k-正则图最少有多少个顶点?证明你的结论.

7. 设 $s < k$,任意一个 n 顶点的 k-正则图中一定有一个 n 顶点的 s-正则子图吗?证明你的结论.(子图的概念参看后文.)

8. 设图 G 中有一个大小为 k 的独立集,问:G 中最多有多少条边?证明你的结论.

9. (Havel, [3]) 将图中顶点的度全部从大到小列出,得到 $d_1 \geqslant d_2 \geqslant \cdots \geqslant d_n$,称为**度数序列**. 握手定理说明必有 $d_1 + \cdots + d_n$ 是偶数.

(1) 证明:逆命题也成立,即若某序列的元素和是偶数,那么存在一个图(不一定是简单图)使得其度数序列就是该序列.

(2) 证明:序列 $d_1 \geqslant d_2 \geqslant \cdots \geqslant d_n$ 是一个简单图的度数序列当且仅当

$$d_2 - 1, \ldots, d_3 - 1, \ldots, d_{d_1+1} - 1, \ldots, d_{d_1+2}, \ldots, d_{d_1+3}, \ldots, d_n$$

(经过适当排列后)是某个简单图的度数序列.

(3) 判断 5, 5, 5, 4, 2, 1, 1, 1 是否可能是一个简单图的度数序列.

10. 设图 G 有 n 个顶点,若其中不存在四个点 A, B, C, D,使得 AB, BC, CD, DA 两两相邻(即图中有四边形),证明:它至多有 $\frac{1}{4}n(1 + \sqrt{4n-3})$ 条边.

11. 假设图 G 满足 Mantel 定理中的条件,而且任意两个不相邻的顶点恰好有两个公共的邻居. 证明:G 是 k-正则图,而且 $|G| = 1 + k + \binom{k}{2}$.

12. 桥牌是四个人组成两队搭档进行博弈的牌戏. 15 位同学相约打桥牌,规定如果四个人中有某两个人已经搭档过,那么这四个人不能再成牌局. 某天这 15 个同学中的一个临时决定去写离散数学的作业,剩下 14 人打到每个同学都和另外四人组过队后,又玩了六局. 此时他们发现不能再玩了. 证明:此时可以把那个在写作业的同学叫来,他们至少还能再玩一局.(取自 [4].)

16.3 路径和圈

把城市看成图中的顶点,若其间有道路直接相连,就在城市之间连接一条边,这样得到的图可以视为交通网络. 在交通网络中,人们总会关心城市之间是否有一条路径.

路径 P_n 正如其名,是指 n 个不同顶点 $v_1, \ldots, v_n$ 组成,在 $v_i v_{i+1}$ $(1 \leqslant i \leqslant n-1)$ 间恰各有边的一个如同线段的图. $v_2, \ldots, v_{n-1}$ 称为该路径的**内点**. 此时我们说该路径的长度是 $n-1$,并把它记为 P_n(参看图 16.10 左侧).

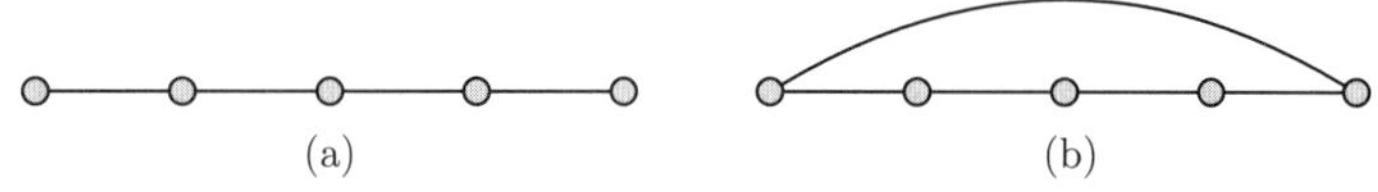

图 16.10 路径和圈

表示路径时可把顶点按顺序列出 $v_1 v_2 \cdots v_n$,读作"从 v_1 到 v_n 的路径". 若进一步把 $v_n v_1$ 相连就得到**圈** C_n. 此时我们说该圈的长度是 n,并把它记为 C_n(参看图 16.10 右侧).

更一般地,设 u, v (不必互异)是图 $G(V, E)$ 中的两个顶点,如果存在顶点序列(不必互异) $v_1, \ldots, v_{n-1}$ 使得 $uv_1, v_1v_2, \ldots, v_{n-1}v$ 皆在 E 中,就称 $uv_1 \cdots v_{n-1}v$ 是一条(uv)**通路**. 特别地,当 $u = v$ 时,称通路 $uu_1 \cdots u_{n-1}u$ 是一条(uu)**回路**. 没有重复边的通路和回路分别称为**简单通路**和**简单回路**.

16.3.1 例　图 16.11 中, $axaxuycdyvxba$ 是长 12 的回路, $xaxuycdyvxb$ 是长 9 的通路; 而 $axuycdyvxba$ 和 $xuycdyvxb$ 则分别是简单回路和简单通路.

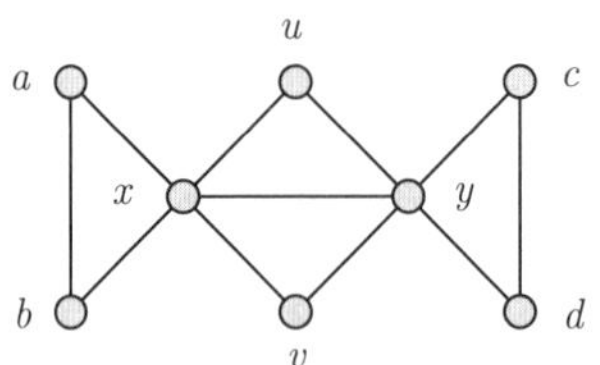

图 16.11　通路和回路

图中有 5 个圈,每个顶点都至少在一个圈中. ◇

邻接矩阵可以用来计算任何两个顶点之间的通路和回路数.

16.3.2 定理　设 A 是 n 阶无向图(顶点标为 $1, 2, \ldots, n$)的邻接矩阵,则 A^ℓ 中的 ij 元表示从 i 到 j 的长度为 ℓ 的通路数目($i = j$ 时则为回路).

证明　对 ℓ 归纳. $\ell = 1$ 时显然. $\ell > 1$ 时记 A^ℓ 的 ij 元为 $a_{ij}^{(\ell)}$,由归纳假设,从 i 到 j,最后经过 v_t 的通路个数为 $a_{it}^{(\ell-1)}a_{tj}$,所以从 i 到 j 长度为 ℓ 的通路总数是 $\sum_{t=1}^{n} a_{it}^{(\ell-1)}a_{tj}$,故命题成立. □

利用这种算法可以找出图中的许多数量,比如最短路径的长度 $d(i, j) = \min\{a_{ij}^{(\ell)} : a_{ij}^{(\ell)} \neq 0\}$,从 i 到 j 的长度不超过 ℓ 的通路总数为 $a_{ij} + a_{ij}^{(2)} + \cdots + a_{ij}^{(\ell)}$,等等. 顺便提及,图 G 中任何两点之间最短路径的最大值称为**直径** $\operatorname{diam} G$,所有圈的长度的最小值称为**围长** $g(G)$.

路径和圈则分别是没有重复顶点的通路和回路(回路的首尾顶点的重复不计),根据不走回头路的思想,只要有通路则必然有路径. 这样一来,因为路径(圈)结构比较简单,所以通常情况下不需要讨论一般的通路(回路).

16.3.3 命题　设 u, v 为 n 阶图 G 中的顶点,那么从 u 到 v 的任何通路必包含从 u 到 v 的路径,且所说路径的长度不超过 $n - 1$.

证明　因为路径没有重复顶点,所以后半句话是显然的. 设 $u = u_0u_1 \cdots u_{\ell-1}u_\ell = v$ 是长度为 ℓ 的通路(参看图 16.12),对 ℓ 归纳. 若 $\ell = 1$ 则已经得到一条路径. 否则,若这通路不是路径,则必存在 $i < j$ 使得 $u_i = u_j$,于是 $u_0u_1 \cdots u_iu_{j+1} \cdots u_\ell$ 是一条长度不足 ℓ 的通路,此时由归纳假设即得结论.

以下我们以路径和圈为载体,展示一种今后经常使用的论证技巧:极值法. 我们称一个图中的结构(相对于某个性质)是**极大**的,如果不存在真包含它的满足相应性质的母结构. 按同样套路可定义极小的概念.

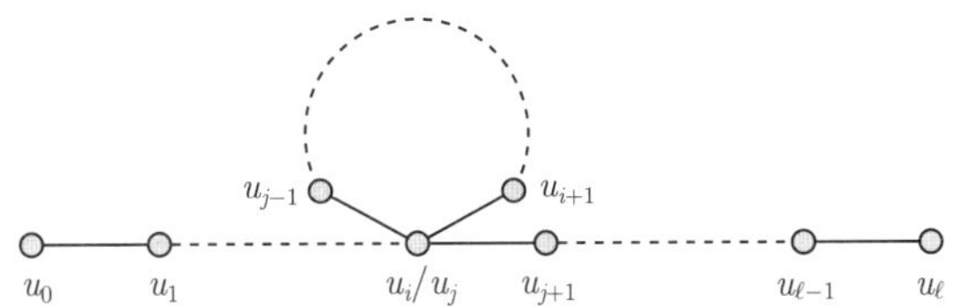

图 16.12 不走回头路:有通路则必然有路径

16.3.4 引理 设图 G 满足 $\delta(G) \geqslant 2$,则 G 必包含一个至少长为 $\delta(G)$ 的路径和一个至少长 $\delta(G)+1$ 的圈.

证明 选择一条图中的极大路径 $v_1v_2\cdots v_k$(即不存在更长的路径,使得该路径包含 $v_1,\dots,v_k$ 中的所有顶点和边). 任何一条路径只要不是极大路径,则至少有一个端点与路径本身以外的顶点相邻,于是路径还可以扩大,直到变成极大路径为止. 由此我们得到 $\mathcal{N}(v_k) \subseteq \{v_1,\dots,v_{k-1}\}$(参看图 16.13).

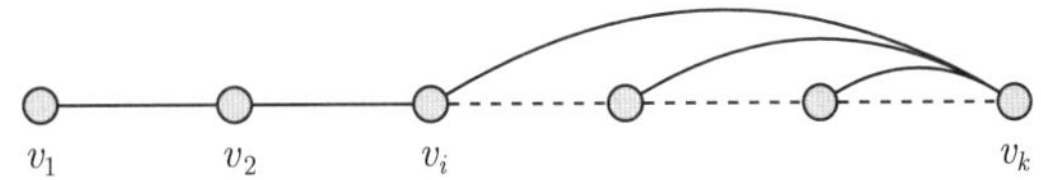

图 16.13 任何一条路径只要不是极大路径,则至少有一个端点与路径本身以外的顶点相邻

现在取 $i = \min\{j : v_j \in \mathcal{N}(v_k)\}$, 则 $v_1,\dots v_{i-1}$ 都不是 v_k 的邻居. 于是 $k-1-(i-1) = k-i \geqslant \delta(G)$,表明 $v_iv_{i+1}\cdots v_k$ 和 $v_iv_{i+1}\cdots v_kv_i$ 分别是想要的路径和圈. □

今后还会看到许多极大(小)结构在证明的作用.

16.3.5 例题 设图中有一条长度为奇数的 vv 通路(回路),证明:其中必包含一个长度为奇数的 vv 圈.(注:长度为奇(偶)数的圈简称为奇(偶)圈.)

证明 记所说的通路是 W,还是对 W 的长度 ℓ 归纳.

如果 $\ell = 1$ 或 2,则 W 已经是一个圈. 设命题对所有 $k < \ell$ 都已经成立,若 W 中没有重复的顶点,则 W 是一个圈;否则,设 v 是一个重复的顶点,视 W 从 v 开始,则它可分解为两个 vv 通路. 因为 W 长度为奇数,所以两个通路中一定有一个长度更短的奇数长的通路,依据归纳假设,其中有一个奇圈. □

习题 16.3

1. 对于 K_4,回答以下问题:

(1) 其中是否存在一个非简单的通路?

(2) 其中是否存在一个不是回路也不是路径的简单通路?

(3) 其中是否存在一个不是圈的简单回路?

2. 设某个图中的顶点 u,v,w 满足:存在 uv 路径和 vw 路径,证明:存在 uw 路径.

3. 极值法和归纳法都是常用的技巧,请用归纳法重新证明 16.3.4 引理.

4. 设图 G 有 n 个顶点而且 G 的边数不少于 n,证明:G 中有圈.

5. 本题允许图中有重边,但不考虑自环. 设图 G 满足 $\delta(G) \geqslant 3$,证明:G 中有偶圈.

6. (1) 设回路 W 中不包含圈,证明:W 中一定有两个顶点 v_1, v_2,使其形如 $\cdots v_1v_2v_1\cdots$.

(2) 设回路 W 中的边 e 在该回路中出现奇数次,证明:W 包含一个圈,而且这个圈含边 e.

7. 设图 G 中至少有一个圈,证明:$g(G) \leqslant 2\operatorname{diam} G + 1$.

8. 求出 Peterson 图的直径和围长.

9. 设图 G 有 10 个顶点,若其中不存在三个点,使得三者两两相邻(即图中有 K_3),也不存在一个长度为 4 的圈(即图中有 C_4),求 G 的边数的最大值.

16.4 连通性

设图 G 中有两个顶点 u, v,如果它们之间存在一条路径,我们就称这是一条 ***uv* 路径**,并说 u, v 是**相互可达**的. 容易看出,顶点相互可达的关系是一个等价关系,它把图中的顶点划分为若干等价类,等价类之间都没有边相连;每个等价类及其中的边合起来称为**连通分量**. 如果整张图只有一个连通分量,就说这张图是**连通**的. 我们规定只有一个点的图也算作连通的.

16.4.1 例 图 16.14 给出了一个二部图(为什么?),其中有 3 个连通分量.

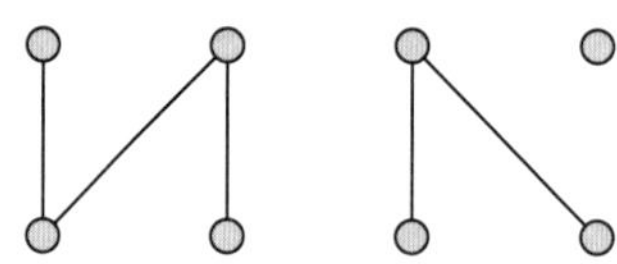

图 16.14 图中有 3 个连通分量

16.4.2 命题 有 n 个顶点和 m 条边的图至少有 $n-m$ 个连通分量.

证明 在有 n 个顶点,但没有边的图上逐一添加 m 条边,最后得到所说的图. 起初图中有 n 个连通分量,而每次加边至多把两个不相连的连通分量合并为一个,即是连通分量至多减少一个. 所以最后至少有 $n-m$ 个连通分量. □

16.4.3 推论 有 n 个顶点的连通图至少有 $n-1$ 条边.

路径和圈和连通性紧密相连. 在 16.4.2 命题的证明中,添加一条边至多减少一个连通分量. 反过来,删除一条边也至多增加一个连通分量. 如果在图 G 中删去一条边的之后所得的连通分量比 G 多,就称 e 是**割边**. 与边对应,如果在图 G 中删去一个点 v(与 v 相连的边也连带删除)之后的所得的连通分量比 G 多,就称 v 是**割点**. 需要注意的是,去掉割点之后的连通分量数目可能会比原图多超过 1.

举例来说,图 16.11 中全部的割点是 x, y,因为所有的边都在某个圈中,所以没有割边. 这后半句话实际上是刻画割边的一个充分必要条件.

16.4.4 引理 图中的边是割边当且仅当它不在某个圈中.

证明 设 $e = \{x, y\}$ 是所说的边,令它所在的连通分量为 H.

充分性. 若 e 不是割边,则 H 去掉边 e 后仍然是连通的,其中有一条 xy 路径,它和 e 合在一起得到一个圈(参考图 16.15),矛盾.

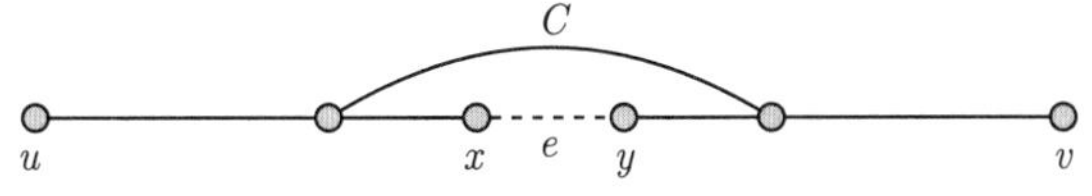

图 16.15 xy 路径和 e 合在一起得到一个圈

必要性. 如果 e 在某个圈 C 中,我们只需证明 H 去掉边 e 后仍然是连通的. 任取 $u, v \in H$,如果 uv 路径中不包含边 e,则 H 去掉边 e 后其中仍然有这条路径,依然是连通的. 否则,不妨设去掉边 e 后还有 u, x 路径和 y, v 路径,这和 x, y 沿圈 C 的路径合起来就是 uv 通路,因而必然存在 uv 路径. 所以 H 去掉边 e 后还是连通的,矛盾. □

让我们进一步用圈的概念给出一个判定二部图的方法. 在连通性一节处理它是因为证明中有一个小的技术细节需要用到连通分量的概念.

16.4.5 定理 (König) 一个(至少有两个顶点的)图是二部图当且仅当它不包含奇圈.

证明 必要性. 设二部图 G 划分为两个独立集 X, Y,则任何一条通路必在 X, Y 间交替,从而每条从 X 开始,返回到 X 的通路长度必为偶数,所以不可能有奇圈.

充分性. 由于如果图 G 的每个连通分量都是二部的,则它是二部的,所以可不妨设没有奇圈的图 G 是连通的. 依据必要性的证明思想,我们选定一个 $u \in V(G)$ 作为基准,定义 $f(v)$ 为 u, v 之间最短路径的长度,并令

$$X = \{v : f(v) \text{ 是偶数}\}, \quad Y = \{v : f(v) \text{ 是奇数}\}.$$

假如 X 中的点 v, v' 间有一条边,则 uv 之间的最短路径,vv' 和 uv' 之间最短路径的反向合起来是一个长度为奇数的通路,根据 16.3.5 例题的结果知其中必然包含奇圈,矛盾. 因此 X, Y 都是独立集,$G = (X, Y)$ 是二部图. □

假设两个图都是连通的,如何定量比较两个连通图的连通性的强弱? 设想有两套通信网络 A, B,其中若干条光缆或若干机器损坏可能破坏整个网络的连通性,如果 A 相比 B 对这种损坏的鲁棒性要好(在一定的损坏下还能保持连通),那么 A 的连通性就比 B 要强了. 以下抽象这种想法.

机器的损坏可建模为点连通度. 设 G 是连通图,如果在其中删除了某个点的集合 S(和 S 中顶点相连的边也连带删除),得到的新图不连通,就称 S 是**点割集**.

16.4.6 定义 连通图 G 的最小点割集的大小称为**点连通度**,记为 $\kappa(G)$. 如果不存在这样的割集,则令 $\kappa(G) = |G| - 1$. 约定非连通图的点连通度为 0. 满足 $\kappa(G) \geqslant k$ 的图称为 **k-(点)连通**的.

16.4.7 例 任何一个团都没有割集,所以 $\kappa(K_n) = n - 1$. 对于非完全图,总存在不相邻的两个点,删除除了这两个点之外的所有点一定得到一个非连通图,因此 $\kappa(G) \leqslant |G| - 2$.

设完全二部图 $K_{m,n}$ 的两个独立集分别为 X, Y,凡是至少包含一个 X 中点和 Y 中点的导出子图都是连通的,所以其割集必须包含 X, Y 之一中的全部点. 从而 $\kappa(K_{m,n}) = \min(m, n)$. ◇

光缆的损坏可建模为边连通度. 设 G 是连通图,如果在其中删除了某个边的集合 T,得到的新图不连通,就称 T 是**边割集**. 只有一条边(割边)的割集称为**桥**.

16.4.8 定义　连通图 G 的最小边割集的大小称为**边连通度**,记为 $\lambda(G)$. 约定非连通图的边连通度为 0. 满足 $\lambda(G) \geqslant k$ 的图称为 ***k*-边连通**的.

16.4.9 注　这里有一些比较微妙的概念区别需要详加解释.

设 S 是顶点集 $V(G)$ 的非空真子集,用 $\overline{S}$ 表示 $V(G) \setminus S$,那么连接 $S, \overline{S}$ 的全部边的集合 $T = E(S, \overline{S})$ 当然是边割集,这样的边割集称为**割**(或**断集**,可简记为 $(S, \overline{S})$). 此时 $S, \overline{S}$ 称为 G 的两个**侧面**.

边割集不一定是割,因为它可能有一些额外的边. 图 16.16 示出了一个例子.

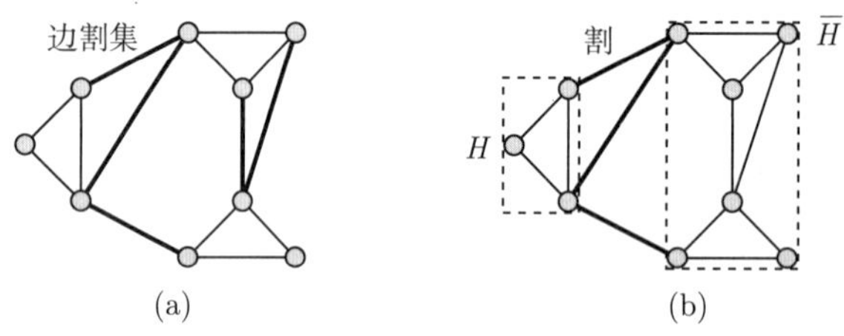

图 16.16　边割集和割的区别,二者中的边分别用粗线示出

然而,割并非就是极小的边割集. 比如,在 $K_{1,2}$ 中有三个割,它们中含有两条边的不是极小的. 现在定义:若一个边割集是极小的,即其任何非空真子集都不是边割集,我们就称它是**键**. 键一定是割. 事实上,设 S 是图 G 的一个极小边割集,在图中去掉所有 S 中的边得 G',任取 G' 的一个连通分量 H,则 S 中的边或者在 H 中只有一个顶点,或者两个端点都不在 H 中(否则与极小性矛盾),这就导出 $E(V(H), \overline{V(H)}) \subseteq S$,说明 S 是割.

总结起来,键 $\subsetneq$ 割 (断集) $\subsetneq$ 边割集. ♤

边割集和点割集的关系是形象的: 删除一个顶点就会删除与其关联的所有边, 这暗示 $\kappa(G) \leqslant \lambda(G)$. 以下形象的定理将它们二者和最小度关联在一起.

16.4.10 定理 (Whitney, [5])　对于(非平凡的)图 G 总有 $\kappa(G) \leqslant \lambda(G) \leqslant \delta(G)$.

证明　考虑 G 中具有最小度的点,它连接的边显然是一个边割集,所以 $\lambda(G) \leqslant \delta(G)$.

取最小割 $E(S, \overline{S})$, 则 $|E(S, \overline{S})| = \lambda(G)$. 如果 S 中的点和 $\overline{S}$ 中的点两两有连边, 则 $\lambda(G) = |S|(|G| - |S|) \geqslant |G| - 1 \geqslant \kappa(G)$,命题成立. 否则,存在一对 $x \in S, y \in \overline{S}$ 使得 xy 不相邻(参考图 16.17).

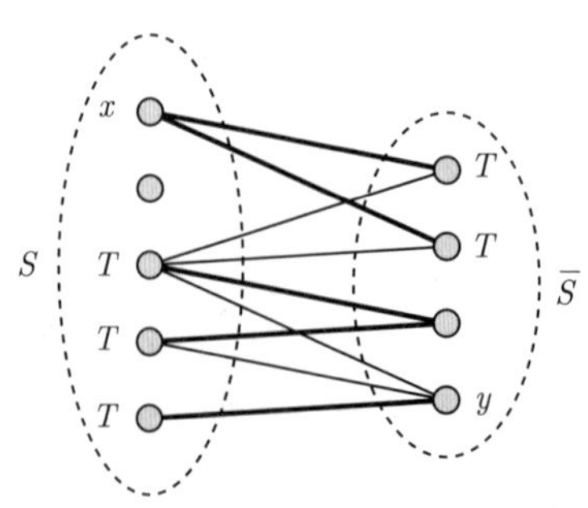

图 16.17　取最小割 $E(S, \overline{S})$ 并考虑其中一对不相连的点 $x \in S, y \in \overline{S}$

我们设法断开 xy 之间的所有路径. 设 T 是 x 在 $\overline{S}$ 中的所有邻居和所有在 $\overline{S}$ 中有邻居的 $S\setminus\{x\}$ 中的顶点,删除顶点集 T 将导致 xy 之间不存在路径,所以 T 是点割集.

另一方面,我们把 $T\cap\overline{S}$ 中的每个点对应到它和 x 连接的边,把 $T\cap S$ 中的每个点对应到它和 $\overline{S}$ 中的某个邻居相连的边(如图 16.17 中粗边所示),这是一个单射,所以 $\kappa(G)\leqslant|T|=|T\cap S|+|T\cap\overline{S}|\leqslant|E(S,\overline{S})|=\lambda(G)$. □

习题 16.4

1. 证明:一个图 $G(V,E)$ 是连通的,当且仅当对任意的非空划分 $V_1\sqcup V_2=V$,边集 $E(V_1,V_2)$ 是非空的.

2. 设 v 为图 G 的割点,证明:在 $\overline{G}$ 中去掉点 v,所得新图是连通图.

3. 设 G 是有 n 个顶点的图,试问 G 中的割点至多有多少个? 证明你的结论.

4. 设 G 是有 $n\,(n\geqslant 2)$ 个顶点的图,其中恰有 k 个连通分量,问:G 中最多有多少条边? 证明你的结论.

5. 设图 G 有 n 个顶点,满足 $\Delta(G)=\left\lceil\frac{n}{2}\right\rceil$,$\delta(G)=\left\lfloor\frac{n}{2}\right\rfloor-1$,证明:$G$ 是连通的.

6. 假设 P,Q 是连通图中的两条最长的路径,证明:P,Q 至少有一个公共点.

7. 设 G 是至少有个三个顶点的连通图,证明:其中存在相邻或者有一个公共邻居的顶点 x,y,使得去掉 x,y 之后 G 还是连通的.

8. 设正整数 $k\geqslant 2$,证明:k-正则的二部图没有割边.

9. 求 n 维立方体 Q_n 的点连通度.

10. 求最小的 3-正则图,使得其点连通度是 1.

11. (Harary, [6]) 设图 G 有 n 个顶点,$\kappa(G)=k$,证明:$e(G)\geqslant\left\lceil\frac{kn}{2}\right\rceil$. 这个界是紧的吗? 给出反例或者构造紧实例.

12. 设 e 是图 G 中的一条边,用 G' 表示去掉边 e 得到的图,证明:$\kappa(G')\geqslant\kappa(G)-1$.

13. 设 B 是连通图 G 中的割,证明:B 是键当且仅当 G 去掉 B 中所有边后恰有两个连通分量.

14. 证明:每个割都是键的不交并.

15. 假设 C_1,C_2 是两个割,证明:$C_1\triangle C_2$ 也是割.

16. 证明:对于 3-正则图 G 总有 $\kappa(G)=\lambda(G)$. 另外证明:如果 $\Delta(G)\leqslant 3$,那么 $\kappa(G)=\lambda(G)$.

17. 设 G 是有 n 个顶点的连通图,证明:κ,λ,δ 的关系有且只有下面三种可能:

(1) $\kappa=\lambda=\delta=n-1$;

(2) $1\leqslant 2\delta-n+2\leqslant\lambda=\delta\leqslant n-2$;

(3) $\kappa\leqslant\lambda\leqslant\delta<\left\lfloor\frac{n}{2}\right\rfloor$.

16.5 图同构和子图

回忆我们前面讲到过一些特殊类型的图,比如完全图、二部图等. 需要注意的是,一张图是完全图、二部图等等类型和它是如何画出的,以及和 V,E 中元素是什么("标签")都没有关系(相反,邻接矩阵和关联矩阵的形态则和标签有关),因此我们论述的图的类型和性质一般是在**图同构**意义下说的:不关心顶点集 V 和 E 的具体排布和具体内容.

16.5.1 定义 对图 G, G'，若存在双射 $\varphi: V(G) \longrightarrow V(G')$，使得 $\{x, y\} \in E(G) \iff \{\varphi(x), \varphi(y)\} \in E(G')$，那么称 G, G' 是**同构**的，记为 $G \cong G'$，φ 称为**同构映射**. 当 $G = G'$ 时，φ 则称为**自同构**.

例如，图 16.18 中的两张图借由同构映射 $\varphi(1) = a, \varphi(2) = c, \varphi(3) = b, \varphi(4) = d$ 联系，因此性质基本相同.

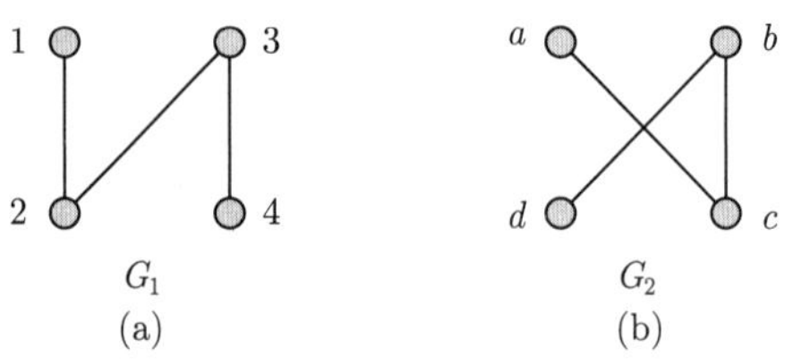

图 16.18 图 G_1, G_2 同构

利用图同构可把图划分为同构的等价类，每个等价类都称为**无标号图**（相当于去掉 V, E 中元素的“标签”），而 V 或 E 带有标签以作区分的图称为**有标号图**. 在同构意义下封闭的关于图的一条陈述则称为**图性质**，所以图性质是关于无标号图的（相应地，邻接矩阵和关联矩阵是针对有标号图的）.

按照之前的代数结构的讨论模式，说到同构时我们总是一并提到子结构，在图论中这就是**子图**.

16.5.2 定义 设 $G(V, E)$ 为图，G 的**子图**就是满足 $V' \subseteq V, E' \subseteq E$ 的图 $G'(V', E')$，记为 $G' \subseteq G$. 非正式地，这也用“G 包含 G'”表达.

如果 E' 包含了 G 中所有连结 V' 中顶点的边，就称 G' 是**导出子图**，V' 导出了 G'，记为 $G' = G[V']$. 而如果 $V = V'$，就称 G' 是 G 的**生成子图**.

需要注意，当我们说图 G' 是 G 的子图时，其确切含义是存在 G' 到 G 的某个子图的同构映射. 有时候这种情况也表述为 G 中有一个 G' 的“副本”（参看第 15 章的 15.2.2 例题等）.

16.5.3 例 (i) 在图 16.19 中，G_1 是 G 的生成子图，但不是导出子图；G_2 是 G 的导出子图，但不是生成子图.

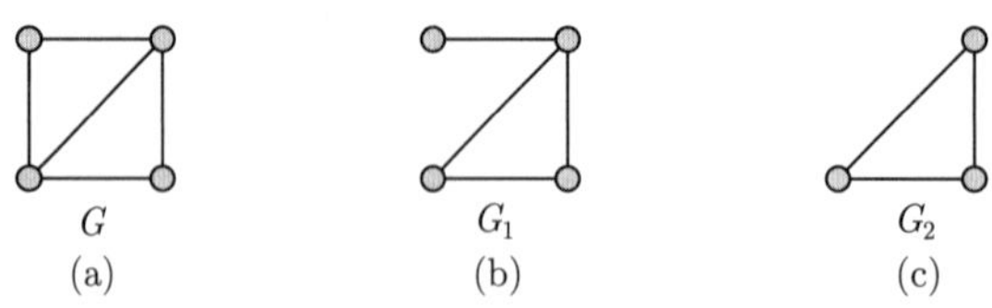

图 16.19 生成子图和导出子图的例子

(ii) 回顾极值法. 我们称某个子图具有的性质 P 是**极大**的，如果任意真包含它的图都不再具有性质 P. 类似可以定义极小的概念. 图的连通分量都是其子图，而且任意一个真包含它的子图都不是连通的，所以连通分量可以重新表述为极大连通子图. ◇

借此机会，我们用子图的术语来表达一下关于图的一些运算.

对于图 $G_1(V_1, E_1), G_2(V_2, E_2)$，自然地定义其**并**和**交**为 $(V_1 \cup V_2, E_1 \cup E_2), (V_1 \cap V_2, E_1 \cap E_2)$.

我们在割边和割点的定义中遇到过**删除**操作. 从图 $G(V,E)$ 中删去一个边集 S 就得到 $(V, E \setminus S)$,而删除一个点集 T 时还需要去掉 T 全部的关联边,即 $(V \setminus T, G[V \setminus T])$. 现在将它们分别简记为 $G \setminus S, G \setminus T$.

另一种不寻常的"删除"操作则是**收缩**. 收缩边 $e = \{u, v\}$,就是在图 G 中去掉 u, v 两个点,并将原来和 u, v 关联的边都和一个新点 w 连接,该操作记为 G/uv(如图 16.20 所示). 如不作额外说明,我们要求收缩产生的重边均只保留一条.

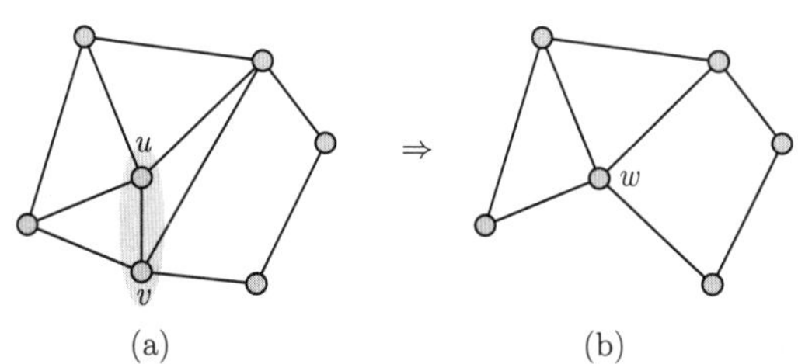

图 16.20 收缩边 uv 得到点 w

若图 G 能通过一系列收缩边的操作得到图 H,我们就称 H 是 G 的**收缩**,并记 $G = I(H)$. 如果还允许删除点和删除边的操作,就称得到的 H 是 G 的**子式**. 由于只删除点和边得到的是 G 的子图,因此 H 是 G 的子式当且仅当 G 包含一个子图使得它可以收缩得到 H.

16.5.4 例 观察图 16.21.

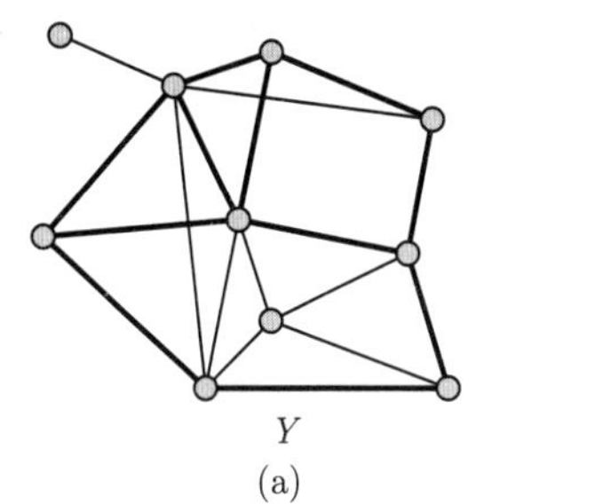

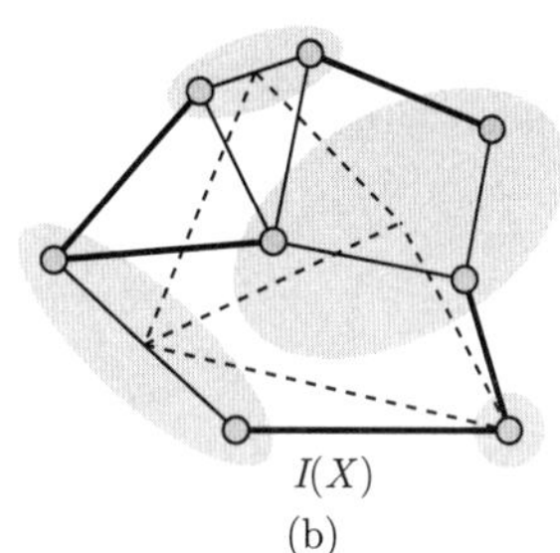

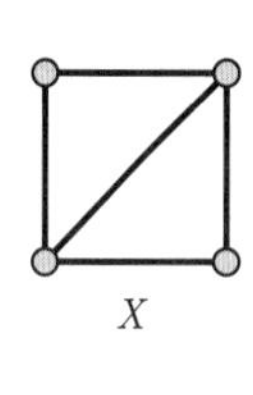

图 16.21 X 是 Y 的子式

X 是 Y 的子式,因为其中有一个子图可以收缩(图中阴影)得到 X. 由 X 和 $I(X)$ 的对比可以看出,收缩的逆过程是把每个顶点换成一个连通子图,并把点对应的边换成这些连通子图之间的边. $I(X)$ 中 I 的含义就是"膨胀". ◇

习题 16.5

1. 为图 16.22 中的五个图划分同构类:对于同构的图给出同构映射,对于不同构的则要说明理由.

2. 对正整数 $n \geqslant 2$,确定 P_n, C_n, K_n 分别有多少个自同构映射.

3. 称 G 是**自补图**,如果 $G \cong \overline{G}$. 证明:自补图的顶点个数 n 满足 $n \equiv 0, 1 \pmod 4$.

4. 设图 G 没有孤立点,亦没有恰有两条边的导出子图,证明:G 必为完全图.

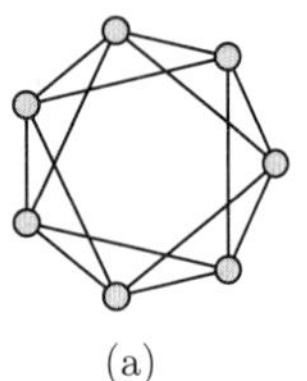
(a)

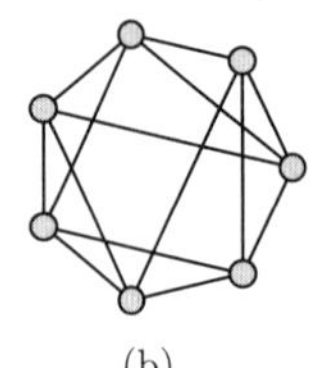
(b)

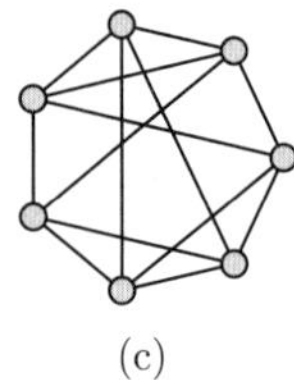
(c)

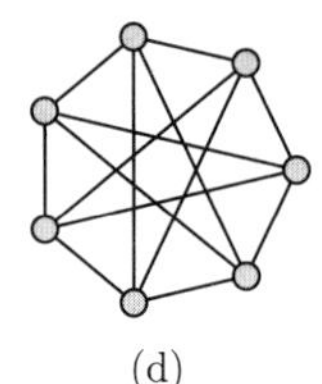
(d)

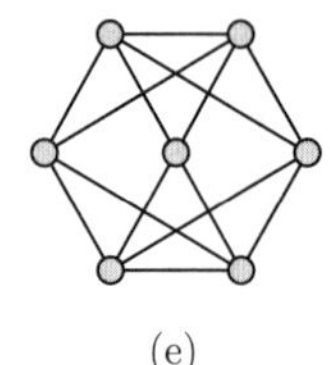
(e)

图 16.22 习题 16.5.1 中的五个图

5. 设 G 是至少有三个顶点的连通图，判断以下命题的正确性并说明理由：

(1) 每个 G 中顶点都处于一个同构于 P_3 的导出子图中；

(2) 每条 G 中边都处于一个同构于 P_3 的导出子图中.

6. (Wolk, [7]) 设连通图 G 有 n 个顶点，其任何导出子图都不同构于 P_4 和 C_4，证明：G 中有一个度为 $n-1$ 的顶点.

7. 证明：G 为二部图当且仅当 G 的任何子图 H 都有一个顶点数至少为 $\frac{|H|}{2}$ 的独立集.

8. 假设 G 有 4 个顶点，分别删除这 4 个顶点中的每一个，得到图 16.23 中的四个导出子图. 请根据这些信息画出 G.

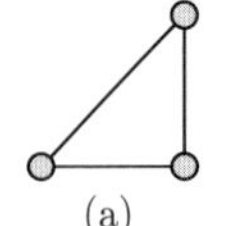
(a)

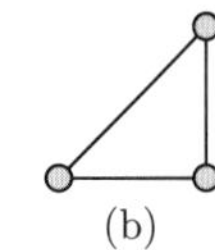
(b)

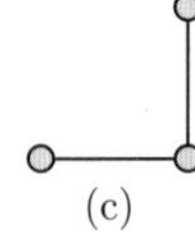
(c)

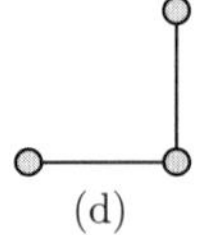
(d)

图 16.23 习题 16.5.8 图

16.6 有向图

虽然我们主要讨论无向图，但是有向图的概念也是常用的. 比如，偏序关系是反对称性的，无法直接使用无向图来表达.

16.6.1 定义 有向图 D 由二元组 (V, E) 构成，其中 V 是一个集合，称为**顶点**，E 是 V 中元素有序对构成的（多重）集合，称为**边**.

对于每条边 $e = (u, v) \in E$，u, v 分别作为 e 的**起点**和**终点**，读作"u 指向 v 的边".

有向图 D 的关联矩阵定义为

$$M(D)_{ij} = \begin{cases} 1 & (v_i \text{ 是边 } e_j \text{ 的起点}), \\ -1 & (v_i \text{ 是边 } e_j \text{ 的终点}), \\ 0 & (\text{否则}). \end{cases}$$

有向图有时可以看成在无向图（不一定是简单图）$G(V, E)$ 上添加**定向** init: $E \longrightarrow V$, ter: $E \longrightarrow V$ 得到的（即确定每条边的起点和终点）. 我们把 G 称为有向图的**基图**.

如果在简单无向图上给予定向，所得的有向图没有重边（包括**反向边**和**平行边**）和自环，这种图也称为**定向图**.

16.6.2 约定 若不加另外说明，我们要讨论的也是**简单有向图**：不允许 E 中有起点，终点都相同的多条边，也不允许有自环，但一对反向边是可以出现的.（所以定向图真包含于简单有向图中.）

因为边是有向的，所以每个顶点 v 连出的边要分为两种. 所有以 v 为起点的边称为**出边**，连接的点称为**后继**，它们的全体记为 $\mathcal{N}^+(v)$，其数目为**出度** $d^+(v)$. 所有以 v 为终点的边称为**入边**，入边连接的点称为**前驱**，它们的全体记为 $\mathcal{N}^-(v)$，其数目为**入度** $d^-(v)$. 类似握手定理，我们有

16.6.3 命题 设 G 是有向图，则

$$\sum_{v\in V(G)} d^+(v) = \sum_{v\in V(G)} d^-(v) = e(G).$$

16.6.4 例 有 n 个人举行象棋循环赛，每两个人都比赛一场（没有和棋）. 用顶点表示人，如果 A 赢了 B，就以 A 为起点，B 为终点连一条有向边.

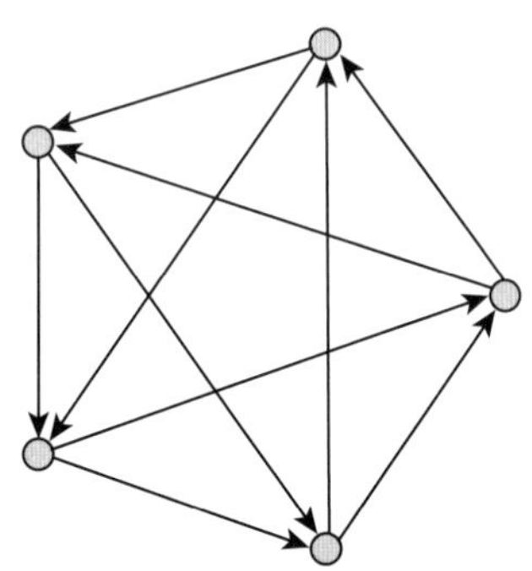

图 16.24 竞赛图 T_5 中的一种

这样得到的图是 K_n 的一个定向，称为**竞赛图** T_n（如图 16.24 所示）. 将有向图的出度序列从大到小排列，得到**出度序列**. 对于竞赛图，其出度序列可以视为比赛的得分. ◇

对于有向图，路径、圈、图同构、子图等概念均可依样画葫芦定义，只需要注意每条边都是包含定向的. 例如，如果顶点序列 $P = v_0v_1v_2\dots v_n$ 是基图中一条长为 n 的路径，而且对于 $0 \leqslant i \leqslant n-1$，图中都存在 v_i 指向 v_{i+1} 的边，那么 P 就是有向图中的路径. 但有向图的连通性分两种：若其基图是连通的，则称其为**弱连通**的；若对任何顶点的有序对 (u, v)，总是存在从 u 到 v 的有向路径，则称其为**强连通**的.

习题 16.6

1. 给出生活中的一个关系的实例，它可以用没有圈的有向图来描述，而且不能直接用无向图描述.

2. 证明：一个有向图 $D(V, E)$ 是连通的，当且仅当对任意的非空划分 $V_1 \sqcup V_2 = V$，有向边集 $E(V_1, V_2)$ 是非空的.

3. 对于至少有两个顶点的有向图,判定下列命题的正确性:存在两个点的入度相等,或者存在两个点的出度相等. 说明理由.

4. 有 2022 个同学进行循环赛,规定赢一局得 1 分,否则得 −1 分,没有平局,是否存在如下情况:比赛结束后每个人的得分均为 0,说明理由.

5. (拓扑排序) 假设有 n 个顶点的有向图 D 中无圈,证明:可以将顶点排列为 $v_1, \dots, v_n$,使得如果 D 中有边 (v_i, v_j),那么 $i < j$.

6. 设强连通的有向图 D 是 G 的定向,证明:G 有奇圈当且仅当 D 有奇圈.

7. 证明:强连通的(至少有三个顶点的)竞赛图中必有一个长度为 3 的圈.

8. (Laudau, [8]) 若干位同学进行循环赛,没有平局,证明:一定存在一个"大佬"K,每个同学或者直接输给了 K,或者输给了某个业已直接输给 K 的人.

注解

Peterson 图由 Kempe(1886)和 Peterson(1898)分别独立地发现,它是一个比较重要的例子(或反例),高德纳曾经说它是一个检验图论中一些乐观的论述的真实性的引人注目的例子.

握手定理的逆命题在一定条件下是成立的,我们在习题 16.2.9 中给出了 Havel–Hakimi 算法. 另外还有一个 Erdős–Gallai 提出的等价条件,即:序列 $d_1 \geqslant d_2 \geqslant \cdots \geqslant d_n$ 是一个简单图的度数序列当且仅当 $d_1 + \cdots + d_n$ 为偶数而且对每个 $1 \leqslant k \leqslant n$

$$\sum_{i=1}^{k} d_i \leqslant k(k-1) + \sum_{i+1}^{n} \min\{d_i, k\}.$$

Mantel 定理是一种称为"不能出现的子图"(forbidden subgraph)的问题的特例,我们之后会讨论的 Turán 定理也属于其中.

我们没有讲述和图的直径和围长有关的性质,和它们有关的介绍可以在 [9] 找到. 对于同样只作了一些简单介绍的连通度理论,读者也可以参考该书的第 3 章.

图同构的相关算法是一个十分困难的研究问题,至今人们对判定两个图是否同构这一问题的计算复杂性还不是十分清楚. 匈牙利数学家 László Babai 在 2016 年发现了图同构的拟多项式时间算法[10];其方法用到了许多有限群的理论. 子式是一个来源于拓扑学的概念,我们在平面图的讨论中还会遇到收缩的操作.

习题 16.5.8 的一般情形是重构猜想:对于有 $n(n \geqslant 3)$ 个顶点的图,删去每个顶点得到的导出子图有 n 个,问:原图是否由这些导出子图唯一决定? 人们猜想它成立,但尚未解决[11].

参考文献

[1] MANTEL W. Problem 28[J]. Wiskundige Opgaven, 1907, 10(60-61): 320.

[2] AJTAI M, KOMLÓS J, SZEMERÉDI E. A note on Ramsey numbers[J]. Journal of Combinatorial Theory, Series A, 1980, 29(3): 354-360.

[3] HAVEL V. A remark on the existence of finite graphs[J]. Casopis Pest. Mat., 1955, 80: 477-480.

[4] WEST D B. Introduction to Graph Theory[M]. Upper Saddle River, New Jersey: Prentice hall Upper Saddle River, 2001.

[5] WHITNEY H. Congruent Graphs and the Connectivity of Graphs[J]. American Journal of Mathematics, 1932, 54(1): 150-168.

[6] HARARY F. The maximum connectivity of a graph[J]. Proceedings of the National Academy of Sciences of the United States of America, 1962, 48(7): 1142.

[7] WOLK E S. A note on the comparability graph of a tree[J]. Proceedings of the American Mathematical Society, 1965, 16(1): 17-20.

[8] LANDAU H. On dominance relations and the structure of animal societies: III The condition for a score structure[J]. The bulletin of mathematical biophysics, 1953, 15(2): 143-148.

[9] DIESTEL R. Graph Theory[M]. 5th ed. Berlin: Springer-Verlag, 2017.

[10] BABAI L. Graph isomorphism in quasipolynomial time[C]//Proceedings of the forty-eighth annual ACM symposium on Theory of Computing. 2016: 684-697.

[11] NASH-WILLIAMS C S J A. The reconstruction problem[G]//BEINEKE L W, WILSON R J. Selected Topics in Graph Theory. Cambridge, Massachusetts: Academic Press, 1978: 205-236.

17 树

阅读提示

本章讨论最简单的连通图——树的性质. 因其结构简单,树的各种性质的证明比较容易,然而却十分典型,而且实际工作中图论性质的探索可以从树的例子上开始,所以有必要掌握. 本章给出了树的几条等价定义和树的计数问题. 其中树的等价定义对于数据结构是很重要的,学会了证明之后便可以自行处理习题中涉及的最小生成树问题. 而树的计数问题中的一一对应法是很优美的,而且我们提供的证明体现了计数问题的常见套路:先用生成函数找答案,再尝试给一个一一对应法的证明. 虽然如此,如果读者对和树有关的计数问题不感兴趣,则可以只读 §17.1 节(其余内容需要生成函数作为前置基础).

在生活中,树是具有木质树干及树枝的植物,所有的树枝或者从树干长出,或者从已有的树枝中分支形成,而且它们通常不会连接成环. 这样的形状在数据结构中有着丰富的应用.

17.0.1 定义 连通无圈图称为**树**. 无圈图称为**森林**.(因而森林就是无圈图,其每个连通分量都是一棵树.)

在树中,度为 1 的顶点称为**叶子**.

17.0.2 引理 非平凡树(至少含有 2 个顶点)至少有两片叶子. 在 n 个顶点的树中删除一个叶子顶点,剩下的图是有 $n-1$ 个顶点的树.

证明 根据连通性,非平凡树至少有一条边,因此可取其一条最长路径,该路径的两个端点的度一定是 1,否则还可加长,这就是要找的叶子. 由于叶子所连接的边都不在连接其他任何两个点的路径上,所以删除这条边保持图连通;又删除点不会导致出现圈,所以得到的是一棵树. □

反过来,上述引理说明,任何有限树都是通过在更小的树上开始逐步添加叶子得到的. 所以,删除树叶的方法是在对树用归纳法时非常重要的技巧.

17.1 树的基本性质

树的等价定义是很多的,它实际上是使得 16.4.3 推论取等的例子. 上面的连通无圈图的定义由 Jordan 给出,下面还有几个易用的等价定义.

17.1.1 定理 对于一张有 n 个顶点的图,下列叙述等价:

(i) G 是树;

(ii) G 是连通无圈图;

(iii) G 是有 $n-1$ 条边的连通图;

(iv) G 是有 $n-1$ 条边的无圈图;

(v) 任取 $u,v \in V(G)$,恰存在一条 uv 路径.

证明 (i)、(ii) 的等价性就是定义. 下面先证明:连通,无圈和有 $n-1$ 条边三个条件中任意两者成立都能推出第三者成立.

若 G 是有 n 个顶点的树,由 17.0.2 引理知道去掉一个叶子会得到有 $n-1$ 个顶点的树,注意去掉叶子只去掉一条边,于是对 n 归纳即知 G 有 $n-1$ 条边.

若 G 连通且有 $n-1$ 条边,假如它有圈,我们删除圈中任意一条边,如此反复直到图中没有圈,这就是一棵树. 依据 16.4.4 引理得此时图还是连通的,所以前一段话表明它有 $n-1$ 条边. 从而没有边被删去,G 是无圈的.

若 G 无圈且有 $n-1$ 条边, 设 $G_1,\dots,G_k$ 是其连通分量. 每个连通分量都是无圈的, 所以 $e(G_i)=|G_i|-1\,(1\leqslant i\leqslant k)$,求和得 $n-1=n-k$,这表明它只有 1 个连通分量,G 是连通的.

最后证明 (ii) $\iff$ (v). 若 uv 路径存在且唯一,则 G 是连通的,且任意一个圈会导致两条 uv 路径,所以 G 是连通无圈的. 对于连通无圈图,假如 uv 路径不唯一,我们选择两条不同的路径 P,Q,则存在一条边 $e=\{x,y\}\in P\setminus Q$(如图 17.1 所示). 留意 P,Q 合起来并去掉 e 是一条 xy 通路,所以一定包含 xy 路径,后者和 e 合起来得到圈,矛盾,因此路径必须唯一.

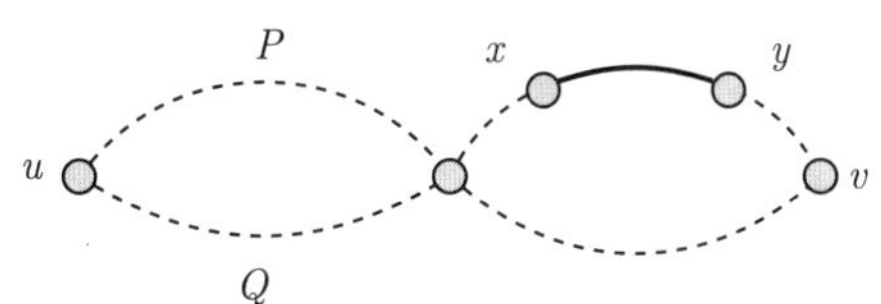

图 17.1 树恰好是那些顶点之间路径唯一的图

17.1.2 推论 (i) 树中每条边都是割边.

(ii) 在树上添加一条边,恰产生一个圈.

(iii) 称一棵树是一个图的**生成树**,如果该树是其生成子图,那么每个连通图都存在生成树.

证明 (i) 因为树有 $n-1$ 条边,故由 16.4.2 命题,删去一个边之后至少有 $n-(n-2)=2$ 个连通分量,故此时不是连通的. 这等价于说树是极小连通的(固定顶点数).

(ii) 设连接的边是 uv,它和原来唯一的 uv 路径合起来是一个唯一的圈. 这等价于说树是极大无圈的(固定顶点数).

(iii) 根据前面证明第 3 段,不断从连通图中删边以除去圈,最后得到的树就是一棵生成树. □

习题 17.1

1. 证明:17.1.2 推论中的条件 (i)、(ii) 也可以作为树的等价定义.

2. 设 F 是图，证明以下叙述等价：

(1) F 是森林；

(2) 每个 F 的导出子图都有一个度不超过 1 的顶点；

(3) 每个 F 的连通子图都是导出子图；

(4) 若 F 有 n 个顶点，m 条边，则它有 $n-m$ 个连通分量.

3. 设某树 T 的最大度为 $\Delta(T)>1$，证明：其中存在至少 $\Delta(T)$ 片叶子.

4. 证明：每棵树都至少有两个极大独立集.

5. 给定正整数 $k\geqslant 2$，假设对每个 $2\leqslant i\leqslant k$，一棵树 T 恰有 1 个度 i 顶点，其余均为叶子. 求 T 的顶点个数.

6. 证明：一个有 n 个顶点的图恰包含一个圈，当且仅当它恰有 n 条边.

7. 设 G 有 n 个顶点，而且删除其中任何一个顶点得到的新图都是树，问：G 是什么图？证明你的结论.

8. 设 T 是有 k 条边的树，图 G 有 n 个顶点. 证明：

(1) 若 G 满足 $\delta(G)\geqslant k$，则 T 一定是 G 的子图；

(2) 若 $e(G)>n(k-1)-\binom{k}{2}$ 且 $n>k$，则 T 一定是 G 的子图.

9. 设 T,T' 是连通图 G 的两棵生成树，且存在边 $e\in E(T)\setminus E(T')$，证明：

(1) 存在 $e'\in E(T')\setminus E(T)$，使得 $T-e+e'$（添上边 e'，去掉边 e，下同）还是 G 的一棵生成树；

(2) 存在 $e'\in E(T')\setminus E(T)$，使得 $T'+e-e'$ 还是 G 的一棵生成树.

10. 设有一个连通带权图 G，回忆一下 **Kruskal 算法** [1]：从 G 没有边的生成子图 H 开始，每次都看目前权值最小的边，如果添加它能使得 H 的连通分量数目减少，就选择它，否则不再考虑它，重复之直到 H 连通. 证明：该算法得到一个边权值和最小的生成树，称为**最小生成树**.

17.2 Cayley 公式

树的理论是由烃的同分异构体计数问题中引出的，当时 Cayley 想要解决对给定物质计算其同分异构体种数的问题.

鉴于饱和烃都可看成树，一个简化的问题模型是：对于顶点带标号的 K_n，它有多少个不同的生成树？换言之，以 $[n]$ 为顶点标号的树有几种？这一问题的结果称为 **Cayley 公式**. 它有很多证明方法，我们讨论生成函数法和一一对应法两种.

17.2.1 定理 以 $[n]$ 为顶点标号的树有 n^{n-2} 种.

证明 (Cayley) 先考虑一种特殊情况，假设对树有给定的度数限制 $(d_1,\dots,d_n)$，其中 $d_i\ (1\leqslant i\leqslant n)$ 表示顶点 i 的度（当然有 $\sum_{i=1}^n d_i=2n-2$）. 接下来用归纳法证明，这样的树有

$$a_{d_1,\dots,d_n}=\frac{(n-2)!}{(d_1-1)!(d_2-1)!\cdots(d_n-1)!}\tag{17.2.1}$$

种. 我们用去掉叶子的方法归纳. 当 $n=2$ 时，$d_1=d_2=1$，树只有一种，上式成立. 对于 $n>2$，因为树皆有叶子，故不妨设给定了 $d_n=1$，并选择一个点 $i\in[n-1]$ 作为它的邻居，去掉这个叶子

后所剩下树的度数限制是 $(d_1, \ldots, d_{i-1}, d_i - 1, d_{i+1}, \ldots, d_{n-1})$,于是根据归纳假设

$$
\begin{aligned}
a_{d_1,\ldots,d_n} &= \sum_{i=1}^{n-1} \frac{(n-3)!}{(d_1-1)!\cdots(d_i-2)!\cdots(d_n-1)!} = \sum_{i=1}^{n-1} \frac{(n-3)!(d_i-1)}{(d_1-1)!\cdots(d_n-1)!} \\
&= \frac{(n-3)!(2n-2-1-(n-1))}{(d_1-1)!\cdots(d_n-1)!} = \frac{(n-2)!}{(d_1-1)!(d_2-1)!\cdots(d_n-1)!},
\end{aligned}
$$

因此断言成立.

若以 $a_{d_1\cdots d_n}$ 记满足度数限制 $(d_1, \ldots, d_n)$ 的树的个数,则可计算(n 元)生成函数

$$
\begin{aligned}
f_n(x_1, \ldots, x_n) &= \sum_{\substack{d_1+\cdots+d_n=2n-2 \\ d_1,\ldots,d_n \geqslant 1}} a_{d_1,\ldots,d_n} x_1^{d_1} \cdots x_n^{d_n} \\
&= x_1 \cdots x_n \sum_{\substack{d_1+\cdots+d_n=n-2 \\ d_1,\ldots,d_n \geqslant 0}} \binom{n-2}{d_1, \ldots, d_n} x_1^{d_1} \cdots x_n^{d_n} = x_1 \cdots x_n (x_1 + \cdots x_n)^{n-2},
\end{aligned}
$$

要求出系数和,只需要代入 $x_1 = \cdots = x_n = 1$,从而所求的结果是 $f_n(1, \ldots, 1) = n^{n-2}$. □

一一对应法的技巧性则高一些. 我们考虑如下流程:对于一棵树,每次从中选出标号最小的叶子,删除它,然后将其邻居的标号记下来,这样得到一个长度为 $n-2$ 的序列,称为 **Prüfer 编码**.

17.2.2 例 考虑图 17.2 所示出的树. 获得编码的过程为:删除 2,写下 7;删除 3,写下 4;删除 5,写下 4;删除 4,写下 1;删除 6,写下 7;删除 7,写下 1. 结果是 (7, 4, 4, 1, 7, 1). ◇

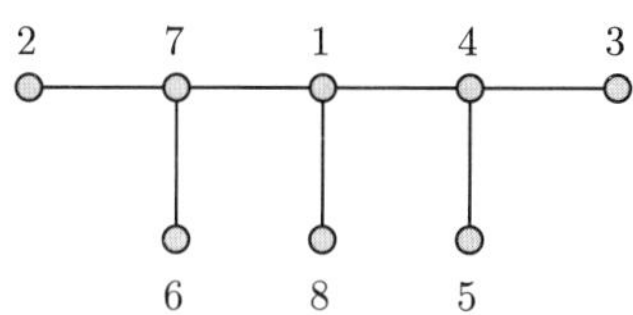

图 17.2 为一棵树写出 Prüfer 编码的例子

设想如何把上例的过程反过来:已知 $n = 8$ 和 Prüfer 编码 (7, 4, 4, 1, 7, 1),如何得到原来的树?注意到编码中出现的数字 1、4、7 恰是图中非叶子的顶点,所以第一个被删除的顶点的编号一定是 $\min[8] \setminus \{1, 4, 7\}$. 递归地做这个过程,就完成了任务. 具体而言,根据流程知道被删去的叶子依次是 2、3、5、6、8,它们连接在 7、4、4、1、7 上,最后先删除的是 4,它连在 1 上,再删除的是 7,它也连在 1 上,由此即得.

这样的直观便可以严格化为 Prüfer 编码对 Cayley 公式的证明.

证明 (Prüfer, [2]) 只需证明每个长度为 $n-2$ 的数字为 $1, 2, \ldots, n$ 的序列作为 Prüfer 编码都对应唯一一棵树.

用归纳法. $n = 2$ 的情况是平凡的. 当 $n > 2$ 时,设 $\boldsymbol{a} = (a_1, \ldots, a_{n-2})$ 是一个序列,我们要找出 Prüfer 序列为 $\boldsymbol{a}$ 的树 T. 首先,$[n] \setminus \{a_1 \ldots, a_{n-2}\}$ 是 T 的全部叶子. 实际上,如果 v 是叶子却出现在 Prüfer 编码中,根据构造知其邻居被删除过,但此时 v 就变成了一个孤立点. 因为构造过

程只删除叶子，不会导致图不连通，所以这不可能．另一方面，如果 v 不是叶子，那么它的邻居一定会被删除，因此非叶子一定出现在 Prüfer 编码中．

根据这一观察，$x = \min[n] \setminus \{a_1, \dots, a_{n-2}\}$ 一定是和 a_1 相连的叶子．在 T 中删除 x，得到的是一个 $n-1$ 顶点的树和编码 $(a_2, \dots, a_{n-2})$，由归纳假设决定了唯一的树 T'，添回 x 就唯一决定了树 T． □

17.2.3 注 从 Prüfer 的证明也可以导出 Cayley 的证明中的式 (17.2.1)，因为度为 d 的顶点必然在序列中出现 $d-1$ 次．接下来的序列计数就是简单的一一对应法． ♤

Cayley 公式其实是如下矩阵树定理的特例，我们给出但不证明．

17.2.4 定理 (Kirchhoff, [3]) 对于图 G，设 $D(G) = \mathrm{diag}\{d(v_1), \dots, d(v_n)\}$，称为 G 的**度数矩阵**．其 **Laplacian 矩阵** $L(G) \overset{\text{def}}{=} D(G) - A(G)$，其中 $A(G)$ 为邻接矩阵．

任意删除图 G 的 Laplacian 矩阵 $L(G)$ 中的第 i 行和第 i 列（$1 \leqslant i \leqslant n$），所得矩阵记为 $L_0(G)$，则 G 全部生成树的数目为 $\det .L_0(G)$.

17.2.5 例 对于完全图 K_n，有

$$L(K_n) = \begin{bmatrix} n-1 & -1 & -1 & \cdots & -1 \\ -1 & n-1 & -1 & \cdots & -1 \\ \vdots & \vdots & \vdots & \ddots & \vdots \\ -1 & -1 & -1 & \cdots & n-1 \end{bmatrix},$$

$L_0(G)$ 就是 $L(K_{n-1})$，阶数少 1，所以

$$\det L_0(K_n) \xlongequal[\text{加到第一列上}]{\text{所有列}} \begin{vmatrix} 1 & -1 & \cdots & -1 \\ 1 & n-1 & \cdots & -1 \\ \vdots & \vdots & \ddots & \vdots \\ 1 & -1 & \cdots & n-1 \end{vmatrix} \xlongequal[\text{加到所有列上}]{\text{第一列}} \begin{vmatrix} 1 & 0 & \cdots & 0 \\ 1 & n & \cdots & 0 \\ \vdots & \vdots & \ddots & \vdots \\ 1 & 0 & \cdots & n \end{vmatrix} = n^{n-2}.$$

这重新导出了 Cayley 公式的结果． ◇

习题 17.2

1. 画出所有互不同构的有 7 个顶点的树．

2. 在带标号的 K_n 中去掉一条边，利用 Cayley 公式的思想求新图的生成树个数．（不得用矩阵树定理．）

3. 某树的 Prüfer 序列为 (5, 1, 1, 7, 7, 5)，图示之．

4. 分别求出恰有 2 片和 $n-2$ 片叶子的有 n 个顶点的带标号树的总数．推广你的结论到恰有 k 片叶子的情形[4]（可用生成函数法，令 $a_{n,k}$ 表示以 $[n]$ 为顶点标签，恰有 k 片叶子的树的总数，求部分生成函数 $f_n(x) = \sum_{k=2}^{\infty} a_{n,k} x^k$，也可以直接证明）．

5. 设 b_n 是以 $[n]$ 为顶点标签的所有树的叶子数量的平均值,求 $\lim_{n\to\infty}\frac{b_n}{n}$.

6. Cayley 公式回答了有标号树的计数问题,本题考虑有根无标号树的计数. 对于两棵分别以顶点 r_1, r_2 为根的树,只有当同构映射 f 满足 $f(r_1)=r_2$ 时,才认为它们作为有根树是同构的. 设 $\{r_n\}_{n=1}^{\infty}$ 为 n 个顶点的有根无标号树的个数的序列.

(1) 证明:有生成函数

$$r(x)=\sum_{n=1}^{\infty} r_n x^n = x\prod_{i=1}^{\infty}\frac{1}{(1-x^i)^{r_i}}.$$

(2) 导出 r_n 的递归式

$$r_{n+1}=\frac{1}{n}\sum_{i=1}^{n}\left(\sum_{d\mid i} d r_d\right) r_{n-i+1}.$$

注解

树是非常重要的数据结构,我们在习题中仅仅提及了求最小生成树的 Kruskal 算法. 有关树的各种算法性质可以看任何一本数据结构的教材.

Cayley 公式由 Borchardt 给出了最早的证明,而 Cayley 对其作了扩展 [5]. Prüfer 编码提供了一种比较方便的在计算机中存储树这种数据结构的方法.

比较常见的矩阵树定理的证明要用到高等代数中的 Cauchy–Binet 公式,具体的证明可以看 [6]. 利用邻接矩阵、关联矩阵等高等代数的元素研究图的性质是图论的一个重要分支,称为谱图理论,它属于代数图论. 关于树的类似于高等代数的理论可以在 [7] 中找到介绍. 谱图理论在理论计算机科学中有很多用处,[8] 是一个比较简短的教程.

参考文献

[1] KRUSKAL J B. On the shortest spanning subtree of a graph and the traveling salesman problem[J]. Proceedings of the American Mathematical society, 1956, 7(1): 48-50.

[2] PRÜFER H. Neuer beweis eines satzes über permutationen[J]. Arch. Math. Phys, 1918, 27: 742-744.

[3] KIRCHHOFF G. Ueber die Auflösung der Gleichungen, auf welche man bei der Untersuchung der linearen Vertheilung galvanischer Ströme geführt wird[J]. Annalen der Physik, 1847, 148(12): 497-508.

[4] RÉNYI A. Some remarks on the theory of trees[J]. Magyar Tud. Akad. Mat. Kutat Int. Kzl, 1959, 4: 73-85.

[5] CAYLEY A. A theorem on trees[J]. Quart. J. Pure Appl. Math., 1889, 23: 376-378.

[6] WEST D B. Introduction to Graph Theory[M]. Upper saddle River, New Jev Sey: Prentice hall Upper Saddle River, 2001.

[7] DIESTEL R. Graph Theory[M]. 5th ed. Berlin: Springer-Verlag, 2017.

[8] SPIELMAN D A. Spectral graph theory and its applications[C]//48th Annual IEEE Symposium on Foundations of Computer Science (FOCS'07). 2007: 29-38.

18 Euler 图和 Hamilton 图

阅读提示

许多关于点的问题也有关于边的版本，本章讨论 Euler 图和 Hamilton 图就是一个例子. Euler 图是关于边的，其判定定理是简洁而且容易证明的，而相比之下关于点的 Hamilton 图的性质只能分充分性和必要性来讨论. 本章内容很少，证明也比较浅易，推荐感兴趣的读者再按照所引参考文献学习一些更深入的有关 Hamilton 图的性质.

无论是游客在旅行的时候想要走遍所有城市，还是邮递员递送信件时要遍历辖区内的所有街道，这些实际问题都希望在给定的图中找到满足一定性质的"环游"，而且进一步可能希望周游的代价尽量小（比如距离短）. 此类问题中的经典者在算法和计算复杂性中有深刻的意义. 本章我们讨论两个这样的问题，其中之一是图论部分开头提到的七桥问题，它可以得到比较圆满的解决；其二则是 Hamilton 的周游世界问题，这一问题则困难许多.

18.1 Euler 图的判定

现在让我们回到七桥问题.

18.1.1 定义 我们把包含图中所有边的简单回路称为 **Euler 回路**，存在相应回路的图称为 **Euler 图**. 若将前面的回路都改为通路，而且要求不存在 Euler 回路，则相应图称为**半 Euler 图**.

可以看出，一个 Euler 回路中，和某个顶点连接的边都可以用"一进一出"的方式配对，即每个顶点的度都必须是偶数. 对于七桥问题，其中存在奇度的顶点，所以它是无解的. 如上偶度要求是一个必要条件，它其实也是充分条件.

18.1.2 定理 图 G 是 Euler 图的充分必要条件是 G 连通且每个顶点的度都是偶数.

证明 必要性已经说明. 设 G 满足所说的偶度条件，对边数 $e(G)$ 进行归纳证明充分性. 若 $e(G)=0,1$，命题显然成立. 当 $e(G)>1$ 时，图中只有一个分量，且顶点度皆为偶数表明 $\delta(G)\geqslant 2$，因而由 16.3.4 引理其中存在一个圈 C.

在图中删掉圈 C 中的所有边，剩下的图由一些连通分量组成，因为删掉圈后对每个顶点的度数贡献是 0 或者 -2，所以剩余各分量每个点的度数都是偶数，根据归纳假设，这些连通分量中都存在 Euler 回路. 现在将 C 和这些回路合并起来：沿着 C 环游，如果某个连通分量的顶点第一次出现,就从这个顶点出发走一遍该分量的 Euler 回路(注意回路可以从任何一个顶点开始),回到 C 上后再继续沿着 C 走. 因此命题成立. □

从上面的证明中我们可看出,Euler 图本质上就是可以分解为若干个边不交的圈(顶点可以相交)的图,而且这一证明可以直接导出一个找出 Euler 图的构造性算法:**Hierholzer 算法**. 它的流程如下:

(i) 先判定图是否为 Euler 图,若不是,则算法终止;否则继续 (ii).

(ii) 从任何一个顶点 v 出发,随便向前走,直到回到 v,得圈 C(由于图的每个顶点度都是偶数,此过程能保证完成).

(iii) 在圈 C 上,如果有顶点连接的某条边没有走过,就从该点出发,重复 (ii),得到新圈.

(iv) 把这些圈合并起来得到 Euler 回路.

若实现得当,则 $O(|E|)$ 时间即可完成任务,其中 $|E|$ 为图的边数.

对图作简单的修改,以上条件就可用来判定半 Euler 图:

18.1.3 推论　图 G 是半 Euler 图的充分必要条件是 G 连通且恰有两个奇度顶点.

证明　必要性. 设 $v_0v_1\cdots v_\ell$ 是一条 Euler 通路,则 $v_0,\dots,v_\ell$ 包含了图中全部顶点;另一方面,只有 v_0,v_ℓ 的度数为奇数,其他顶点也均存在"一进一出"的关系,为偶度顶点.

充分性. 将图中两个奇度顶点连起来,可找到一条 Euler 回路,在回路中去掉这条新边就得到 Euler 通路. □

在无向 Euler 回路的判定中,极易证明的必要条件居然也是充分条件. 这样的情形其实是常见的,比如二部图判定的充要条件(16.4.5 定理)是这样,握手定理(参看习题 16.2.9)也是这样,等等. Nash-Williams 等人用 **TONCAS**(The Obvious Necessary Conditions are Also Sufficient)来称呼此类结果.

习题 18.1

1. 判断以下命题的正确性并说明理由.

(1) 若一个二部图是 Euler 图,则它有偶数条边.

(2) 若一个 Euler 图有偶数个顶点,则它有偶数条边.

(3) 假设 e,f 是 Euler 图中的两条相邻边,那么图中有一个 Euler 回路,使得 e,f 是紧邻出现的边.

2. 证明:若一个连通图的顶点度都是偶数,则其中的极大简单通路就是 Euler 回路.

3. 证明:若一个连通图有偶数个奇度顶点,则它分解为若干个边不交的简单通路.

4. (Tucker 算法, [1]) 以下给出一个课文证明中的构造 Euler 回路的算法的改进:将每个顶点连出的边随意地两两配对,所有这些配对组首尾相连得到若干回路. 如果两个回路有公共顶点,就合并二者,直到只留下一个回路. 证明:算法能终止而且得到一个 Euler 回路.

5. 证明:一个图是 Euler 图的充分必要条件是图中的每条边都在奇数个圈中.

6. 仿照课文定义,叙述有向 Euler 图的概念,并证明一个判定定理.

7. (de Bruijn, [2]) 设有向图 $D_{k,n}$ 的全部顶点恰标记为 $[k]^{n-1}$,即由 k 个字母组成的 $n-1$ 长度的字符串. 我们从代表 $(a_1,\dots,a_{n-1})$ 的顶点引一条有向边指向 $(b_1,\dots,b_{n-1})$,如果前者的后缀 $(a_2,\dots,a_{n-1})$ 和后者的前缀 $(b_1,\dots,b_{n-2})$ 是相等的,并将这条边命名为 b_{n-1}. 所得的图称为 **de Bruijn 图**.

(1) 证明: $D_{k,n}$ 是(有向)Euler 图.

用 k 个字母作一个圆排列,使得圆上所有长度为 n 的窗口遍历所有长度为 n 的由 k 个字母构成的 k^n 个字符串,这样的圆排列称为 **de Bruijn 序列** $B_{k,n}$.

(2) 取 $D_{k,n}$ 中的一条 Euler 回路,将其中边的标签写成一列,证明:这样就得到一个 $B_{k,n}$.

(3) 有多少个不同的 de Bruijn 序列 $B_{k,n}$?

18.2 Hamilton 图的必要条件

把正十二面体的 20 个顶点标记上不同城市的名字, 问图中是否存在一个圈, 经过且只经过每个城市一次? 这是英国数学家 Hamilton 曾经考虑过的问题, 答案是肯定的(图 18.1), 他使用正十二面体群的相关代数表示解决了它. 这类问题虽然称为 Hamilton 回路, 但在其之前, Kirkman 已经研究过它, 他还给出了一个不存在 Hamilton 回路的多面体的例子(正凸多面体图都有 Hamilton 回路).

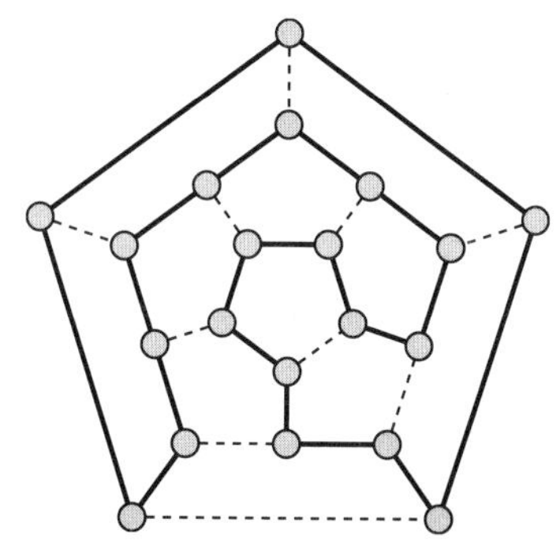

图 18.1 十二面体图与 Hamilton 回路

18.2.1 定义 图中的生成圈称为 **Hamilton 回路**,具有相应结构的图称为 **Hamilton 图**. 若将前面的回路都改为通路,而且要求不存在 Hamilton 回路,则相应的图称为**半 Hamilton 图**.

Hamilton 图的研究要比 Euler 图难很多,判定图中是否存在 Hamilton 回路是 NP-完全的,而且迄今为止尚未找到比较有效的等价判定条件. 所以我们只能分开处理必要条件和充分条件.

不难看出,Hamilton 图的点连通度至少为 2,因为在生成圈中删除一个顶点将得到一棵生成树,这一必要条件可以加强为

18.2.2 命题 若 G 是 Hamilton 图,则对任意 $S \subseteq V(G)$, $G \setminus S$ 至多有 $|S|$ 个连通分量,形式言之 $k(G \setminus S) \leqslant |S|$,这里 $k(\cdot)$ 表示连通分量的数目.

证明 任取 Halmilton 回路 C, 显然有 $k(C \setminus S) \leqslant |S|$, 又 C 是 G 的生成子图, 所以 $k(G \setminus S) \leqslant k(C \setminus S)$. □

18.2.3 推论 若 G 是半 Hamilton 图,则对任意 $S \subseteq V(G)$, $k(G \setminus S) \leqslant |S| + 1$.

18.2.4 例 图 18.2 中给出的例子满足 18.2.2 命题中的必要条件，但不是 Hamilton 图. 事实上，如果其中有 Hamilton 回路，则它必然经过 v_1, v_2, v_3，这三个顶点的度都是 2，回路中要包括这些点的全部相邻边，于是回路中 u 的度是 3，这是不可能的. ◇

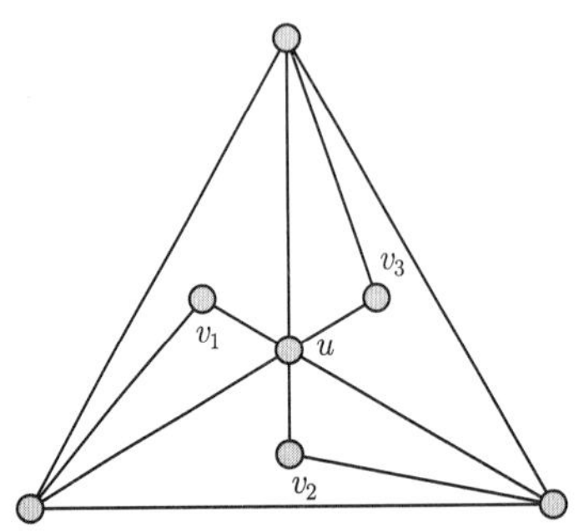

图 18.2 18.2.2 命题不是 Hamilton 图的充分条件

习题 18.2

1. 设正整数 $n \geqslant 2$，证明：$K_{n,n}$ 是 Hamilton 图，并求出其中的 Hamilton 回路的总数.

2. 证明：Peterson 图不是 Hamilton 图，但是去掉其中的任何一个顶点得到的新图都是 Hamilton 图.

3. 分别判断图 18.3 中的两张图是否为 Hamilton 图并说明理由.

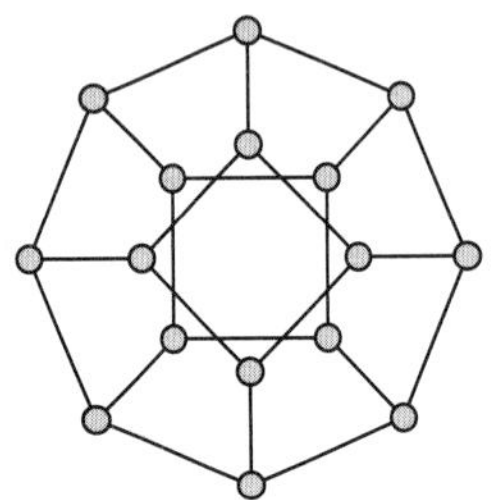

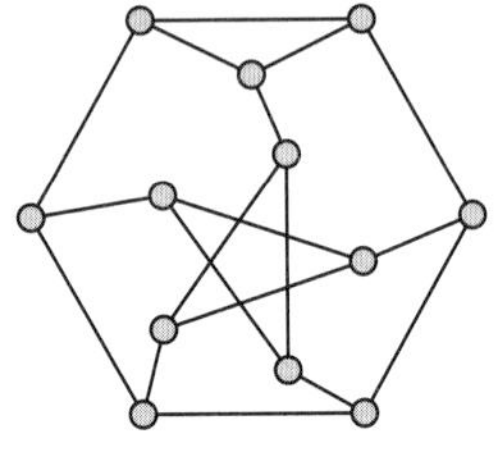

图 18.3 习题 18.2.3 图

4. 如图 18.4 所示，**Herschel 图**是最小的没有 Hamilton 回路的多面体图 [3].

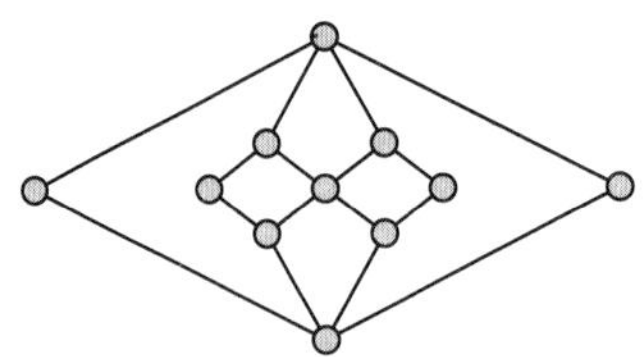

图 18.4 Herschel 图

(1) 证明图中没有 Hamilton 回路.

(2) 找出图中的一条 Hamilton 通路.

5. 假设有一个 $3\times3\times3$ 的立方体奶酪,杰瑞鼠从顶点处的小块奶酪开始吃奶酪,每次只能吃掉上次吃过位置相邻位置的奶酪,问:她能否恰好吃完这个奶酪,而且最后一块吃掉的是中心处的奶酪?

6. 在国际象棋棋盘上跳马,要求马经过且只经过一个格子,最后回到出发点,这是否可能? 如果是在中国象棋棋盘上呢? 如果是在一个 $4\times n$ 的棋盘上呢?

7. 给定正奇数 $k\geqslant 3$,构造一个 k-正则的二部图,使得它的点连通度至少为 $k-1$,而且它不是 Hamilton 图.

18.3 Hamilton 图的充分条件

Hamilton 的结构相对复杂,但我们可以考虑像 Euler 图判定一样用一个简单的数据条件——顶点度来刻画它.

在 16.3.4 引理中,图中有较长的圈的一个充分条件是 $\delta(G)$ 较大. 类似地,Hamilton 图对度数(边数)的要求是高的. 考虑 $K_{\lfloor\frac{n+1}{2}\rfloor}$ 和 $K_{\lceil\frac{n+1}{2}\rceil}$ 共一个顶点放置,其最小度高达 $\left\lfloor\dfrac{n-1}{2}\right\rfloor$,但是它不是 Hamilton 图. 而对于 $\delta(G)\geqslant\dfrac{|G|}{2}$ 的情况,**Dirac 定理**说明此时(非平凡的)G 一定是 Hamilton 图.

18.3.1 定理 (Dirac, [4]) 设图 G 有 $n\geqslant 3$ 个顶点且 $\delta(G)\geqslant\dfrac{n}{2}$,则 G 是 Hamilton 图.

注意,$n\geqslant 3$ 是必要的条件,因为 K_2 不是 Hamilton 图.

证明 用反证法. 假设 G 不是 Hamilton 图,由于在 G 中添加边不会影响 $\delta(G)\geqslant\dfrac{n}{2}$ 成立,所以可不妨考虑满足条件,且无 Hamilton 回路的极大的图 H,即 H 中任加一条边都会导致新图出现 Hamilton 回路.

这表明 H 中有一条 Hamilton 通路 $u\overset{\text{def}}{=}v_1,v_2,\dots,v_n\overset{\text{def}}{=}v$,让我们来旋转扩展以构造一条回路:如图 18.5 所示,假如存在某个 i,使得 uv_{i+1},v_iv 都是相连的,那么取出它们并删除 v_iv_{i+1},就完成了.

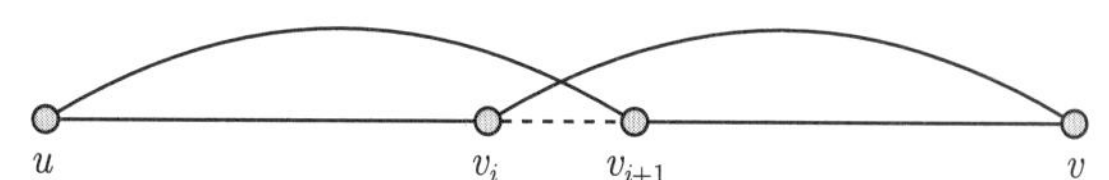

图 18.5 由 Hamilton 通路构造 Hamilton 回路

实际上想要的 i 是存在的. 令 $S=\{i:\{u,v_{i+1}\}\in E(G)\}$,$T=\{i:\{v_i,v\}\in E(G)\}$,由条件得

$$|S\cup T|+|S\cap T|=|S|+|T|=d(u)+d(v)\geqslant n.$$

而 $n\notin S\cup T$,所以 $|S\cup T|<n$,表明 $S\cap T\neq\varnothing$. 因此找到了想要的 Hamilton 回路,矛盾,命题成立. □

18.3.2 推论 设 G 有 $n\geqslant 3$ 个顶点且任意两个不相邻的顶点 u,v 都满足 $d(u)+d(v)\geqslant n$,则 G 是 Hamilton 图.

习题 18.3

1. 证明：设 G 有 $n \geqslant 3$ 个顶点且某两个不相邻的顶点 u, v 满足 $d(u) + d(v) \geqslant n$，则 G 是 Hamilton 图当且仅当 G 添加边 uv 后是 Hamilton 图.

2. 设图 G 满足 $e(G) \geqslant \binom{n-1}{2} + 2$，证明：$G$ 是 Hamilton 图. 举一个有 $\binom{n-1}{2} + 1$ 条边的非 Hamilton 图的例子.

3. (Chvátal, [5]) 设 G 有 $n \geqslant 3$ 个顶点，度数序列为 $d_1 \leqslant \cdots \leqslant d_n$，若对每个 $i < \frac{n}{2}$ 都有 $d_i > i$ 或者 $d_{n-i} \geqslant n-i$，证明：G 是 Hamilton 图.

4. 假设图 G 不是森林，而且 G 中所有的圈的长度都不少于 5，证明：$\overline{G}$ 是 Hamilton 图.

5. (Clapman, [6]) 设 G 有 $n \geqslant 3$ 个顶点，度数序列为 $d_1 \leqslant \cdots \leqslant d_n$，其补图 $\overline{G}$ 的度数序列为 $d_1' \leqslant \cdots \leqslant d_n'$（注意下标相同不代表顶点相同）. 证明：若对每个 $i \leqslant \frac{n}{2}$ 都有 $d_i \geqslant d_i'$，则 G 为 Hamilton 图. 由此导出自补图必有 Hamilton 回路.

6. 仿照课文定义，叙述有向 Hamilton 图的概念. 设 D 是 n 阶有向图，若 $\min\{\delta^+(D), \delta^-(D)\} \geqslant \frac{n}{2}$，证明：$D$ 是有向 Hamilton 图.

7. (Rédei, [7]) 设 T 为至少有三个顶点的竞赛图，证明：

(1) T 中一定有 Hamilton 路径；

(2) T 是 Hamilton 图的充分必要条件是强连通.

注解

正如课文中我们所说的，Euler 图和 Hamilton 图的研究都是起源于智力游戏. Euler 图还可以重新表述成小学奥数中的一笔画问题. Hamilton 图在算法中的重要性可能还来自于著名的旅行商问题（TSP）：给定一系列城市和每对城市之间的距离，求出访问每一座城市一次并回到起始城市的最短回路，这是二十世纪被最多研究的组合优化问题之一.

有向 Euler 图和 de Bruijn 序列都是有趣的话题，它们收录在习题 18.1.7 中. 它也是起源于智力游戏的. 公元前二至三世纪，古印度学者 Pingala 首先系统研究了梵语的韵律学. 据说他使用了一个长度为 22 的助记词来描述梵语中三音节长短音的可能：yamātārājabhānasalagām. 例如，yamātā 是表示长短短，mātārā 表示长长长. 如果我们把长音记为 1，短音记为 0，则 Pingala 的助记符可以写成 0111010001. 把这个序列的前 8 位 01110100 排在轮盘上，固定一个长度为 3 的窗口；在轮盘转动一圈的过程中，该窗口遍历了所有长度为 3 的 0, 1 字符串. 所以这是序列 $B(2,3)$.

我们在课文中讨论了只利用度数序列来判定 Hamilton 图的充分条件. 这样的结论中最优的就是 Chvátal 的定理（习题 18.3.3），其证明也可以用和 Dirac 定理中选“极大”一样的套路来进行. 另外的证明可以参考 [8].

参考文献

[1] TUCKER A. A new applicable proof of the Euler circuit theorem[J]. The American Mathematical Monthly, 1976, 83(8): 638-640.

[2] De BRUIJN N G. Acknowledgement of priority to C. Flye Sainte-Marie on the counting of circular arrangements of $2n$ zeros and ones that show each n-letter word exactly once[J]. 1975.

[3] BARNETTE D, JUCOVIČ E. Hamiltonian circuits on 3-polytopes[J]. Journal of Combinatorial Theory, 1970, 9(1): 54-59.

[4] DIRAC G A. Some theorems on abstract graphs[J]. Proceedings of the London Mathematical Society, 1952, 3(1): 69-81.

[5] CHVÁTAL V. On Hamilton's ideals[J]. Journal of Combinatorial Theory, Series B, 1972, 12(2): 163-168.

[6] CLAPHAM C R J. Hamiltonian arcs in self-complementary graphs[J]. Discrete Mathematics, 1974, 8(3): 251-255.

[7] RÉDEI L. Ein kombinatorischer Satz[J]. Acta litterarum ac scientiarum Regiae Universitat-is Hungaricae Francisco-Josephinae: Sectio scientiarum mathematicarum, 1935, 7: 39-43.

[8] DIESTEL R. Graph Theory[M]. 5th ed. Berlin: Springer-Verlag, 2017.

19 匹配和线性规划

阅读提示

本章的内容是先介绍线性规划的对偶性，然后用它来解决图论中的匹配问题、网络流问题，探讨这些问题内在的结构性质．这一思路和大多数离散数学课程不同，乍一看来线性规划好像偏离了离散数学的大主题．其实，由于线性规划语言强大的概括力，这些方法在现在的计算机科学研究中仍然是一个频频出现的角色，因此任何一个离散数学的学习者都应该掌握这一工具．除所纳领域广博之外，在处理图论问题上，线性规划这套思路的长处是深刻、统一、符合计算机科学的思维——其一是深刻揭示了图中点边关系背后蕴含的对偶性的原理；其二是只需要一个"master theorem"就可以统一地导出各种各样的图论定理，大大降低了技巧性和学习的难度；其三就是给出了一个通用的解决图论问题的算法．相信读者在今后的学习科研中还会体会到本章内容的巨大威力．就内容上，对偶性（§19.1 节）为必需，其中要特别注意对偶问题的优化直观、几何直观以及由此导出的取对偶的方法．全幺模矩阵（§19.2 节）是后续网络流定理证明需要使用，亦是今后学习单纯形法的前置，但如不关心证明的某些细节则可以跳过．§19.3 节网络流和几个匹配定理大多为必需，但部分图论算法和定理的证明可以视情况略过（例如 Ford–Fulkerson 算法、Dilworth 定理、Menger 定理）．最后一节稳定匹配相对独立，并非课程所必需，但妙趣横生，属于离散数学的"保留节目"，推荐读者阅读．

重温 16.1.6 例中的作业分配问题，它归结为判定求出二部图中 m 条互不相邻的边是否可能，并在可能时给出一个尽可能好的方案的问题．将其抽象如下：

19.0.1 定义 在图 G 中，一组两两没有公共端点的边称为**匹配**．对匹配 M，如果点集 $S \subseteq V(G)$ 中的每个顶点都恰关联 M 中一条边，则称 M **饱和**了 S，否则称不饱和．饱和 $V(G)$ 的匹配叫作**完美匹配**．

我们通常要对匹配进行一些组合优化．把匹配 M 的边数记为它的**大小** $|M|$．对于匹配 M，如果它不能通过继续加边得到更大的匹配，则它是**极大**的；如果它的边数最多，则它是**最大**的．在带权图中，匹配的**权值**则是其中所有边的权值和，按同样套路我们有**最大（小）权匹配**的概念．

19.0.2 例 在 P_4 和 P_6 中（图 19.1），用粗实线示出的匹配是极大的但不是最大的，而虚线示出的匹配是最大的． ◇

图 19.1 最大匹配和极大匹配的区别

研究匹配时遇到的各种问题大多具有实际背景,所以也比较有趣. 事实上,许多现实问题都可以转化为研究匹配的问题:

⋄ 在作业分配问题中,我们一般希望每个作业都有人做,这是**最大匹配**.

⋄ 设想若干男女相亲,男女互相之间都有偏好,想要求出一个“比较周全”的匹配,这是**稳定匹配**(2012 年 Nobel 经济学奖,参看 §19.4 节).

⋄ **中国邮递员问题**:给定一个连通带权图 G,边的权值都是非负实数,想要求一条总权最小的回路,它经过每条边至少一次. 这可以归结为先求最短路,再作某种匹配.

因为这样的现实原因,匹配理论也成为了经济学中的一个分支. 虽然它在经济学五花八门的分支中并不太起眼,但它对这个世界的影响却意义非凡. Alvin E. Roth 运用匹配理论改进了美国许多地区的肾脏捐赠系统,将肾脏交换成功的病例数提高了几倍,拯救了几万人的性命. 又如,前不久,几位经济学学者则合写了一篇关于 COVID-19 肆虐之下呼吸机配给机制优化的文章[1].

本章就是要对匹配问题进行一些简单的介绍. 不过,我们采用的视角和进路是特别的:我们将利用线性规划的理论和算法,比较本质而且统一地导出匹配问题的解决方案的框架. 因此,首先要探讨线性规划,特别是对偶理论.

19.1 线性规划的对偶性

线性规划是 1939 年苏联数学家 Kantorovich 在《组织和计划生产的数学方法》中最早提出的,它是一个非常广泛的数学模型,其应用不限于本章所讲的匹配,可以说每一个运用离散数学工具的研究者都应该了解线性规划的基本技术.

我们在中学的时候就学过二维线性规划问题及其图解法,下面我们首先将这一问题推广到 n 维. 以下我们总是用粗斜体 $\boldsymbol{a}$ 记向量,用同符号的斜体 a_i 表示其第 i 个分量. 向量 $\boldsymbol{a} \geqslant \boldsymbol{b}$ 意谓对每个分量 i 都有 $a_i \geqslant b_i$.

19.1.1 定义 设 $A \in \mathbb{R}^{m\times n}, \boldsymbol{b} \in \mathbb{R}^m, \boldsymbol{c} \in \mathbb{R}^n$, 以下优化问题被称为线性规划(LP, Linear Programming)的**标准形**:

$$\max_{\boldsymbol{x}} \quad \boldsymbol{c}^{\top}\boldsymbol{x}, \tag{19.1.1}$$

$$\text{s.t.} \quad A\boldsymbol{x} \leqslant \boldsymbol{b}, \boldsymbol{x} \geqslant \boldsymbol{0}. \tag{19.1.2}$$

式 (19.1.1) 中的 $\boldsymbol{c}^{\top}\boldsymbol{x}$ 就是优化的**目标函数**. 我们把满足式 (19.1.2) 的解 $\boldsymbol{x}$ 称为**可行解**,它们的全体为**可行域**;可行解中满足最大化要求的称为**最优解** $\boldsymbol{x}^*$, 此时目标函数的大小称为该线性规划问题的**值**. 习惯上用问题本身的名字代表其值,例如 LP = 3.

19.1.2 注 线性规划还有一种等价的**松弛形**,它便于进行几何上的分析以及使用单纯形法求解. 我们要求 $\boldsymbol{b} \geqslant \boldsymbol{0}$,问题写为:

$$\max_{\boldsymbol{x}} \quad \boldsymbol{c}^{\top}\boldsymbol{x},$$

$$\text{s.t.} \quad A\boldsymbol{x} = \boldsymbol{b}, \boldsymbol{x} \geqslant \boldsymbol{0}.$$

这一形式不难从标准形导出,我们先引入 m 个**松弛变量** $\boldsymbol{x}' = (x_{n+1}, \cdots, x_{n+m})^\top \geqslant \boldsymbol{0}$,它衡量了每个不等式约束的松弛程度,然后将标准形改写为

$$\begin{aligned}
\max_{\boldsymbol{x}} \quad & \boldsymbol{c}^\top \boldsymbol{x}, \\
\text{s.t.} \quad & [A \quad I_m] \begin{bmatrix} \boldsymbol{x} \\ \boldsymbol{x}' \end{bmatrix} = \boldsymbol{b}, \boldsymbol{x}, \boldsymbol{x}' \geqslant \boldsymbol{0}.
\end{aligned}$$

然后再适当地调整符号:如果 $b_i < 0$,那么就将 $[A \quad I_m]$ 的第 i 行变号,这样便确保 $\boldsymbol{b} \geqslant \boldsymbol{0}$. 可以看出标准形和松弛形是等价的(我们仅仅改变了可行域的写法). ♤

19.1.3 例 图的最大匹配可以写为线性规划问题.

设图 G 的关联矩阵 $M \in \{0,1\}^{n\times m}$,令 $\boldsymbol{x} \in \{0,1\}^m$ 的含义为边集 $X \subseteq E(G)$ 的特征函数(即是对边 e 代表的分量,其值为 $\mathbf{1}_{e\in X}$). 考虑约束 $M\boldsymbol{x} \leqslant \mathbf{1}$,它表示 X 中的边同 G 中的每个点至多有一次邻接,即代表一个匹配;如果再设定最大化目标函数 $\max \mathbf{1}^\top \boldsymbol{x} = |X|$,则这就对应于最大匹配. 即是:

$$\begin{aligned}
\max_{\boldsymbol{x}} \quad & \mathbf{1}^\top \boldsymbol{x}, \\
\text{s.t.} \quad & M\boldsymbol{x} \leqslant \mathbf{1}, \boldsymbol{x} \geqslant \boldsymbol{0}.
\end{aligned}$$

类似地,若给出带权图中每条边的权值 $\boldsymbol{w} \in \mathbb{R}^m$,目标函数改为 $\boldsymbol{w}^\top \boldsymbol{x}$,则就对应于带权图匹配的优化问题. ◇

需要注意,在上例中自变量的取值范围仅为整数,这比一般的线性规划的要求要高. 如果在线性规划的标准形中,$\boldsymbol{x}$ 的每个元素都要求是整数,则我们称它是**整数线性规划**(ILP, Integer Linear Programming).

一般地求解整数线性规划是 NP-难的. 但通过放松对 $\boldsymbol{x}$ 的要求,允许其取非整数值,那么仍然可以进行合理的估计——因为对于最大化问题 ILP $\leqslant$ LP,而对于最小化问题 LP $\leqslant$ ILP. 而且幸运的是,对于像上面这样的二部图中的问题,之后我们会论证为什么最优解 $\boldsymbol{x}^*$ 一定代表一个合法的边集,即每个分量只可能是 0 或者 1. 这样,二部图的匹配问题就可以完全由线性规划的方法予以研究.

在本课程中,我们主要关心线性规划问题的理论性质(而不是求解算法的具体运行过程),这其中一个根本的元素是**对偶问题**.

对偶问题引入的基本思想之一是利用所给出的不等式约束,对原问题的值给出上界或者下界的估计. 我们先给出定义,而后再借助具体例子阐述其直观.

19.1.4 定义 设线性规划的标准形如 19.1.1 定义所说,称为**原问题**(下称 P 或者 LP, Primal),以

下问题则称为其**对偶**（下称 D 或者 DLP，**D**ual，也可记为 P^*）：

$$\begin{aligned}\min_{\boldsymbol{y}} \quad & \boldsymbol{b}^\top \boldsymbol{y}, \\ \text{s.t.} \quad & A^\top \boldsymbol{y} \geqslant \boldsymbol{c}, \boldsymbol{y} \geqslant \boldsymbol{0}.\end{aligned} \tag{19.1.3}$$

对整数线性规划问题同样定义 ILP 和 IDLP 的对偶关系.

容易验证 $(P^*)^* = P$，所以对偶规划是一个对称的概念. 因而式 (19.1.3) 也可以说是线性规划的标准形.

19.1.5 例　让我们来用定义写出 19.1.3 例中的问题的对偶，它是

$$\begin{aligned}\min_{\boldsymbol{y}} \quad & \boldsymbol{1}^\top \boldsymbol{y}, \\ \text{s.t.} \quad & M^\top \boldsymbol{y} \geqslant \boldsymbol{1}, \boldsymbol{y} \geqslant \boldsymbol{0}.\end{aligned}$$

若将 $\boldsymbol{y} \in \{0,1\}^n$ 理解为点集 $X \subseteq V(G)$ 的特征函数（即是对点 v 代表的分量，其值为 $\boldsymbol{1}_{v\in X}$），约束此时表示 G 中的每一条边都和 X 中的某个点相邻，最小化目标函数就是要求最小的满足这个条件的点集的大小. 在图 G 中，如果 $S \subseteq V(G)$ 使得每条边至少有一个端点在 S 中，则把 S 称为 G 的一个**点覆盖**（参考图 19.2）. 因此最大匹配的对偶问题是最小点覆盖问题！　◇

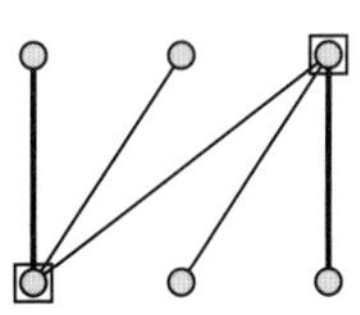
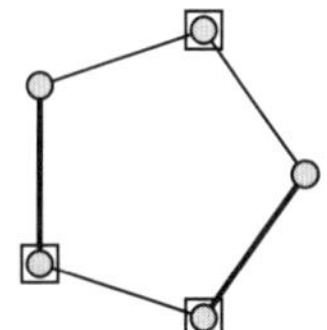

图 19.2　匹配和点覆盖是相互关联的：粗线示出了匹配，方框则框出了点覆盖

给（非标准的）线性规划问题取对偶是较有技巧性的工作，比如考虑如下线性规划问题的对偶：

$$\begin{aligned}\min_{x_1\geqslant 0, x_2\leqslant 0, x_3} \quad & -v_1x_1 - v_2x_2 - v_3x_3, \\ \text{s.t.} \quad & a_1x_1 + x_2 + x_3 - b_1 \leqslant 0, \\ & x_1 + a_2x_2 - b_2 = 0, \\ & -a_3x_3 + b_3 \leqslant 0.\end{aligned} \tag{19.1.4}$$

为了用定义求出其对偶，一种很直接的方式是考虑把问题化为标准形. 先利用等式约束消去 x_1（此时会引入一个新的对 x_2 的约束），再令 $x_2' = -x_2, x_3 = x_3' - x_4\ (x_2', x_3', x_4 \geqslant 0)$ 换元使得标准形中 $\boldsymbol{x} \geqslant \boldsymbol{0}$，最后给系数取负，使得不等式约束均为 $\geqslant$，这样再套入定义就能确定其对偶. 但这种方法在等式约束较多的时候比较麻烦，得到的对偶问题可能还有过多的变量. 下面我们采用更本质的办法 [2].

此方法的思想来自于 Lagrange 对偶的概念，我们将由此来阐明对偶性中的一些直观. 先考虑一个简单的、一般的优化问题：

$$\begin{aligned}\min_{\boldsymbol{x}} \quad & f_0(\boldsymbol{x}),\\ \text{s.t.} \quad & f_1(\boldsymbol{x}) \leqslant 0.\end{aligned}$$

如果没有约束，直接优化 $f_0(\cdot)$ 是比较容易的. 而在存在约束时，回忆我们或多或少听过的"正则化"方法，可以添加一个"惩罚项"，直接优化

$$J(\boldsymbol{x}) = f_0(\boldsymbol{x}) + \mathbf{1}_{f_1(x)>0} \cdot \infty.$$

这样一来，如果原问题存在可行解，则上式就不会出现 ∞ 项，$J(x)$ 的优化等价于原问题. 然而，这是一个性质很糟糕的目标函数（不连续）. 作为一个替代，考虑

$$L(\boldsymbol{x}, \lambda) \stackrel{\text{def}}{=} f_0(\boldsymbol{x}) + \lambda f_1(\boldsymbol{x}) \quad (\lambda \geqslant 0).$$

（这是大家熟悉的形式，即 Lagrange 乘子.）一个很重要的观察是 $\max_{\lambda\geqslant 0} L(\boldsymbol{x}, \lambda) = J(\boldsymbol{x})$. 因此我们的问题就是

$$\min_{\boldsymbol{x}} \max_{\lambda\geqslant 0} f_0(\boldsymbol{x}) + \lambda f_1(\boldsymbol{x}).$$

换句话说，在这样一个双层的优化中，外层优化先取定 $\boldsymbol{x}$，而后内层在固定 $\boldsymbol{x}$ 的情况下"对抗"地优化 λ. 因此，当 $f_1(\boldsymbol{x}) > 0$ 时，λ 应取 ∞，否则 λ 最佳为取零.

以上变换帮助我们把有约束的优化问题变成了一个双层的无约束问题，对于后者，我们可以尝试交换顺序得到以下辅助问题：

$$\max_{\lambda\geqslant 0} \underbrace{\min_{\boldsymbol{x}} f_0(\boldsymbol{x}) + \lambda f_1(\boldsymbol{x})}_{\stackrel{\text{def}}{=} g(\lambda)}.$$

一般地，我们把 $g(\lambda)$ 称为**对偶函数**，最大化它的问题称为**对偶问题**. 可以很容易地证明（习题 19.1.2），交换后的优化问题的值不超过原问题的值，它将为原问题的解提供一个下界. 对于式 (19.1.4)，它对应的交换结果为（思考为什么 λ_2 无约束）：

$$\begin{aligned}\max_{\lambda_1\geqslant 0,\lambda_2,\lambda_3\geqslant 0} \min_{x_1\geqslant 0,x_2\leqslant 0,x_3} \quad & - v_1x_1 - v_2x_2 - v_3x_3\\ & + \lambda_1(a_1x_1 + x_2 + x_3 - b_1)\\ & + \lambda_2(x_1 + a_2x_2 - b_2)\\ & + \lambda_3(-a_3x_3 + b_3).\end{aligned}$$

我们接下来希望把 $g(\lambda)$ 的优化问题"倒回去"，重新得到一个等价的带约束的优化问题. 为此我们要用到一个小技巧，交换原问题变量 $\boldsymbol{x}$ 和对偶变量 $\boldsymbol{\lambda}$ 的位置. 上面的式子是"目标函数+对偶变量×关于原问题变量的式子"的形式，将问题改写成"目标函数+原问题变量×

关于对偶变量的式子”便得到：

$$\max_{\lambda_1\geqslant 0,\lambda_2,\lambda_3\geqslant 0}\ \min_{x_1\geqslant 0,x_2\leqslant 0,x_3} -b_1\lambda_1-b_2\lambda_2+b_3\lambda_3$$

$$+x_1(a_1\lambda_1+\lambda_2-v_1) \tag{19.1.5}$$

$$+x_2(\lambda_1+a_2\lambda_2-v_2) \tag{19.1.6}$$

$$+x_3(\lambda_1-a_3\lambda_3-v_3). \tag{19.1.7}$$

观察一下式 (19.1.5)~(19.1.7) 带来的影响. 因为 $x_1\geqslant 0$,所以优化 λ 时不希望让 (19.1.5)（括号中项,下同）小于零（否则可取 $x_1\to\infty$,目标可以任意小）,因此它化成约束 $a_1\lambda_1+\lambda_2-v_1\geqslant 0$. 当这一约束满足时,内层优化的最佳选择就是取 $x_1=0$. 同理式 (19.1.6) 要小于等于零,而式 (19.1.7) 应该等于零. 这些约束都成立的时候,$g(\lambda)$ 就等于 $-b_1\lambda_1-b_2\lambda_2+b_3\lambda_3$! 于是,对偶问题就等价于：

$$\begin{aligned}\max_{\lambda_1\geqslant 0,\lambda_2,\lambda_3\geqslant 0}\quad & -b_1\lambda_1-b_2\lambda_2+b_3\lambda_3,\\ \text{s.t.}\quad & a_1\lambda_1+\lambda_2-v_1\geqslant 0,\\ & \lambda_1+a_2\lambda_2-v_2\leqslant 0,\\ & \lambda_1-a_3\lambda_3-v_3=0.\end{aligned}$$

总结一下,这种取对偶的方法由以下几步完成：

(i) 确保目标函数是最小化,所有约束都是等式或者 $\leqslant$;

(ii) 对于每一个约束引入一个对偶变量,其中不等式型约束引入的对偶变量为非负实数,等式型约束引入的则为任意实数. 然后把约束嵌入到最优化问题中,将问题改写为一个无约束的 max–min 问题;

(iii) 整理,将此时的目标函数中的原变量和对偶变量的角色互换;

(iv) 恢复约束. 对于要求非负的原变量,括号中的变量对应的约束为 $\geqslant 0$;对于要求非正的原变量,相应约束为 $\leqslant 0$;对于无约束的原变量,相应约束则为 $=0$.

（请读者确保理解上面针对每一种情况作出相应操作的理由.）

线性规划中的原问题和对偶问题是紧密相关的,根据上面的讨论,我们可以证明有关 $\boldsymbol{P}$ 和 $\boldsymbol{D}$ 性质的第一个重要性质：

19.1.6 定理 (弱对偶性) P 的值不超过 D 的值. 特别地,若 $\boldsymbol{x},\boldsymbol{y}$ 分别为 P,D 的可行解,满足 $\boldsymbol{c}^\top\boldsymbol{x}=\boldsymbol{b}^\top\boldsymbol{y}$,则 $\boldsymbol{x},\boldsymbol{y}$ 都是相应问题的最优解.

证明 因为 $\boldsymbol{x},\boldsymbol{y}$ 分别为 P,D 的可行解,所以

$$\boldsymbol{c}^\top\boldsymbol{x}\leqslant\boldsymbol{y}^\top A\boldsymbol{x}\leqslant\boldsymbol{y}^\top\boldsymbol{b}=\boldsymbol{b}^\top\boldsymbol{y}.$$

“特别地”一句是上面不等式显见的推论. □

接续 19.1.3 例、19.1.5 中的符号和讨论,由弱对偶性我们导出了:最大匹配的大小不大于最小

顶点覆盖. 当然,可以证明,在二部图中二者实际上是相等的(参看 19.1.12 推论),而这对应了线性规划中的**强对偶性**. 下面先讨论这一性质.

为了讨论强对偶性,先来考察原问题和对偶问题是否有可行解这一问题,在这里的论证中,我们会慢慢从松弛形过渡到标准形(参看 19.1.2 注).

19.1.7 引理 设 $A \in \mathbb{R}^{m\times n}$, $\boldsymbol{b} \in \mathbb{R}^m$,则下面两个叙述有且仅有一个成立:

(i) $A\boldsymbol{x} = \boldsymbol{b}$ 有解;

(ii) $A^\top \boldsymbol{y} = \boldsymbol{0}, \boldsymbol{b}^\top \boldsymbol{y} = -1$ 有解.

这一引理的几何意义是明确的:如果 $\boldsymbol{b}$ 不在 A 的列空间 V 中,那么一定存在一个正交于 V 的向量,满足它和 $\boldsymbol{b}$ 成钝角(参看图 19.3).

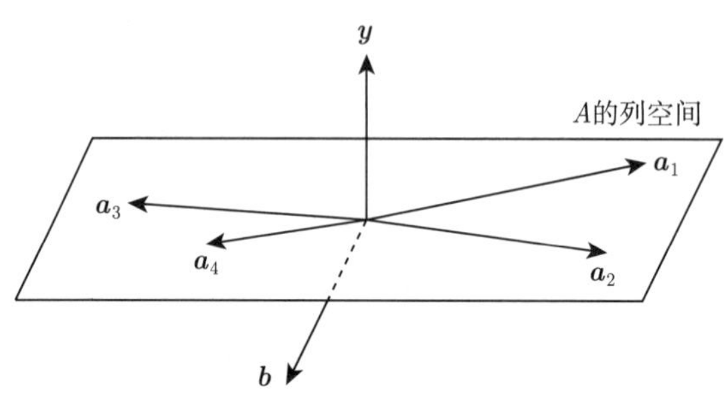

图 19.3 19.1.7 引理的几何直观

证明 如果 (i)、(ii) 同时成立,则 $-1 = \boldsymbol{b}^\top \boldsymbol{y} = \boldsymbol{x}^\top A^\top \boldsymbol{y} = 0$,矛盾.

假设 (i) 不成立,则 $\boldsymbol{b}$ 不在 A 的列空间中,即 $\operatorname{rank}[A \quad \boldsymbol{b}] = \operatorname{rank} A + 1$,从而以下矩阵

$$\begin{bmatrix} A & \boldsymbol{b} \\ \boldsymbol{0}^\top & -1 \end{bmatrix}$$

的秩也是 $\operatorname{rank} A + 1$. 所以 $\begin{bmatrix} \boldsymbol{0} \\ -1 \end{bmatrix}$ 可被 $[A \quad \boldsymbol{b}]^\top$ 线性表出,故存在所说的 $\boldsymbol{y}$. □

19.1.8 引理 (Farkas) 设 $A \in \mathbb{R}^{m\times n}$, $\boldsymbol{b} \in \mathbb{R}^m$,则下面两个叙述有且仅有一个成立:

(i) $A\boldsymbol{x} = \boldsymbol{b}, \boldsymbol{x} \geqslant \boldsymbol{0}$ 有解;

(ii) $A^\top \boldsymbol{y} \geqslant \boldsymbol{0}, \boldsymbol{b}^\top \boldsymbol{y} < 0$ 有解.

Farkas 引理是最优化理论的基石之一(我们今后可能还会用它导出凸优化中的 Karush–Kuhn–Tucker 条件, 这和线性规划的理论很相似). 其几何意义和前一个引理差不多: 参看图 19.4, $A\boldsymbol{x} = \boldsymbol{b}, \boldsymbol{x} \geqslant \boldsymbol{0}$ 有解实质上是指 $\boldsymbol{b}$ 落在 A 的列向量张成的凸锥中;如果不是这样,因为锥是凸的,所以直观地存在一个超平面分离 $\boldsymbol{b}$ 和这个锥,这个超平面对应的集合就是 $\{\boldsymbol{x} : \boldsymbol{x}^\top \boldsymbol{y} = 0\}$,对应于 (ii).

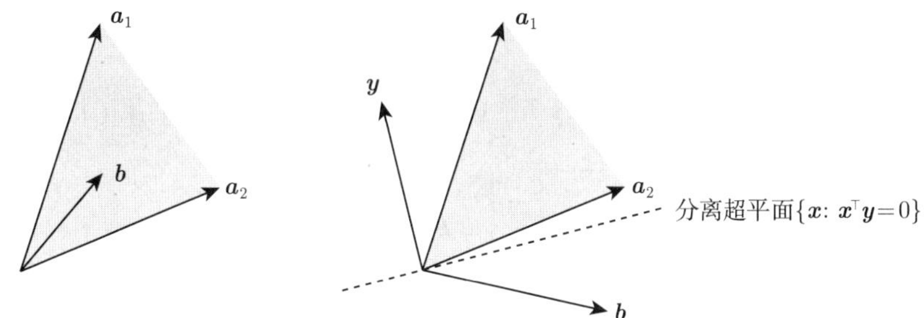

图 19.4 Farkas 引理的几何直观:(a) 表示情形 (i),(b) 表示情形 (ii)

以下我们还是另外给出一个纯代数的证明.

证明 (i)、(ii) 同时成立则导出 $0 \leqslant \boldsymbol{x}^\top A^\top \boldsymbol{y} = (A\boldsymbol{x})^\top \boldsymbol{y} = \boldsymbol{b}^\top \boldsymbol{y} < 0$,矛盾. 若 (i) 不成立,则我们可不妨设 $A\boldsymbol{x} = \boldsymbol{b}$ 有解,但是不满足 $\boldsymbol{x} \geqslant \boldsymbol{0}$,否则可直接用 19.1.7 引理得到结论.

设 $A = (\boldsymbol{a}_1, \ldots, \boldsymbol{a}_n)$,现在对 n 归纳来证明此时 (ii) 成立. 当 $n = 1$ 时,条件为 $x_1\boldsymbol{a}_1 = \boldsymbol{b}$ 有解 $x_1 < 0$,令 $\boldsymbol{y} = -\boldsymbol{b}$,代入得

$$\boldsymbol{a}_1^\top \boldsymbol{y} = -\frac{\boldsymbol{b}^\top \boldsymbol{b}}{x_1} > 0, \quad \boldsymbol{b}^\top \boldsymbol{y} = -\boldsymbol{b}^\top \boldsymbol{b} < 0,$$

满足 (ii).

若命题对一切 $k \leqslant n-1$ 都成立,因为 (i) 没有满足 $\boldsymbol{x} \geqslant 0$ 的解,所以 $\sum_{i=1}^{n-1} x_i\boldsymbol{a}_i = \boldsymbol{b}$ 一定没有满足 $x_1, \ldots, x_{n-1} \geqslant 0$ 的解(否则可令 $x_n = 0$). 由归纳假设知,存在 $\boldsymbol{v}$ 满足 $\boldsymbol{a}_i^\top \boldsymbol{v} \geqslant 0\,(1 \leqslant i \leqslant n-1)$ 及 $\boldsymbol{b}^\top \boldsymbol{v} < 0$. 假如 $\boldsymbol{a}_n^\top \boldsymbol{v} \geqslant 0$ 恰好也成立,那么 (ii) 已经成立. 故下面可设 $\boldsymbol{a}_n^\top \boldsymbol{v} < 0$. 取

$$\begin{aligned} \tilde{\boldsymbol{a}}_i &= (\boldsymbol{a}_i^\top \boldsymbol{v})\boldsymbol{a}_n - (\boldsymbol{a}_n^\top \boldsymbol{v})\boldsymbol{a}_i \quad (1 \leqslant i \leqslant n-1), \\ \tilde{\boldsymbol{b}} &= (\boldsymbol{b}^\top \boldsymbol{v})\boldsymbol{a}_n - (\boldsymbol{a}_n^\top \boldsymbol{v})\boldsymbol{b}. \end{aligned} \tag{19.1.8}$$

我们指出 $\sum_{i=1}^{n-1} x_i\tilde{\boldsymbol{a}}_i = \tilde{\boldsymbol{b}}$ 亦没有满足 $x_1, \ldots, x_{n-1} \geqslant 0$ 的解,否则整理可得

$$-\frac{1}{\boldsymbol{a}_n^\top \boldsymbol{v}}\left(\sum_{i=1}^{n-1} x_i(\boldsymbol{a}_i^\top \boldsymbol{v}) - \boldsymbol{b}^\top \boldsymbol{v}\right)\boldsymbol{a}_n + \sum_{i=1}^{n-1} x_i\boldsymbol{a}_i = \boldsymbol{b},$$

与 (i) 不成立矛盾. 故再次使用归纳假设得存在 $\boldsymbol{w}$,使得 $\tilde{\boldsymbol{a}}_i{}^\top \boldsymbol{w} \geqslant 0\,(1 \leqslant i \leqslant n-1)$, $\tilde{\boldsymbol{b}}^\top \boldsymbol{w} < 0$. 这样,可以验证

$$\boldsymbol{y} = (\boldsymbol{a}_n^\top \boldsymbol{w})\boldsymbol{v} - (\boldsymbol{a}_n^\top \boldsymbol{v})\boldsymbol{w}$$

就是 (ii) 的解. 事实上,由式 (19.1.8) 得

$$\begin{aligned} &\boldsymbol{a}_i^\top \boldsymbol{y} = (\boldsymbol{a}_n^\top \boldsymbol{w})(\boldsymbol{a}_i^\top \boldsymbol{v}) - (\boldsymbol{a}_n^\top \boldsymbol{v})(\boldsymbol{a}_i^\top \boldsymbol{w}) = \tilde{\boldsymbol{a}}_i{}^\top \boldsymbol{w} \geqslant 0\,(1 \leqslant i \leqslant n-1), \quad \boldsymbol{a}_n^\top \boldsymbol{y} = 0, \\ &\boldsymbol{b}^\top \boldsymbol{y} = (\boldsymbol{a}_n^\top \boldsymbol{w})(\boldsymbol{b}^\top \boldsymbol{v}) - (\boldsymbol{a}_n^\top \boldsymbol{v})(\boldsymbol{b}^\top \boldsymbol{w}) = \tilde{\boldsymbol{b}}^\top \boldsymbol{w} < 0. \end{aligned}$$

□

19.1.9 推论 设 $A \in \mathbb{R}^{m\times n}$, $\boldsymbol{b} \in \mathbb{R}^m$,则下面两个叙述有且仅有一个成立:

(i) $A\boldsymbol{x} \leqslant \boldsymbol{b}, \boldsymbol{x} \geqslant \boldsymbol{0}$ 有解;

(ii) $A^\top \boldsymbol{y} \geqslant \mathbf{0}, \boldsymbol{y} \geqslant \mathbf{0}, \boldsymbol{b}^\top \boldsymbol{y} < 0$ 有解.

证明 若 (i)、(ii) 同时成立,则 $0 \leqslant \boldsymbol{x}^\top A^\top \boldsymbol{y} = (A\boldsymbol{x})^\top \boldsymbol{y} \leqslant \boldsymbol{b}^\top \boldsymbol{y} < 0$,矛盾. 如果 (i) 不成立,按 19.1.2 注的转换方法,这等价于

$$[A \quad I_m]\begin{bmatrix} \boldsymbol{x} \\ \boldsymbol{x}' \end{bmatrix} = \boldsymbol{b}, \quad \boldsymbol{x}, \boldsymbol{x}' \geqslant \mathbf{0}$$

无解,由 Farkas 引理,存在 $\boldsymbol{y}$ 使得

$$\begin{bmatrix} A^\top \\ I_m \end{bmatrix}\boldsymbol{y} \leqslant \mathbf{0}, \quad \boldsymbol{b}^\top \boldsymbol{y} < 0,$$

就得到 (ii). □

我们可以证明强对偶性了.

19.1.10 定理 (强对偶性) 设线性规划的原问题及其对偶如 19.1.1 定义、19.1.4 所说,则下面叙述有且仅有一个成立:

(i) P, D 都有可行解,且最优解的值相等;

(ii) D 有可行解,P 无可行解,且 D 的目标函数在约束下无界;

(iii) P 有可行解,D 无可行解,且 P 的目标函数在约束下无界;

(iv) 两个问题均无可行解.

证明 设 P, D 都有可行解,根据弱对偶性,我们只要证明不等式组

$$\begin{aligned} &A\boldsymbol{x} \leqslant \boldsymbol{b}, \quad \boldsymbol{x} \geqslant \mathbf{0}, \\ &A^\top \boldsymbol{y} \geqslant \boldsymbol{c}, \quad \boldsymbol{y} \geqslant \mathbf{0}, \\ &\boldsymbol{c}^\top \boldsymbol{x} - \boldsymbol{b}^\top \boldsymbol{y} \geqslant 0, \end{aligned}$$

是有解的即可. 把它写成分块矩阵的形式,就是

$$\begin{bmatrix} A & 0 \\ 0 & -A^\top \\ -\boldsymbol{c}^\top & \boldsymbol{b}^\top \end{bmatrix}\begin{bmatrix} \boldsymbol{x} \\ \boldsymbol{y} \end{bmatrix} \leqslant \begin{bmatrix} \boldsymbol{b} \\ -\boldsymbol{c} \\ 0 \end{bmatrix}, \quad \begin{bmatrix} \boldsymbol{x} \\ \boldsymbol{y} \end{bmatrix} \geqslant \mathbf{0}. \tag{19.1.9}$$

如果此系统无解,则根据 19.1.9 推论,存在 $\boldsymbol{z}, \boldsymbol{w} \geqslant \mathbf{0}$ 和实数 $\alpha \geqslant 0$ 使得

$$A^\top \boldsymbol{z} \geqslant \alpha \boldsymbol{c}, \quad A\boldsymbol{w} \leqslant \alpha \boldsymbol{b}, \quad \boldsymbol{b}^\top \boldsymbol{z} < \boldsymbol{c}^\top \boldsymbol{w}.$$

首先说明 $\alpha = 0$ 是不可能的. 不然,设 $\tilde{\boldsymbol{x}}, \tilde{\boldsymbol{y}}$ 是 P, D 的可行解,有

$$0 \leqslant \tilde{\boldsymbol{x}}^\top A^\top \boldsymbol{z} = (A\tilde{\boldsymbol{x}})^\top \boldsymbol{z} \leqslant \boldsymbol{b}^\top \boldsymbol{z} < \boldsymbol{c}^\top \boldsymbol{w} \leqslant (A^\top \tilde{\boldsymbol{y}})^\top \boldsymbol{w} = \tilde{\boldsymbol{y}}^\top A\boldsymbol{w} \leqslant 0,$$

矛盾. 此时再令 $\boldsymbol{x} = \boldsymbol{w}/\alpha, \boldsymbol{y} = \boldsymbol{z}/\alpha$,则可验证 $\boldsymbol{x}, \boldsymbol{y}$ 分别是 P, D 的可行解,故再次由弱对偶性得

$$\boldsymbol{c}^\top \boldsymbol{w} = \alpha(\boldsymbol{c}^\top \boldsymbol{x}) = \alpha(\boldsymbol{b}^\top \boldsymbol{y}) = \boldsymbol{b}^\top \boldsymbol{z},$$

与 $\boldsymbol{b}^\top \boldsymbol{z} < \boldsymbol{c}^\top \boldsymbol{w}$ 矛盾. 所以式 (19.1.9) 一定有解,即最优解的值相等.

再设 P 无可行解,而 D 有可行解. 结合 P 无可行解和 19.1.9 推论得 $A^\top \boldsymbol{w} \geqslant \boldsymbol{0}, \boldsymbol{w} \geqslant \boldsymbol{0}, \boldsymbol{b}^\top \boldsymbol{w} < 0$ 有解. 注意到,如果 $\boldsymbol{y}$ 是 D 的可行解,则对每个非负实数 $\lambda, \boldsymbol{y} + \lambda \boldsymbol{w}$ 都是可行解,这样 D 的目标函数可写为 $\boldsymbol{b}^\top(\boldsymbol{y} + \lambda \boldsymbol{w}) = \boldsymbol{b}^\top \boldsymbol{y} + \lambda(\boldsymbol{b}^\top \boldsymbol{w})$. 因为 $\boldsymbol{b}^\top \boldsymbol{w}$,所以取充分大的 λ 可使目标函数充分小,即其无界. 同理可证 (iii).

(iv) 则是剩余的可能情形,对此没有可说的结论. □

至此,我们用 19.1.9 推论刻画了可行解的存在性,用强对偶性描写了最优解的性质. 强对偶性还将导出一个很重要的性质,就是**互补松弛性**.

19.1.11 推论 设线性规划的原问题及其对偶如上所说,$\boldsymbol{x}, \boldsymbol{y}$ 分别是 P, D 的最优解,当且仅当下面的命题成立:

(i) $y_i > 0$ 推出 $\sum_{j=1}^{n} a_{ij} x_j = b_i \, (1 \leqslant i \leqslant m)$;

(ii) $x_j > 0$ 推出 $\sum_{i=1}^{m} b_{ij} y_i = c_j \, (1 \leqslant j \leqslant n)$.

用自然语言表述,就是第 i 个分量非负的约束和对偶问题的第 i 个约束一定有一个取等.

证明 必要性. 由强对偶性,我们有

$$\sum_{j=1}^{n} c_j x_j = \sum_{i,j} y_i a_{ij} x_j = \sum_{i=1}^{m} b_i y_i \implies \sum_{i=1}^{m} \underbrace{\left(b_i - \sum_{j=1}^{n} a_{ij} x_j\right)}_{\geqslant 0} \underbrace{y_i}_{\geqslant 0} = 0.$$

注意求和中每一项都非负,故每一项都必须是 0,因而第 i 个分量 $\geqslant 0$ 的约束和对偶问题的第 i 个约束一定有一个取等. (ii) 同理可证.

充分性. (i)、(ii) 成立时即有

$$\boldsymbol{c}^\top \boldsymbol{x} = \sum_{j=1}^{n} c_j x_j = \sum_{j=1}^{n} \left(\sum_{i=1}^{m} a_{ij} y_i\right) x_j = \sum_{i=1}^{m} \left(\sum_{j=1}^{n} a_{ij} x_j\right) y_i = \sum_{i=1}^{m} b_i y_i = \boldsymbol{b}^\top \boldsymbol{y},$$

由对偶性知道 $\boldsymbol{x}, \boldsymbol{y}$ 均为最优解. □

利用强对偶性可以很快导出几个比较重要的二部图中的定理. 我们仍然暂时先承认以下有关二部图的线性规划问题都有整数解.

在图 G 中,如果 $L \subseteq E(G)$ 使得每个顶点至少是 L 中某条边的一个端点,则把 L 称为 G 的一个**边覆盖**. 当然,只有不含孤立点的图中才有边覆盖,以下提到边覆盖时总设其存在.

我们把最大独立集、最大匹配、最小点覆盖和最小边覆盖的大小分别记为 $\alpha(G), \nu(G), \tau(G), \rho(G)$.

19.1.12 推论 对任意图 G,有 $\nu(G) \leqslant \tau(G)$ 以及 $\alpha(G) \leqslant \rho(G)$. 特别地,在二部图 G 中,还有等号成立:

(i) $\nu(G) = \tau(G)$;

(ii) $\alpha(G) = \rho(G)$;

(iii) $\nu(G) + \rho(G) = \alpha(G) + \tau(G) = |G|$.

结论 (i)、(ii) 为 König 所发现 [3-4],(iii) 是 Gallai 的结果 [5].

证明 首先记 LP 为最大匹配问题的线性规划形式,则根据 19.1.3 例、19.1.5 的论证,DLP 为最小点覆盖问题的线性规划形式. 由弱对偶性和整数线性规划的性质得

$$\text{ILP} \leqslant \text{LP} \leqslant \text{DLP} \leqslant \text{IDLP},$$

所以命题成立. 特别地,在二部图中最优解为整数,因此由强对偶性等号全部成立. 这就证明了有关 $\nu(G), \tau(G)$ 的结论.

对于最大独立集问题,设图 G 关联矩阵的转置 $M^\top \in \{0,1\}^{m\times n}$,令 $\boldsymbol{x} \in \{0,1\}^n$ 的含义为点集 $X \subseteq V(G)$ 的特征函数(即是对点 v 代表的分量,其值为 $\mathbf{1}_{v\in X}$). 考虑约束 $M^\top \boldsymbol{x} \leqslant \mathbf{1}$,它表示 X 中的点两两不邻接,即代表一个独立集;如果再设定最大化目标函数 $\max \mathbf{1}^\top \boldsymbol{x} = |X|$,则这就对应于最大独立集. 即是:

$$\begin{aligned} \max_{\boldsymbol{x}} \quad & \mathbf{1}^\top \boldsymbol{x}, \\ \text{s.t.} \quad & M^\top \boldsymbol{x} \leqslant \mathbf{1}, \boldsymbol{x} \geqslant \mathbf{0}. \end{aligned}$$

其对偶问题 DLP 为

$$\begin{aligned} \min_{\boldsymbol{y}} \quad & \mathbf{1}^\top \boldsymbol{y}, \\ \text{s.t.} \quad & M\boldsymbol{y} \geqslant \mathbf{1}, \boldsymbol{y} \geqslant \mathbf{0}. \end{aligned}$$

若将 $\boldsymbol{y} \in \{0,1\}^m$ 理解为边集 $Y \subseteq V(G)$ 的特征函数(对边 e 代表的分量,其值为 $\mathbf{1}_{e\in Y}$),约束此时表示 G 中的每一个点都和 Y 中的某条边相邻,最小化目标函数就是要求最小的满足这个条件的边集的大小. 再次利用弱对偶性和整数线性规划的性质便得到 $\alpha(G) \leqslant \rho(G)$. 特别地,在二部图中最优解为整数,因此由强对偶性等号全部成立.

最后证明 (iii). 注意到一个简单的观察:一个点集 S 是独立集,当且仅当 $V \setminus S$ 是点覆盖. 事实上,若 S 为独立集,则每条边都和 $V \setminus S$ 上的点相邻;若 $V \setminus S$ 为点覆盖,则 S 中点之间必然无边. 这导出 $\alpha(G) + \tau(G) = |G|$,结合 (i)、(ii) 即知 (iii) 成立. □

习题 19.1

1. 某公司用 3 种原料合成 2 种化学物质. 每千克 A 由 0.25 kg 1、0.5 kg 2 和 0.25 kg 3 合成;每千克 B 则由 0.5 kg 1 和 0.5 kg 2 合成. A 售价每千克 12 元,B 售价每千克 15 元. 假设现在有原料 1、2、3 各 12 kg、15 kg 和 5 kg,问:如何设置生产方案才能使得总价值最大?用线性规划建模,并写出问题的对偶. 对偶是否有实

际含义?

2. 设函数 $f(\boldsymbol{x},\boldsymbol{y}):\mathscr{X}\times\mathscr{Y}\longrightarrow\mathbb{R}$. 证明:

$$\sup_{\boldsymbol{x}\in\mathscr{X}}\inf_{\boldsymbol{y}\in\mathscr{Y}} f(\boldsymbol{x},\boldsymbol{y})\leqslant\inf_{\boldsymbol{y}\in\mathscr{Y}}\sup_{\boldsymbol{x}\in\mathscr{X}} f(\boldsymbol{x},\boldsymbol{y}).$$

这一性质如果用通俗的话讲就是:“鸡头不如凤尾.”

3. 给定无向图 $G=(V,E)$,每条边 $e\in E$ 都被赋予一个非负权重 $w(e)$. 固定顶点 $s,t\in V$,考虑如下线性规划:

$$\begin{aligned}\max_{\boldsymbol{d}}\quad & d_t,\\ \text{s.t.}\quad & d_v\leqslant d_u+w(u,v),\quad \forall(u,v)\in E,\\ & d_s=0.\end{aligned}$$

(1) 证明:该线性规划的最优解 d_t^* 是从 s 到 t 的最短路径长度.

(2) 写出该线性规划的对偶规划,并给它一个图论上的解释.

4. 用线性规划的模型为下列问题建模:设 $A,C\in\mathbb{R}^{m\times n}$, $\boldsymbol{b},\boldsymbol{d}\in\mathbb{R}^n$,令

$$P_1=\{\boldsymbol{x}\in\mathbb{R}^n:A\boldsymbol{x}\leqslant\boldsymbol{b}\},\quad P_2=\{\boldsymbol{x}\in\mathbb{R}^n:C\boldsymbol{x}\leqslant\boldsymbol{d}\}.$$

求“最佳”的 $\boldsymbol{a}\in\mathbb{R}^n$ 和实数 γ,使得对于任意的 $\boldsymbol{x}\in P_1$ 有 $\boldsymbol{a}^\top\boldsymbol{x}<\gamma$,对任意的 $\boldsymbol{x}\in P_2$ 有 $\boldsymbol{a}^\top\boldsymbol{x}>\gamma$. 对于“最佳”,请根据几何意义自己选择一个较好的优化目标.

5. 甲乙两人玩改版的剪刀、石头、布游戏,这个游戏中有一个新策略 X. 该策略会输给布,但能够胜过石头和剪刀. 设胜利的收益是 1,平手的收益是 0,失败的收益是 −1. 游戏允许甲方使用四种策略中的任意一种,乙方只允许出石头、剪刀或者布.

(1) 假设甲分别以 $\boldsymbol{p}=(p_1,p_2,p_3,p_4)^\top$ 的概率出剪刀、石头、布和策略 X,乙则以 $\boldsymbol{q}=(q_1,q_2,q_3)$ 的概率出剪刀、石头和布. 求此时甲和乙的期望收益.

(2) 假设甲、乙都是绝顶聪明的人,他们的最佳策略分别是什么?用线性规划建立该问题的数学模型,尝试求解.

6. 写出下述线性规划问题的标准形和松弛形,求出它的对偶.

$$\begin{aligned}\max_{x_1,x_2,x_3}\quad & 3x_1-2x_2+x_3,\\ \text{s.t.}\quad & x_1+2x_2-x_3\leqslant 1,\\ & x_2-5x_3\leqslant -4,\\ & x_1-3x_2+2x_3=-10,\\ & x_1,x_3\geqslant 0.\end{aligned}$$

7. 用二维图解法确定下面线性规划问题的最优解:

$$\begin{aligned}\min\quad & 2x_1+3x_2+5x_3+6x_4,\\ \text{s.t.}\quad & x_1+2x_2+3x_3+x_4\geqslant 2,\\ & -2x_1+x_2-x_3+3x_4\leqslant 3,\end{aligned}$$

$$x_1, x_2, x_3, x_4 \geqslant 0.$$

8. 构造一个线性规划问题,使得它和它的对偶都没有可行解.

9. 构造一个线性规划问题,使得它的最优解不唯一,但是最优解只有有限多个.

10. 设有限集 U,函数 $u, v: \mathscr{P}(U) \longrightarrow \mathbb{R}_{\geqslant 0}$ 和正实常数 γ 皆已给定,写出问题

$$\begin{aligned}
\max_{\substack{\ell_+,\ell_- \\ p_1,\dots,p_{|U|}}} \quad & \ell_+ - \ell_-, \\
\text{s.t.} \quad & \sum_{S\subseteq U} u(S) \sum_{j\in S} p_j - \sum_{j\in T} p_j + (\ell_+ - \ell_-) \leqslant \sum_{S\subseteq U} u(S) v(S\setminus T) - \gamma v(U) \quad (\forall T \subseteq U), \\
& p_j \geqslant 0 \quad (\forall j \in U), \ell_+, \ell_- \geqslant 0.
\end{aligned}$$

的对偶. 提示 参看 [6].

11. 设 $A \in \mathbb{R}^{m\times n}$,证明下面两个叙述有且仅有一个成立:

(i) $A\boldsymbol{x} \leqslant \boldsymbol{0}, \boldsymbol{x} \geqslant \boldsymbol{0}, \boldsymbol{x} \neq \boldsymbol{0}$ 有解;

(ii) $A^\top \boldsymbol{y} > \boldsymbol{0}$ 有解.

12. 设 $A \in \mathbb{R}^{m\times n}, \boldsymbol{b} \in \mathbb{R}^m$,证明下面两个叙述有且仅有一个成立:

(i) $A\boldsymbol{x} \leqslant \boldsymbol{b}$ 有解;

(ii) $A^\top \boldsymbol{y} = \boldsymbol{0}, \boldsymbol{b}^\top \boldsymbol{y} = -1, \boldsymbol{y} \geqslant \boldsymbol{0}$ 有解.

能否给出一个几何解释?

13. 设 $A, C \in \mathbb{R}^{m\times n}, \boldsymbol{b}, \boldsymbol{d} \in \mathbb{R}^m$,证明下面两个叙述有且仅有一个成立:

(i) $A\boldsymbol{x} \leqslant \boldsymbol{b}, C\boldsymbol{x} \leqslant \boldsymbol{d}$ 有解;

(ii) $A^\top \boldsymbol{z} + C^\top \boldsymbol{y} = \boldsymbol{0}, \boldsymbol{b}^\top \boldsymbol{z} + \boldsymbol{d}^\top \boldsymbol{y} < 0, \boldsymbol{z} \geqslant \boldsymbol{0}$ 有解.

14. 设 $A, B \in \mathbb{R}^{m\times n}, \boldsymbol{b}, \boldsymbol{c} \in \mathbb{R}^m$,证明下面两个叙述有且仅有一个成立:

(i) $A\boldsymbol{x} < \boldsymbol{b}, B\boldsymbol{x} \leqslant \boldsymbol{c}$ 有解;

(ii) 存在 $\boldsymbol{y} \geqslant \boldsymbol{0}, \boldsymbol{z} \geqslant \boldsymbol{0}$ 使得 $A^\top \boldsymbol{y} + B^\top \boldsymbol{z} = \boldsymbol{0}$,而且

$$\boldsymbol{b}^\top \boldsymbol{y} + \boldsymbol{c}^\top \boldsymbol{z} < 0 \quad \text{或者} \quad \boldsymbol{b}^\top \boldsymbol{y} + \boldsymbol{c}^\top \boldsymbol{z} = 0\,(\boldsymbol{y} \neq \boldsymbol{0}).$$

15. 对于 $\alpha(G), \nu(G), \tau(G), \rho(G)$ 中的每一个数量,决定使得其等于 1 的那些图.

16. 利用 19.1.12 推论证明:二部图 G 中存在一个至少大小为 $e(G)/\Delta(G)$ 的匹配.

19.2 全幺模矩阵

第一个求解线性规划的通用算法由美国数学家 Dantzig 发明,它就是**单纯形法**. 因为我们在后续课程中会学到单纯形法的具体计算方法,这里我们仅说明其基本原理,主要目的是引出最优解的一些更多的刻画.

先来回顾二维线性规划的图解法. 我们已经知道,二维线性规划的可行域由直线围出. 观察图 19.5,设想阴影示出的可行域中,我们希望最大化 $2x + y$. 对于每个 $z \in \mathbb{R}$,我们绘出直线族 $2x + y = z$;若有直线和可行域有交点,那么 z 就是可实现的值. 注意到直线和 y 轴的交点的纵坐标恰是 z 的值,通过挪动直线,可以发现最优解在三角形区域的右下角的顶点取到.

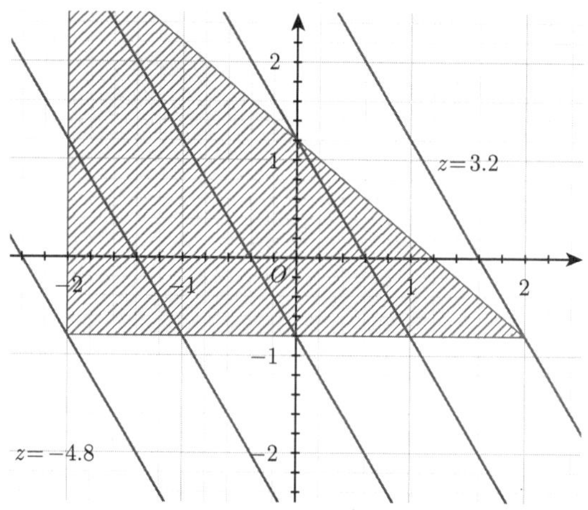

图 19.5 二维线性规划图解法的一个例子

二维的几何直观告诉我们,如果存在最优解,则最优解不仅在可行域的边界取到,而且一定会有一个是"顶点". 我们现在把这样的直观推广到高维.

考虑 19.1.2 注所说的松弛形,记其可行域为 M,最优解的集合为 M^*. 下面总是设线性规划有最优解,$M, M^* \neq \varnothing$. 不难看出,若设最优解的值为 v,则 M^* 是方程 $\begin{bmatrix} A \\ \boldsymbol{c}^\top \end{bmatrix}\boldsymbol{x} = \begin{bmatrix} \boldsymbol{b} \\ v \end{bmatrix}$ 的解. 因而下面对 M, M^* 的论证一般类似,此时只对 M 证明.

19.2.1 引理 M, M^* 都是凸且闭的集合.

证明 设 $\boldsymbol{x}', \boldsymbol{x}'' \in M, \boldsymbol{z} = \lambda\boldsymbol{x}' + (1-\lambda)\boldsymbol{x}''\ (0 \leqslant \lambda \leqslant 1)$. 那么 $A\boldsymbol{z} = \lambda\boldsymbol{b} + (1-\lambda)\boldsymbol{b} = \boldsymbol{b}$. 故 $\boldsymbol{z} \in M$,M 为凸集. 另外,$A\boldsymbol{x} = \boldsymbol{b}$ 是一族超平面的交,$\boldsymbol{x} \geqslant \boldsymbol{0}$ 是第一定限,这些都是闭集,因而 M 作为有限个闭集的交仍然是闭的. 同理可对 M^* 证明. □

19.2.2 定义 设 K 为凸集,如果 $\boldsymbol{v} \in K$ 满足对任意的 $\boldsymbol{x}', \boldsymbol{x}'' \in K, \boldsymbol{v} = \lambda\boldsymbol{x}' + (1-\lambda)\boldsymbol{x}''\ (0 \leqslant \lambda \leqslant 1)$ 可推出 $\lambda = 0$ 或 $\lambda = 1$,就称 $\boldsymbol{v}$ 是**顶点**.(顶点是不在任何 K 中线段的内部的 K 中点.)

设 A 的列向量分别为 $\boldsymbol{a}_1, \ldots, \boldsymbol{a}_n$. 对于 $\boldsymbol{x} \in M$,记集合 $I = \{i \in [n] : x_i > 0\}$ 为那些非零分量的下标,称 $\{\boldsymbol{a}_i : i \in I\}$ 为 $\boldsymbol{x}$ 关联的列向量.

19.2.3 引理 设 $V(M), V(M^*)$ 为 M, M^* 中相应的顶点,则二者皆不空.

证明 我们取 $\boldsymbol{x} \in M$, 使其关联的列向量集 $\{\boldsymbol{a}_i : i \in I\}$ 是极小的. 如若 $\boldsymbol{x} \notin V(M)$, 则存在 $\boldsymbol{x}', \boldsymbol{x}'' \in M$ 使得 $\boldsymbol{x} = \lambda\boldsymbol{x}' + (1-\lambda)\boldsymbol{x}''\ (0 < \lambda < 1)$. 注意到 $x_i = 0\ (\forall i \notin I)$,所以相应的 $x'_i, x''_i = 0$. 故

$$\boldsymbol{b} = A\boldsymbol{x}' = A\boldsymbol{x}'' = \sum_{i\in I} x'_i \boldsymbol{a}_i = \sum_{i \in I} x''_i \boldsymbol{a}_i.$$

令 $v_i = x'_i - x''_i$, 于是 $\sum_{i\in I} v_i \boldsymbol{a}_i = \boldsymbol{0}$, 而且至少有一个 v_i 不为 0(否则 $\boldsymbol{x}' = \boldsymbol{x}''$). 再设 $j = \operatorname{argmin}_{j\in I, v_j \neq 0} \dfrac{x_j}{|v_j|}, \rho = \dfrac{x_j}{|v_j|}$.

不妨设 $v_j > 0$,我们构造 $\tilde{\boldsymbol{x}}$ 如下:

$$\tilde{x}_i = x_i - \rho v_j\,(i \in I), \quad x_j = 0\,(i \notin I).$$

这样就有

$$\tilde{\boldsymbol{x}} \geqslant \boldsymbol{0}, x_i = 0\,(i \notin (I \setminus \{j\})), A\tilde{\boldsymbol{x}} = A\boldsymbol{x} - \rho \sum_{i\in I} v_i \boldsymbol{a}_i = \boldsymbol{b},$$

即 $\tilde{\boldsymbol{x}}$ 关联的列向量集是 $I \setminus \{j\} \subset I$,矛盾. 因此 $\boldsymbol{x}$ 必为顶点.

同理可对 M^* 证明. □

19.2.4 定理 $V(M^*) = V(M) \cap M^*$,特别的,一定有一个最优解是可行域中的顶点.

证明 注意 $M^* \subseteq M$,因而 M 的顶点一定是 M^* 的顶点,故 $V(M^*) \supseteq V(M) \cap M^*$. 设 $\boldsymbol{x} \in V(M^*)$ 和 $\boldsymbol{x} = \lambda\boldsymbol{u} + (1-\lambda)\boldsymbol{v}\,(\boldsymbol{u}, \boldsymbol{v} \in M, 0 \leqslant \lambda \leqslant 1)$. 一方面,$\boldsymbol{x}$ 是最优解表明 $w = \boldsymbol{c}^\top\boldsymbol{x} = \lambda\boldsymbol{c}^\top\boldsymbol{u} + (1-\lambda)\boldsymbol{c}^\top\boldsymbol{v}$,其中 w 是最优解的值;另一方面,$\boldsymbol{c}^\top\boldsymbol{u} \leqslant w, \boldsymbol{c}^\top\boldsymbol{v} \leqslant w$. 这推出 $\boldsymbol{u}, \boldsymbol{v} \in M^*$. 又 $\boldsymbol{x} \in V(M^*)$,所以只好 $\boldsymbol{x} = \boldsymbol{u}$ 或 $\boldsymbol{x} = \boldsymbol{v}$,即 $\boldsymbol{x} \in V(M)$,于是 $V(M^*) \subseteq V(M) \cap M^*$.

由前述引理知 $V(M^*), V(M)$ 都不是空集,所以一定有一个最优解是可行域中的顶点. □

最后我们指出顶点和点关联的列向量之间的联系,这样就可以把顶点的几何意义同代数方程的解联系起来.

19.2.5 定理 $\boldsymbol{x} \in M$ 是顶点,当且仅当它关联的列向量线性无关.

19.2.6 注 因为这种线性无关性,在单纯形法的算法中也把顶点称为**基本可行解**;而取 A 的 $\operatorname{rank} A$ 个线性无关的列向量 $\{\boldsymbol{a}_i : i \in I\}$,求解 $\sum_{i\in I} x_i\boldsymbol{a}_i = \boldsymbol{b}$ 并令 $x_j = 0\,(\forall j \in [n] \setminus I)$(而不管是否有 $\boldsymbol{x} \geqslant \boldsymbol{0}$)得到的解称为**基本解**. ♤

证明 充分性. 设 $\{\boldsymbol{a}_i : i \in I\}$ 是 $\boldsymbol{x} \in M$ 关联的列向量,它们线性无关. 假设 $\boldsymbol{x}$ 不是顶点,接下来的手法和 19.2.3 引理一样:存在 $\boldsymbol{x}', \boldsymbol{x}'' \in M$ 使得 $\boldsymbol{x} = \lambda\boldsymbol{x}' + (1-\lambda)\boldsymbol{x}''\,(0 < \lambda < 1)$,于是 $\sum_{i\in I}(x_i' - x_i'')\boldsymbol{a}_i = \boldsymbol{0}$,由于 $\boldsymbol{x}' \neq \boldsymbol{x}''$,故这些列向量线性相关,矛盾.

必要性. 设 $\boldsymbol{x} \in M$ 是顶点,其关联的列向量同上. 如果这些列向量线性相关,即对一组不全为零的系数有 $\sum_{i\in I} v_i\boldsymbol{a}_i = \boldsymbol{0}$,不妨设 $v_j > 0$. 我们取充分小的 $\varepsilon > 0$ 使得 $x_i - \varepsilon v_i > 0\,(\forall i \in I)$,再令 $\boldsymbol{x}', \boldsymbol{x}''$ 如下:

$$x_i' = x_i + \varepsilon v_i, x_i'' = x_i - \varepsilon v_i\,(i \in I), \quad x_i' = x_i'' = 0\,(i \notin I).$$

由于 $v_j > 0$,所以 $x_j \neq x_j' \neq x_j''$,从而存在不同于 $\boldsymbol{x}$ 的 $\boldsymbol{x}' \neq \boldsymbol{x}''$ 满足

$$\boldsymbol{x}', \boldsymbol{x}'' \geqslant \boldsymbol{0}, \quad A\boldsymbol{x}' = A\boldsymbol{x}'' = \boldsymbol{b}, \quad \boldsymbol{x} = \frac{\boldsymbol{x}' + \boldsymbol{x}''}{2},$$

这与 $\boldsymbol{x} \in V(M)$ 矛盾. □

19.2.7 推论 $V(M)$ 是有限集.

19.2.4 定理告诉我们,只要在可行域的顶点上(以某种非平凡的方式)搜索,就可以找到最优解;19.2.5 定理和 19.2.6 注则指明了计算顶点的方法. 它们合起来就构成了单纯形法的基本原

理. 单纯形法的最坏时间复杂度关于变量数是指数的,但它使用起来性能很好(探索为什么它实际性能很好的理论研究还引出了一个著名的复杂度分析理论);后来人们还发现了一些求解线性规划的多项式时间的算法.

回到 19.1.3 例最后提到的问题. 对于一些特别的 A(比如二部图最大匹配),我们可以保证一般线性规划的最优解恒为整数向量.

19.2.8 定义 设 $A \in \mathbb{Z}^{n\times n}$,如果 A 的行列式为 $+1$ 或 -1,就称它是**幺模矩阵**. 如果一个整数矩阵的每个非奇异子方阵都是幺模矩阵(换言之,每个子方阵的行列式都是 $0,+1,-1$ 之一),则说它是**全幺模矩阵**.

19.2.9 引理 设 $A \in \mathbb{Z}^{m\times n}$,则 A 是全幺模矩阵当且仅当 $[A \quad I_m]$ 是全幺模矩阵.

证明 充分性显然. 对于必要性,我们对选取的子方阵的大小 k 作归纳法. 当 $k = 1$ 时,I_m 的每个元素 $\in \{0, \pm 1\}$,命题成立. 假设阶严格小于 k 的全部非奇异子方阵都是幺模矩阵,考虑一 $k \times k$ 的子方阵. 如果它的列不包括 I_m 中的列,那命题自然成立;否则,它选入了 I_m 中的某一列的一部分,这一列可能全为 0,此时行列式为 0;也可能恰有一个 1,那按这一行展开其行列式,由归纳假设知其结果仍属 $\{0, \pm 1\}$ 之一. □

19.2.10 推论 若线性规划标准形(19.1.1)中的矩阵 A 为全幺模矩阵,则其最优解必为整数向量.

证明 首先将标准形化为松弛形,这时 $[A \quad I_m]$ 也是全幺模矩阵.

再依据 19.2.4 定理和 19.2.5 定理,最优解一定是基本解. 而当求基本解时,线性方程组 $\sum_{i\in I} x_i \boldsymbol{a}_i = \boldsymbol{b}$ 的系数矩阵是全幺模矩阵,由 Cramer 法则知 $x_i \in \mathbb{Z}\,(i \in I)$,于是基本解一定是整数向量,从而最优解亦然. □

于是,如果 A 是全幺模矩阵,则整数线性规划可以用普通的线性规划算法照常计算. 我们不加证明地叙述一个有用的判定全幺模矩阵的充分条件:

19.2.11 定理 (Hoffman–Gale, [7]) 设 $A \in \mathbb{Z}^{m\times n}$,如果 A 的每个元素只是 $\{0, \pm 1\}$ 之一,每列至多有两个非零元素,且其行可划分为两个集合 B, C,使得

(i) 若某列中有两个非零元素 $+1, -1$,则它们所在的行必同属 B 或者 C;

(ii) 若某列中两个非零元素相同,则它们所在的行必分属 B, C.

那么 A 是全幺模矩阵.

根据上述定理我们立刻可以判定二部图的关联矩阵是全幺模矩阵(每列只有两个非零元素对于关联矩阵总是成立,而 B, C 在二部图中就是顶点分为两个独立集),从而线性规划的强对偶性确实推出了对于二部图,19.1.12 推论中的等号成立.

习题 19.2

1. 证明:$A \in \{0,1\}^{m\times n}$ 是全幺模矩阵当且仅当 $[A \quad -A \quad I_m \quad -I_m]$ 是全幺模矩阵.

2. 证明:有向图的关联矩阵一定是全幺模矩阵.

3. 设矩阵 $A \in \{0,1\}^{m\times n}$ 满足:可以适当调换 A 的行,使得每列中的全部 1 都是连续而不间断地出现的,证明:A 是全幺模矩阵.

4. (活动选择问题) 有 n 项活动同时申请使用同一个礼堂,每个活动 i 都有一个开始时间 s_i 和结束时间 f_i,任何两个活动不能同时举行(端点除外). 举办活动 i 的收益是 p_i. 现在想要选择一些活动,使得收益最大.

(1) 给出问题的整数线性规划的数学模型,并化成标准形.

(2) 该问题是否可以直接用一般线性规划的方法直接精确求解? 说明理由.

5. (LP Rounding) 对于一般图 $G(V,E)$ 和权函数 $w: V \longrightarrow \mathbb{R}_{\geqslant 0}$,我们考虑最小顶点覆盖问题:选定一些顶点 $S \subseteq V$,满足每条边 $e \in E$ 都至少有一个端点在 S 中,问如何使代价 $W(S) = \sum_{v\in S} w(v)$ 最小. 设最优解为 $W(S^*)$.

(1) 将它写成一个(整数)线性规划问题.

(2) 已知一般图的最小顶点覆盖是 NP-难的,因此不太可能直接用普通的线性规划求解. 特别地,请验证你写出的矩阵不一定是全幺模矩阵.

(3) 使用如下变通的方法:先应用普通的线性规划算法求出最优解;这个最优解的分量可能有非整数,如果分量不小于 $\frac{1}{2}$,就把它改成 1,否则改成 0. 证明:这样修改得到的解是一个可行解,且它对应的代价不超过 $2W(S^*)$.

6. 如果一个矩阵的每行和每列的元素都是非负实数,而且和为 1,就称其为双随机矩阵. 如果一个矩阵每行和每列的元素中恰有一个为 1,其他为 0,则称其为置换矩阵. 证明:对于每一个双随机矩阵 D,都存在若干个置换矩阵 $P_1,\dots,P_n$ 和非负实数 $\lambda_1,\dots,\lambda_n$,使得 $D = \lambda_1 P_1 + \cdots + \lambda_n P_n$ 且 $\lambda_1 + \cdots + \lambda_n = 1$.

19.3 网络流和几个匹配定理

利用线性规划可以解决一类很重要的图论问题,这就是**网络流**. 本节我们还将利用网络流的模型比较快地证明匹配理论中的 Hall 定理、Dilworth 定理以及连通性中的 Menger 定理 [8].

19.3.1 定义 有向图 N(可以有反向边),连同**容量函数** $c: E(N) \longrightarrow \mathbb{R}_{\geqslant 0} \cup \{\infty\}$,以及两个顶点 s(**源**,入度为 0),t(**汇**,出度为 0)合起来称为一个**容量网络**. 图 19.6 给出了一个例子.

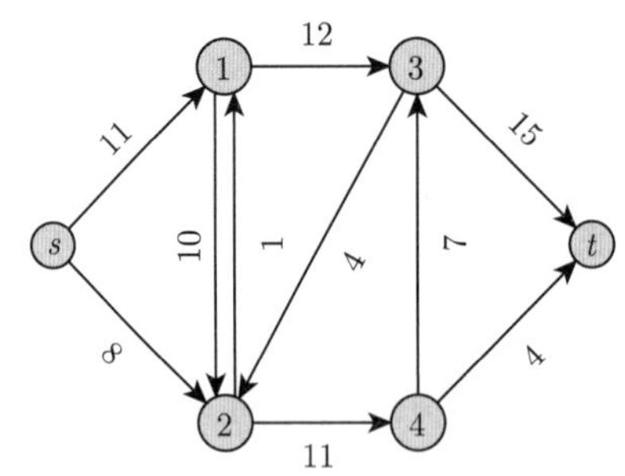

图 19.6 容量网络的例子,箭头上标出了容量

容量网络上的映射 $f: E(N) \longrightarrow \mathbb{R}_{\geqslant 0}$ 称为**网络流**,它给每个边设置一个**流量**. 记 $f^+(v)$ 为顶点 v 出边上的流量和,$f^-(v)$ 为其入边上的流量和. 我们说流 f 是**可行流**,如果对每条边都有 $0 \leqslant f(e) \leqslant c(e)$,以及对每个除了 s,t 的顶点 v 都有 $f^+(v) = f^-(v)$.

流入汇点的总流量 $f^-(t)$ 称为 f 的**流量** $v(f)$,利用中间结点的守恒条件容易证明

19.3.2 命题 可行流中,源点的流出量等于汇点的流入量:$f^+(s) = f^-(t)$.

所以 f 的流量也可定义为流出源点的总流量. 我们现在想要计算给定容量网络上的可行流的最大流量. 此时的流量 f 称为**最大流**.

一个网络可以用来模拟道路系统的交通量、管中的液体、电路中的电流等,所以最大流问题有很多实际意义. 又如,可以设置合适的容量函数让二部图的最大匹配转换为网络流问题.

19.3.3 例 设二部图 G 的两个独立集的顶点集分别为 $X=\{x_1,\dots,x_n\}, Y=\{y_1,\dots,y_m\}$. 为了求出最大匹配,设计容量网络如下(参看图 19.7 中的例子):添加超级源点 s 和超级汇点 t; s 指向每个 $x_i\,(1\leqslant i\leqslant n)$ 均有一条有向边;每个 $y_i\,(1\leqslant i\leqslant m)$ 指向 t 均有一条有向边;原来二部图中的边均添加定向为 x_i 指向 y_j 的形式;所有有向边的容量都为 1.

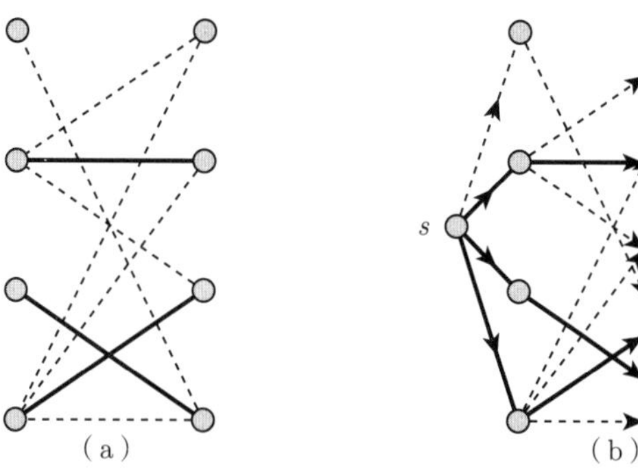

图 19.7 二部图最大匹配转化为网络流问题:(a)是二部图,(b)是对应构造的容量网络

可以看出最大流所对应的流量为 1 的边合起来就是一个最大匹配(当然,我们要证明最大流的流量一定是整数,参看 19.3.6 推论). ◇

网络流问题是可以直接写成线性规划的,因此运用线性规划的理论可以导出有用的结论.

19.3.4 定义 设 (N,c,s,t) 是一个容量网络,如果点集 S 包含源点 s 但不包含汇点 t,则称 $E(S,\overline{S})$ 是一个 s,t-割,其**容量**写为 $c(S,\overline{S})\overset{\text{def}}{=}\sum_{e\in E(S,\overline{S})}c(e)$. 求取最小容量的 s,t-割的问题称为**最小割**.

19.3.5 定理 (Ford–Fulkerson, [9-10]) 容量网络中,最大流的流量等于最小割的容量.

证明 设所说的容量网络为 (N,c,s,t),顶点编号 $1,\dots,n=|N|$;并记 x_{ij} 表示网络流中,ij 边上的流量,相应的 c_{ij} 表示该边的容量. 最大流问题可以写为线性规划问题:

$$\begin{aligned}
\max_{\boldsymbol{x}}\quad & \sum_{j:(s,j)\in E(N)} x_{sj},\\
\text{s.t.}\quad & \sum_{i:(i,k)\in E(N)} x_{ik}-\sum_{j:(k,j)\in E(N)} x_{kj}=0\quad (\forall k\in[n]\setminus\{s,t\}),\\
& 0\leqslant x_{ij}\leqslant c_{ij}\quad (\forall (i,j)\in E(N)).
\end{aligned}$$

对该问题取对偶得到(请读者动手尝试)

$$\min_{\boldsymbol{y}}\quad \sum_{(i,j)\in E(N)} c_{ij}y_{ij},$$

$$
\begin{aligned}
\text{s.t.}\quad & u_j + y_{sj} \geqslant 1 \quad (j \in [n] \setminus \{s,t\}),\\
& -u_i + u_j + y_{ij} \geqslant 0 \quad (i,j \in [n] \setminus \{s,t\}),\\
& -u_i + y_{it} \geqslant 0 \quad (i \in [n] \setminus \{s,t\}),\\
& y_{ij} \geqslant 0 \quad (\forall (i,j) \in E(N)).
\end{aligned}
$$

额外引入 $u_s = 1, u_t = 0$,对偶问题进一步简写为

$$
\begin{aligned}
\min_{\boldsymbol{y}}\quad & \sum_{(i,j)\in E(N)} c_{ij} y_{ij},\\
\text{s.t.}\quad & -u_i + u_j + y_{ij} \geqslant 0 \quad (\forall (i,j) \in E(N)),\\
& u_s = 1, u_t = 0,\\
& y_{ij} \geqslant 0 \quad (\forall (i,j) \in E(N)).
\end{aligned} \tag{19.3.1}
$$

若把 y_{ij} 看成边的选择,依据强对偶性只需要证明这个问题的最优解一定对应一个合法的割. 为此用一些小技巧来圈定 $\boldsymbol{u}$ 的取值范围. 上面关于 y_{ij} 的约束条件即 $y_{ij} \geqslant \max\{u_i - j_j, 0\}$,因为 $c_{ij} \geqslant 0$,故希望 y_{ij} 尽可能小,所以其最优解和下面的拟线性问题的最优解一模一样:

$$
\min_{u\in\mathbb{R}^{|G|}, u_s=1, u_t=0} \sum_{(i,j)\in E(N)} c_{ij} \max\{u_i - u_j, 0\}.
$$

进一步考虑某个变量 u_k,和它关联的项有

$$
\sum_{(i,k)\in E(N)} c_{ik} \max\{u_i - u_k, 0\} + \sum_{(k,j)\in E(N)} c_{kj} \max\{u_k - u_j, 0\}.
$$

我们指出, 对于任意的 $(i,k) \in E(N)$, 都存在一个最优解, 使得 $u_i \geqslant u_k$. 事实上, 如果最优解中 $u_i < u_k$, 那么我们可以减小 u_k 至 u_i, 这过程中 $\max\{u_i - u_k, 0\}$ 恒为 0, 而 $\max\{u_i - u_j, 0\} \leqslant \max\{u_k - u_j, 0\}$ $(\forall (k,j) \in E(N))$,因此最优性保持不变. 同理可证对于任意的 $(k,j) \in E(N)$,都存在一个最优解,使得 $u_j \leqslant u_k$. 有了这一有用的观察,结合 $u_s = 1, u_t = 0$ 和归纳法不难得知,存在一个最优解,使得 $\mathbf{1} \geqslant \boldsymbol{u} \geqslant \mathbf{0}$.

总结一下,式 (19.3.1) 所说的最大流问题的线性规划形式之对偶中,一定有一个最优解满足 $\mathbf{1} \geqslant \boldsymbol{u} \geqslant \mathbf{0}$. 接下来我们再证明式 (19.3.1) 的一切最优解都一定是整数向量.

假设最优解的排列形如 $\begin{bmatrix} \boldsymbol{u} \\ \boldsymbol{y} \end{bmatrix}$,把约束矩阵的列理解为对应于顶点($u_i$)和边($y_{ij}$). 又,除了 $u_s = 1, u_t = 0$ 外的每个约束对应于一条边,故大部分行可以视为边,则约束矩阵形如

$$
\begin{bmatrix}
 & & M(G)^{\top} & & & I_{e(G)}\\
0 & \cdots & \underbrace{1}_{\text{第 } s \text{ 个}} & \cdots & 0 & \mathbf{0}^{\top}\\
0 & \underbrace{1}_{\text{第 } t \text{ 个}} & \cdots & \cdots & 0 & \mathbf{0}^{\top}
\end{bmatrix}.
$$

其中 $M(G)$ 表示有向图 G 的关联矩阵. 对于该约束矩阵,我们还是用归纳法证明它是全幺模矩阵. 显然其 1 阶子矩阵的行列式都是 ±1, 0 之一. 假设断言对小于 k 阶的子矩阵都成立,对于 k 阶子矩阵,如果它选定了 $I_{e(G)}$ 中的列,或者选定了最后两行,因为这些行列中至多有一个 1,所以由归纳假设命题立刻成立. 否则,行列只能在 $M(G)^{\top}$ 中取,根据习题 19.2.2 的结果,$M(G)$ 是全幺模的,在这些行列中选取子矩阵,其行列式自然也是 ±1, 0 之一.

从而,式 (19.3.1) 一定有一个最优解,其分量要么是 0 要么是 1. 今记 $S = \{i \in V(G) : u_i = 1\}, T = \{j \in V(G) : u_j = 0\}$,那么 (S, T) 对应一个 s,t-割. 这目标函数刚好就是最小化这个割的容量. 最后依线性规划的强对偶性知定理证毕. □

19.3.6 推论 若容量网络中的容量均为整数,则最大流一定是**整数流**,即每条边上的流量也为整数.

在展示图论中的应用之前,我们先介绍一下用线性规划之外的方法求解网络流问题的一个简单算法:**Ford–Fulkerson 算法** [9]. 给定容量网络 (N, c, s, t).

Ford–Fulkerson 算法的想法是简单的:如果从源到汇有一条路径,上面的每条边的流量都未达容量(不饱和),那么这条路径上就可以增加流量. 这样的路径称为**增广路径**. 为了较快寻找这些路径,定义**残量网络**为:顶点和原网络相同,对于边 (u, v),若 $c(u, v) > f(u, v)$,则添加容量为 $c_f(u, v) \overset{\text{def}}{=} c(u, v) - f(u, v)$ 的边;若 $f(u, v) > 0$,则还要添加容量为 $f(v, u) = f(u, v)$ 的反向边. 算法如下:

(i) 流量初始化为全零流.

(ii) 构造残量网络,寻找 st(最短)路径 p(忽略方向),满足路径上每条边的容量都为正. 如果不存在,算法终止,得到最大流;残量网络中 s, t 分别所在的连通分量之间的边构成一个最小割.

(iii) 如果存在,令 $c_f(p) \overset{\text{def}}{=} \min\{c_f(u, v) : (u, v) \in p\}$,并进行增广:原网络中每条 $(u, v) \in p$ 边都增加流量 $c_f(p)$,每条 (v, u) 反向边都降低流量 $c_f(p)$. 转 (ii).

Ford–Fulkerson 算法的正确性和终止性在下面的命题中予以分析.

19.3.7 命题 对于整数容量网络 (N, c, s, t),Ford–Fulkerson 算法在 $O(e(N)C)$ 时间内得到一个最大流和最小割,其中 C 为所有边的容量之和.

证明 首先,Ford–Fulkerson 算法必然能终止,因为对于整数容量网络,每次增广总是使得流量至少增加 1,因此最多操作 $e(N)C$ 次.

再证明得到最大流的充分必要条件是图中没有增广路径. 必要性显然. 对于充分性,令

$$S = \{j \in V(N) : \text{残量网络中有 } sj \text{ 路径(不计边的方向)}\}.$$

因最后残量网络中必然没有 st 路径,所以 $t \notin S$. 而且 $E(S, \overline{S})$ 就是一个 s,t-割. 注意到,设 $i \in S, j \in \overline{S}$ 且 ij 边为割边,那么有:若原网络中有 (i, j) 边,则它是被饱和;若原网络有 (j, i) 边,则它的流量是 0. 否则根据算法,sj 将可增广,与 S 的定义矛盾.

因此,根据习题 19.3.3 的直观结果,

$$v(f) = \sum_{(i,j)\in E(S,\overline{S})} f(i, j) - \sum_{(j,i)\in E(\overline{S},S)} f(j, i) = \sum_{(i,j)\in E(S,\overline{S})} c(i, j) - 0 = c(S, \overline{S}).$$

于是由最大流–最小割定理,$(S,\overline{S})$ 为最小割,相应流为最大流. □

19.3.8 注 在容量不是有理数的容量网络中,Ford–Fulkerson 算法可能陷入循环 [11]. 对这一问题有多种改进算法,参看一般的算法教科书. ♤

以下我们利用网络流的模型和最大流–最小割的理论导出一些图论中的重要结果,这些结果往往深刻反映了"对偶"这一重要性质.

Hall 婚姻定理 回顾作业匹配问题,设 X 表示作业,Y 表示工作人员,它要求二部图 $G=(X,Y)$ 的一个饱和 X 的匹配. 首先注意,问题有可能是无解的(例如图 16.6 右侧). 怎样判定问题是否有解?

一个比较明显的必要条件是,对于任意的 $S\subseteq X$,至少要有 $|S|$ 个工作人员能做 S 种的工作. 形而言之,若记 $\Gamma(S)\overset{\text{def}}{=}\bigcup_{x\in S}\mathcal{N}(x)$,则必须 $|\Gamma(S)|\geqslant|S|$. 可以证明,这又是一个 TONCAS 的例子,此即 Hall 婚姻定理.

19.3.9 定理 (Hall, [12]) 二部图 $G=(X,Y)$ 存在一个饱和 X 的匹配当且仅当对任意的 $S\subseteq X$ 都有 $|\Gamma(S)|\geqslant|S|$.

证明 必要性已经说明,下证充分性. 我们还是按照 19.3.3 例的方法建立容量网络. 但为了论证方便,使所有 G 中原来的边的容量均为 ∞. 因为源点和汇点连出的边的容量仍为 1,所以修改这一容量不影响最大流的值.

现在假设不存在饱和 X 的匹配,那么最大流的流量必然严格小于 $|X|$. 由最大流–最小割定理,也有一个边数严格小于 $|X|$ 的割. 因为 XY 边的容量均为 ∞,所以割边只能选择 s 与 X 或者 Y 与 t 之间的边. 用顶点 $S_1\subseteq X, T_1\subseteq Y$ 表示这些割边,于是 $|S_1|+|T_1|<|X|$. 令 $S_2=X\setminus S_1, T_2=Y\setminus T_1$,则结合 $|S_1|+|S_2|=|X|$ 得 $|T_1|<|S_2|$. 另一方面,S_2,T_2 之间没有连边(否则与所选边集不是割),可见 $\Gamma(S_2)\subseteq T_1$,但这导出 $|\Gamma(S_2)|\leqslant|T_1|<|S_2|$,与 Hall 条件矛盾. □

起初 Hall 提出上述定理是为了研究集合的相异代表系问题.

19.3.10 定义 设 $S_1,\dots,S_n$ 是一组有限集的族,集合 $\{a_1,\dots,a_n\}$ 如果满足 $a_i\in S_i\ (1\leqslant i\leqslant n)$ 且各不相同,就称它是**相异代表系**(SDR).

19.3.11 例 $\{\{x_0\},\{x_0,x_1\},\{x_1\}\}$ 不存在 SDR,而 $\{\{x_0,x_1\},\{x_2,x_3\},\{x_0,x_2\}\}$ 则存在 SDR $\{x_0,x_3,x_2\}$. ◇

19.3.12 推论 集族 $S_1,\dots,S_n$ 存在 SDR 的充分必要条件是对每个指标集 $I\subseteq[n]$ 都有 $\left|\bigcup_{i\in I}^{n}S_i\right|\geqslant|I|$.

证明 构作二部图,两边的点集分别是 $[n]$ 和 $\bigcup_{i=1}^{n}S_i$:如果 $a\in S_i$,就在 (i,a) 间连接一条边. 想要求出的是饱和 $[n]$ 的匹配,可以验证题设就是 Hall 条件. □

Dilworth 定理 Dilworth 定理是有关有限偏序集的结构的一个定理,它在 Hasse 图中有相应直观.

偏序关系是反对称的，可以用有向图来图示. 不过我们要进行简化. 根据偏序关系的传递性，只需要连接“不存在中介元素”的那些点，即 $x < y$ 且不存在 z 使得 $x < z < y$，这样的情形叫作 y **覆盖** x. 剩下的箭头可以自然地根据传递性添加.

在偏序关系对应的关系图上，作如下简化：

(i) 所有有向箭头都改为无向的线段；

(ii) 省略所有顶点的自环；

(iii) 只有具有覆盖关系的关联边保留.

此外，要求每条无向边中，较小元素处于下方以表示略去的箭头的朝向. 这样所得的图称为偏序集的 **Hasse 图**.

19.3.13 例 偏序集 $(\{x : x \mid 60\}, \mid)$ 的 Hasse 图如图 19.8 所示.（| 表示整除.） ◇

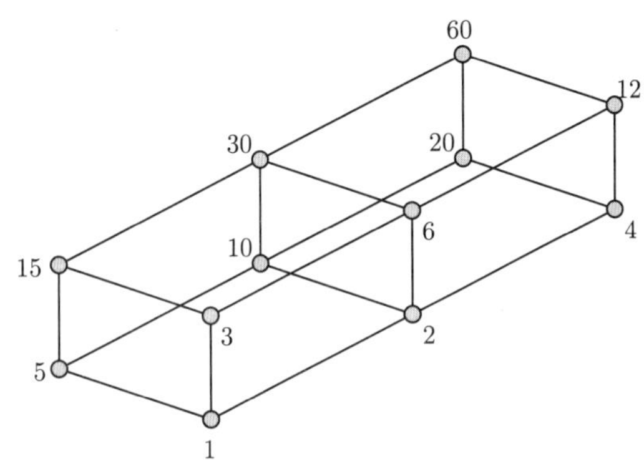

图 19.8 $(\{x : x \mid 60\}, \mid)$ **的 Hasse 图**

我们发现，Hasse 图可形象地表示出偏序集中许多特殊元素. 例如，粗略地说，最大元和最小元分别在图最上部和最下部；链可描述为严格地从下向上的一条线，反链的构造则需要从左往右取元素，等等. 根据这些形象表示，引出如下定义.

19.3.14 定义 有限偏序集中最长链和最长反链的大小分别称为其**高度**和**宽度**.

19.3.15 定理 (Dilworth, [13]) 设 P 是有限偏序集，称 M 为其（反）链覆盖，如果 M 是 P 的划分且 M 中元素均为（反）链. 那么 P 的宽度等于 P 的最小链覆盖的大小.

证明 首先有：P 的宽度 $\leqslant P$ 的最小链覆盖的大小，因为反链中的每个元素都必须出现在不同的链中. 由此只需要构造出一个反链和链覆盖，二者的大小相等，则它们必然分别为最大和最小，于是命题成立.

用网络流的方式做这件事，建立容量网络如下：对每个元素 $s_i \in P$，分别引入两个顶点 s_i^+, s_i^-，另有源点 s 和汇点 t；对每个序关系 $p < q$，添加有向边 (p^-, q^+)；所有的边的容量均为 1.

鉴于边的容量都是整数，故可用 Ford–Fulkerson 算法计算其最大流 f 和最小割 $(S, \overline{S})$. 令

$$C = \{p \in P : f(s, p^-) = 0\},$$

由于流量平衡条件和每条边的容量限制，若 $f(s, p^-) = 1$，那么一定存在一个 q 使得 $p < q$ 以及

$f(p^-, q^+) = 1$，因此我们有 $|C| = |P| - v(f)$，进一步对每个 $p \in P \setminus C$，它都有一个后继 q. 对于这个后继 q，或者 $q \in C$，或者 $q \notin C$，若是后者，则链可加长，否则链终止. 因为 P 有限，因此这样的扩展过程必然会停止，而且把 P 划分为链的集合，每个链的集合的最大元素是 C 中元素. 因边容量的限制，不可能有两条边同时流入一个顶点，所以这个最大元唯一代表了每条链. 由此知 P 划分为 $|C|$ 个链.

对于反链的构造，我们令

$$A = \{p \in P : p^- \in S \text{ 且 } p^+ \in \overline{S}\}.$$

任取不同的 $p, q \in A$，根据 A 的构造和 FF 算法的性质（参看19.3.7 命题），(p^-, q^+) 之间或者没有边，或者 $f(p^-, q^+) > 0$. 如果后者成立，则根据平衡条件 $f(s, p^-) = 1$，但 $p^- \in S$，亦即 sp^- 是残量网络中的增广路径，矛盾. 所以 (p^-, q^+) 之间没有边，表明 A 为反链. 再计数 $|A|$. 再次由前面的论证知对不同的 p, q，边 (p^-, q^+) 不可能在最小割中. 换言之，最小割中的割边只能形如 (s, p^-) 或者 (p^+, t)，其中 $p^- \in T, p^+ \in S$，因此 $|A| = |P| - c(S, \overline{S})$.

最后，由最大流–最小割定理，$|A| = |C|$，定理证毕. □

Menger 定理　关于连通度，我们之前把它表述成一个优化问题，没有一个比较形象的解释. 一个直观的观察是，如果 S 是点割集，那么 $G \setminus S$ 中某两个点 u, v 之间不存在路径，因而 k-连通图的任意两个点之间一定有 k 条没有公共点的路径. 这是关于 k-连通图比较具体的描述，可以证明，它也是一个充分条件. **Menger 定理**刻画了这样的直观，用最大流–最小割定理可以非常简单地导出它.

19.3.16 定义　设 $X, Y \subseteq V(G)$，一条 ***XY* 路径**的端点分别在 X, Y 中，但内点皆不在 $X \cup Y$ 中的路径. 如果 $S \subseteq V(G)$ 满足 $G \setminus S$ 中不存在任何 XY 路径，则称 S 是一个 ***XY*（点）割集**.

注意，我们认为 $X \cap Y$ 中的每个点本身也算一条 XY 路径，只不过它是平凡的. 我们用 $\kappa(X, Y)$ 记最小的 XY 割的大小，用 $\lambda(X, Y)$ 记最大的相互独立的 XY 路径的集合的大小.

19.3.17 定理 (Menger, [14])　设 X, Y 是图 G 中的两个点集，则 $\kappa(X, Y) = \lambda(X, Y)$.

证明　我们给 G 加上定向，每条无向边均改为一对反向边，容量都设置为 1. 添加源点 s 和汇点 t. 其中 s 到 X 中每个点以及 Y 中每个点到 t 都引一条容量为 ∞ 的有向边.

因为内部边的容量都是 1，可行流就对应了相互独立的 XY 路径数目，而 s, t-割当然是 XY 边割集. 由于边割集的大小是最小 XY 点割集的上界，所以由最大流–最小割定理

$$\lambda(X, Y) \geqslant \text{最大流} = \text{最小割} \geqslant \kappa(X, Y).$$

因为 $\kappa(X, Y) \geqslant \lambda(X, Y)$ 是显然的，所以 Menger 定理断言的等式成立. □

19.3.18 推论　对于图 G，

(i) 它是 k-连通的充分必要条件是任意两个顶点之间都存在 k 条独立路径；

(ii) 它是 k-边连通的充分必要条件是任意两个顶点之间都存在 k 条边互相不交的路径.

本节仅仅是网络流理论的一隅. 关于网络流还有一系列更高效的专门针对最大流的算法,例如 Dinic 算法等. 本书选择略过这些是因为它们在后续的算法课程中都会仔细讲述.

习题 19.3

1. 证明 19.3.2 命题.

2. 给定有向无环图 $D=(V,E)$,它的一个**路径覆盖**指的是元素都是路径的集合 P,满足每一个 $v\in V$ 恰好属于其中一条路径(路径的长度可以是 0). **最小路径覆盖**指的是使得路径数 $|P|$ 最小的路径覆盖 P. 用网络流建模最小路径覆盖问题(即将问题写为某个网络流上的最大流问题).

3. 设容量网络 (N,c,s,t) 上有可行流 f 以及割 $(S,\overline{S})$,证明:

$$v(f)=\sum_{(i,j)\in E(S,\overline{S})} f(i,j)-\sum_{(j,i)\in E(\overline{S},S)} f(j,i).$$

4. 设 $(S,\overline{S}),(T,\overline{T})$ 都是容量网络上的 s,t-割. 证明:

$$c(S\cup T,\overline{S\cup T})+c(S\cap T,\overline{S\cap T})\leqslant c(S,\overline{S})+c(T,\overline{T}).$$

由此导出如果 $(S,\overline{S}),(T,\overline{T})$ 都是最小割,那么 $(S\cup T,\overline{S\cup T}),(S\cap T,\overline{S\cap T})$ 也都是最小割.

5. 假设容量网络的 (N,c,s,t) 的容量限制改为 $c\colon V(N)\longrightarrow\mathbb{R}_{\geqslant 0}$,要求流过某个顶点 v 的流量不超过 $c(v)$,请给出求最大流的算法(直接求解或者使用线性规划均可).

6. 在图 19.6 示出的网络上用 FF 算法进行操作,给出相应的最大流和最小割.

7. 若容量网络 (N,c,s,t) 上有额外的流量下界 $\ell\colon E(N)\longrightarrow\mathbb{R}_{\geqslant 0}$,要求边 (u,v) 的流量不低于 $\ell(u,v)$. 如何使用 FF 算法求出最大流?(假设最初已经给出一个可行流.)

8. 设 G 为连通带权图. 对其生成树 T,令 $v(T)$ 表示树 T 的所有边中最小的权值;对割 $(S,\overline{S})$,令 $v(S,\overline{S})$ 表示其所有边中最大的权值. 证明:

$$\max_{T\text{ 为生成树}} v(T)=\min_{(S,\overline{S})\text{ 是割}} v(S,\overline{S}).$$

9. (Berge) 定义:在一般图的匹配中,**增广路径**是指端点不饱和,但内点皆饱和的路径. 设 M 是一般图 G 中的匹配,证明:它是最大匹配的充分必要条件是它不存在增广路径.

10. (Dilworth 定理的对偶)设 P 是有限偏序集,证明:P 的高度等于 P 的最小反链划分的大小.

11. (Sperner) 记 $[n]\overset{\text{def}}{=}\{1,2,\ldots,n\}$,在集合 $\mathscr{P}([n])$ 上定义包容序得到偏序集 $\mathscr{B}_n$,设 $\mathscr{F}\subseteq\mathscr{P}([n])$ 为其中一个反链.

(1) 对整数 $0\leqslant k\leqslant\left\lfloor\frac{n}{2}\right\rfloor$,称链 $\{L_k,\ldots,L_{n-k}\}\subseteq\mathscr{P}([n])$ 是**对称**的,如果对每个 $k\leqslant i\leqslant n-k$ 都有 $|L_i|=i$. 证明:$\mathscr{P}([n])$ 可以划分为对称链的并.

(2) 试用上一问的结论导出 $|\mathscr{F}|\leqslant\binom{n}{\left\lfloor\frac{n}{2}\right\rfloor}$,并指出这个界是否可以改进.

(3) 尝试直接使用 Hall 定理给出问 (2) 结论的证明.

12. 证明 19.3.18 推论.

13. 用 Dilworth 定理证明 11.4.4 定理.

14. (1) 证明:19.1.12 推论的 (i)、Dilworth 定理和 Hall 婚姻定理都是等价的.

(2) 不用线性规划和网络流的理论，直接使用图论方法证明上述三个结论.

15. (Ford–Fulkerson, [15]) 设 $\mathscr{A} = \{A_1, \dots, A_m\}, \mathscr{B} = \{B_1, \dots, B_m\}$ 分别为有限集的族，证明：存在一个集合 C 同时为 $\mathscr{A}, \mathscr{B}$ 的相异代表系，当且仅当对每个 $I, J \subseteq [m]$ 有

$$\left|\left(\bigcup_{i\in I}^{m} A_i\right) \cap \left(\bigcup_{j\in J}^{m} B_j\right)\right| \geqslant |I| + |J| - m.$$

16. 证明：任何一棵树最多有一个完美匹配，并给出一个判定其是否存在完美匹配的算法.

17. 设 $A \in \mathbb{Z}^{m\times n}$，其中第 k 行上的元素全部是自然数 k $(k = 1, 2, \dots, m)$. 现在将 A 中元素以任意的方式重新放置在它的 $m \times n$ 个位置上. 证明：可以从每一行中取出一个自然数，使得这些自然数恰好形成一个 $1, 2, \dots, m$ 的全排列.

18. 给定一个 $r \times s$ 的矩阵 A，如果它的元素都取在 $\{1, \dots, n\}$ 并且每个整数在每一行、每一列都至多出现一次，那么我们称 A 是**拉丁矩阵**. 证明：任意给定一个 $r \times n$ 的拉丁矩阵，都可以适当地添加若干行使其变成一个 $n \times n$ 的拉丁矩阵. 提示 考虑如何从 $r \times n$ 得到 $(r + 1) \times n$，用匹配来解决这个问题.

19. 离散数学课上的同学计划暑假出去旅行. 有 k 个目的地 $t_1, \dots, t_k$ 可供选择，每个目的地可报名的名额为 $n_1, \dots, n_k$. 假设每位同学都对目的地有一些偏好（可以去或者不去）. 请给出关于偏好的一个充分必要条件，使得每位同学都能够被安排到想去的地方.

20. 甲乙两个同学在给定的图 G 上做游戏，方法是轮流挑选顶点 $v_0, v_1, \dots$，要求后一个顶点是前一个顶点的邻居. 当挑选不能进行下去时，最后一个取点的同学获胜. 证明：先手有必胜策略当且仅当 G 有完美匹配.

21. 设二部图 $G = (X, Y)$ 满足对任意的非空集合 $S \subseteq X$，严格成立 $|\Gamma(S)| > |S|$. 证明：每条 G 中的边都可以在某个饱和 X 的匹配中.

22. (Ore, [16]) 在二部图 $G(X, Y)$ 中，对每个 $S \subseteq X$ 定义 $d(S) \stackrel{\text{def}}{=} |S| - |\Gamma(S)|$，规定 $d(\varnothing) = 0$. 证明：$\nu(G) = |X| - \max_{S\subseteq X} d(S)$.

23. (1) 设 G 至少有两个顶点，证明：$\alpha(G) \leqslant |G| - e(G)/\Delta(G)$.

(2) 设 G 是二部图，证明：$\alpha(G) = \dfrac{|G|}{2}$ 当且仅当 G 有完美匹配.

24. (中国邮递员问题, [17]) 考虑一张代表街道的带权无向连通图 $G(V, E)$，某人从一点出发，希望经过每条边至少一次，然后回到起点，且路径最短. 请设计一个算法解决该问题. 提示 已知求解一般图上的匹配也有多项式时间的算法.

19.4 稳定匹配

匹配问题的一个推广方向是考虑所谓的**稳定匹配**问题. 2012 年 Nobel 经济学奖授予了稳定匹配理论及其应用的发展者 Alvin E. Roth 和 Lloyd S. Shapley（图 19.9）.

现实中，存在很多带有偏好的匹配市场，例如学生投报和学校录取存在双向选择. 稳定匹配的抽象理论回答了这样的匹配应该如何完成，尽可能让大家都满意，以及机制对谁有利等问题. 这样的机制应用非常广泛，例如美国的 National Resident Matching Program（NRMP）.

设想有 n 个男生和 n 个女生，每个男生按喜欢程度对女生排序，女生也按喜欢程度对男生排序，且设没有相同喜欢程度的可能. 设这些同学男女之间互相匹配组成了 n 对情侣，如果存在一个男生和一个女生，他们喜欢对方的程度都比喜欢自己男/女朋友的程度要高，那么称这样的匹

配是不稳定的,否则称匹配是稳定的.

图 19.9 Lloyd S. Shapley (1923—2016)

注:美国数学家、经济学家. 他在数理经济学,尤其是博弈论领域做出了贡献(如 Shapley value、potential game 等,图片来源:Wikimedia Commons,使用许可:CC BY 2.0)

19.4.1 例 男生 x, y, z 和女生 a, b, c 的喜好排序如下:

	第一	第二	第三
x	a	b	c
y	b	a	c
z	a	b	c

	第一	第二	第三
a	y	x	z
b	x	y	z
c	x	y	z

那么 xc, yb, za 不是稳定匹配,但 xa, yb, zc 是稳定匹配. ◇

问题是,是否一定存在稳定匹配? 如果问题从二部图改成一般图,假设 a, b, c, d 四位同学打算两两组成小组,则没有稳定匹配满足下面的喜好排序

	第一	第二	第三
a	b	c	d
b	c	a	d
c	a	b	d
d	a	b	c

所以答案并没有那么显然. 我们下面指出二部图上进行稳定匹配总是可以的,采用的算法也十分简单.

假设每个男生手中有一张纸,上面按喜欢程度从高到低写着所有女生的名字. 考虑下面自然而简单的流程(**Gale–Shapley 算法** [18]):

(i) 上午:男生们选择自己纸上喜欢程度最高的女生,并到她的寝室下面唱歌. 这名男生被称为这名女生的追求者.(万一男生的纸上已经没有女生的名字了,他就待在寝室里做离散数学的作业.)

(ii) 下午:如果女生有追求者,她就在自己的追求者中选择一个最喜欢的让他留下来一起写离散数学的作业,并把其他的追求者赶走.

(iii) 晚上:如果男生被女生赶走了,他就将这名女生从自己的纸上划掉.

(iv) 终止条件:每个女生都只有一名追求者或没有追求者. 这时,女生就和自己的追求者(如果有的话)成为情侣.

证明这一算法的正确性包含终止、完美匹配和稳定性三步.

19.4.2 定理 上述约会流程满足:

(i) 在 n^2 天内一定能结束;

(ii) 结束时,每个男生和每个女生都已经被匹配;

(iii) 结束时,得到的匹配是稳定的.

证明 (i) 观察所有男生纸条上女生名字数量之和. 流程开始时其值为 n^2. 如果某天晚上约会流程没有结束,那么一定有一个女生有两个或更多追求者,这些追求者中一定有人将女生的名字从纸上划掉. 因此在纸条上的名字总数是严格递减的,约会流程会在 n^2 天内结束.

(ii) 如果男生 Bob 和女生 Alice 在流程结束时没有被匹配,则 Bob 一定划掉了所有的女生,包括 Alice. 这表明 Alice 除了 Bob 之外还有追求者,所以 Alice 一定会被匹配,矛盾. 因此所有人都能被匹配.

(iii) 在流程结束后,若 Alice 和 Bob 不是情侣,则可能:

- Alice 被 Bob 划掉了,则 Alice 对自己情侣的喜欢程度大于 Bob;
- Alice 没有被 Bob 划掉,此时 Bob 对自己情侣的喜欢程度大于 Alice.

所以得到的匹配是稳定的. □

不难看出,尽管稳定匹配可能有多个,Gale–Shapley 算法对于单一实例总是给出某一个解. 引人注意的是,这个解具有十分有趣的性质.

对于女生 w 和男生 m,如果存在一种稳定匹配,二者互为情侣,那么称 w 和 m 互为对方的**潜在情侣**.

19.4.3 引理 对女生 w 和男生 m,如果 w 被 m 划掉了,那么 w 不是 m 的潜在情侣.

证明 我们对算法运行的步数(天数)归纳. 假设某一天 Bob 把 Alice 划掉了,则 Alice 有一个更加喜欢的追求者 Ted. Ted 在这一天没有划掉任何人. 设这一天到来前命题都成立,那么 Ted 喜欢 Alice 的程度大于等于他所有的潜在情侣. 如果在某个稳定匹配中 Alice 和 Bob 是情侣,则 Alice 和 Ted 喜欢对方的程度都大于自己的情侣,这和稳定匹配矛盾. 根据归纳假设,Alice 不是 Bob 的潜在情侣. □

19.4.4 定理 在一个人的潜在情侣中,他/她喜欢程度最高的称为**最优情侣**,喜欢程度最低的称为**最差情侣**. 那么上述约会流程中,每个男生将和他的最优情侣匹配,每个女生将和她的最差情侣匹配.

证明 如果 Bob 和 Alice 匹配,则 Bob 名单中在 Alice 之上的女生都被划掉了. 根据引理,被 Bob 划掉的女生都不是 Bob 的潜在情侣,因此 Alice 是 Bob 的最优情侣.

只需再证如果 Alice 是 Bob 的最优情侣,那么 Bob 是 Alice 的最差情侣. 若 Alice 有一个喜欢程度低于 Bob 的潜在情侣 Ted,则如果在某个稳定匹配中,Alice 和 Ted 是情侣,那么 Alice 和 Bob 喜欢对方的程度都高于自己的情侣,这和稳定匹配矛盾. 因此 Bob 是 Alice 的最差情侣. □

这一性质用通俗的话翻译,就是恋爱关系中要积极主动("犹豫就会败北").

习题 19.4

1. 考虑一类稳定匹配问题,其中有一对男女,互相都为对方偏好排序中最喜欢的人. 如果在所有可能的稳定匹配中,两位同学都匹配在一起,就称此问题下"有情人终成眷属". 是否每个这样的稳定匹配问题都是"有情人终成眷属"? 证明你的结论.

2. 对给定的稳定匹配问题,如果存在一个稳定匹配,使得有一对匹配的男女互相都为对方偏好排序中最喜欢的人,就称此问题"存在月老". 是否每个稳定匹配问题都"存在月老"? 证明你的结论.

3. 在稳定匹配问题的 GS 算法中,假如在约会流程开始之前,每个女生对男生的喜好排序要被公开,判断以下命题的真假并说明理由.

(1) 男生可以通过修改他的喜好排序来获得更好的配对女生.

(2) 女生可以通过修改她的喜好排序来获得更好的配对男生.

4. 在稳定匹配问题中,假设 n 位男生和 n 位女生中各有 k 位"坏人"($1 \leqslant k \leqslant n-1$),而且每位同学都不喜欢坏人,也就是说其偏好中,所有的好人都排在坏人的前面. 证明:在 GS 算法获得的稳定匹配中,好人和好人结为情侣,坏人则和坏人结为情侣.

5. 假设有 m 位同学报考 n 个学校,每个学校有 $s_1, \ldots, s_n$ 个名额. 每个学校对同学都有一个偏好,而每个同学也对学校有偏好(同原始版本的稳定匹配问题). 设 $s_1 + \cdots + s_n < m$,因此会有同学没有被录取. 一个录取方案称为稳定的,如果以下情况不发生:

(i) 存在学生 s, s',学校 S, S',使得 s 录到 S,s' 录到 S',但 s' 更想去 S 而 S 更想录取 s';

(ii) 存在学生 s, s',学校 S,使得 s 录到 S,s' 没被任何学校录取,但 S 更想录取 s'.

同时,要求所有名额都被消耗. 证明:总是存在一个稳定的录取方案,并给出一个求稳定录取方案的算法.

注解

本章可以算作课程后半部分的一个高潮之一,因为这些概念和方法都有很强的实用性,匹配理论、线性规划和网络流至今仍然是一个非常活跃和激动人心的研究方向.

线性规划是由苏联数学家 Kantorovich、荷兰数学家 Koopmans、美国数学家 Dantzig 和 von Neumann 等人共同发展的. Dantzig 曾写过一本介绍线性规划的著作 [19]. 对偶理论是由 Dantzig 发现的, 而 von Neumann 则指出对偶理论和他对博弈论的研究有着等价性——就是我们在课文中讲的取对偶的方法,那和 von Neumann 的极大–极小定理有着紧密的联系,而将对偶理论推广到一般的优化问题中则需要用到这种思想. 对偶理论在分析各种运筹学问题时有着不可或缺的作用. 在经济学中,对偶变量也有着直观的含义,例如产量的对偶是影子价格. 第一个求解线性规划的算法,即单纯形法也是 Dantzig 发明的. 前者在最坏情况下的运行时间是指数的,但它比较实用. 后来人们又发现了多项式时间的算法,例如椭球法(Khachiyan, 1979)和内点法(Karmarkar, 1984). 具体求解线性规划的单纯形法在 [20] 中也有比较仔细的介绍.

全幺模矩阵是 Berge 提出的概念,其常用来判定的充分条件(19.2.11 定理)的证明顺着课文中的引文即可找到.

网络流问题是由 Ford 和 Fulkerson 两位数学家首先研究的, 据说当初考虑最大流和最小割的目的是解决如何以最小的成本切断苏联的铁路系统的问题 [21]. 比较完备的网络流算法有 Dinic 算法、Goldberg–Tarjan 的预流推进算法等,这些可能会在进一步的算法课程中介绍,也可看综述 [22];现在还发展了许多具有比较高的理论价值的网络流算法 [23].

我们用网络流理论统一导出的 Hall 婚姻定理、Dilworth 定理、König 定理和 Menger 定理早在人们研究网络流之前就已经被发现了. 像 Hall 定理和 Menger 定理都是在图论中被广泛运用的结论. 这些结论的纯图论证明都可以在 [24] 中找到. 我们没有介绍一般图上进行匹配的理论和算法. 一般图上存在完美匹配的等价条件是 Tutte 的精彩结论: 图 G 有 1-因子的充分必要条件是对任意的 $S \subseteq V(G)$ 都有 $o(G-S) \geqslant |S|$, 这里 $o(\cdot)$ 表示奇阶连通分量的个数. 而在一般图上找最大匹配主要需要解决的问题是奇圈, 这由 Edmonds 开花算法解决. 此二者的相关内容可参考 [25].

中国邮递员问题 (习题 19.3.24) 是由我国数学家管梅谷于 1960 年提出并解决的.

稳定匹配有非常多的扩展, 我们在习题中已经见到了一些比较有趣的例子, 这方面的材料还包括 [26-27]. 稳定匹配问题的 GS 算法也可以用在一些较难证明的图论问题的简单证法中, 比如 [24].

参考文献

[1] PATHAK P A, SÖNMEZ T, ÜNVER M U, et al. Fair allocation of vaccines, ventilators and antiviral treatments: leaving no ethical value behind in health care rationing[C]//Proceedings of the 22nd ACM Conference on Economics and Computation. 2021: 785-786.

[2] LAHAIE S. How to take the dual of a linear program[EB/OL]. 2015 [2015-01-12]. http://slahaie.net/docs/lpdual.pdf.

[3] KÖNIG D. Gráfok és Mátrixok[J]. Matematikai és Fizikai Lapok, 1931, 38(1031): 116-119.

[4] KÖNIG D. Über graphen und ihre anwendung auf determinantentheorie und mengenlehre[J]. Mathematische Annalen, 1916, 77(4): 453-465.

[5] GALLAI T. Uber extreme Punkt-und Kantenmengen[J]. Sectio Mathematica, 1959, 2: 133-138.

[6] DÜTTING P, KESSELHEIM T, LUCIER B. An $O(\log\log m)$ prophet inequality for subadditive combinatorial auctions[C]//2020 IEEE 61st Annual Symposium on Foundations of Computer Science (FOCS). 2020: 306-317.

[7] HELLER I, TOMPKINS C B. 14. An Extension of a Theorem of Dantzig's[G]//Linear Inequalities and Related Systems. (AM-38), Volume 38. Princeton, New Jersey: Princeton University Press, 2016: 247-254.

[8] DANTZIG G B, FULKERSON D R. On the max-flow min-cut theorem of networks[R]. RAND CORP SANTA MONICA CA, 1955.

[9] FORD L R, FULKERSON D R. Maximal flow through a network[J]. Canadian journal of Mathematics, 1956, 8: 399-404.

[10] ELIAS P, FEINSTEIN A, SHANNON C. A note on the maximum flow through a network[J]. IRE Transactions on Information Theory, 1956, 2(4): 117-119.

[11] ZWICK U. The smallest networks on which the Ford-Fulkerson maximum flow procedure may fail to terminate[J]. Theoretical Computer Science, 1995, 148(1): 165-170.

[12] HALL P. On representatives of subsets[J]. Journal of the London Mathematical Society, 1935, s1-10(1): 26-30.

[13] DILWORTH R P. A decomposition theorem for partially ordered sets[J]. Annals of Mathematics, 1950, 51(1): 161-166.

[14] MENGER K. Zur allgemeinen Kurventheorie[J]. Fund. Math., 1927, 10: 96-1159.

[15] FORD L R, FULKERSON D R. Network flow and systems of representatives[J]. Canadian Journal of Mathematics, 1958, 10: 78-84.

[16] ORE O. Graphs and matching theorems[J]. Duke Mathematical Journal, 1955, 22(4): 625-639.

[17] 管梅谷. 奇偶点图上作业法 [J]. 数学学报, 1960(03): 263-266.

[18] GALE D, SHAPLEY L S. College admissions and the stability of marriage[J]. The American Mathematical Monthly, 1962, 69(1): 9-15.

[19] DANTZIG G B, THAPA M N. Linear Programming 1: Introduction[M]. New York: Springer New York, 1997.

[20] AIGNER M. Discrete Mathematics[M]. Providence, Rhode Island: American Mathematical Society, 2007.

[21] SCHRIJVER A. On the history of the transportation and maximum flow problems[J]. Mathematical Programming, 2002, 91(3): 437-445.

[22] GOLDBERG A V, TARDOS É, TARJAN R. Network flow algorithm[R]. Cornell University Operations Research and Industrial Engineering, 1989.

[23] CHEN L, KYNG R, LIU Y P, et al. Maximum Flow and Minimum-Cost Flow in Almost-Linear Time [J]. arXiv preprint arXiv:2203.00671, 2022.

[24] DIESTEL R. Graph Theory[M]. 5th ed. Berlin: Springer-Verlag, 2017.

[25] WEST D B. Introduction to Graph Theory[M]. Upper Saddle River, New Jersey: Prentice hall Upper Saddle River, 2001.

[26] GUSFIELD D, IRVING R W. The Stable Marriage Problem: Structure and Algorithms[M]. Cambridge, Massachusetts: MIT Press, 1989.

[27] ROTH A E, SOTOMAYOR M A O. Two-Sided Matching: A Study in Game-Theoretic Modeling and Analysis[M]. Cambridge: Cambridge University Press, 1992.

20 平面图 *

阅读提示

本章回答的是哪些图可以边不交叉地"画在纸上"的问题. 虽然将图画在纸上是很形象的事情,但具体定义"绘图"还是要引入极少量的拓扑学概念——在 §20.1 节中将涉及这些内容,这里我们仅从应用的角度给出一些简单情形的性质且不证明,所以只要掌握了数学分析中的最基础点集拓扑概念就可以理解. 不过之后的 Euler 公式以及非平面嵌入(参见习题)都有着丰富的拓扑学背景,推荐感兴趣的读者深入阅读引文学习之. 对于平面图的判定,我们将给出一个简单的必要条件和一个充分必要条件(分别对应 §20.2 节的前半部分和后半部分). 后者(Kuratowski 定理)的证明比较复杂,读者可以根据自身情况选择跳过(跳过证明基本不影响课后习题的完成).

在用图示表示抽象图时,我们总是希望画出来的图越美观、越清晰越好. 其中一个自然的要求就是所有的边都不要交叉(交叉通常会带来额外的麻烦,例如物理学中的电路图如果出现交叉,则要使用另外的记号区分两条线路是否真的接触). 然而,有些图看起来就不太能无交叉地画在纸上,形象的例子包括完全图. 可以"边不交"地绘制在平面上的图有怎样的性质,又如何判定? 回答这一问题引出利用拓扑学的眼光来研究图论的一个小分支,即**平面图**.

平面图的理论还和著名的**四色猜想**相关:每张(没有飞地[①]的)地图都可以用不多于四种颜色来染色,而且不会有两个邻接的区域颜色相同. 若将国家视为顶点,边表示边界相邻的关系,那么地图都是平面图. 所以考察地图的染色也要知道平面图的性质.

20.1 基本概念

尽管细究拓扑图论需要很多背景知识,但处理平面图一般只需要 $\mathbb{R}^2$ 上的简单点集拓扑,这是我们在数学分析中就学过的内容. 下面我们回忆这些概念.

20.1.1 定义 连续映射 $\gamma : [0,1] \mapsto \mathbb{R}^2$ 称为**曲线**;如果 $\gamma(0) = \gamma(1)$,则称 γ 是一条**闭曲线**;如果除了可能 $\gamma(0) = \gamma(1)$ 外,$\gamma(x) \neq \gamma(x')\,(\forall x, x' \in [0,1])$,则称 γ 是**简单曲线**. 简单闭曲线又叫 **Jordan 曲线**. 曲线中一类特别的为直线 $\{a + \lambda(b-a) : 0 \leqslant \lambda \leqslant 1, a, b \in \mathbb{R}^2\}$,由有限条直线相接形成的曲线称为**多边形曲线**(或**折线**).

① 飞地是一种人文地理概念,意指在某个地理区划境内有一块隶属于他地的区域.

我们之后会混用记号,同时用 γ 记曲线及其像.

20.1.2 定义 图 $G(V,E)$ 的**画法**(**平面嵌入**),是指映射 $\varphi : V \longrightarrow \mathbb{R}^2$ 和映射 $\psi : E \longrightarrow$ {多边形曲线}. 映射 φ 把 V 中顶点映射到 $\mathbb{R}^2$ 中的点,映射 ψ 把 E 中的边 $\{u,v\}$ 映射到以 $\varphi(u),\varphi(v)$ 为端点的多边形曲线(即 $\psi(\{u,v\})(0) = u, \psi(\{u,v\})(1) = v$). 如果边 e,e' 满足 $\psi(e)([0,1]) \cap \psi(e')([0,1])$ 包含 $\varphi(e \cap e')$ 之外的点,我们就称这两条边发生了**交叉**.

20.1.3 定义 若图 G 存在无交叉边的画法,则称它是**可平面图**. 可平面图的画法都称为**平面图**.

注意,因为同一个图可以有不同的嵌入,所以这里所定义的平面图和几何形状有关! 在不引起混淆的情况下,我们还是会用抽象图 G 表示平面图,而且平面图仍然沿用顶点、边、子图、连通性等等概念及其记号,但是可平面图的不同平面嵌入性质可能不同.

现在让我们来看一个并非可平面图的例子,这是 1913 年刊于 *The Strand Magazine* 的一个谜题. 如图 20.1 所示,假设在平面上有三个死对头的三间房子,它们都要连接到天然气公司、水厂以及电力公司. 若不考虑使用立体架构,也不通过任何小屋或是其他公共设备来传送资源,是否可以用九条线连接三间小屋及三间公共设备,而且九条线完全没有交错?

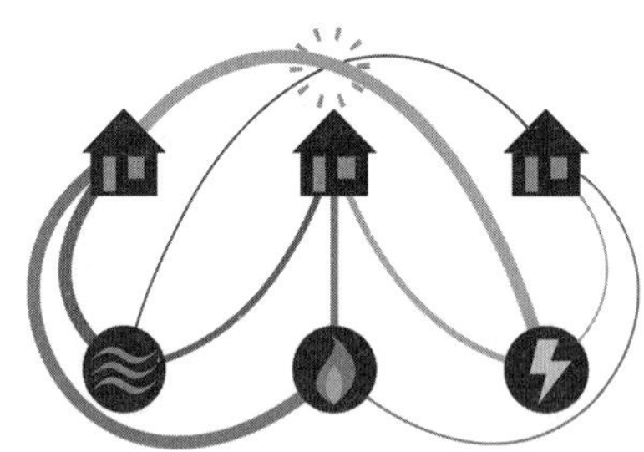

图 20.1 Gas-water-electricity 问题
注:图片来源Wikimedia Commons,使用许可:CC BY-SA 4.0

显然,这等价于问 $K_{3,3}$ 是否为可平面图,直观上容易证明它不是可平面的,因此上述问题的答案是否定的.

20.1.4 命题 $K_{3,3}$ 不是可平面图.

证明 (不严谨) 假设 $K_{3,3}$ 是可平面图,注意到 $K_{3,3}$ 中有一个长度为 6 的圈,则它在平面嵌入中为一条 Jordan 曲线. 另外,每个顶点的度都是 3,所以剩下三条边两两没有公共端点. 如看图 20.2 所示,这 Jordan 曲线将平面分为一个面积无限的外部和面积有限的内部,而这三条边中任意一条都不能同时处于外部和内部(否则和圈上的边交叉);而因为它们各自的顶点在 Jordan 曲线上是交替排列的,因此任意两条也不能同时处于外部或者同时处于内部(否则相互交叉),矛盾. 所以它不可平面嵌入. □

不过,我们上面证明可以说是很不严谨,从"这曲线将平面分为一个面积无限的外部和面积有限的内部"开始的每句断言实际上都未加严格证明. 下面引入一个看上去很明显的定理来补充之.

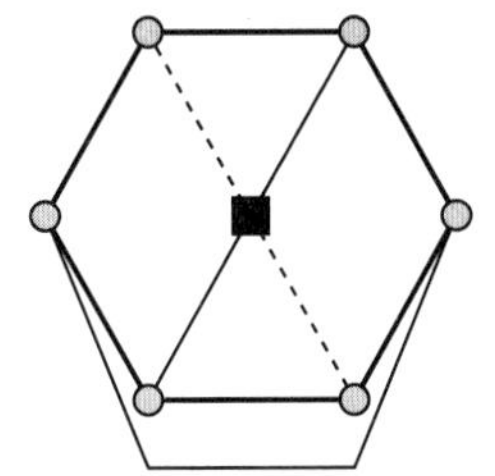

图 20.2　$K_{3,3}$ 不是可平面图

20.1.5 定理 (Jordan 曲线定理)　设 $\gamma \subseteq \mathbb{R}^2$ 为 Jordan 曲线, 那么 $\mathbb{R}^2 \setminus \gamma$ 由两个不同的连通分量组成, 其中一个分量有界, 称为内部; 另外一个无界分量称为外部. 两个分量的边界都是 γ, 连接内部和外部的任何连续曲线必定和 γ 相交.

你可能会问:"这难道不是显然的吗, 为什么会大费周章?"其实不然, 这一定理不显然的原因是有一些比较奇特的、病态的 Jordan 曲线需要处理, 起初 Jordan 给出的证明就是错误的. 虽然如此, 在平面图中我们只需要用到闭合的多边形曲线的情形, 此时定理容易证明, 建议读者阅读 [1].

20.1.6 定义　设 G 为平面图, $\mathbb{R}^2 \setminus G$ 中的极大区域[①]称为**面**. 面积有限的面称为**内部面**, 否则为**外部面**.

由于 G 是有界的, 故 $G \subseteq$ 某个充分大的圆盘, 因而外部面有且仅有一个.

20.1.7 引理　设 e 为可平面图 G 的任意一条边, 则存在 G 的平面嵌入使得 e 在外部面的边界上.

证明　这一引理为可平面图判定定理的证明作了铺垫, 我们要用到一个著名的映射: **球极投影**, 它把球面 S^2 上除去一个点和 $\mathbb{R}^2$ 建立了一一对应. 具体地说, 考虑球面 $x^2 + y^2 + z^2 = 1$, 对于每一个点 $(\xi, \eta, \zeta) \in S^2 \setminus \{(0,0,1)\}$, 将其同 $(0,0,1)$ 连结并与平面交于一点 (图 20.3). 这是一个 $S^2 \setminus \{(0,0,1)\} \to \mathbb{R}^2$ 的双射. 若 e 在某一平面嵌入 $\tilde{G}$ 的内部面 F 的边界, 将 $\tilde{G}$ 嵌入球面, 滚动 S^2 使得 S^2 中 F 对应的面包含 $(0,0,1)$, 再作用球极平面投影回到平面, 此时 F 为外部面. □

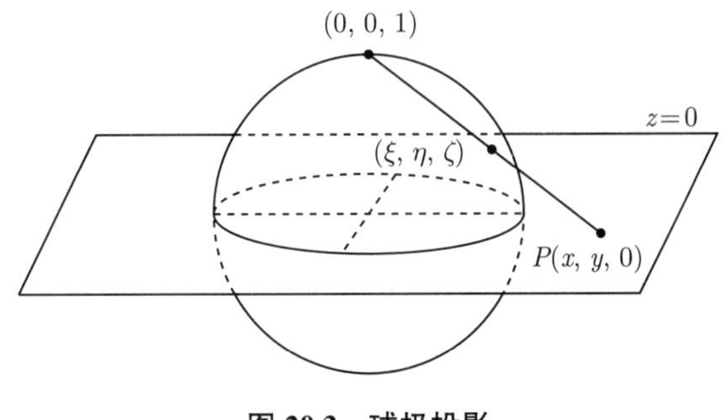

图 20.3　球极投影

20.1.8 推论　图可 (边不交地) 嵌入球面当且仅当它是可平面图.

① 回忆区域是指连通的开集, 而对于开集来说, 连通等价于道路连通.

20.1.9 引理 设 F 是平面图 G 的一个面，e 是 G 的一条边，并用 $\mathring{e}$ 表示 e 去掉两个端点，那么或者 $e \subseteq \partial F$，或者 $\mathring{e} \cap \partial F = \varnothing$.

我们不打算对这个拓扑意义的引理给出证明，我们只是希望由此严格地导出，平面图的面的边界都由完整的边组成（而不可能是半条边，云云），从而它们都可视为一些回路. 进一步，对于连通平面图，每个面的边界都是单个回路（为什么?）；而非连通平面图中，某些面（例如外部面）的边界可能是多条回路.

20.1.10 定义 设 F 是平面图 G 的一个面，其**长度** $\ell(F)$ 是指其构成其边界的回路的总长度，其中每条边的长度都视为 1.

20.1.11 例 图 20.4 示出的平面图中，共有 5 个面. 我们用 R_e 表示外部面. 图 20.4 中，R_1, R_2, R_3, R_4 的边界都是圈，长度分别为 4、3、3、3. 而 R_e 的边界由一个长度为 8 的简单回路、一个长度为 3 的圈和一个长度为 2 的复杂回路构成，总长 13. ◇

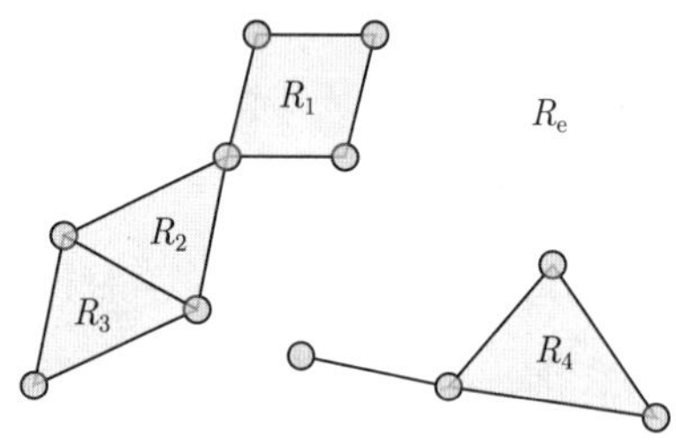

图 20.4 平面图的面的长度

20.1.12 引理 设 G 为平面图，$\{F_i : i \in I\}$ 为其全部面的集合，则 $2e(G) = \sum_{i \in I} \ell(F_i)$.

证明 边 e 或者为两个面的公共边界，或者只属于一个面的边界. 对于前一种情况，计算长度时会算两次；对于后一种情况，由于边界需要是回路，所以它也必然被算两次. □

习题 20.1

1. 确定所有的正整数 m, n，使得 $K_{m,n}$ 是可平面图.

2. 证明：存在无穷多个最小度为 5 的可平面图，其中恰有 12 个度为 5 的顶点.

3. 举例说明可平面图各个面的长度和画法有关.

4. 证明：一个可平面图是二部图，当且仅当它所有面的长度都是偶数.

5. 证明 Fáry 定理 [2]：若 G 是可平面图，则它可嵌入平面，使得每条边都是直线段.

6. 证明三维 Fáry 定理：任何有限图都可边不交地嵌入 $\mathbb{R}^3$，使得每条边都是直线段.

20.2 可平面图的判定

在讨论可平面图判定定理之前，让我们先来考虑一个简单的必要条件.

20.2.1 定理 (Euler) 设 G 是连通平面图, n, e, f 分别为其顶点数、边数和面数, 那么

$$n - e + f = 2.$$

证明 对 n 用归纳法. 若 $n = 1$, 则所有的边都是自环. $e = 0$ 时, $f = 1$, 公式成立; 每添加一个自环, 依据 Jordan 曲线定理, 都增加一个面, 因而 $f - e$ 仍然不变, 结论亦成立.

设命题对 $n = k > 1$ 已经成立, 对于有 $k + 1$ 个顶点的图, 由于它至少有两个顶点且是连通的, 故而必有一条非自环的边. 现在收缩这条边, 得到的新平面图中, 面数不变 (只是一些面的长度变小), 边数和顶点数各减一, 由归纳假设知命题成立. □

20.2.2 推论 (i) 连通的可平面图的任何平面嵌入中, 面数都相等.

(ii) 设 G 是平面图, n, e, f, p 分别为其顶点数、边数、面数和连通分量数, 那么

$$n - e + f = p + 1.$$

证明 (i) 是 Euler 公式的直接推论. 对于 (ii), 设所说的连通分量为 $G_1, \ldots, G_p$, 它们单独作为一个平面图的顶点数、边数和面数分别为 $n_i, e_i, f_i \ (i = 1, 2, \ldots, p)$. 于是

$$e = \sum_{i=1}^{p} e_i, \quad n = \sum_{i=1}^{p} n_i, \quad f = \sum_{i=1}^{p} f_i - p + 1,$$

其中最后一式是因为每个平面图都恰有一个外部面, 将它们放在一起时将共用一个外部面. 结合 Euler 公式 $n_i - e_i + f_i = 2$ 知

$$2p = \sum_{i=1}^{p} (n_i - e_i + f_i) = n - e + f + p - 1,$$

整理就得到想要的结论. □

Euler 公式有着广泛的应用, 我们可以据此证明一个形象的结论: 可平面图的边数不能太多.

20.2.3 定理 设 G 是至少有三个顶点的简单可平面图, 则 $e(G) \leqslant 3|G| - 6$; 若 G 中无三角形, 命题可加强为 $e(G) \leqslant 2|G| - 4$.

证明 因为在图上加边只会加强结论, 故不妨设 G 是连通的. 因为 G 至少有三个顶点, 所以每个面的长度至少为 3. 设 G 有 f 个面, 由 20.1.12 引理和 Euler 公式

$$2e(G) = \sum_{i \in I} \ell(F_i) \geqslant 3f = 3(2 - |G| + e(G))$$

即得. 若图中没有三角形, 则 $2e(G) \geqslant 4f$, 余下同理. □

20.2.4 例 K_5 和 $K_{3,3}$ 的边数, 顶点数分别为 $(10, 5), (9, 6)$. 前者不满足 $e(G) \leqslant 3|G| - 6$; 后者没有三角形, 且不满足 $e(G) \leqslant 2|G| - 4$, 因此它们都不是平面图. ◇

20.2.5 例 (正凸多面体的分类) **正凸多面体**又称 Plato 多面体，它的每个面都是全等的正多边形，且每个顶点都是相同数量之正多边形的公共顶点，而且必须是凸的（边和面都不能交叉）. 下面我们运用 Euler 公式定出全部五种正凸多面体.

由对称性，可以将正凸多面体画（投影）在一个球面上，结合 20.1.8 推论得它们也可以嵌入平面. 因为球极投影是个双射，所以正凸多面体的顶点数、边数和面数 n, e, f 也是平面嵌入中的顶点数、边数和面数. 设多面体中每个顶点为 k 个正 ℓ 多边形的公共顶点，即平面嵌入是 k-正则的，根据 20.1.12 引理和握手定理，$2e = kn = \ell f$，代入 Euler 公式得

$$e\left(\frac{2}{k}+\frac{2}{\ell}-1\right)=2.$$

又 $e > 0$，所以 $\frac{2}{k}+\frac{2}{\ell}-1>0$，整理得 $(k-2)(\ell-2)<4$. 易见 $k, \ell \geqslant 3$，和该不等式结合得到 $3 \leqslant k, \ell \leqslant 5$. 枚举得到表 20.1 中的结果. 这就是全部的 Plato 多面体. ◇

表 20.1 正凸多面体的分类

k	ℓ	$(k-2)(\ell-2)$	e	n	f	正凸多面体名称
3	3	1	6	4	4	正四面体
3	4	2	12	8	6	立方体
4	3	2	12	6	8	正八面体
3	5	3	30	20	12	正十二面体
5	3	3	30	12	20	正二十面体

现在我们来介绍可平面图判定的一个基本定理，它由波兰数学家 Kuratowski 在 1930 年提出 [3]，其叙述用到了细分和拓扑子式的概念.

20.2.6 定义 在图 X 中的边上添加若干个顶点得到的新图称为图的**细分**，记为 $T(X)$，如果 Y 包含一个 X 的细分作为子图，我们就称 X 是 Y 的**拓扑子式**.

20.2.7 例 图 20.5 给出了一个拓扑子式的例子. ◇

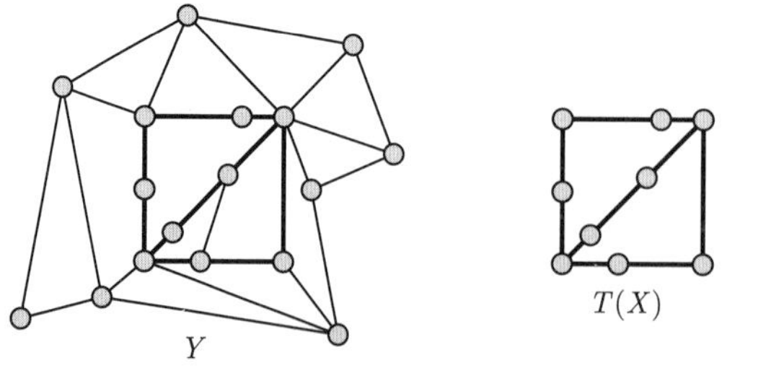

图 20.5 X 是 Y 的拓扑子式

20.2.8 定理 (Kuratowski) 一个图是可平面图，当且仅当它不包含 K_5 和 $K_{3,3}$ 的细分作为子图（$K_5, K_{3,3}$ 不是它的拓扑子式）.

我们把作为 K_5 或 $K_{3,3}$ 的细分的子图称为 **Kuratowski 子图**.

这一命题的必要性是显然的，因为可平面图的子图一定是可平面化的，但我们已经证明过 $K_5, K_{3,3}$ 都不是可平面图. 对于充分性，证明就比较复杂，需要用到 3-连通图和 2-连通图的几个性质. 不关心证明的读者可跳过后文，掌握结论即可.

证明思路如下：假设充分性不成立，则可以取边数最少的不含 Kuratowski 子图的不可平面图，我们先 (1) 证明它是 3-连通的，再 (2) 证明不含 Kuratowski 子图的 3-连通图一定是可平面图，从而导出矛盾.

首先用以下两个引理完成第一步.

20.2.9 引理 极小（即其任何真子图都是可平面图）的不可平面图是 2-连通的.

证明 如果所说的图 G 并非连通，由极小性知其分量 $C_1, \dots, C_p$ 都是可平面图，那么把 $C_1, \dots, C_{p-1}$ 的平面嵌入放到 C_p 平面嵌入的外部面中即可得到原图的平面嵌入，矛盾. 如果 G 有一个割点 v，我们考虑 $G \setminus v$ 的分量为 $C_1, \dots, C_p$. 我们记 v 和 C_i 中的顶点构成的导出子图为 $G_i\,(i = 1, 2, \dots, p)$. 由极小性，$G_1, \dots, G_p$ 都是可平面图. 20.1.7 引理指出可以构作 G_1 的平面嵌入，使得 v 在外部面内，现在把剩下 $G_2, \dots, G_p$ 的平面嵌入放在这个外部面上，使得它们的顶点 v 重合（适当缩小这些图使得它们能放在 $\frac{2\pi}{p}$ 的扇形内部）. 这也得到原图的平面嵌入，矛盾. □

20.2.10 引理 最小（边数最少）的不含 Kuratowski 子图的不可平面图是 3-连通的.

证明 设所说的图是 G，显然删去一条边不会生成 Kuratowski 子图，所以 G 也是极小不可平面图，由 20.2.9 引理知 G 2-连通. 假设 G 不是 3-连通，$S = \{x, y\}$ 是其一个点割集. 再设 $G \setminus S$ 的分量为 $C_1, \dots, C_p$，及 S 和 C_i 中的顶点构成的导出子图为 $G_i\,(i = 1, 2, \dots, p)$. 用和上面引理的证明一模一样的手段可证存在某一个 $1 \leqslant i \leqslant p$ 使得在 G_i 中添加边 xy 将导致 $G_i \cup \{x, y\}$ 变为不可平面图（否则的话就可以按前面引理一样的办法摆放每个 $x, y, G_i\,(1 \leqslant i \leqslant p)$ 得到平面嵌入）. 根据 G 的最小性，$H = G_i \cup xy$ 必然含有 Kuratowski 子图.

最后，如果 G 中有 xy 边，则 G 和 H 有共同的 Kuratowski 子图；否则，由于 S 是最小的点割集，所以 G 中一定还有一个除了可能的 xy 边之外的 xy 路径，此时把 H 中的 xy 边换成该 xy 路径就得到 G 的一个 Kuratowski 子图. 总之，G 有 Kuratowski 子图，矛盾. □

第二步的证明方法是通过边收缩做归纳法，因此先给出 3-连通图的一个性质：

20.2.11 定理 设 G 是至少有 5 个顶点的 3-连通图，则存在一条边 $xy \in G$ 使得 G/xy 仍然是 3-连通图.

证明 如若不然，每条边 $xy \in G$ 的收缩都导致连通度下降. 设 S 是 G/xy 的一个最小点割集，我们断言 xy 收缩得到的点 $v_{xy} \in S$，否则 S 也是 G 的点割集，与 $\kappa(G) \geqslant 3$ 矛盾. 进一步，$|S| = 2$（即包含除 v_{xy} 之外的另一个点），不然 $\{x, y\}$ 是 G 的点割集，仍然矛盾.

于是 $S = \{v_{xy}, z\}$，则 $T = \{x, y, z\}$ 是 G 的点割集. 再次考虑到 $\kappa(G) \geqslant 3$，故 x, y, z 中每个点与 $G \setminus T$ 中每个分量都有边相通（否则作为最小点割集，那个点不必删去了）. 我们现在适当地选取选取边 xy、顶点 z 和 $G \setminus \{x, y, z\}$ 的连通分量 C 使得 C 最小，并取 z 在 C 中的一个邻居 v. 根据假设 G/zv 也不是 3-连通的，作和前面相同的论述知道存在某个 w 使得 $\{z, v, w\}$ 也是 G 的点割集，且 z, v, w 也和 $G \setminus \{z, v, w\}$ 中每个分量都有边相通. 如图 20.6 所示，在 $G \setminus \{z, v, w\}$ 的连通分量中寻求一个 $D \subsetneq C$ 以导出矛盾. 实际上，因为 xy 相连，故存在 $G \setminus \{z, v, w\}$ 的连通分

量 D 使得 $xy \notin D$. 另一方面,前面的论述说明 v 和 D 是有边相通的,而 $v \in C$,从而必有 $D \subseteq C$(注意连通分量的定义),结合 $v \in C \setminus D$ 知 $D \subsetneq C$,这和 C 的最小性矛盾(因为我们可以改为删除 $\{x, y, v\}$ 得到更小的连通分量 D). 以上矛盾说明总可以收缩一条边使得 3-连通性保持. □

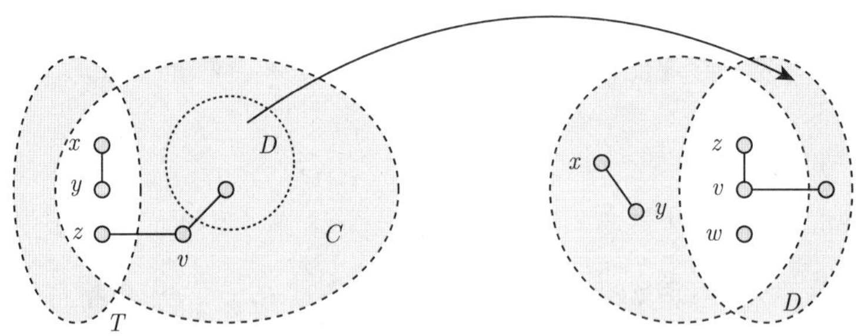

图 20.6　20.2.11 定理的证明过程示意图

20.2.12 引理　若 G 无 Kuratowski 子图,则对任意的边 $xy \in G$, G/xy 也无 Kuratowski 子图.

证明　假设 G/xy 有 Kuratowski 子图 H,设 z 是收缩 xy 得到的新点,我们分情况讨论,设法从 z 中恢复出 x, y,然后找到 G 中的 Kuratowski 子图.

(1) 若 $z \notin H$,显然 H 也是 G 的 Kuratowski 子图.

(2) 若 $z \in H$ 但是 $d(z) \leqslant 2$,把 z 重新展开成 xy 边就得到 G 的 Kuratowski 子图(如图 20.7 所示).

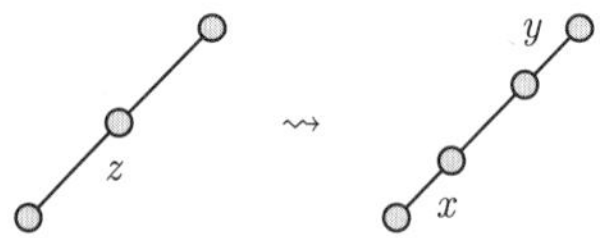

图 20.7　$d(z) \leqslant 2$ 的情形

(3) 若 $z \in H$ 而且 $d(z) = 3$,设 $\mathcal{N}(z) = A \cup B$,其中 A 包含 G 中和 x 相连的点,B 包含 G 中和 y 相连的点. 由于我们只需要构造 G 的子图作为 $K_{3,3}, K_5$ 的细分,故不妨设 $A \cap B = \varnothing$.

　(a) 若 $|A| = 3, |B| = 0$,则把 z 直接替换成 x 即可(图 20.8(a)).

　(b) 若 $|A| = 2, |B| = 1$, 还是把 z 重新展开成 xy 边, 得到 G 的 Kuratowski 子图(图 20.8(b)).

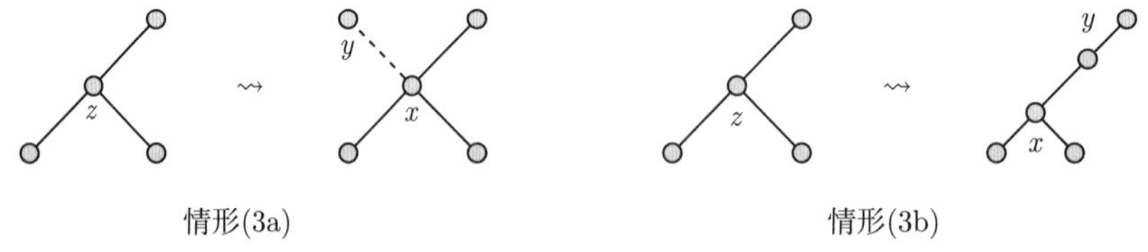

图 20.8　$d(z) = 3$ 的情形

(4) 若 $z \in H$ 而且 $d(z) = 4$,这只会在 H 是 K_5 的细分且 z 是 K_5 上顶点时才会发生. 沿用情形 (3) 的符号:

　(a) 若 $|A| = 4, |B| = 0$,则同理把 z 直接替换成 x 即可.

　(b) 若 $|A| = 3, |B| = 1$,亦同理把 z 重新展开成 xy 边,得到 G 的 Kuratowski 子图.

(c) 若 $|A|=2,|B|=2$,把 z 重新展开成 xy 边,会得到 $K_{3,3}$ 的细分(图 20.9 示出了全部三种情况,枚举情况的方法就是分配 z 的四个邻居到 A,B 中. 所得 $K_{3,3}$ 中的两个独立集用灰白两种颜色标出,虚线表示要删掉的边).

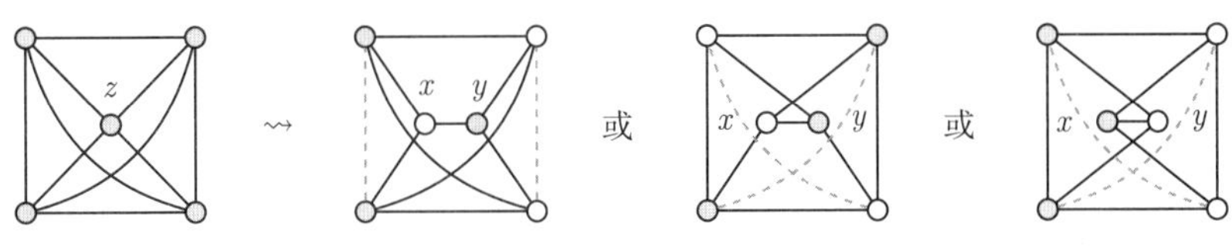

图 20.9 $d(z)=4$ 的情形

综上我们穷尽了所有情况(因为 Kuratowski 子图中顶点的度不会超过 4),所以总是能找到 G 中的 Kuratowski 子图,矛盾,于是命题成立. □

最后,在完成归纳证明之前,我们还需要用到两个关于 2-连通性的简单事实.

20.2.13 引理 (i) 设 G 是 3-连通图,则对任意的边 $e\in G$,$G\setminus e$ 是 2-连通的.
(ii) 至少有 3 个顶点的 2-连通平面图的面的边界都由圈构成.

证明 对于 (i), 若 $G\setminus e$ 不连通, 则 $e=\{u,v\}$ 是 G 的点割集, 矛盾; 若 $G\setminus e$ 有割点 w, 则 $w\notin\{u,v\}$,否则 w 也是 G 的割点,但是这样 $\{w,u\}$ 也成为 G 的点割集. 所以 $G\setminus e$ 是 2-连通的.

对于 (ii),我们首先注意任何一个面的边界都包含一个圈. 如果不然,则某个面的边界为一棵树. 但由 Menger 定理(19.3.18 推论),这个面的边界上的某两个点共圈,这和面的极大性矛盾. 再次由极大性知面的边界恰包含一个圈. 以下证明边界就是这个圈. 假设边界不是圈,则这个圈上存在一个顶点 v 连到其他点上. 由于其他点到这个圈上必无路径(否则 v 连出的那条边不属于此面的边界),所以 v 是一个割点,这与 2-连通性矛盾. □

20.2.14 定理 (Tutte) 不含 Kuratowski 子图的 3-连通图一定是可平面图.

证明 为了方便归纳,我们将命题加强为,不含 Kuratowski 子图的 3-连通图一定存在满足每个面都是凸多边形,且任意三顶点均不共线的平面嵌入. 以下设所说的图为 G,有 n 个顶点.

若 $n\leqslant 4$,这样的 3-连通图只有 K_4,而显然 K_4 存在上述平面嵌入. 设 $n=k$ 时命题已经成立. 对于有 $k+1$ 个顶点的 3-连通图,由 20.2.11 定理,可以收缩一条边 $e=\{x,y\}$ 使得 3-连通性保持,再由 20.2.12 引理,G/e 满足命题的条件,由归纳假设,它存在满足每个面都是凸多边形,且任意三顶点均不共线的平面嵌入. 接下来我们尝试重新恢复出 e 以得到 G 的平面嵌入.

记 $H=G/e$,e 收缩为 $G\setminus e$ 中的点 z. 根据 20.2.13引理,$H\setminus z$ 是 2-连通的. 而 z 在 $H\setminus z$ 的一个面上,从而这个面的边界是一个圈 C,而且此面的内部除了 z 外没有其他顶点(2-连通性和面是极大区域导出之). 设这个圈上的 x 的邻居依次是 $c_1,\dots,c_k$.

(1) 如果圈上所有 y 的邻居都在某个 c_i 和 c_{i+1} 之间(可以包含 c_i,c_{i+1}),则我们可以直接把 y 适当地放在 xc_ic_{i+1} 这个凸区域中,x 放在 z 的位置上得到 G 的满足要求的平面嵌入(参考图 20.10).

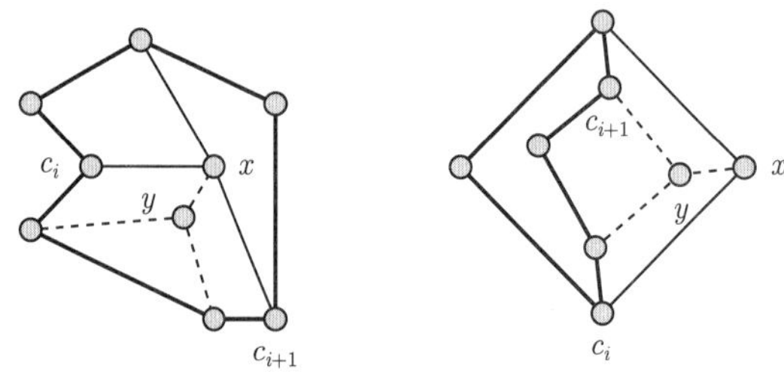

图 20.10 Tutte 定理的证明:情形 (1)

(2) 如果不是这样,则有两种可能. 一种是 y 的某两个邻居 u, v 位于某 c_i, c_{i+1} 的两侧,另一种是 y 和 x 有至少 3 个公共的邻居. 然而这两种情况都是不可能的,前一种导致出现 $K_{3,3}$ 的细分,后一种导致出现 K_5 的细分(参考图 20.11).

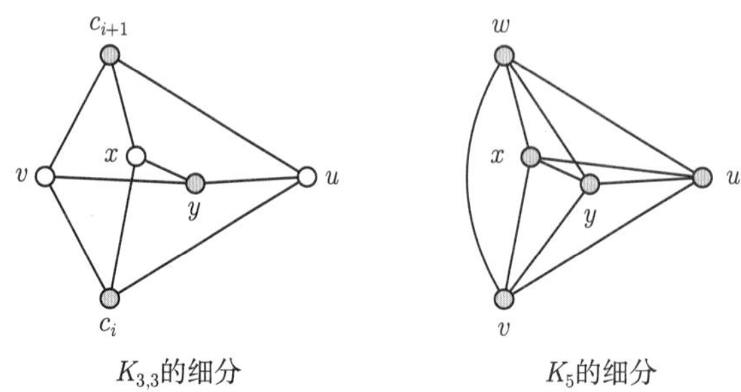

图 20.11 Tutte 定理的证明:情形 (2)

从而,G 有满足要求的平面嵌入,命题成立. □

这样,我们就完成了 Kuratowski 定理的证明.

习题 20.2

1. 设 G 是连通平面图,各面长度的最小值为 $\ell\,(\ell \geqslant 3)$,证明:

$$e(G) \leqslant \frac{\ell}{\ell - 2}(|G| - 2).$$

2. 设可平面图 G 的阶 $n \geqslant 3$,如果 G 不含三角形,则必存在一个顶点度数小于等于 3.

3. 设 G 是连通的 3-正则图,而且每个顶点恰在一个长度 4、一个长度 6 和一个长度 8 的面上. 求 G 的面数.

4. 图 G 的顶点集为 $1, 2, \ldots, n$,而且 i, j 之间有边当且仅当 $|i - j| \leqslant 3$. 证明:G 是可平面图,而且在 G 中任意加一条边就导致其成为不可平面图.

5. (1) 证明:每个可平面图都至少有一个顶点,其度不超过 5.

(2) 设可平面图 G 至少有四个顶点,证明:其中至少有四个顶点的度不超过 5.

6. 在 $\mathbb{R}^2$ 上有 n 个点,它们两两之间的欧氏距离不小于 1. 证明:最多有 $3n - 6$ 对顶点,每对顶点之间的距离恰好为 1.

7. 分别判定 Q_3 和 Peterson 图是否是可平面图.

8. 设图 G 的顶点数小于 8 个,证明:G 和 $\overline{G}$ 中至少有一个是可平面的.

9. 如图 20.12 所示，Möbius 带是将一个纸带旋转半圈再把两端粘上之后得到的几何结构. 我们可以仿照可平面图的概念来定义可嵌入 Möbius 带的图. 容易观察到，可嵌入平面的图也一定可以嵌入 Möbius 带. 反过来，是否存在一个图，它可以嵌入 Möbius 带，但不能嵌入平面？如果存在，请给出图及其嵌入构造；如果不存在，请给出证明.

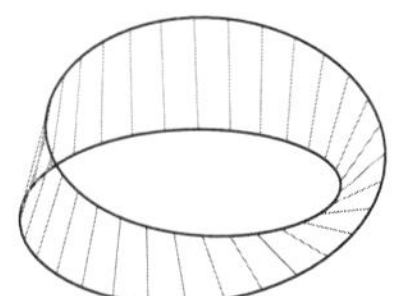

图 20.12 Möbius 带

10. 如果图 G 存在一个平面嵌入，满足其每个顶点都在外部面的边界上，就称其为**外可平面图**. 证明：一个图是外可平面图，当且仅当它不包含 K_4 和 $K_{2,3}$ 的细分作为子图（$K_4, K_{2,3}$ 不是它的拓扑子式）.

11. 图 G 的**交叉数** $\mathrm{cr}(G)$ 是指将 G 嵌入平面后，可能产生的最少的交叉边的对数.（因为交叉两次的多边形曲线可以直接分开，故可不妨设每两条边交叉的次数至多为一次，此时交叉边的对数就是交叉点的个数.）

(1) 证明：

$$\mathrm{cr}(G) \geqslant e(G) - 3|G| + 6.$$

(2) 设 G 有 n 个顶点和 m 条边，k 为 G 的所有平面嵌入中平面子图的最大边数，证明：$\mathrm{cr}(G) \geqslant m - k$，而且 $\mathrm{cr}(G) \geqslant \dfrac{m^2}{2k} - \dfrac{m}{2}$.

(3) 设 $e(G) \geqslant 4|G|$，证明：$\mathrm{cr}(G) \geqslant \Omega(e(G)^3/|G|^2)$. 提示 用概率方法.

12. (Guy, [4]) 证明：$\mathrm{cr}(K_n) \geqslant \dfrac{1}{80}n^4 + O(n^3)$.

注解

关于严格地研究平面图（和各种其他曲面嵌入）的理论所需要的拓扑学前置理论，可以参考 [5].

Jordan 曲线定理并不仅仅有理论上的意义，在计算几何中，Jordan 曲线定理可以用来判定一个点在闭合多边形的内部还是外部 [6].

Euler 公式一开始是针对凸多面体的，但它对平面图也成立，其中右端的 2 是有渊源的，它是一个拓扑不变量，称为 Euler 示性数；平面和球面的 Euler 示性数均为 2.

我们在课文中介绍的 Kuratowski 定理的证明是基于 [7-8] 的. 这一证明的好处是它连带导出了绘制所有边都是直线、所有面都凸的平面嵌入的方法. 更短的证明则可以参考 [9]. 关于平面图的算法的一个很精彩的结果属于 Hopcroft 和 Tarjan，他们发现了在线性时间内判定平面图的高效算法 [10].

除了利用拓扑子式来刻画平面图之外，Wagner 在 1937 年还给出了利用子式的刻画：一个图是可平面图，当且仅当它不包含 K_5 和 $K_{3,3}$ 作为子式，证明需要用到平面图的对偶的理论. 这一刻画的好处在于可以推广到曲面嵌入（比如把图边不交地画到环面上），能嵌入一些其他曲面的图有类似 Wagner 定理的等价刻画，也就是说，只要不以一些图作为子式，就一定能嵌入之. 当然，“一些图”的数量对于高亏格的曲面可能较大，例如可嵌入环面的图有超过 800 种禁止出现的子式. 但可以证明，对任意一种曲面，这种禁止子式的集合总是有限的（而 Kuratowski 定理中禁止的拓扑子式集合显然一般是无穷的）.

刻画图的“可平面化”程度的量是交叉数，我们将它放在了习题 20.2.11 中，后者取材于 [11] 的讨论.

参考文献

[1] TVERBERG H. A proof of the Jordan curve theorem[J]. Bulletin of the London Mathematical Society, 1980, 12(1): 34-38.

[2] FÁRY I. On straight-line representation of planar graphs[J]. Acta Sci. Math., 1948, 11: 229-233.

[3] KURATOWSKI C. Sur le probleme des courbes gauches en topologie[J]. Fundamenta mathematicae, 1930, 15(1): 271-283.

[4] GUY R. Crossing numbers of graphs[G]//Graph Theory and Applications. Berlin: Springer, 1972: 111-124.

[5] MOHAR B, THOMASSEN C. Graphs on Surfaces[M]. Baltimore, Maryland: Johns Hopkins University Press, 2001.

[6] SHIMRAT M. Algorithm 112: position of point relative to polygon[J]. Communications of the ACM, 1962, 5(8): 434.

[7] TUTTE W T. How to draw a graph[J]. Proceedings of the London Mathematical Society, 1963, 3(1): 743-767.

[8] THOMASSEN C. Planarity and duality of finite and infinite graphs[J]. Journal of Combinatorial Theory, Series B, 1980, 29(2): 244-271.

[9] MAKARYCHEV Y. A short proof of Kuratowski’ s graph planarity criterion[J]. Journal of Graph Theory, 1997, 25(2): 129-131.

[10] HOPCROFT J, TARJAN R. Efficient planarity testing[J]. Journal of the ACM (JACM), 1974, 21(4): 549-568.

[11] WEST D B. Introduction to Graph Theory[M]. Upper Saddle River, New Jersey: Prentice hall Upper Saddle River, 2001.

21 图的染色

阅读提示

本章我们探讨一个实际意义很强的图论问题:染色. 一般地确定各种图的色数是很困难的,因此我们在引入概念之后介绍几个有关色数的不等式,其证明方法统一运用贪心算法的构造方法——后者也是许多应用中采用的算法. 在 §21.2 节给出了四色定理的介绍,同时证明了一个弱化版本:五色定理. 阅读 §21.2 节需要用到前一章平面图的前置基础. 由于染色也是一个庞大的话题,因此我们只能给出一个非常基本的介绍,而对于染色问题的研究还能带出许多有趣的现代话题,故请感兴趣的读者参考习题和章末注解.

四色猜想是说:每张(没有飞地的)地图都可以用不多于四种颜色来染色,而且不会有两个邻接的区域颜色相同. 这种对图进行染色的要求还有各种丰富的应用. 比如,一个同学参与多个学生会部分是常见的事情,参与多个部门的同学无法同时参加这些部分的会议,请问如何安排学生会各部分的会议,使得在尽可能短的时间内开完所有的会? 这也是图的染色问题:将有公共成员的部分用边相连,然后按照邻居皆不同色的要求求最少染色数即可. 在计算机系统中也有十分有趣的一例,读者可能会在后续课程中编码实现这种算法:

21.0.1 例 编译器生成机器代码的一个关键步骤是对寄存器进行分配. 简单地说,在进行算术运算时,变量必须存储在 CPU 内一组数量极为有限的寄存器中. 为了提高性能,我们希望尽量把变量都放在寄存器中,而不是反复从内存中存取. 对于不会同时活跃/被使用的变量,它们可以共用寄存器而不会彼此覆盖. 因而,如果把变量视为图的顶点,存在活跃范围冲突时连一条边,则给顶点着色,满足邻接的点的颜色皆不相同且所用颜色数量尽可能少,就可以得到一个优化的寄存器分配的方案. 这就要用到图着色的技术和算法. 此外,为了提高染色的效率和结果的性能,人们还利用完美图和弦图的染色性质发展了诸如如线性扫描寄存器分配算法、静态单赋值(SSA)形式的中间代码的寄存器分配算法等. ◇

21.1 色数和染色算法

接下来就让我们抽象地考虑对图中顶点染色的问题,我们用映射来表示染色.

21.1.1 定义 对简单图 G,映射 $f: V(G) \longrightarrow [k]$ 是 G 的 **k-着色**,其中 $[k]$ 被称为**色盘**. 一个**恰当的着色**要求任意两个邻接的顶点所染颜色不同. 如果 G 有恰当的 k-着色,就说它是 **k-可着色的**,

进一步若还不存在恰当的 $(k-1)$-着色，则它是 **k-色图**，并把 k 记为其**色数** $\chi(G)$，相应的着色方案称为最优着色.

k-着色诱导了 $V(G)$ 上的一个等价关系，这些等价类中的顶点都是同色的，从而根据定义每个等价类必然是一个独立集. 反过来，如果图 G 中的顶点可以被划分为 k 个独立集，则它当然是 k-可着色的. 所以 k 可着色等价于 k 部图，特别地，判定 2-可着色的方法和判定二部图的方法一致.

回忆我们用 $\alpha(G)$ 表示图中最大独立集的大小，现在我们再取 $\omega(G)$ 表示图中最大团的大小. 上面的讨论自然导出如下命题：

21.1.2 命题 对每个简单图 G 有 $\chi(G) \geqslant \omega(G)$ 和 $\chi(G)\alpha(G) \geqslant |G|$.

以上命题对色数作出了简单的估计. 如何更精确地计算/估计色数呢？可以证明，确定图的色数也是 NP-难问题，所以常常使用启发式算法近似该任务. 我们可以比较容易地想到下面这个简单（但强大）的贪心算法.

(i) 选择 G 某个的顶点序列 $\sigma = v_1, \ldots, v_n$，色盘标号为 $1, 2, \ldots$；

(ii) 按上述顶点顺序，每次给 v_i $(1 \leqslant i \leqslant n)$ 染上和其已经上色的每个邻居都不同的标号最小的颜色.

根据 (ii) 可以知道这算法的正确性，而且估计算法所使用的颜色的最大数目还可导出的 $\chi(G)$ 的简单上界. 下面具体处理.

21.1.3 引理 设 G, σ 如上所示，令 $G_i = G[v_1, \ldots, v_i]$，则 $\chi(G) \leqslant 1 + \max_i d_{G_i}(v_i)$.（换言之算法消耗的色数按该不等式有上界.）

证明 只需注意到给 v_i 染色时，我们考虑的已经上色的邻居恰导出了子图 G_i，此图中和 v_i 邻接的顶点有 $d_{G_i}(v_i)$ 个，所以 v_i 使用的颜色标号至多为 $1 + d_{G_i}(v_i)$，对所有 v_i 取最大即得到结论. □

根据上面的引理，我们知道染色算法中顶点序列 σ 的选择是很重要的. 当然，无论怎样做，我们恒有 $d_{G_i}(v_i) \leqslant \min\{d_G(v_i), i-1\}$，所以可以有下面（相对平凡的）上界：

21.1.4 推论 (Welsh–Powell, [1]) 设 G 的度数序列为 $d_1 \geqslant \cdots \geqslant d_n$，则

$$\chi(G) \leqslant 1 + \max_i \min\{d_i, i-1\} \leqslant \Delta(G) + 1.$$

那么，怎样选择较好的顶点序列呢？我们首先指出总是寻求最优是不可行的：

21.1.5 定理 对于每一张图 G，都存在某一种顶点的排列 σ^*，使得贪心算法得到的结果恰好用了 $\chi(G)$ 种颜色.

证明 设图 G 的最优染色为 f，令 σ^* 为顶点按 f 中所染颜色的序号从小到大排序（同色顶点顺序任意）. 我们用归纳法证明此时进行贪心染色，v_i 的颜色序号一定不超过 $f(v_i)$.

对于 v_1，它的颜色是 1，命题成立. 假设每个顶点 v_j $(j < i)$ 的颜色序号都不超过 $f(v_j)$，在贪心算法对 v_i 染色时，我们说它一定能染上 $f(v_i)$. 如若不然，则存在 v_j $(j < i)$ 使得 v_i, v_j 邻接且（由归纳假设）$f(v_j) \geqslant v_j$ 的颜色 $= f(v_i)$，根据序列的构造有 $f(v_j) \leqslant f(v_i)$，所以 $f(v_j) = f(v_i)$，这与 f 是一个合法的染色矛盾. 所以 v_i 至少可以染上 $f(v_i)$，表明 v_i 的颜色序号一定不超过 $f(v_i)$，结论成立. □

因为决定 $\chi(G)$ 是 NP-难的，所以根据上面的证明不难看出对每张图都找最优序列也是困难的. 变通的方法是，我们找一个序列 $\tilde{\sigma}$，让它对每个图都最小化 21.1.3 引理右边的界. 方案只要反过来思考就很容易想到：令 v_n 为 G 中度最小的顶点；对每个 $i < n$，选择 v_i 为 $G - \{v_{i+1}, \dots, v_n\}$ 中度最小的顶点.

21.1.6 定理 (Szekeres–Wilf, [2]) 若记 $f(\sigma) = 1 + \max_i d_{G_i}(v_i)$，则上面阐述的 σ 使得 $f(\sigma)$ 最小化，而且它导出上界

$$\chi(G) \leqslant 1 + \max_{H \subseteq G} \delta(H).$$

证明 任给顶点序列 σ 和子图 H. 设在 σ 的排序下，H 中的最后一个顶点是 v_i，则 $H \subseteq G_i$，所以 $d_{G_i}(v_i) \geqslant \delta(H)$. 进一步 $f(\sigma) \geqslant 1 + \delta(H) (\forall H \subseteq G)$，推出 $f(\sigma) \geqslant 1 + \max_{H \subseteq G} \delta(H)$. 另一方面，注意 $G \setminus \{v_{i+1}, \dots, v_n\} = G[v_1, \dots, v_i] = G_i$，故根据 σ 的构造得 $d_{G_i}(v_i) = \delta(G_i) \leqslant \delta(H^*)$，其中 $H^* \in \operatorname{argmax}_{H \subseteq G} \delta(H)$，从而该选法使得最小化的等号成立. □

寄存器分配中的 Chaitin 算法 [3] 就基于这样的贪心度数序列.

对 G 加以限制，我们还可以进一步选择好的贪心序列，把前面几种不等式中的 +1 去掉，得到稍强的估计.

21.1.7 定理 (Brooks, [4]) 设 G 是连通图且既不是完全图也不是奇圈，则 $\chi(G) \leqslant \Delta(G)$.

为证明 Brooks 定理，我们首先需要如下有关 2-连通性的性质.

21.1.8 定义 没有割点的极大连通子图称为**块**. 如果一个图本身没有割点，则我们也把它叫作**块**.

21.1.9 例 块作为子图没有割点，但它可能包含原来图中的割点. 图 21.1 中，虚线框出了图中的每一个块. 中间用椭圆形标明的两个点是整个图的割点. ◇

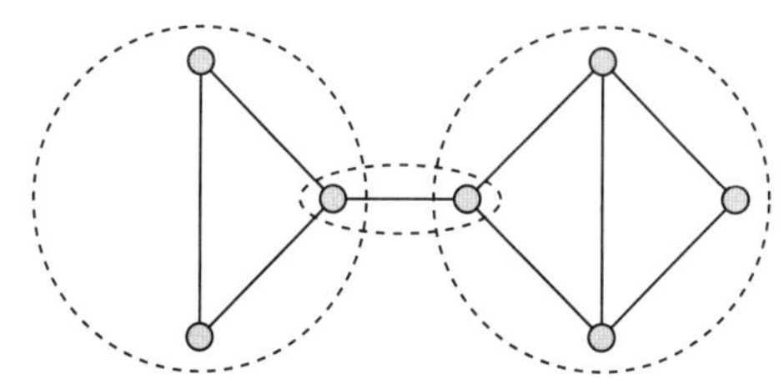

图 21.1 块和割点的关系

如果一个没有割点的图有至少 3 个顶点，则它一定是块（也是 2-连通的）. 容易看出，单点是一个块当且仅当它是孤立点，由一条边连接的两个点是一个块当且仅当它不在某个圈中，也当且仅当它是一条割边. 所以图中的块恰由孤立点、割边和 2-连通子图组成，可以说它们对整个图构成了一个分解.

21.1.10 命题 图中的两个块至多有一个公共点，即它们没有公共边.

证明 若某两个块 B_1, B_2 有两个公共点，则 $B_1 \cup B_2$ 也是一个块，与定义矛盾. 实际上，如果删去 $B_1 \triangle B_2$ 中的一个点，因为 B_1, B_2 是块，所以图仍然保持连通. 而删除 $B_1 \cap B_2$ 中的点保证 B_1, B_2 还有一个公共点，也是连通的. □

21.1.11 推论 图中所有的块对其构成了一个分解.

回到定理的证明中来.

证明 (21.1.7 定理) 我们想要找一个顶点序列，在贪心算法的执行过程中让 $d_{G_i}(v_i) \leqslant k-1 (1 \leqslant i \leqslant n)$. 设 $k = \Delta(G)$.

(i) 若 G 不是 k-正则的，我们选择一个度小于 k 的顶点，将其记为 v_n. 因为 G 是连通的，故 v_n 到每个顶点都存在一条路径，所以 G 有一棵以 v_n 为根的生成树. 现在将图中的顶点按在这棵生成树中的深度（和 v_n 的距离）排序并运行贪心算法. 此时，每一个除 v_n 外的顶点都拥有一个邻居，后者在构造的顶点序列中出现在它的后面，所以这些顶点在算法运行过程中至多存在 $k-1$ 个邻居，从而至多只需要 $k-1+1=k$ 种颜色.

(ii) 否则，G 是 k-正则的. 这样无论怎么选 v_n，它总有 k 个邻居. 不过，我们还是希望能找到某个 v_n 及其邻居中的一对顶点 v_1, v_2，设法让 v_1, v_2 的颜色相同. 一个很明显的要求是 v_1, v_2 不相邻. 如果 $G \setminus \{v_1, v_2\}$ 还是连通的，那我们可对 $G \setminus \{v_1, v_2\}$ 应用 (i) 中的生成树排序，然后把 v_1, v_2 排在它们前面. v_1, v_2 排在最前面保证了它们俩在贪心算法中染上相同的颜色，而 v_3 至 v_{n-1} 的颜色论证同 (i)，不会用超过 k 种，而此时 v_n 的邻居有一对同色，所以也不会用超过 k 种颜色.

现在考虑满足条件的 v_1, v_2, v_n 的存在性问题. 遗憾的是，这并不一定成立，比如图 21.2 不满足条件；任何一个偶圈也不满足条件. 还是有变通的办法. 我们断言 2-连通，且满足 $k \geqslant 3$ 的图可以找到 v_1, v_2, v_n，而不是 2-连通的图可以换一种方法——如果 G 存在割点 x，设 $G \setminus x$ 的各个连通分量是 $G_1, \ldots, G_m$，则 $V(G_i) \cup x (1 \leqslant i \leqslant m)$ 导出的子图又可按 (i) 染色. 此时对这 m 个染色方案的色盘各作适当的排列，使 x 的颜色相同即可. 至于 $k=1$ 和 $k=2$ 的情形则是平庸的，因为 $k=1$ 只能是 K_2，$k=2$ 时 G 只能是路径或偶圈（定理条件排除了奇圈），它们都是存在满足要求的染色的.

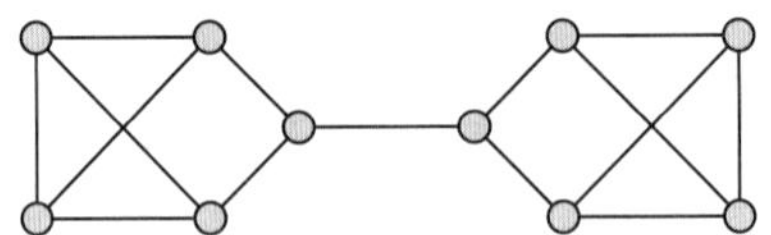

图 21.2 想要的 v_1, v_2, v_n 不一定存在

最后完成加强条件下 v_1, v_2, v_n 的寻找工作. 任取顶点 $x \in G$，若 $\kappa(G \setminus x) \geqslant 2$，我们选择一个和 x 距离为 2 的顶点（存在性由 G 是度至少 3 的正则非完全图保证），令 $x = v_1$，距离为 2 的顶点为 v_2，这条长度为 2 的路径的中间结点为 v_n. 否则我们有 $\kappa(G \setminus x) = 1$，现在依据 21.1.11 推论把 $G \setminus x$ 分解成块，注意这些块两两至多只有一个公共点，这些公共点都是 $G \setminus x$ 的割点（21.1.10 命题，参看图 21.3）. 因 G 没有割点，所以 x 和每个块中至少一个非 $G \setminus x$ 的割点的顶点相邻. 任取两个块中 x 的邻居 v_1, v_2，则 $G \setminus \{x, v_1, v_2\}$ 是连通的（因块是连通的），又 $k \geqslant 3$，所以 $G \setminus \{v_1, v_2\}$ 也是连通的. 令 $x = v_n$ 就完成了证明. □

类似于点连通度和边连通度的区别，在着色问题上也可以考虑对边着色，此时要求邻接的边的颜色各不相同. 边着色的色数记为 $\chi'(G)$，我们不加证明地给出如下结果：

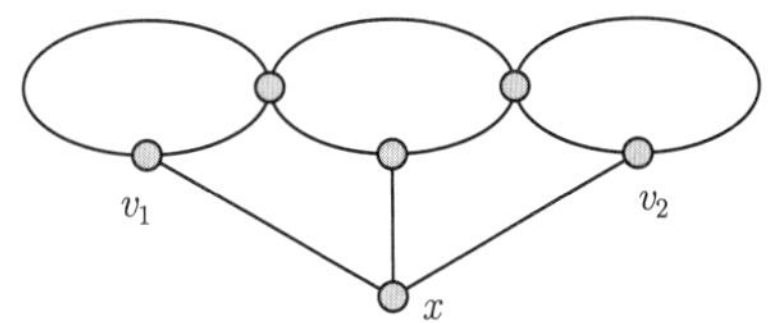

图 21.3 把 $G \setminus x$ 分解成块,这些块两两至多只有一个公共割点

21.1.12 定理 (Vizing, [5]) 设 G 是简单图,则 $\Delta(G) \leqslant \chi'(G) \leqslant \Delta(G)+1$.

虽然 $\chi'(G)$ 的取值只有两种,但据此对图进行分类却是尚未解决的问题. 对于二部图,其边色数总是 $\Delta(G)$(读者可尝试用归纳法证之).

习题 21.1

1. 设 v 为图 G 中顶点,证明:$\chi(G \setminus v) \leqslant \chi(G)$.

2. 设 e 为图 G 中边,证明:$\chi(G \setminus e) \geqslant \chi(G) - 1$.

3. 证明:$\chi(G) \leqslant n(G) - \alpha(G) + 1$.

4. 假设图 G 中任意两个奇圈都有一个公共点,证明:$\chi(G) \leqslant 5$.

5. 设 G 的补图是二部图,证明:$\chi(G) = \omega(G)$.

6. 设图 G 至少有一个顶点,其最小边覆盖数为 $\rho(G) \geqslant 1$. 证明:$\chi(G)\rho(G) \geqslant |G|$.

7. (Nordhaus–Gaddum, [6]) 证明:$2\sqrt{|G|} \leqslant \chi(G) + \chi(\overline{G}) \leqslant n(G)+1$.

8. (Turán, [7]) (1) 证明:所有 n 个顶点的完全 k 部图中,**Turán 图** $T_{n,k}$ 具有最多边数. 这里,$T_{n,k}$ 各部顶点数的差不超过 1,也就是说 r 个部分分别有

$$\left\lfloor \frac{n}{k} \right\rfloor, \left\lfloor \frac{n+1}{k} \right\rfloor, \ldots, \left\lfloor \frac{n+k-1}{k} \right\rfloor$$

个顶点.

(2) 证明:满足不存在 $r+1$ 大小的团的 n 个顶点的边数最多的图是 Turán 图 $T_{n,k}$.

9. 设简单图 G 中的最长路径长度为 L,证明:色数 $\Delta(G) \leqslant L+1$.

10. 假设平面上若干条直线任意三条都不共点,它们相交得到一些点,这些点之间自然由直线的位置关系诱导出边的连接关系. 证明:这样得到的图的色数不超过 3.

11. (Hedetniemi) 设 G, H 为简单图,我们定义张量积 $G \times H$ 如下:顶点为 $V(G) \times V(H)$,而 $(u,v),(u',v') \in V(G) \times V(H)$ 之间有连边当且仅当 $uu' \in E(G), vv' \in E(H)$ 同时成立.

(1) 简单描述 $P_m \times P_n$ 和 $Q_n \times K_2$ 的结构.

(2) 证明:$\chi(G \times H) \leqslant \min\{\chi(G), \chi(H)\}$.

12. (Vizing, [8]) 设 G, H 为简单图,我们定义笛卡儿积 $G \square H$ 如下:顶点为 $V(G) \times V(H)$,而 $(u,v),(u',v') \in V(G) \times V(H)$ 之间有连边当且仅当 $u = u', vv' \in E(H)$ 或者 $v = v', uu' \in E(G)$.

(1) 简单描述 $P_m \square P_n$ 和 $Q_n \square K_2$ 的结构.

(2) 证明:$\chi(G \square H) = \max\{\chi(G), \chi(H)\}$. 提示 设 g, h 是 G, H 的最小色数的着色,构作着色 $f(u,v) = g(u) + h(v) \pmod{\max\{\chi(G), \chi(H)\}}$.

13. 证明:3-正则的 Halmilton 图可以 3-边着色.

14. (Alon, [9]) 给定一个字符串,如果字符串没有紧邻的相同子串,我们就称这个字符串是非重复的,例如 **12323** 就有紧邻的相同子串 **23**,但是 123132123213 就是非重复字符串. 给定图 G 的一个边染色,如果 G 的每一条路径的染色序列都是非重复的,那么我们说这个染色是非重复的. 能够进行非重复染色的最小(边)色数记为 $\pi(G)$. 给定简单图 G,设其最大度为 Δ,证明:

$$\pi(G) \leqslant (2\mathrm{e}^{16} + 3)\Delta^2.$$

提示 使用 Lovász 局部引理.

21.2 平面图的着色

完成了平面图和染色的基本概念的介绍,我们现在可以讨论和四色猜想(因为该猜想已经被数学家证明成立,故下文也称为其为定理)相关的内容了. 首先证明五色定理:

21.2.1 定理 (Heawood, [10]) 任何平面图都是 5-可着色的.

证明 设 G 是平面图, 我们对 $n = |G|$ 作归纳. 显然顶点数不超过 5 的任何图都是 5-可着色的. 现设 $n > 5$, 由平面图的 Euler 公式知 G 至少有一个顶点 v 的度不超过 5(否则边数 $\geqslant 6n/2 > 3n-6$). 归纳假设表明 $G \setminus v$ 是 5-可着色的. 如果 G 不是 5-可着色的,则对于每一个恰当的 $f: G \setminus v \longrightarrow [5]$, f 都给 v 的邻居 5 种不同的颜色,故 $d(v) = 5$. 任取这样的 f,我们将重新着色以导出矛盾.

设 v 的邻居在平面上按逆时针依次为 $v_1, \dots, v_5$,并适当排列颜色使得 $f(v_i) = i\,(1 \leqslant i \leqslant 5)$. 令 $G_{i,j}$ 表示在 f 下染为颜色 i, j 的全部顶点导出的子图,那么在该子图的任意一个连通分量中互换颜色 i, j 仍然保持着色的恰当性. 假使某个 $G_{i,j}$ 的分量包含 v_i 却不含 v_j,则在这个分量中把颜色 i, j 互换,将导致 v_i 染为颜色 j,从而 v 这时可以选择颜色 i,得到一个 5-着色. 所以,G 不是 5-可着色的一定是如下情况发生:对于任意的 $i, j \in [5]$,总有 v_i, v_j 同时属于 $G_{i,j}$ 的某个连通分量. 此时再设 $P_{i,j}$ 为这个连通分量中 v_i 至 v_j 的路径,$C_{i,j} = P_{i,j} \cup \{v\}$ 是一个圈(参考图 21.4). 现在,由 Jordan 曲线定理 v_3, v_5 分居于 $C_{1,4}$ 划出的两个区域中,所以 $C_{1,4}$ 和 $C_{3,5}$ 必然要交叉,但 G 是平面图,二者只好用公共顶点来完成"交叉",但这与两个圈上的顶点所染颜色不同矛盾. 从而 G 是 5-可着色的,定理证毕. □

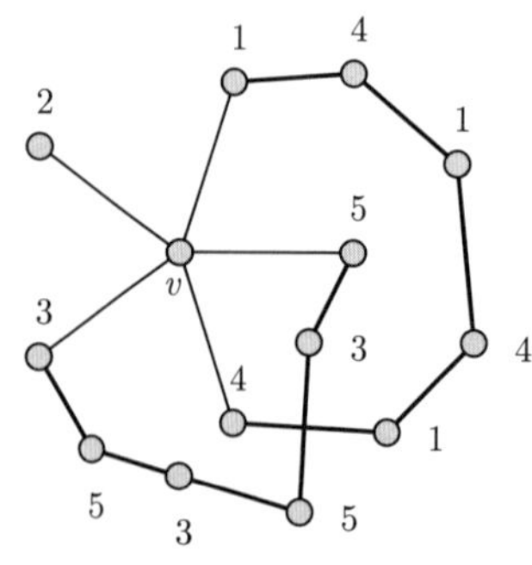

图 21.4 五色定理的证明

实际上,平面图只需要用 4 种颜色就可以染色,这就是**四色定理**. 它早在 1852 年就已经被提出,而 1878 年由 Cayley 提交给伦敦数学会征解. 1879 年 Kempe 宣称他证明了这一命题,但十多年后 Heawood 发现了他证明中的错误. 尽管如此,Heawood 利用 Kempe 的思路证明了上面的五色定理 [10],后来四色定理的真正证明也是基于 Kempe 的思路.

四色定理证明的思路可以非正式地表述如下. 在五色定理证明中我们导出了可能的反例不可能出现在平面图里;同样,对于四色定理,我们假设存在极小的反例,设法找一组一定会出现在反例中的子图(称为 unavoidable set),希望证明这些子图实际上都可以通过重新染色等方式使得原图能够 4-着色. 在最后成功的证明中,这组构形的搜索和矛盾的导出是由计算机辅助完成的. 1976 年 Appel、Haken 和 Koch 等人在计算机上运算了 1200 个小时,找到了一组 1936 个一定出现的子图并验证了每一个子图都导出矛盾,从而证明了四色定理 [11]. 这也是第一个主要由计算机验证成立的著名数学定理. 有的数学家不接受机器证明的定理,因而后来还引出了一系列改良. 2004 年,加拿大数学家 Gonthier 使用 Coq 等工具对程序进行了形式化验证,因此现在除了机器本身可能存在问题外,四色定理的证明都得到了检验.

习题 21.2

1. 证明:任何平面图都是 6-可着色的.(不要引用五色定理或者四色定理.)

2. 证明:任何顶点数不超过 12 的平面图都是 4-可着色的.(不要引用四色定理.)

3. (Chvátal, [12]) 证明每个外可平面图(参看习题 20.2.10)都是 3-可着色的(不要引用四色定理). 由此证明:假设一个艺术馆是一个 n 边形,那么可以在其内部安排 $\left\lfloor \frac{n}{3} \right\rfloor$ 个警卫,使得这些警卫的视线范围合起来能看到整个艺术馆.

注解

有关图染色的算法在寄存器分配中的应用,可以阅读任何一本编译原理的教科书. 常用的贪心的染色算法在 [13] 中有分析.

我们列出的对 Brooks 定理的证明是 Lovász 给出的 [14],另外还有用归纳法的证明 [15]. Vizing 定理的证明也可以在该书中找到. 对于边着色,Misra–Gries 算法 [16] 给出了多项式时间内用不超过 $\Delta+1$ 种颜色着色的计算方法,但问是否能达到 Δ-边着色则是困难的. 如果将习题 21.1.11 的 (2) 中的不等号改为等号,则称为 Hedetniemi 猜想,它在 2019 年被证伪了 [17].

从组合计数的角度看,决定有多少种染色方案也是有趣的. 若把图 G 用 k 种颜色恰当染色的方案数目记为 $\chi(G;k)$,则它称为图 G 的色多项式,这是由 Birkhoff 在 1912 年引入的. 关于这方面的讨论可以参看 [18].

参考文献

[1] WELSH D J A, POWELL M B. An upper bound for the chromatic number of a graph and its application to timetabling problems[J]. The Computer Journal, 1967, 10(1): 85-86.

[2] SZEKERES G, WILF H S. An inequality for the chromatic number of a graph[J]. Journal of Combinatorial Theory, 1968, 4(1): 1-3.

[3] CHAITIN G J. Register allocation & spilling via graph coloring[J]. ACM Sigplan Notices, 1982, 17(6): 98-101.

[4] BROOKS R L. On colouring the nodes of a network[C]//Mathematical Proceedings of the Cambridge Philosophical Society: vol. 37: 2. 1941: 194-197.

[5] VIZING V G. On an estimate of the chromatic class of a *p*-graph[J]. Discret Analiz, 1964, 3: 25-30.

[6] NORDHAUS E A, GADDUM J W. On complementary graphs[J]. The American Mathematical Monthly, 1956, 63(3): 175-177.

[7] TURÁN P. On an external problem in graph theory[J]. Mat. Fiz. Lapok, 1941, 48: 436-452.

[8] VIZING V G. The Cartesian product of graphs[J]. Vycisl. Sistemy, 1963, 9(30-43): 33.

[9] ALON N, GRYTCZUK J, HAŁUSZCZAK M, et al. Nonrepetitive colorings of graphs[J]. Random Structures & Algorithms, 2002, 21(3-4): 336-346.

[10] HEAWOOD P J. Map color theorems[J]. Quant. J. Math., 1890, 24: 332-338.

[11] APPEL K I, HAKEN W. Every Planar Map is Four Colorable: vol. 98[M]. Providence, Rhocle Island: American Mathematical Society, 1989.

[12] CHVÁTAL V. A combinatorial theorem in plane geometry[J]. Journal of Combinatorial Theory, Series B, 1975, 18(1): 39-41.

[13] MITCHEM J. On various algorithms for estimating the chromatic number of a graph[J]. The Computer Journal, 1976, 19(2): 182-183.

[14] LOVÁSZ L. Three short proofs in graph theory[J]. Journal of Combinatorial Theory, Series B, 1975, 19(3): 269-271.

[15] DIESTEL R. Graph Theory[M]. 5th ed. Berlin: Springer-Verlag, 2017.

[16] MISRA J, GRIES D. A constructive proof of Vizing's theorem[J]. Information Processing Letters, 1992.

[17] SHITOV Y. Counterexamples to Hedetniemi's conjecture[J]. Annals of Mathematics, 2019, 190(2): 663- 667.

[18] WEST D B. Introduction to Graph Theory[M]. Upper Saddle River, New Jersey: Prentice hall Upper Saddle River, 2001.

附录 A 渐近分析

阅读提示

本附录介绍一些有用的进行渐近估计和求和的技巧. §A.1 节前半部分是简单的复习，后半部分则非常重要，介绍了实际解决问题中经常用到的 Stirling 公式（A.1.5 定理）和隐函数渐近估计技巧（A.1.7 命题），值得掌握. §A.2 介绍了两个求和公式，它们在算法分析等场合中可以用到.

我们在课文中经常遇到渐近符号 $O(\cdot), \Omega(\cdot), \Theta(\cdot), o(\cdot)$ 等等，这些符号在算法分析中也是很常用的. 在这个附录中，我们简单罗列一下和渐近分析有关的记号的定义和性质.

A.1 函数的渐近行为

对于一些比较复杂的函数 $f(n)$，我们希望在 n 很大的时候用比较简单的函数 $g(n)$ 近似它的行为. 通常来说，这种“简单的函数”是常数、n 的单项式、$\log n$ 的单项式、c^n 和 n^{cn} 这样的项相乘得到（c 为常数）. 比如，$n!$ 不够简单，但我们接下来要证明的 Stirling 公式则利用简单的 $\sqrt{2\pi n}\left(\frac{n}{\mathrm{e}}\right)^n$ 来渐近地代替它.

A.1.1 定义 设 $f(n)$ 是函数，$g(n)$ 对所有充分大的 n 均为正（常选择为上面的简单函数）.

- 若 $\lim_{n\to\infty}\dfrac{f(n)}{g(n)} = 1$，则称二者**渐近等价**，记为 $f(n) \sim g(n)$.
- 若 $\lim_{n\to\infty}\dfrac{f(n)}{g(n)} = 0$，则记为 $f(n) = o(g(n))$ 或者 $f(n) \ll g(n)$.
- 若 $\lim_{n\to\infty}\dfrac{f(n)}{g(n)} = \infty$，则记为 $f(n) = \omega(g(n))$ 或者 $f(n) \gg g(n)$.
- 若存在正常数 C 使得 n 充分大时恒有 $|f(n)| \leqslant Cg(n)$，则记为 $f(n) = O(g(n))$.
- 若存在正常数 ε 使得 n 充分大时恒有 $|f(n)| \geqslant \varepsilon g(n)$，则记为 $f(n) = \Omega(g(n))$.
- 同时满足 $f(n) = O(g(n))$ 和 $f(n) = \Omega(g(n))$ 的情况记为 $f(n) = \Theta(g(n))$.

有两类函数 $f(n)$ 经常被人们提及：若存在正常数 c 使得 $f(n)=\Theta(n^c)$，就称它是**多项式**（poly(n)）；类似地，在 $f(n) = \Theta(\log^c n)$ 的情形中则称 $f(n)$ 是**对数多项式**（polylog(n)）. 不难看出，在 $O, \Omega, \Theta, \omega, o$ 的使用中，使用不同底的对数只会差一个常数，因此这个因素常常不被考虑.

这些渐近式有很多简单的性质,它们中的很多我们已经在分析中不自觉地使用了.

A.1.2 命题 假设对于每个 $1 \leqslant i \leqslant r$ 有 $f_i(n) = O(g(n))$,那么 $f_1(n) + \cdots + f_r(n) = O(g(n))$. 命题中的 O 换成 $\Omega, \Theta, \omega, o$ 也都成立.

证明 因为对充分大的 n, 存在常数 C_i $(1 \leqslant i \leqslant r)$ 使得 $|f_i(n)| \leqslant C_i g(n)$, 所以此时 $|f_1(n) + \cdots + f_r(n)| \leqslant |f_1(n)| + \cdots + |f_r(n)| \leqslant (C_1 + \cdots + C_r)g(n)$. 其他情况也同理可证. □

利用渐近式, 我们可以感受函数增长速度的差异. 总的来说, 常数 $\ll$ 对数多项式 $\ll$ 多项式 $\ll$ 指数函数. 这直观的感觉总结在下面的命题中.

A.1.3 命题 设 C, ε 是任意给定的正常数,那么

$$\log^C n \ll n^{\varepsilon}, \quad n^C \ll (1+\varepsilon)^n, \quad C^n \ll n^{\varepsilon n}.$$

证明 我们首先研究 $n/(1+\varepsilon)^n$, 因为 $(1+\varepsilon)^n \geqslant \binom{n}{2}\varepsilon^2$, 所以 $\lim_{n\to\infty} \dfrac{n}{(1+\varepsilon)^n} = 0$, 这推出 $\lim_{n\to\infty} \dfrac{n^C}{(1+\varepsilon)^{Cn}} = 0$,所以第 2 个关系式成立. 由此可进一步知 $n^C \ll \mathrm{e}^{\varepsilon n}$,作换元 $m = \log n$ 即得到第 1 个关系式. 最后一个关系式是显然的. □

A.1.4 例 鉴于对数函数以上的特性, 我们知道对于任意的 $\varepsilon > 0$, $n^2 \log n = O(n^{2(1+\varepsilon)}) = \Omega(n^{2(1-\varepsilon)})$,这种情况常常被记成 $n^2 \log n = n^{2(1+o(1))}$,或者用 $\tilde{O}(n^2)$ 来表示省略了对数多项式的因子(文献中 $\tilde{O}(\cdot)$ 的具体含义需要视上下文而定). ◇

下面我们来证明渐近式中一个很有用的精彩结果,即 Stirling 公式.

A.1.5 定理 (Stirling) 对阶乘函数有 $n! \sim \sqrt{2\pi n}\left(\dfrac{n}{\mathrm{e}}\right)^n$.

证明 令

$$I_n = \int_0^{\infty} x^n \mathrm{e}^{-x}\, \mathrm{d}x.$$

分部积分

$$I_n = \int_0^{\infty} x^n \mathrm{e}^{-x}\, \mathrm{d}x = -x^n \mathrm{e}^{-x}|_0^{\infty} + n\int_0^{\infty} x^{n-1}\mathrm{e}^{-x}\, \mathrm{d}x = nI_{n-1},$$

知 $I_n = n!$. 现在换元 $x = n + \sqrt{n}t$(类似于对正态分布进行变量的标准化),我们得到

$$n! = \sqrt{n}\left(\frac{n}{\mathrm{e}}\right)^n \int_{-\sqrt{n}}^{\infty} \left(1 + \frac{t}{\sqrt{n}}\right)^n \mathrm{e}^{-\sqrt{n}t}\, \mathrm{d}t.$$

这时我们已经和结论非常接近了,接下来就是要证明后面的积分(在 $n \to \infty$ 时)是一个常数(并顺带计算出它).

令 $f_n(t) = \left(1 + \dfrac{t}{\sqrt{n}}\right)^n \mathrm{e}^{-\sqrt{n}t}$,只需要计算 $\lim_{n\to\infty} \displaystyle\int_{-\sqrt{n}}^{+\infty} f_n(t)\, \mathrm{d}t$. 由于 $\displaystyle\int_{-\infty}^{+\infty} \mathrm{e}^{-\frac{t^2}{2}}\, \mathrm{d}t = \sqrt{2\pi}$,

所以我们想用 $e^{-\frac{t^2}{2}}$ 来近似它. 分段:

$$\left|\int_{-\sqrt{n}}^{+\infty} f_n(t)\,dt - \int_{-n^{\frac{1}{8}}}^{n^{\frac{1}{8}}} e^{-\frac{t^2}{2}}\,dt\right| \leqslant \int_{-n^{\frac{1}{8}}}^{n^{\frac{1}{8}}} |f_n(t) - e^{-\frac{t^2}{2}}|\,dt + \left(\int_{-\sqrt{n}}^{-n^{\frac{1}{8}}} + \int_{n^{\frac{1}{8}}}^{\infty}\right)|f_n(t)|\,dt.$$

对于第一项,先注意到 $|t| \leqslant n^{\frac{1}{8}}$ 时有,

$$\log\frac{f_n(t)}{e^{-\frac{t^2}{2}}} = -\sqrt{n}t + \frac{t^2}{2} + n\left(\frac{t}{\sqrt{n}} - \frac{t^2}{2n} + \frac{\xi^3}{3}\right) \leqslant \frac{nt^3}{3n^{\frac{3}{2}}} \leqslant \frac{1}{3n^{\frac{1}{8}}} \quad \left(0 \leqslant \xi \leqslant \frac{t}{\sqrt{n}}\right),$$

所以

$$\int_{-n^{\frac{1}{8}}}^{n^{\frac{1}{8}}} |f_n(t) - e^{-\frac{t^2}{2}}|\,dt \leqslant \int_{-n^{\frac{1}{8}}}^{n^{\frac{1}{8}}} e^{-\frac{t^2}{2}}\left|\exp\frac{1}{3n^{\frac{1}{8}}} - 1\right|\,dt \leqslant C\cdot\frac{2}{3n^{\frac{1}{8}}} \to 0.$$

对于剩下两项,简单计算导数知 $t < 0$ 时 $f_n(t)$ 单调递增而其余情况下单调递减,由此得到第二项的估计

$$\begin{aligned}\int_{-\sqrt{n}}^{-n^{\frac{1}{8}}} |f_n(t)|\,dt &\leqslant \sqrt{n}\left(1 - n^{-\frac{3}{8}}\right)^n e^{n^{\frac{5}{8}}} \\ &= \exp\left\{n^{\frac{5}{8}} + n\log(1 - n^{-\frac{3}{8}}) + \frac{1}{2}\log n\right\} \leqslant \exp\left\{\frac{1}{2}\log n - \frac{1}{2}n^{\frac{1}{4}}\right\} \to 0,\end{aligned}$$

式中对 $\log(1 - n^{-\frac{3}{8}})$ 展开到二阶. 针对第三项,我们再次拆分两个积分区间 $[n^{\frac{1}{8}}, \sqrt{n}]$ 和 $[\sqrt{n}, \infty)$. 前一个积分区间的估计和第二项的方法完全相同($\sqrt{n}\cdot f_n(n^{\frac{1}{8}}) \to 0$),后一个区间的估计我们则利用 $x > 1$ 时 $\log(1 + x) \leqslant 0.7x$,于是

$$\log f_n(t) = n\log\left(1 + \frac{t}{\sqrt{n}}\right) - \sqrt{n}t \leqslant 0.7\sqrt{n}t - \sqrt{n}t = -0.3\sqrt{n}t,$$

因而

$$\int_{\sqrt{n}}^{\infty} |f_n(t)|\,dt \leqslant \int_{\sqrt{n}}^{\infty} e^{-0.3\sqrt{n}t}\,dt = O(e^{-0.3n}) \to 0.$$

综上所述,我们有

$$\lim_{n\to\infty}\int_{-\sqrt{n}}^{+\infty} f_n(t)\,dt = \lim_{n\to\infty}\int_{-n^{\frac{1}{8}}}^{n^{\frac{1}{8}}} e^{-\frac{t^2}{2}}\,dt = \sqrt{2\pi},$$

故 Stirling 公式证完. □

A.1.6 例 利用 Stirling 公式,我们可以给出

$$\binom{2n}{n} \sim \frac{((2n)^{2n}/\mathrm{e}^{2n})\sqrt{2\pi \cdot 2n}}{(n^n/\mathrm{e}^n)^2(2\pi n)} = \frac{2^{2n}}{\sqrt{\pi n}},$$

这部分对应式 (15.2.2c) 的结果. ◇

在使用概率方法等技巧的时候,我们经常需要对满足某些不等式的 x 作出渐近估计. 但是一般这样的不等式或方程都没有显式解,以下命题及其证明思想可以帮助我们求出答案.

A.1.7 命题 设 $y = cx^a \log^b x$,其中 $a, c \in \mathbb{R}_{>0}, b \in \mathbb{R}$,那么当 y 充分大时有

$$x \sim (a^{\frac{a}{b}} c^{-\frac{1}{a}}) y^{\frac{1}{a}} (\log y)^{-\frac{b}{a}}.$$

证明 注意到 $\log y = \log c + a \log x + b \log\log x \sim a \log x$,所以 $y \sim cx^a a^b \log^b y$,由此就立刻解出了命题中的渐近式. □

习题 A.1

1. 设序列 a_n, b_n 的渐近阶均为 $O(f(n))$, 对于常数 $c > 1$, 考虑 $S = \sum_{k=0}^{n} a_k b_{n-k}$. 若 $f(n) = n^{-c}$, 是否有 $S = O(f(n))$? 若 $f(n) = c^{-n}$ 呢?

2. 比较 $n!, (n!)^2$ 和 n^n 的阶.

3. (Wallis) 利用 Stirling 公式计算

$$\lim_{n\to\infty} \frac{1 \cdot 3 \cdots (2n-1)}{2 \cdot 4 \cdots 2n}.$$

4. 假设你设计了一个算法,其输入规模是 n. 这个算法由两部分组成:一部分需要时间 $O(n^3/t)$,另一部分需要时间 $O(t \log t)$,t 是一个可调参数. 如何选择 $t = h(n)$ 使得算法性能较好?

A.2 两个渐近求和公式

在比较复杂的序列求和和递归式求解中,我们可能只关心结果的渐近行为. 本节我们介绍两个较为基本的处理这些问题的工具.

今后我们在分析分治算法时常常会遇到下面这样的递归式:

$$T(n) = aT\left(\frac{n}{b}\right) + f(n) \quad (T(1) = \Theta(1)), \tag{A.2.1}$$

其中 $a \geqslant 1, b > 1, f(n)$ 是正值函数. 这类递归式和我们经常遇见的版本有一些不同之处,因为其中的依赖关系是树状而不是线性的(参看图 A.1). 利用这种树形结构进行求和就可以获得有意义的渐近式.

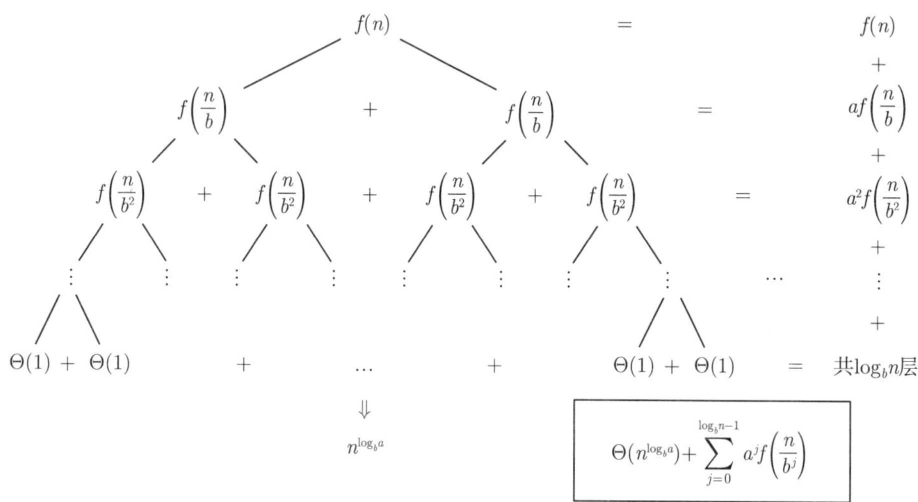

图 A.1 主定理的证明

A.2.1 定理 (主定理) 对于式 (A.2.1) 所给出的递归式的解,有如下结论:

(i) 若 $f(n)=O(n^{\log_b a-\varepsilon})$,则 $T(n)=n^{\log_b a}$;

(ii) 若 $f(n)=\Theta(n^{\log_b a}\log^k n)\,(k\in\mathbb{Z}_{\geqslant 0})$,则 $T(n)=n^{\log_b a}\log^{k+1} n$;

(iii) 若 $f(n)=\Omega(n^{\log_b a})$,且存在正常数 $c<1$ 使得 n 充分大时有 $af\left(\dfrac{n}{b}\right)\leqslant cf(n)$,则 $T(n)=\Theta(f(n))$.

证明 我们仅对 $n=b^k$ 的情况给予证明,一般的情况可以利用单调性或者利用顶函数和底函数的性质进行推广. 由图 A.1 中的求和可知

$$T(n)=\Theta(n^{\log_b a})+\sum_{j=0}^{\log_b n-1}a^j f\left(\frac{n}{b^j}\right).$$

接下来的任务就是讨论上式中两项的相对大小.

(i) 若 $f(n)=O(n^{\log_b a-\varepsilon})$,则后一项求和由

$$\sum_{j=0}^{\log_b n-1}a^j\left(\frac{n}{b^j}\right)^{\log_b a-\varepsilon}=n^{\log_b a-\varepsilon}\sum_{j=0}^{\log_b n-1}(b^\varepsilon)^j=n^{\log_b a-\varepsilon}\left(\frac{n^\varepsilon-1}{b^\varepsilon-1}\right)$$

控制,所以 $T(n)=\Theta(n^{\log_b a})$.

(ii) 第二种情况也类似计算,后一项求和与

$$\sum_{j=0}^{\log_b n-1}a^j\left(\frac{n}{b^j}\right)^{\log_b a}\log^k\frac{n}{b^j}=n^{\log_b a}\log_b n\log^k n-\sum_{j=0}^{\log_b n-1}j^k\log b\sim n^{\log_b a}\log^{k+1} n$$

渐近等价,所以 $T(n)=\Theta(n^{\log_b a}\log^{k+1} n)$.

(iii) 首先后一项求和显然是 $\Omega(f(n))$ 的,而在所给出的正则性条件下,它还由

$$\sum_{j=0}^{\log_b n-1} c^j f(n) + O(1) \leqslant f(n) \sum_{j=0}^{\infty} c^j + O(1) = f(n)\left(\frac{1}{1-c}\right) + O(1)$$

控制，这表明 $T(n) = \Theta(f(n))$. □

A.2.2 例 Strassen 的矩阵乘法 [1] 对 n 阶矩阵的运行时间满足 $T(n) = 7T\left(\frac{n}{2}\right) + O(n^2)$，这对应于主定理的第一种情况，所以 $T(n) = O(n^{\log_2 7}) = O(n^{2.81})$. ◇

主定理还有一个推广版本，更适合比较不对称的情形. 我们列出而不证明.

A.2.3 定理 (Akra–Bazzi, [2]) 对每个 $1 \leqslant i \leqslant m$ 给定常数 $a_i \geqslant 1, b_i > 1$，假设方程 $\sum_{i=1}^{m} \frac{a_i}{b_i^p} = 1$ 有唯一正实数解 p，那么递归式

$$T(n) = f(n) + \sum_{i=1}^{m} a_i T\left(\frac{n}{b_i}\right)$$

的渐近行为满足如下性质：

(i) 若 $f(n) = O(n^{p-\varepsilon})$，则 $T(n) = \Theta(n^p)$；

(ii) 若 $f(n) = \Theta(n^p \log^k n)$，则 $T(n) = \Theta(n^p \log^{k+1} n)$；

(iii) 若 $f(n) = \Omega(n^{p+\varepsilon})$，则 $T(n) = \Theta(f(n))$.

在数学分析中，我们知道积分和求和是有紧密的联系的. 比如无穷级数的 Cauchy 积分判准就是利用积分来对一些和式给出界. 这些方法可以给单调函数作出很简单的估计. 以下 **Euler 求和公式**则是更广泛的结论，它同时给出了误差的渐近阶.

A.2.4 定理 (Euler) 设 $a < b \in \mathbb{Z}$ 且 $f(x) \in C^2[a, b]$，则

$$\begin{aligned}\sum_{n=a+1}^{b} f(n) &= \int_a^b f(t)\,\mathrm{d}t + O\left(\int_a^b |f'(t)|\,\mathrm{d}t\right) \\ &= \int_a^b f(t)\,\mathrm{d}t + \frac{1}{2}f(b) - \frac{1}{2}f(a) + O\left(\int_a^b |f''(t)|\,\mathrm{d}t\right).\end{aligned}$$

证明 记 $\{x\} \stackrel{\text{def}}{=} x - \lfloor x \rfloor$ 为 x 的小数部分，任取整数 $a < n \leqslant b$，考虑

$$\int_{n-1}^{n} \{x\} f'(x)\,\mathrm{d}x = \int_{n-1}^{n} (x-n+1) f'(x)\,\mathrm{d}x \xlongequal{\text{分部积分}} f(n) - \int_{n-1}^{n} f(x)\,\mathrm{d}x,$$

并对 $n = a+1, \dots, b$ 求和得

$$\sum_{n=a+1}^{b} f(n) = \int_a^b f(x)\,\mathrm{d}x + \int_a^b \{x\} f'(x)\,\mathrm{d}x = \int_a^b f(x)\,\mathrm{d}x + O\left(\int_a^b |f'(x)|\,\mathrm{d}x\right),$$

这就得到前一式.

通过类似的分步积分得出

$$\int_{n-1}^{n} \frac{1}{2}(\{x\} - \{x\}^2) f''(x)\,\mathrm{d}x = \frac{1}{2}f(n) + \frac{1}{2}f(n-1) - \int_{n-1}^{n} f(x)\,\mathrm{d}x,$$

就可证明后一式. □

A.2.5 例 (i) 对于 $H_n = 1 + \frac{1}{2} + \cdots + \frac{1}{n}$ 的渐近估计,我们可以得出

$$H_n = 1 + \int_1^n \frac{1}{x}\,\mathrm{d}x + O\left(\int_1^n \frac{-1}{x^2}\,\mathrm{d}x\right) = \log n + O(1).$$

(ii) 将 Euler 求和公式用于 $\sum_{i=1}^n \log i$,得到

$$\sum_{i=1}^n \log i = \int_1^n \log x\,\mathrm{d}x + \frac{1}{2}\log n + O\left(\int_1^n \frac{1}{x^2}\,\mathrm{d}x\right) = n\log n - n + \frac{1}{2}\log n + O(1),$$

这可以导出

$$n! = (C + o(1))\sqrt{n}\left(\frac{n}{\mathrm{e}}\right)^n,$$

即简化版的 Stirling 公式. ◇

习题 A.2

1. 给下面五个递归式作渐近估计:

(1) $T(n) = 2T\left(\frac{n}{2}\right) + n^3$;

(2) $T(n) = 3T\left(\frac{n}{4}\right) + \sqrt{n}$;

(3) $T(n) = 2T\left(\frac{n}{2}\right) + n\log n$;

(4) $T(n) = T(\sqrt{n}) + 10$;

(5) $T(n) = T\left(\frac{n}{2}\right) + n(2 - \cos n)$.

2. 记 $H_n^{(2)} \overset{\text{def}}{=} \sum_{i=1}^n \frac{1}{i^2}$,对 $\exp\{H_n + H_n^{(2)}\}$ 给出渐近估计.

3. 对 $\sum_{i=1}^n \frac{1}{n^2+i^2}$ 和 $\sum_{i=1}^n \frac{1}{i}H_i$ 分别作渐近估计.

注解

有关渐近式的一本有趣的小册子是 [3],其中包含了许多在组合数学中的应用,另外 [4] 也有专章讨论渐近估计.

渐近符号是 Bachmann 于 1894 年在一本解析数论的著作中引入的. Knuth 曾经针对这些记号写过一个说明性的文章 [5],文中认为 $O(\cdot)$ 中的字母应该是希腊字母 omicron.

主定理是在 [6] 中首次提出的,后来因为著名的教材《算法导论》而广为传播. 它的推广(A.2.3 定理)在 [2] 中可以找到证明. Euler 求和公式是 Euler 和 Maclaurin 在 1735 年左右发现的,其更完整的形式在 [4] 中有详细讨论.

参考文献

[1] STRASSEN V. Gaussian elimination is not optimal[J]. Numerische Mathematik, 1969, 13(4): 354-356.

[2] AKRA M, BAZZI L. On the solution of linear recurrence equations[J]. Computational Optimization and Applications, 1998, 10(2): 195-210.

[3] SPENCER J H, FLORESCU L. Asymptopia[M]. Providence, Rhode Island: American Mathematical Society, 2014.

[4] GRAHAM R L, KNUTH D E, PATASHNIK O. Concrete Mathematics: A Foundation for Computer Science[M]. Reading, Massachusetts: Addison-Wesley, 1994.

[5] KNUTH D E. Big omicron and big omega and big theta[J]. ACM Sigact News, 1976, 8(2): 18-24.

[6] BENTLEY J L, HAKEN D, SAXE J B. A general method for solving divide-and-conquer recurrences [J]. ACM SIGACT News, 1980, 12(3): 36-44.

符号索引

中英文术语对照表

中文术语按汉语拼音排序,括号中有相应术语之英译.

E

F